新工科建设·电子信息类系列教材

U0134075

嵌入式系统原理及物联网应用

王忠飞　张　利　编著

电子工业出版社
Publishing House of Electronics Industry
北京·BEIJING

内 容 简 介

本书旨在帮助读者深入理解嵌入式系统的体系结构、软硬件工作原理，嵌入式系统设计和软件开发所需的基础知识和思维方法，以及嵌入式系统互联(即物联网)的基础知识和编程应用。在内容组织方面，本书分为四大部分，分别为导论(第 1 章)、嵌入式系统的基本原理(第 2～3 章)、嵌入式系统设计(第 4～6 章)、嵌入式系统互联(第 7～8 章)。本书将课内理论讲解结合课内验证和课外实践，不仅理论知识覆盖较全，而且重视实践验证和应用，提供大量动手实践和验证的环节，理论知识的应用场景始终以自制开源板的应用为线索。

本书适合高等院校自动化、机电一体化、测控技术、电子工程等相关专业本科高年级学生或硕士生使用，也可供这些领域的工程技术人员参考。

图书在版编目(CIP)数据

嵌入式系统原理及物联网应用 / 王忠飞，张利编著. — 北京：电子工业出版社，2023.3

ISBN 978-7-121-45181-2

Ⅰ. ①嵌… Ⅱ. ①王… ②张… Ⅲ. ①微型计算机－系统设计－高等学校－教材 ②物联网－应用－高等学校－教材 Ⅳ. ①TP360.21 ②TP393.4 ③TP18

中国国家版本馆 CIP 数据核字(2023)第 041037 号

责任编辑：刘 瑀　　特约编辑：史一蓓

印　　刷：保定市中画美凯印刷有限公司

装　　订：保定市中画美凯印刷有限公司

出版发行：电子工业出版社

　　　　　北京市海淀区万寿路 173 信箱　　邮编：100036

开　　本：787×1 092　1/16　印张：20.25　　字数：518.4 千字

版　　次：2023 年 3 月第 1 版

印　　次：2023 年 3 月第 1 次印刷

定　　价：69.90 元

凡所购买电子工业出版社图书有缺损问题，请向购买书店调换。若书店售缺，请与本社发行部联系，联系及邮购电话：(010)88254888，88258888。

质量投诉请发邮件至 zlts@phei.com.cn，盗版侵权举报请发邮件至 dbqq@phei.com.cn。

本书咨询联系方式：liuy01@phei.com.cn。

前　言

嵌入式系统是目前数目最多的计算机系统，每辆汽车平均使用 20 个此类计算机系统，每个家庭平均使用 20 个此类计算机系统，马路边的每个路灯、自动生产线的每个工位装置的内部都至少有一个此类计算机系统。随着物联网(IoT)基建的逐步推进，未来的嵌入式系统数量会越来越多。随着物联网基建在农业、交通、建筑、环境、工业、服务等行业的深度布局，嵌入式系统的应用将越来越广泛。

"芯"是大多数嵌入式系统研发工作的起点，为某个特定需求确定一款合适的芯片级计算机(俗称单片机)是一件很难的工作，有时为了优化系统性能还需要从寄存器级别去研究和定制开发某个嵌入式系统。本书的目标是帮助读者掌握嵌入式系统的基本工作原理和研发嵌入式系统的基本思想及设计方法。

在内容组织方面，本书分为四大部分。

第一部分为导论，即本书的第 1 章，以嵌入式系统的全貌引出系统的软硬件组成、特点，以及系统设计和开发所涉及的软硬件及其相关工具等。

第二部分为嵌入式系统的基本原理，包括本书的第 2～3 章，介绍了嵌入式系统硬件方面 CPU 的体系结构及特点，存储器和系统资源的存储器映射等；软件方面有/无 RTOS 的程序范例，编译型(C++)和解释型(Python)程序转换为机器码的过程，以及开源软件开发平台的搭建等。

第三部分为嵌入式系统设计，包括本书的第 4～6 章，介绍了基本的数字、模拟、脉冲调制 I/O 接口，定时/计数器和中断，I2C 和 SPI 同步串行接口，以及与这些硬件接口相关的软件接口和封装。

第四部分为嵌入式系统互联，包括本书的第 7～8 章，以异步串行通信为基础逐步引出工业领域的设备层网络 RS485、CAN 和 ModBus 等协议及编程应用。

本书具有以下特点：

- 强调计算机系统的基本工作原理，但不让读者陷于计算机系统理论的"沼泽"中；
- 强调系统级的研发和优化，但不忽略关键细节；
- 强调嵌入式系统的软硬件协同实施；
- 强调物联网的应用；
- 完全使用开源的软硬件工具；
- 重视动手实践和验证，但不懈怠基础理论的讲解。

学习本书之前，读者应具备数字和模拟电路、C/C++或 Python 编程语言等基础知识。对于熟悉网络原理和通信工程等基础知识的读者来说，阅读本书将更容易，但即使在网络原理和通信工程方面无基础的读者，阅读本书也不会有任何障碍。教师在使用本书时，应按学生已学过的课程情况有所取舍、补充和侧重。本书提供电子课件(PPT)、习题解答、视频课程、源代码等配套教学资源，任课教师可在华信教育资源网(www.hxedu.com.cn)免费下载。

本书在编写过程中得到浙江工业大学机械工程学院、特种装备制造及先进加工技术教育部重点实验室的同事和同学们的大力支持，浙江工业大学胥芳教授、叶必卿副教授、都明宇博士、占红武副教授、殷建军副教授为本书提供了丰富的教学实例资料。本书的出版得到了电子工业出版社的大力支持和浙江工业大学校重点教材基金的资助。

由于作者水平有限，加之计算机技术发展日新月异，书中难免存在错误与不足，敬请广大读者和同行批评指正。

编著者

课程简介

目　录

CONTENTS

第1章

导论

本章以桌面计算机和嵌入式系统的对比开始，以我们熟悉的桌面计算机的基本结构和功能单元来介绍嵌入式系统的基本结构，进一步讲解嵌入式系统的硬件和软件开发流程、基本方法等。

1.1 桌面计算机与嵌入式系统

视频课程

1. 计算机系统的分类

今天的计算机系统大体上可以分为以下 5 种[1]：

1）PMD（个人移动设备），即平板计算机、智能手机等。

2）PC（个人/桌面计算机），即学习、办公等工作场景使用的计算机系统。

3）Server（服务器），即面向可靠的大规模文件和计算服务场景的计算机系统。

4）WSC（仓库级/集群计算机），即 SaaS（软件即服务）、云计算、网络数据服务等场景使用的计算机系统。

5）ECS（嵌入式系统），即智能机、物联网等应用领域使用的计算机系统。

PMD 虽然已有十余年的发展历史（早期称为"个人数字助理"的 PMD 是非常小众的产品），但随着 Android、iOS 系统日渐成熟且步入高速发展的轨道，App 的生态系统彻底让 PMD 成为一类独特的计算机系统，PMD 也正在改变我们的生活、学习和工作方式。几乎每一位成年人都在使用 PMD，千亿级的 PMD 市场已经成就苹果（美国）、华为（中国）这样级别的公司。PMD 类计算机系统不仅要有大屏幕、交互流畅，支持移动网络、媒体采集和播放等功能，还要有较长的内部电池续航时间、便携（体积和重量小）等特点，很多场合使用的 PMD 几乎不可能用其他计算机系统来代替。

PC 是我们的日常工具，无论你是学生、科研工作者、政府工作人员，还是企业职员，PC 是每天必用的工具，所以 PC 是人们最为熟悉的一种计算机系统。在本节后续的内容中我们还会进一步介绍 PC 的基本结构和功能单元。除体积之外，PMD 和 PC 之间的界限比较模糊，笔记本计算机是典型的便携式桌面计算机，其与 PMD 一样采用电池供电，体积也较小。但是，PC 和 PMD 使用完全不同的操作系统（OS），PMD 更强调能效优化的软硬件。

服务器过去称为大型机。服务器是证券、银行等金融系统的中心计算机系统，与 PC 相比，服务器的可靠性和并发服务响应等指标是至关重要的，同时服务器的可拓展性也十分重要，包括计算性能、内存、磁盘、网络带宽等，可拓展性能够使 Server 更好地适应使用者的业务量变化。除了金融系统，电信、航空等领域的大型企业，天气预报和石油勘探等应用领域，以及需要超大量科学计算和数值处理的科研项目(如蛋白质结构计算)等，都会采用服务器搭建自己的计算中心。

仓库级/集群计算机是 SaaS、云计算和网络数据服务都依赖的计算机系统，虽然绝大多数人没有亲眼见过这类计算机，但是我们每天都在使用这类计算机。例如，我们使用百度或 Google 搜索引擎在互联网上查找某些信息时，就是由仓库级/集群计算机提供互联网搜索服务的。服务器更像一台具有强大计算机能力、超大存储能力和网络吞吐量的 PC，而 WSC 则是由数千台甚至数万台无屏无键盘的 PC(用高速网络相互连接在一起)组成的集群计算机系统。我们可以这么想象仓库级/集群计算机：一个集装箱内设置有若干个机架，机架上每层都规则地排列着数百台 PC(用高速网络相互连接在一起)，集装箱内有不间断供电系统和冷却系统，共有数百个这样的集装箱。仓库级/集群计算机是超级计算机的一种现代版本，早些年，超级计算机的性能指标代表一个国家的科研实力，各国之间曾在这个领域角力。当然，搭建 WSC 也绝对不是把数千个计算机主板、存储器插入机架就能实现的，供电、冷却、故障转移、均衡和并行处理效率等都是极具挑战性的工作。

嵌入式系统是目前数目最多的计算机系统，每辆汽车平均使用 20 个此类计算机系统，每个家庭平均使用 20 个此类计算机系统，马路边的每个路灯、自动生产线的每个工位装置的内部都至少有 1 个此类计算机系统。随着 IoT 基建的逐步推进，未来的嵌入式系统数量会越来越多。随着 IoT 基建在农业、交通、建筑、环境、工业、服务等行业的深度布局，嵌入式系统将会成为应用广泛的计算机系统。

上述计算机系统中，PMD、PC、服务器、仓库级/集群计算机的未来势必随需求的变化而变化，但是大多数从业者仍能从中预测它们的发展趋势。然而，嵌入式系统很独特，其是满足特定应用场景的定制化计算机。例如，运动手环所使用的嵌入式系统与冰箱的嵌入式系统不可能相互替代。

2．桌面计算机与嵌入式系统对比

下面我们通过对比 PC(x86 型)与嵌入式系统来了解嵌入式系统。"抽象"是架构师们的伟大思想之一，抽象的思想能够很好地隐藏细节并简化模型。使用抽象的思想对比 PC 和嵌入式系统，我们甚至还会发现，上述所有类别的计算机系统仍遵循冯·诺伊曼结构或哈佛结构。

谈到计算机模型，我们一定会想到中央处理器(CPU)、存储器和 I/O(输入/输出)设备，以及它们的功能，甚至它们的外形。基本组件的抽象和归类方法使我们更容易了解计算机系统的硬件，但这些组件之间的连接关系常被忽略，而组件之间的连接关系会影响计算机的某些关键性能。

注释：冯·诺伊曼结构和哈佛结构

美籍匈牙利数学家冯·诺伊曼于 1946 年首次提出计算机体系结构的设想：把程序本身当作数据来对待，程序和该程序处理的数据用同样的方式存储。这个设想被称为"存储程序原理"。冯·诺伊曼同时还提出这一设想的结构组成、工程模型和工作方法，如图 1.1 所示。冯·诺伊曼结构主要包括 5 部分，即运算器、控制器、存储器、输入设备、输出设备，但如今我们将计算机的组成结构抽象为更简洁的 3 部分：中央处理器(CPU)、存储器和 I/O(输入/输出)设备，而且计算机科学领域的发展始终围绕这 3 部分。

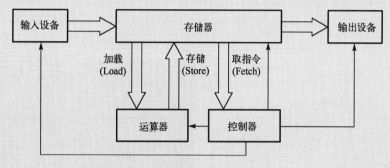

图 1.1   冯·诺伊曼结构

随着计算机处理器速度的不断提升，存储器的访问速度并不能与之匹配，各种改进版的计算机体系结构被提出来，其中最著名的是哈佛结构，如图 1.2 所示。哈佛结构将程序存储器独立出来，程序存储器单元拥有独立的地址总线和数据总线。在执行程序期间，程序存储器处于只读的状态，非易失的存储器读操作的速度比写操作快很多个数量级，因此很多人认为哈佛结构比冯·诺伊曼结构更合理。

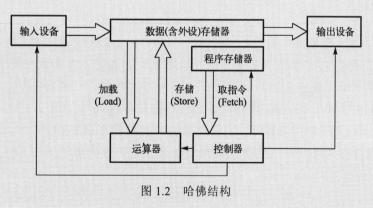

图 1.2   哈佛结构

与其他 4 类计算机系统相比，嵌入式系统的面向特定应用场景的定制化特性使得其具有各种各样的形态，但是本书仍然能帮助读者找到此类计算机系统统一的开发方法，包括系统的硬件和软件两方面，这也是本章的核心内容之一。

PC 及其外设通过计算机主板连接在一起组成整个系统，外设属于 I/O 设备，主板的周边配置有 HDMI(高清多媒体接口)和 USB、Ethcrnct(以太网)、音视频等标准接口。将标准的 I/O 设备插入主板周边的接口时，即使是没有任何专业知识的人也不会插错，因为主板制造商和外设制造商都遵循相同的接口标准。

除标准接口之外，计算机主板仍包含复杂的电路，如图 1.3 所示。主板包含 CPU 插槽、内存插槽、显卡插槽、SATA(串行 ATA)硬盘插槽、通用扩展接口的 PCI(外设组件互连标准)插槽，以及电源插座等。主板上最重要的组件是芯片组，俗称"北桥"和"南桥"，它们分别是连通 CPU 和存储器、CPU 和 I/O 设备的总线接口芯片，因此称为"桥"。当然，x86 型主板上还有 BIOS(基本输入/输出系统)芯片、日历时钟芯片等基本的硬件单元，或许还有 USB 控制器和 USB Hub(集线器)、高速以太网控制器和物理层芯片、Wi-Fi 无线网络单元、BlueTooth(蓝牙)网络单元等硬件。

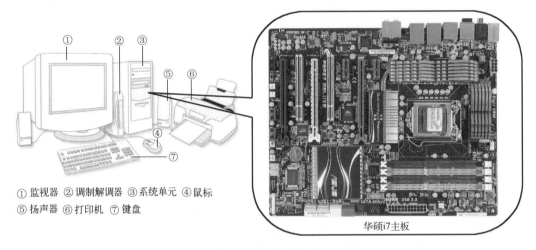

① 监视器 ② 调制解调器 ③ 系统单元 ④ 鼠标
⑤ 扬声器 ⑥ 打印机 ⑦ 键盘

华硕i7主板

图 1.3　PC 及其主板

按照冯·诺伊曼结构，看起来很复杂的计算机主板仍被分割为 CPU、存储器和 I/O 设备 3 部分。CPU 是最重要的核心，约占一台计算机 1/3 的成本，大多数主板支持多种型号的 CPU 芯片，考虑到系统关键部件升级和维护的需要，大多数主板上只有 CPU 插座，可用于同一个主板的 CPU 应该拥有完全兼容的引脚。存储器仅是内存，虽然 x86 型主板上 BIOS 也属于存储器(严格地说是程序存储器)，但是由于其作用非常特殊，往往会被忽略。除 CPU 和存储器外，主板上其他所有组件都属于 I/O 设备，硬盘和闪存盘也都属于此类。有人喜欢把网络类设备在 I/O 设备之外列出来，但将其列为 I/O 设备也可以。

注释：兼容机和计算机接口标准

兼容机曾经是购买计算机时最佳的省钱方案，购买者可以根据自己的预算选择计算机的配置，包括主板、CPU、内存、硬盘等关键部件。即便是使用同一个级别的 CPU，最低配置的和最高配置的计算机也会相差数千元。兼容机如何做到可配置？这归功于计算机配件制造商们都遵循全球统一的接口标准，如 AGP(图形加速接口)标准、PCI 标准、USB 标准等。购买者只需要根据预算选择符合标准的高性能部件(意味着高预算)或低性能部件(意味着低预算)即可，不必担心兼容性和功能等方面的问题。计算机系统的相关接口标准非常多，虽然有些标准已经废止，但仍可以通过搜索引擎查阅到这些标准。绝大多数计算机标准都是免费的。

虽然标准化和全球化让 PC 的硬件和软件打破国界，所有从业者都以相关的国际标准设计、开发和制造计算机的硬件和软件，兼容的软硬件能够相互替换，即使不同厂家、不同型号的主板差异很大，它们也可以使用相同的 CPU、芯片组、内存和 I/O 设备。但是，嵌入式系统的设计、开发和制造与 PC 不同，是另外一番景象。

嵌入式系统的主板是什么样子的呢？知名的技术洞察者(Tech Insights)网站使用扫描电镜帮我们呈现出一种嵌入式系统的"主板"，如图 1.4 所示。实际上，嵌入式系统的"主板"是一个芯片，俗称单片机(单芯片计算机的简称)。单片机包含计算机系统的CPU、存储器(含数据存储器、外设存储器和程序存储器)、I/O 功能单元及其接口，几乎具备 PC 主板的全部功能。

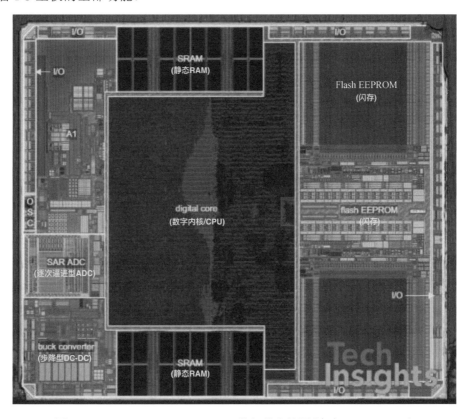

图 1.4　Ambiq Micro Apollo 3 Blue 的扫描电镜图(来自 Tech Insights)

图 1.4 所示的是一个尺寸为 5mm×5mm×0.65mm 的 BGA 封装的微控制器(MCU)，该微控制器是 Ambiq 公司 Micro Apollo 3 Blue 系列产品之一，CPU 采用英国 ARM 半导体设计公司的 Cortex M4F 微处理器，并使用台积电(TSMC)的 40nm 工艺生产线进行制造。Tech Insights 根据扫描电镜图进一步给出该微控制器上主要功能单元的尺寸和占晶元的比例，如表 1.1 所示。

表 1.1　Ambiq Micro Apollo 3 Blue 微控制器的主要功能单元的尺寸和占晶元的比例

功能区块	功能描述	长 (mm)	宽 (mm)	面积 (mm²)	占晶元的比例 (%)
A1	时钟发生器和电压调节器	不规则形状		0.61	9
步降型 DC-DC	步降型 DC-DC 转换器	不规则形状		0.38	5
Flash EEPROM	512KB Flash ROM	2.20	0.89	1.95	28
I/O（5 个子区）	通用 I/O	不规则形状		0.43	5
数字内核（CPU）	32 位 ARM Cortex-M4F 微处理器	不规则形状		1.99	29
OSC	振荡时钟单元	0.23	0.08	0.02	1
SARADC	逐次逼近型 A/D 转换器	0.41	0.54	0.22	3
SRAM（2 个子区）	静态 RAM	0.43	0.98	0.83	12
晶元利用率				6.44	92
CPU 和存储器部分占用的面积和比例				4.78	68
模拟部分占用的面积和比例				1.23	18
I/O 部分占用的面积和比例				0.43	6
其他功能单元占用的面积和比例				0.54	8
晶元整体尺寸（Total Die）		2.44	2.86	6.98	100

为了更容易与 PC 主板的功能单元进行对比，我们根据 Ambiq 公司的产品资料页绘制出了 Micro Apollo 3 Blue 的内部功能框图，如图 1.5 所示。

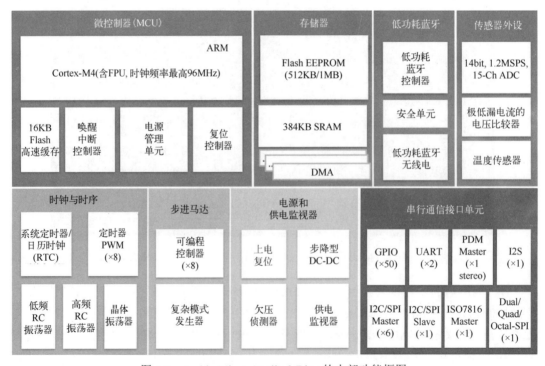

图 1.5　Ambiq Micro Apollo 3 Blue 的内部功能框图

根据表 1.1 可知，微控制器内部的 CPU（微处理器）、存储器（含 Flash EEPROM 和 SRAM）占整个晶元的 68%，对应图 1.5 中左上角的两部分：微控制器（MCU）和存储器。

微控制器是嵌入式系统的核心，作用与 PC 的主板相近。微控制器是一个集成电路（IC），拥有几个到上百个可编程通用 I/O 引脚与嵌入式系统的外设相连，而 PC 主板是一块印刷电路板（PCB），板边缘配置有多种标准的计算机外设接口，用于连接 PC 的外设。

Micro Apollo 3 Blue 内部的 CPU 面积仅有 $1.99mm^2$，而大多数 PC 的 CPU 面积约有 $300mm^2$，远大于整个微控制器。PC 的 CPU 主要采用 Intel（x86）、AMD（x86）、ARM（Cortex-A）等半导体设计公司的 x86 和 ARM Cortex-A 等体系，而微控制器芯片内部的 CPU 除 Cortex M4F 微处理器外，还有哪些体系呢？我们将在第 2 章介绍微控制器的 CPU 体系。本节我们只关心微控制器内核与 PC 的 CPU 有哪些区别。微控制器芯片内部微处理器的体积不及通用 CPU 的 1%，时钟速度约是通用 CPU 的 0.5%～5%（Intel i7 系列 CPU 的加速频率约为 3.6GHz，而大多数微处理器的加速频率仅为 8～180MHz），功耗约是通用 CPU 的 0.1%（Intel i7 系列 CPU 的功耗约为 83W，而大多数微控制器的整体功耗约为 100mW）。

微控制器内部的微处理器占用空间极小、功耗极低，同时时钟速度也非常低，且计算性能远不及 PC 的 CPU，那么我们为什么还需要这样的微处理器？由于运动员使用的运动数据（步数、运动变向、爆发力等）采集器（如手环、脚环、智能纽扣等）不仅不能影响运动员的运动，而且要能让运动员感觉不到这些装置的存在。因此，微控制器是实现运动数据采集器的最佳选择，也是所有穿戴类智能产品的最佳选择。物联网路灯、物联网环境检测仪及我们日常生活中用到的小型智能家电产品等都适合使用微处理器，而不适合使用 PC 的 CPU。

微控制器作为嵌入式系统的"主板"，其 I/O 引脚是标准化的吗？对于这个问题，不能简单地回答"是"或"不是"，只能给出折中的说法"部分是标准化的"。本书的第 4～7 章将探究部分标准的嵌入式系统 I/O 接口。

使用 PC 的 I/O 外设时，我们总会在某些细节上发现软件方面的兼容性。例如，你需要为 PC 系统安装一个 USB 驱动程序（一种特殊的软件），否则将无法使用某种 USB 外设。或许你还记得产品说明书要求你根据自己 PC 所用的操作系统安装相应的驱动程序，由于主流的 PC 操作系统只有 Windows、macOS、Linux 三种，因此产品开发商只需要提供这三种操作系统的驱动程序即可。然而，嵌入式系统并没有这么"幸运"。虽然市面上也有数十种主流的嵌入式系统的操作系统，但占有的市场份额都非常小，甚至大量嵌入式系统根本就没有使用操作系统，即使我们有标准化的外设硬件接口，软件也依然是很难标准化的。本章第 1.3 节将探讨嵌入式系统的软件及其开发方法。

 任务

使用 Ambiq Micro Apollo 3 Blue 微控制器设计一个运动手环，用来记录我们一天内的运动轨迹和步数。如果你仅有一个集成电路级别的"主板"——微控制器，那么如何设计一个完整的运动手环呢？这的确与你拿到一块 PC 主板后组装一台完整 PC 的工作完全不同。

视频课程

1.2 嵌入式系统硬件

1. 嵌入式系统示例

几乎所有的嵌入式系统都是由一个或多个定制化的 PCB 组成的。微控制器必须像其他集成电路一样被焊接到 PCB 上,且人们需要为其提供必要的工作电源及面向特定应用需求的通用或专用接口。

BlueFi 是一种典型的嵌入式系统,是一块比信用卡还小的 PCB,板上不仅有主微控制器(nRF52840),还有网络协处理器(ESP32),如图 1.6 所示。接下来我们将逐步剖析BlueFi 的软硬件细节作为本书的示例。

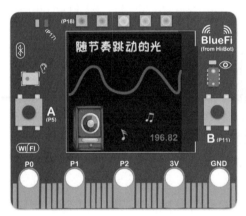
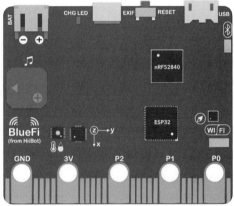

图 1.6 嵌入式系统示例:BlueFi

大多数人拿到 BlueFi 时都能认出 LCD 显示屏、按钮、彩灯、喇叭等 I/O 功能部件,但是我们更多看到的是各种各样的集成电路。图 1.7 列出了 BlueFi 的主要功能单元,本节不关心其硬件细节,本书第 3~7 章将逐步地探讨其硬件细节和相关的软件。如果你现在就想了解 BlueFi 的硬件和软件细节,请参考 BlueFi 的在线向导。

USB2.0 (micro USB)	锂电池 充放电 管理单元	降压型 DC-DC (3.3V@1.5A)	TFT LCD (240×240点阵)	可编程LED (×2) 可编程彩灯 (×5)	音频输出 (1W功放和 1W喇叭)
BT 天线	微控制器(主) ARM Cortex-M4F, USB2.0, BLE5 64MHz, 1MB FlashROM, 256KB SRAM		网络协处理器 ESP32(双核), 2.4GHz Wi-Fi 240MHz, 4MB FlashROM, 860KB SRAM		Wi-Fi 天线
金手指 拓展接口 (×19 GPIOs)	QSPI FlashROM (2MB)	数字声音和 数字光 传感器	环境 温/湿度 传感器	运动传感器 (加速度计、 陀螺仪和 地磁传感器)	按钮和 人体触摸屏

图 1.7 BlueFi 的主要功能单元

8

使用 BlueFi 的运动传感器(包括加速度计、陀螺仪和地磁传感器)、彩色 LCD 显示器、按钮等部件,我们可以实现 1.1 节中最后给出的任务的一部分:记录运动步数。当然这个任务必须还要有相应的软件才能完成。如何记录运动轨迹呢?需要 GPS(全球定位系统)。无论是我国的北斗系统还是美国的 GPS,根据 GPS 定位原理,我们需要一个专门的外设用于接收卫星的信息并通过多颗卫星的信息确定使用者的具体经纬度。BlueFi 现在并没有 GPS 功能单元,怎么办呢?我们首先需要了解是否有现成可用的 GPS 功能单元,再进一步了解如何将其与 BlueFi 的主控制器连接起来。很幸运,市面上有很多 GPS 功能单元可用,而且它们大多数都采用 UART(通用异步串行收发器,参见第 6 章)接口,BlueFi 的金手指扩展接口正好支持这一接口。

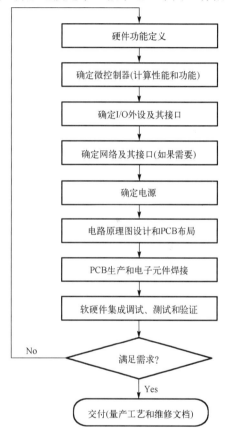

如果不考虑体积、重量和功耗,那么实现一个能够记录运动轨迹和步数的运动手环原型机似乎并不难,但绝对与组装 PC 的过程完全不同。实现嵌入式系统时可能需要开发者动用烙铁来实现组件之间的连接,也可能需要开发者设计一块 PCB。

嵌入式系统设计是以微控制器为核心,并根据特定应用需求设计专用的 I/O 功能单元接口,再将全部功能单元布置在一块或多块 PCB 上的过程,因此还需要 PCB 生产、电子元件焊接等工序才能完整地得到一种嵌入式系统的硬件。

2. 嵌入式系统的硬件开发流程

嵌入式系统的硬件开发流程如图 1.8 所示。计算机系统的硬件和软件是不可分割的,必须实行软硬件协同开发才能实现完整的计算机系统。我们将在 1.3 节探讨嵌入式系统软件及其开发。

面向特定应用场景,满足特定应用需求,这

图 1.8　嵌入式系统的硬件开发流程

是嵌入式系统与其他类型计算机系统的最大区别。事实上,嵌入式系统只是一类特殊的产品。如果按照"5W 理论"(Who、What、When、Where、Why)的产品设计理念,那么我们很难在嵌入式系统的硬件开发过程中得到创新产品。如今绝大多数嵌入式系统的创新产品几乎都依靠软件。这是为什么?随着集成电路技术的飞速发展,硬件设计完全依赖于各种功能性集成电路,满足特定应用需求的硬件设计过程更像是简单地做功能性加法的过程,有经验的嵌入式系统硬件工程师也只是把工作做到正确而已。虽然如此,但本书并不希望打击你的学习兴趣,更不希望你过度地想象嵌入式系统硬件的复杂性。因为把某些工作做到正确实属不易,满足特定应用需求而缺少创新也是正确的选择。

面向特定应用场景的嵌入式系统的硬件功能定义是一件非常重要且极具挑战性的工作，虽然满足功能是最低的要求，但是同时必须考虑成本、体积、重量、功耗，以及连续无故障运行时间等约束。在嵌入式系统的功能定义阶段，最重要的是输出一张表格，模板如表 1.2 所示。

表 1.2　嵌入式系统的硬件功能定义（模板）

功能序号	功能名称	功能描述	参数指标
1	程序存储器	系统软件的存储器，片内 FlashROM	＿＿＿KB
2	程序/固件更新接口	JTAG/SWD/USB 接口等	USB/Type-C
3	数据存储器 1	系统 RAM，片内 SRAM	＿＿＿KB
4	数据存储器 2	非易失性存储器（NVM），片内 EEPROM	＿＿＿KB
5	简单输入	按钮/开关等	＿＿＿个简单输入
6	传感器输入	检测对象和检测方法，传感器接口类型	＿＿＿种传感器和接口
7	交互输出	LED/LCD 等	输出类型和接口
8	功率输出	输出驱动类型、开关频率和功率	＿＿＿路输出
9	网络接口	UART/CAN/Wi-Fi/Ethernet 等	接口类型和波特率
10	电源（输入和输出）	输入电源的类型、电压范围、电流/功率	
11	电池（电压和充放电）	电池类型、电池充放电电压范围和电流	
12	电池供电时长	待机时间、连续工作时间	＿＿＿小时
13	其他外部接口	接口类型、电气标准、信号属性	
14	PCB 尺寸	外形尺寸	＿＿＿mm×＿＿＿mm×＿＿＿mm
15	BOM（物料清单）成本	材料成本	≤＿＿＿元

虽然嵌入式系统的产品功能主要依赖于系统软件，但必须有合适的硬件提供支撑，然而冗余的硬件功能定义不仅会增加 BOM（物料清单）成本，而且还可能增加故障率。俗话说"做得越多、错得越多"，正好满足功能的硬件功能定义才是最佳的选择。

 任务

请你为 1.1 节最后部分提到的运动手环产品设计一个硬件功能定义表。

基于前面定义好的嵌入式系统的硬件功能定义表（请参考表 1.2），我们将进入整体方案设计阶段，即确定使用何种体系结构的微控制器、确定 I/O 外设及其接口、确定网络及其接口、确定电源等。这个阶段不仅要翻阅资料（查找相近的成熟方案，翻阅相关硬件的数据页），而且要对某些方案的细节做前期验证（方案是否可行）。这个阶段是嵌入式系统设计的关键，也是耗时最长的阶段。

本节虽只讨论硬件方案，但与软件开发密切相关，例如，我们选择使用的某种体系结构的微控制器很可能源于软件开发工具链和相关的功能库资源等。当然，我们始终需要保持"最低成本"理念。

整体方案的设计阶段将会输出一张与图 1.7 相似的功能单元图，我们不仅要按照硬件功能定义表给出各个功能单元的硬件方案，而且需要在图中更详细地表明各个功能单元之间的连接关系。

任务

尝试绘制一个能够记录运动轨迹和步数的运动手环的功能单元图。

方案的优化是极其重要的。在汇报方案之前,你是否确认自己已经反复优化过多次?如果你有记笔记的习惯,那么笔记对汇报方案是十分有益的,汇报方案时或许需要你回溯方案的优化设计过程。优化设计可以从很多种角度(如成本、开发周期、可靠性、体积等)进行,对比不同方案是硬件设计的主要优化方法,有经验的工程师自己就有很多种方案,那么新手如何获取更多方案呢?可以试着凝练适合自己项目的关键词,在嵌入式系统相关的论坛、开源社区搜索相关方案,如 GitHub 网站等。

经过反复推敲、讨论后的整体方案的实施工作包括电路原理图设计和 PCB 布局。这个阶段的工作虽然很容易,但也可能会导致整个项目失败。表面上仅仅是依据硬件方案进行电路原理图设计和 PCB 布局,实际上这些工作必须考虑元件的封装、功率、散热、PCB 生产工艺、贴片和焊接工艺、组装和测试工艺等。例如,前面提到的运动手环产品,安装空间狭小,将所有硬件功能和电池全部置于 20mm×8mm×10mm 的空间内,是一项极具挑战性的工作。我们需要花费大量的时间去优化产品中用到的每一种电子元件的空间、成本等的占比,且不能影响系统的功能。

完成 PCB 布局之后,PCB 生产、贴片和焊接等工作可以由代工厂来完成,留给我们的研发工作就是硬件测试、验证和改进。

从上述的研发流程中,你是否已经发现设计和实施嵌入式系统硬件部分所涉及的知识和能力有哪些?例如,数字和模拟电路知识、电路设计和分析能力、功能性电子元件知识、计算机原理相关知识、微控制器及其体系结构知识、计算机接口及其应用知识、电子 CAD 运用能力、传感器和执行器的原理及其相关理化知识、材料知识、产品设计能力等。如果把软件设计和实施也考虑进去,还需要具备软件开发能力、算法及其相关的数学知识等。

与其他计算机系统相比,研发面向特定应用场景的嵌入式系统不是单纯地追求最好的计算性能、最短的服务响应。其他计算机系统的功能需求和工作环境相对统一,而嵌入式系统的功能需求、接口形式、工作环境、交互和操作方法等都是面向特定应用场景而定制化的,需要开发者具备跨学科的知识和能力。遗憾的是,限于篇幅,本书无法为你提供全方位的知识和能力训练,但一定能帮助你成为嵌入式系统的初级开发者。

注释:平板计算机属于嵌入式系统吗?

1.1 节中,我们将如今的计算机系统分为 5 类,但有人把 PMD(如平板计算机)归类到嵌入式系统中。因此,我们有必要对 PMD 稍做说明。

首先看一看 Tech Insights 提供的 Apple A13 处理器的扫描电镜图,如图 1.9 所示。Apple A13 处理器使用台积电的 7nm 工艺(这是半导体制造领域目前最先进的制程),其多方面的性能都远超华为的骁龙 865 和麒麟 990。Apple A13 处理器与 PC 使用的 CPU 存在很大区别:CPU 只有处理器核(或许是多种多核)、Cache(高速缓存)、总线接口 3 部分;Apple A13 不仅具有 ARM 内核和 Cache、GPU(图形处理单元)、NPU(AI 神经处理单元),还有音视频接口、Wi-Fi、USB、DDR SDRAM 控制器及其接口，以及 GPIO 等。Apple A13 处理器是 Apple 发布的最新版 iPhone 和 iPad 的核心。若我们把 Apple A13 看成嵌入式系统的"主板"，但其缺少 RAM 和 ROM(iPad 的 DDR、SDRAM 和闪存都在处理器之外)，内部又包含 Wi-Fi、USB 等网络外设功能单元，因此我们单独将 iPad 等平板计算机归为一类。无论是从它们的处理器、主板架构、供电，还是从软件系统等角度看，PMD 与其他计算机系统都存在较大的差异。

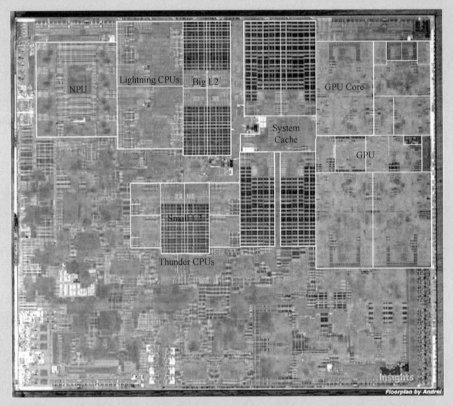

图 1.9　Apple A13 处理器的扫描电镜图(来自 Tech Insights)

1.3　嵌入式系统软件

视频课程

1. 高级语言程序

硬件是计算机系统的基础设施，软件则决定计算机系统具有什么样的功能。图书馆内供读者查询信息的设备就是一台标准的 PC，银行或政府办事大厅的排队取号、叫号设备也是一台标准的 PC，这些设备的硬件区别仅是外设不同，而决定这些设备功能的因素是软件。准确地说，软件是指应用程序，如图书馆信息查询系统软件、排队系统软件等。请注意，本书不刻意区分"程序和软件"。

事实上，所有计算机系统的硬件只能执行几十到几百种机器指令，无论是几百万行还是几百行的应用程序都是为了实现某种特定功能而有序组合起来的机器指令。机器指令从诞生那一刻起就是以二进制形式表示的，人类很难读懂机器指令，所以现代的所有计算机体系结构中的每一种机器指令都有方便人类识别的指令助记符(也称汇编指令)。

　　或许你从来没有见过汇编指令级别的程序，即使见到这样的程序，也觉得可读性极差。你能想象计算机诞生早期程序员使用机器指令/二进制码编写程序的难度吗？从 20世纪 70 年代开始，计算机科学的一个重要分支就是高级编程语言及其编译器的研究，Python、C/C++、Java 等高级编程语言大大地提高了程序员的工作效率，使他们使用很少的语句就能实现强大的功能。高级编程语言输出的软件必须经过一系列的处理最终变成特定计算机系统硬件能够识别并执行的机器语言程序。通常我们将把高级语言程序处理为机器语言程序的软件统称为工具链，包括编译器(将高级语言程序编译成特定机器的汇编语言程序)和汇编器(将汇编语言程序、汇编库、二进制库、常量等映射到特定硬件程序存储器中，成为可执行的机器码程序)。以 ARMv8 机器指令集为例，我们将一段高级语言程序编译为汇编语言程序，并通过汇编将其转换为二进制机器码[2]，如图 1.10 所示。

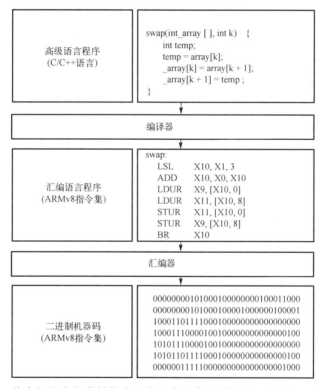

图 1.10　将高级语言程序转换为汇编语言程序再转换为二进制机器码的流程

　　高级编程语言不仅能够提高程序员的工作效率，而且能让程序员使用接近自然语言的形式来思考问题和解决问题。二进制格式的机器语言程序是为特定机器定制的，但高级语言程序是可移植的，例如，我们使用不同的工具链可以将同一个 C/C++程序转换成不同机器的机器语言程序。当然，任何高级语言程序的可移植性还受限于程序本身，或者说受限于程序员的工作。

具有 PC 编程经历的绝大多数人都写过将字符串"hello world"显示在屏幕上这一最简单的应用程序，这个程序最关键的几行代码就是告知编译器加载标准 I/O 库，并使用标准 I/O 库的字符流输出"hello world"字符串。即使编写、编译、执行如此简单的程序，也必须安装文本编辑器软件，以及与 PC 的 CPU 和高级编程语言相关的工具链等软件。如今，大多数情况下你只需安装一个软件，我们称为"集成开发环境"（IDE），如 Visual Studio Code 及 C/C++工具链安装包。IDE 本身是 PC 的一种应用程序，专门用来编辑高级语言程序的源文件（一般是文本文件），并将高级语言程序编译、汇编成为 PC 能够执行的机器指令程序。

在 PC 上编写高级语言程序，将其编译、汇编成本机可执行的机器语言程序，这个过程所用到的工具有很多种，甚至高级语言程序本身也有很多种选择。我们在 PC 上编写的高级语言程序，能否在嵌入式系统上执行呢？答案是肯定的。基于 1.2 节的知识，我们很容易想象，嵌入式系统的机器语言程序（二进制程序）必须装载到微控制器芯片内的程序存储器中执行，这与 PC 的应用程序的执行完全不同。

以 C/C++语言为例，我们在 PC 上编写高级语言程序，并借助目标嵌入式系统 CPU 和高级语言程序相关的工具链将其转换为目标嵌入式系统 CPU 能够识别并执行的机器语言程序，这个过程称为交叉编译。例如，我们的目标嵌入式系统 CPU 使用 ARMv8 指令集，我们需要一个 IDE 在 PC 上编写 C/C++程序，并用 IDE 的工具链将 C/C++程序转换成 ARMv8 机器的二进制机器码。高级语言程序和二进制机器码的片段如图 1.10 所示。另一个问题是，我们如何将嵌入式系统的二进制机器码从 PC 的磁盘转移到微控制器的 FlashROM 内呢？我们把这个文件转移过程称为程序下载或程序烧录。这个过程必须借助一些专用的软硬件工具实现，如 JTAG。

本书的第 3 章将会深入探讨嵌入式系统的交叉编译、程序下载。使用 PC 的 IDE 和嵌入式系统的下载工具等实现交叉编译和程序下载的流程如图 1.11 所示。

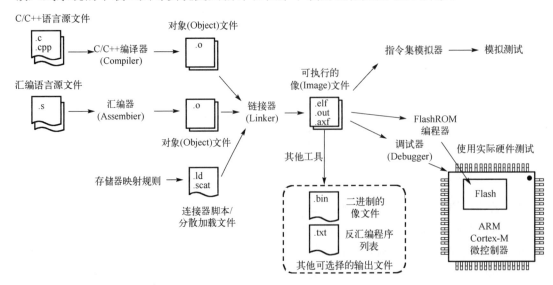

图 1.11　交叉编译和程序下载（以 C/C++语言开发 ARM Cortex-M 系统为例）

当前，Python 是全球最流行的高级编程语言之一，本书中的很多示例都使用 Python 语言编写。Python 是一种可读性极高的脚本语言，相较于 C/C++等高级编程语言更接近人类的自然语言，使用 Python 的程序员考虑问题的方式更接近日常习惯。如今的程序员很多都同时掌握多种编程语言，对同一个问题可以使用不同语言来解决，而且任何高级语言程序都需要使用某些工具软件将其转换成机器语言程序。使用 C/C++和 Python 编程有什么区别？在同一种计算机上执行 C/C++程序和 Python 脚本程序有不同的技术路线，如图 1.12 所示。

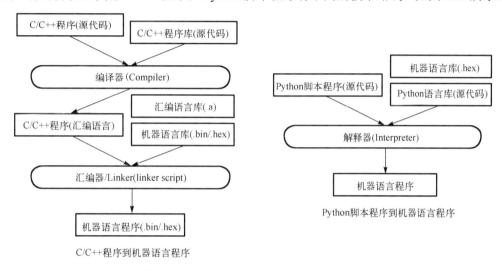

图 1.12　同一种计算机上执行 C/C++程序和 Python 脚本程序的技术路线

　　C/C++是典型的编译型高级编程语言，程序源代码必须经过工具链被处理成特定的机器可执行的机器语言程序才能让计算机执行，程序的执行效率很高，但是对程序源代码的任何小改动都必须用工具链再处理一次。Python 是典型的解释型高级编程语言，脚本程序被特定机器的 Python 解释器逐行地转换成机器语言程序片段，并在当前执行环境中立即执行，立即输出结果。脚本程序无须预先编译，仅在执行时才逐行解释、执行、输出，编写和修改程序源代码的效率很高(相较于 C/C++语言，Python 语言的程序员的工作效率更高)，但执行效率较低(Python 脚本程序依赖特定的解释器)。嵌入式系统执行 Python 脚本程序前必须启动 Python 解释器，嵌入式系统的 Python 解释器本身是一个独立程序，能够循环地"读取-估算-输出"Python 脚本程序文件的每一行。

　　那么，如何将 Python 源代码下载到嵌入式系统中呢？我们将在第 3 章回答这个问题。随着解释型语言的发展，现在很多解释型语言都能在极小程序空间和有限内存资源的嵌入式系统上使用，如 Python、JavaScript 等，开发者可以使用搜索引擎找到相关的解释器和可执行的硬件平台。

　　如今所有的嵌入式系统都支持执行效率更高的编译型语言，如 C/C++等。由于嵌入式系统的硬件具有体积小、重量轻、功耗低、时钟频率低、执行速度慢(即弱计算能力)、存储空间(程序空间和数据空间)有限、可编程 I/O 资源丰富等特点，因此执行脚本程序的速度会更慢。

2．下载工具

PC 是我们开发嵌入式系统软件的主要工具，安装有文本编辑器、编译器、汇编器等工具链软件的 PC 称为宿主计算机，嵌入式计算机则称为目标系统或目标板/开发板。这种开发模式所使用的工具链一定属于交叉编译工具链，其将编译型语言的源代码程序和库文件转换成能够在目标板上执行的机器语言程序/二进制文件(俗称像文件)，然后下载工具再将像文件下载到目标板的 FlashROM 中。不同的目标板，尤其是不同的微控制器架构体系所使用的交叉编译工具链是完全不同的。

下载工具是一种很重要的嵌入式系统开发工具。下载工具的核心任务是将宿主计算机生成的二进制文件下载到目标板的程序存储器内，这个下载过程与普通文件的复制、粘贴完全不同。下载过程分为两种：生产过程中的程序下载和在系统/在板的程序下载。前者是微控制器芯片未焊接到目标板上时，使用专用的工装夹具把机器语言程序下载到芯片内的 FlashROM 中，后者是微控制器芯片已经焊在目标板上时，借助专用的在系统/在板程序下载接口把程序下载到 FlashROM 中。如今绝大多数微控制器都支持在系统/在板的程序下载，某些下载工具还提供在系统/在板的程序调试功能，如 JTAG。

微控制器开发者为了简化在系统/在板的程序下载工具，专门为微控制器增加了一个独立的状态：下载程序状态，以区别于执行用户程序的状态，这个状态执行一种极小的专用程序与宿主计算机进行通信，从而完成用户程序(俗称固件)的下载/更新。微控制器进入下载程序状态时所执行的专用程序称为 Bootloader。微控制器何时进入下载程序状态呢？通用的说法是，当系统复位时，某些特定 GPIO 引脚被设置为特定状态，系统复位后其将立即进入下载程序状态，此时可以下载/更新用户程序。支持 Bootloader 更新用户程序的微控制器可以通过 USB、UART、I2C(同步串行总线)、SPI(串行外设接口)等通信接口实现程序下载。对于带有 USB 或 UART 的微控制器来说，使用 Bootloader 更新用户程序所需的工具成本几乎为零，仅需要一根数据线。

3．嵌入式系统的软件开发程序

通过上述内容，我们初步了解了嵌入式系统软件开发和程序下载的基本方法。与 PC 的应用程序开发相比，嵌入式计算机系统的软件开发有什么特点？PC 具有 Windows、macOS 或 Linux 等桌面操作系统(OS)，这些标准的 OS 环境都会为程序员提供丰富的应用程序接口(API)，不论是使用 C/C++还是 Java 语言，都有相应功能的 API 帮助开发者实现 I/O 和网络功能。然而，嵌入式系统并没有标准的 OS，而且当使用编译型语言编程时，即使有嵌入式 OS，其软件开发流程也与 PC 应用程序开发完全不同。嵌入式系统使用的 OS，如 FreeRTOS、R-Thread 等，本质上是一种程序库(或称中间件)，与我们编写的应用程序源代码一起编译和汇编后，其才能成为一个完整的嵌入式系统应用程序。

例如，ARM Cortex-M 体系结构的微控制器开发者可以使用 ARM 官方的开源嵌入式OS——Mbed OS，基于这个 OS 开发 ARM Cortex-M 体系结构的嵌入式系统软件与 PC 应用程序在开发风格方面是相似的，都会使用 OS 提供的 API。但是嵌入式系统编译和汇编用户程序时必须将嵌入式 OS 一起处理成完整的机器语言程序,而 PC 的应用程序编译则不涉及 OS。用宿主计算机和下载工具开发嵌入式系统软件的流程如图 1.13 所示,基于 ARM Mbed OS 的嵌入式系统软件开发架构如图 1.14 所示。

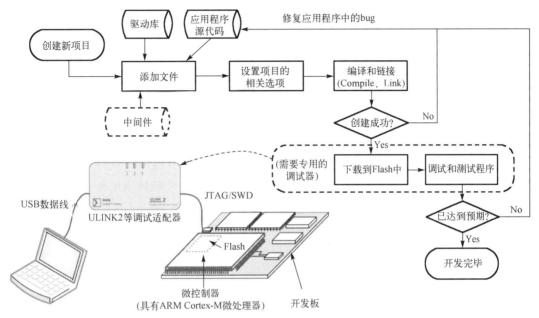

图 1.13　用宿主计算机和下载工具开发嵌入式系统软件的流程(以 ARM Cortex-M 系统为例)

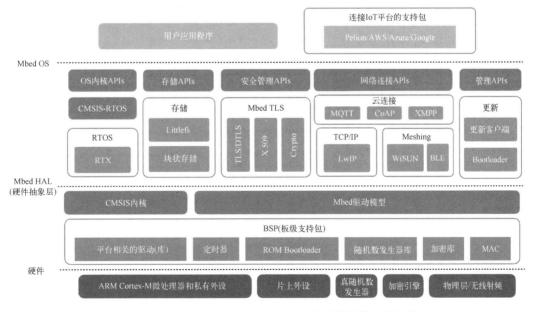

图 1.14　基于 ARM Mbed OS 的嵌入式系统软件开发架构

使用不同类型的 OS 开发的嵌入式系统软件的风格、思路和方法或许完全不同,但编译和汇编时都会将所用的 OS 作为特殊的组件一起处理。即使一个嵌入式系统没有使用 OS,程序编码也不一定全部从零开始,大多数情况下都会使用第三方库(包括源代码级库、汇编语言库或二进制库)，除非应用程序非常简单。GitHub、Gitee 等开源社区中已有数千万个开源项目，其中大多数属于开源库，我们在开发嵌入式系统软件项目时，可能有现成可用的开源代码库，使用第三方代码库能够缩短开发周期。如果使用编译型语言编写嵌入式系统软件，那么第三方代码库会作为用户程序组件的一部分与用户程序源代码一起被编译、汇编，从而产生完整的机器语言程序。

计算机软件系统的抽象和分层封装是软件架构师和程序员常用的方法，抽象能够将较大的工程分割为不同级别和层次的小而简单的问题，分层封装的软件设计方法不仅便于团队的分工协作，而且便于软件的调试和维护。图 1.14 所示的架构是一种典型的嵌入式系统软件开发架构，嵌入式计算机的硬件层仅与微控制器的体系结构和外设等相关，硬件层的程序库一般都由半导体设计公司(如 ARM 公司)封装，硬件抽象层(HAL)软件由微控制器的设计和制造商(如 ST、TI、Nordic 等)封装，HAL 软件也称为微控制器的驱动模型，依赖特定的微控制器。Mbed OS 在 HAL 之上，不依赖特定的硬件。使用 MBed OS 的 API 编写的用户应用程序、IoT 程序与具体电路无关。如果不使用嵌入式 OS，基于 HAL 软件直接编写的用户应用程序也不依赖于特定硬件。我们将在第 3～8 章中使用这种抽象和分层封装的软件设计方法编写全部的示例程序。

4．了解一些编程语言

最后，我们需要了解一些编程语言，这将会更好地帮助我们了解本节前面所述的内容。计算机编程语言用于人与计算机之间的交互，人类创造了各种各样的语言，计算机编程语言只是其中的一类。截至目前，人类已经发明了数十种计算机编程语言。2022 年4 月 TIOBE 编程语言的排行榜如图 1.15 所示。

Apr 2022	Apr 2021	Change	Programming Language	Ratings	Change
1	3	^	Python	13.92%	+2.88%
2	1	v	C	12.71%	-1.61%
3	2	v	Java	10.82%	-0.41%
4	4		C++	8.28%	+1.14%
5	5		C#	6.82%	+1.91%
6	6		Visual Basic	5.40%	+0.85%
7	7		JavaScript	2.41%	-0.03%
8	8		Assembly language	2.35%	+0.03%
9	10	^	SQL	2.28%	+0.45%
10	9	v	PHP	1.64%	-0.19%

图 1.15　2022 年 4 月 TIOBE 编程语言的排行榜

计算机科学家为什么发明这么多种编程语言呢？很多编程语言是面向特定应用的，也有些编程语言是面向特定人群的。过去 20 年里，C/C++和 Java 语言始终处于排行榜榜首位置，这是因为 Java 语言支持跨平台且主要面向 PC、移动计算机和服务器的应用程序开发，执行效率较高的 C/C++语言主要面向工业领域的应用程序开发。最近几年，Python 语言在排行榜上的排名快速上升，归功于 Python 能极大地提高编程效率（虽然执行效率比较低）及其在 Web 编程和科学计算上的应用。图 1.15 中的编程语言都属于代码编程语言，适合专业人员开发应用程序。而最近几年发展起来的图形化编程语言，如 MIT 媒体实验室的 Scratch 和 Google 的 Blockly，采用拼接"积木块"（程序块）的形式编写应用程序，主要供基础教育和非专业人士使用。代码编程的初学者遇到的最大挑战是拼写错误，而使用 Scratch 或 Blockly 编写程序时，不仅没有拼写错误的可能，也没有语法结构的困扰。

计算机如何执行图形化语言程序呢？以 Scratch 程序为例，我们用浏览器（推荐使用 Chrome）打开网页 https://scratch.ezaoyun.com/，并使用拖放"积木块"的形式编辑图 1.16 所示的示例程序，单击"小绿旗"即可看到该程序的执行结果：海豹在屏幕左上角的区域（舞台区）绘制一个正方形。这个 Scratch 图形化语言程序的执行过程是，首先，浏览器（如 Chrome）将 Scratch 程序转换为浏览器内可执行的 JavaScript 脚本程序，然后，浏览器就像执行其他 Web 程序一样输出该脚本程序的结果（我们看到的海豹绘制的正方形）。

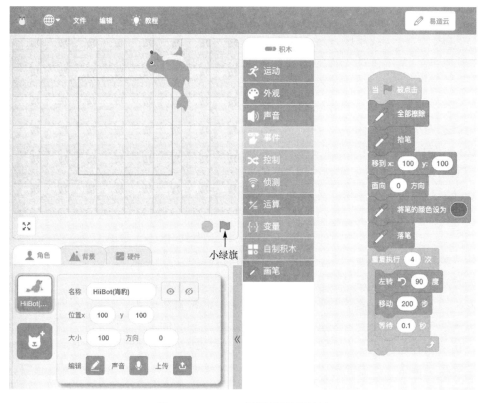

图 1.16　Scratch 图形化程序示例

JavaScript 是一种解释型编程语言，浏览器执行 JavaScript 脚本程序的过程与 Python 解释器执行 Python 脚本程序的过程相似，都是逐行执行并立即输出结果。

现在我们可以想象，Scratch 和 Blockly 图形化语言程序可以转换为其他编程语言程序，包括解释型语言程序和编译型语言程序，然后再由脚本解释器逐行地将其转换为机器语言程序片段并输出结果，或使用工具链将其转换为完整的机器语言程序再输出结果。这个想象如果能够实现，我们还可以使用 Scratch 和 Blockly 等图形化编程语言开发嵌入式系统的软件。

可编程逻辑控制器(PLC)是一种广泛使用的工业控制器，PLC 支持梯形图编程语言，即使没有任何编程知识的电气工程师也能对 PLC 编程，实现特定的工业自动化控制或过程控制任务。当然，梯形图程序也必须经过特定的 PLC 编程软件转换为机器语言程序才能被 PLC 的微控制器执行。

计算机编程语言之间的转换工具链允许我们选择适合自己的某种编程语言来解决问题，每一种特定的实际问题都可以采用多种编程语言来解决，它们的区别仅是解决问题的效率不同。

1.4 本章总结

与其他计算机系统相比，嵌入式系统是多样的，其开发者的分工也不像其他计算机系统那么明显，系统硬件工程师需具备嵌入式系统软件开发的能力，系统软件工程师也需要掌握一定的硬件知识。模糊的软硬件界线主要受嵌入式系统的非标特性所影响，如非标的硬件和 I/O 外设、非标的 OS 和软件等，其多样的外设甚至需要开发者掌握跨学科的知识才能更好地工作。

嵌入式系统的软硬件开发具备较统一的方法和流程。本章根据冯·诺伊曼结构：CPU、存储器和输入/输出设备 3 部分认识 PC 的主板，以及嵌入式系统"主板"——微控制器。微控制器是芯片级的计算机"主板"，其程序存储器和内存(数据存储器)资源非常有限，但具有丰富的可编程 I/O 引脚用于连接各种非标的外设。嵌入式系统是由微控制器芯片、I/O 外设接口电路、电源等功能单元组成的一块或多块 PCB。嵌入式系统的硬件开发者需要具备数字和模拟电路知识、电路设计和分析能力、功能性电子元件知识、计算机原理相关的知识、微控制器及其体系结构知识、计算机接口及其应用知识、电子 CAD 运用能力、传感器和执行器的原理及其相关理化知识和材料知识、产品设计能力等。嵌入式系统软件开发需要交叉开发工具链，将工作效率较高的高级语言程序转换成机器语言程序。高级编程语言包括图形化编程语言、代码编程语言，代码编程语言又分为编译型语言和解释型语言。编译型语言的源代码程序必须与第三方程序库一起由编译器、汇编器处理成完整的机器语言程序(二进制文件)，并使用专用的下载工具下载到微控制器的 FlashROM 中才能被 CPU 执行。嵌入式系统必须预装脚本解释器，才能逐行地执行脚本语言(解释型语言)程序。

通过本章的学习，我们初步了解了嵌入式系统的特点、软硬件开发方法和流程，以及相关的软硬件工具。

本书导读

> ➢ 微控制器的体系结构及其工作环境和工作原理：第 2 章。
> ➢ 嵌入式系统的软件开发模式和开发环境：第 3 章。
> ➢ 嵌入式系统的功能外设接口设计：第 4、5、6 章。
> ➢ 异步串行通信(最低成本的系统级通信接口和通信协议)：第 7 章。
> ➢ CAN(控制器局域网)接口协议及其编程应用：第 8 章。

嵌入式系统的研发工作属于跨学科的工作，任何一本参考书都只能局限于部分视角和部分领域，拓展阅读不仅有助于开发者理解本书的内容，也有助于开发者提升嵌入式系统的研发能力。本书的拓展阅读内容如下：

> ➢ ARM、RISC-V、MIPS 系列微控制器架构。
> ➢ 计算机系统原理、组成与设计。
> ➢ 计算机接口设计。
> ➢ 计算机编程语言。
> ➢ 软件工程和程序设计模式。
> ➢ 网络协议、IoT 编程和应用。
> ➢ 编译原理。
> ➢ 操作系统及其原理。
> ➢ 传感器及其原理和应用。
> ➢ 电子 CAD。

参 考 文 献

[1] John L. Hennessy, David A. Petterson. 计算机体系结构：量化研究方法(第 5 版)[M]. 贾洪峰, 译. 北京：人民邮电出版社, 2013.

[2] David A. Petterson, John L. Hennessy. 计算机组成与设计：硬件/软件接口(第 5 版)[M]. 陈微, 译. 北京：机械工业出版社, 2018.

思 考 题

1. 计算机系统的硬件抽象、软件抽象和分层封装思想是什么？有什么优点？这种思想能否用于解决其他领域的问题，试举例说明。

2．工业机械臂能够代替人类手臂完成一些预设动作，例如，包装机械臂能够从生产线上抓取特定产品放入包装盒中。假设你是某种产品包装机械臂的产品经理，请为这种机械臂设计一种编程系统，以便于使用者对机械臂进行编程。

3．嵌入式计算机的 PCB 生产和电子元件贴装（SMT）是自动化程度较高的环节。请查阅资料了解这些环节，并简述其中的关键生产工艺、原理和生产设备。

4．如果某个嵌入式系统的 Bootloader 使用串口更新用户程序，请给出 Bootloader 的工作流程。

5．对于某种特定嵌入式系统和特定任务，如果使用高级语言程序和汇编语言程序都能实现该任务，那么你会选择哪种编程语言？为什么这样选择？（提示：汇编语言程序的执行效率远超任何高级语言程序，使用高级编程语言能够大幅度地提高程序员的工作效率。）

第2章

嵌入式系统体系结构

当前，x86、POWER、ARM、RISC-V 和 MIPS 等被全球公认为主流的 CPU 体系结构，除专注于 PC、服务器等领域的 x86 和 POWER 之外，随着 IoT 和 AI 应用的不断普及，几乎所有的 CPU 体系结构的开发者和维护者都在积极部署 IoT 和 AI 应用领域，由此形成适合电池供电(极低功耗)的 IoT 功能产品和计算优化(高速并行计算)的机器学习(ML)功能产品等不同级别的 CPU。未来，无论从事哪个领域的工作，我们都无法绕开对 CPU 体系结构的理解和使用，快速了解多种 CPU 体系结构是本章的目的。CPU 作为嵌入式系统"主板"的核心组件，我们将以 ARM Cortex-M 和 RISC-V 两种体系为代表来介绍不同体系结构之间的区别和统一性，并以此为基础来介绍计算机系统的存储模型和编程模型等，以及系统供电和时钟等必要的组件。

虽然我们主要介绍嵌入式系统的 CPU 体系结构，但是本章相关的知识、概念和方法并不局限于此类系统。

2.1 ARM 体系

视频课程

1. ARM-Cortex 现有产品阵列

ARM 官方公布的数据显示"累计出货 ARM 体系结构的芯片超过 1600 亿个"。根据 ARM 的商业模式(ARM 体系结构及相关技术的设计和授权)，这家英国公司已是全球最大的 IP(知识产权)服务商。从某些数据来看，ARM 已属行业垄断型企业。全球著名的半导体公司，包括 Microchip、NXP、ST、TI 等，虽然各自都拥有自主的 CPU 体系结构，但仍购买 ARM 的授权并生产和销售 ARM 体系结构的微控制器(MCU)和微处理器(MPU)。虽然也有一些使用 MIPS 和 POWER 体系结构授权的半导体公司，但是相比于 ARM，MIPS 和 POWER 体系结构授权业务量是微乎其微的。ARM 为什么如此受捧？我们首先需要了解 ARM 体系结构。

虽然 ARM 第一代体系结构发布于 1985 年(与第一代 MIPS 体系结构同年发布)，但其包含了最精简的 32 位 CPU，没有 Cache(高速缓存)，仅使用 3 万个晶体管，因此功耗较低，但效能不比 Intel 80286 差。20 世纪 90 年代初，与苹果公司合作开发新的 ARM

微处理器使得 ARM 进入快速发展轨道，并在 20 世纪末陆续发布 ARM7TDMI、ARM9 和 ARM11 等微处理器。其中 ARM7TDMI 是最成功的 ARM 处理器，它支持 16 位 Thumb 指令、调试接口、64 位乘法指令、EmbeddedICE 片上断点和观察点，以及具有低功耗、高速和高代码密度等特性，正好满足那个时期个人数字助理、数字移动电话等便携设备的需求。2003 年之后，ARM 发布的 ARMv7-M、ARMv7-R 和 ARMv7-A 三个不同系列的微处理器分别针对嵌入式系统市场、高性能实时处理器市场和应用处理器市场，近几年还针对 IoT 和 AI 应用市场发布了对应的三个系列的 v8 版本。

自 2004 年开始，ARM 将其 IP 产品统称为"ARM Cortex"，并且分为 M、R、A 三个系列，ARM Cortex 现有产品阵列如图 2.1 所示。三个在用的主版本为 ARMv6、ARMv7 和 ARMv8（以下简称 v6、v7 和 v8），图中仅列出 v6 的两种型号：ARM Cortex-M0 和 ARM Cortex-M0+，实际上还有一种面向 FPGA（可编程门阵列）设计和实现的 IP，称为 ARM Cortex-M1。v8 相较于 v7，主要针对 IoT 和 AI 应用做了性能提升和优化。此外，v8 的 A 系列增加了 64 位处理器。

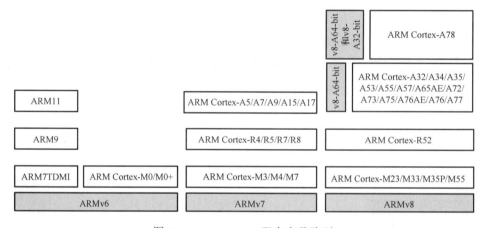

图 2.1　ARM Cortex 现有产品阵列

虽然 ARM Cortex-M0 和 ARM Cortex-M0+两种微处理器属于 v6，但发布日期在 v7 之后，它们是综合 v7 的存储器系统和编程模型等技术，支持 Thumb-2 指令集并针对功耗做进一步优化之后的 v6 体系结构。ARM Cortex-M3（v7-M）于 2003 年发布，而 ARM Cortex-M0（v6）于 2009 年发布，ARM Cortex-M0+与 ARM Cortex-M7 则都于 2012 年发布。采用 ARM Cortex-M0 和 ARM Cortex-M0+微处理器的 MCU 是目前最便宜的 32 位 MCU，市场价格与 8 位 MCU 持平，性能却远超 8 位 MCU 且功耗更低。ARM 公司用 ARM Cortex-M0 和 ARM Cortex-M0+两种微处理器再次刷新"最精简的 32 位处理器"设计，两种微处理器的内部功能（组件）框图分别如图 2.2 和图 2.3 所示。

比较图 2.2 和图 2.3 不难发现，ARM Cortex-M0 和 ARM Cortex-M0+的区别很小，ARM Cortex-M0+支持单周期 I/O 及其接口，并增加软件调试的跟踪接口，而且这些都是可选择的组件。显然，在功能组件方面，ARM Cortex-M0+完全兼容 ARM Cortex-M0。事实上，ARM Cortex-M0 与 ARM Cortex-M3 的 CPU 内核都采用三级流水线（Pipeline），而 ARM Cortex-M0+的 CPU 内核却采用二级流水线，因此 ARM Cortex-M0+的动态功耗明显低于 ARM Cortex-M0 和 ARM Cortex-M3。

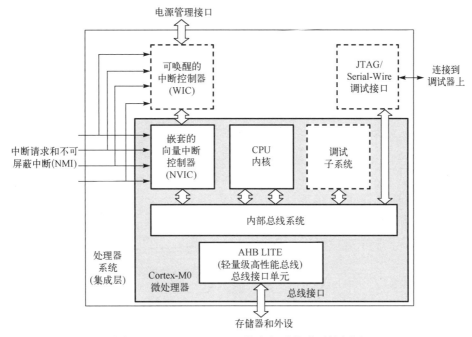

图 2.2　ARM Cortex-M0 的内部功能(组件)框图

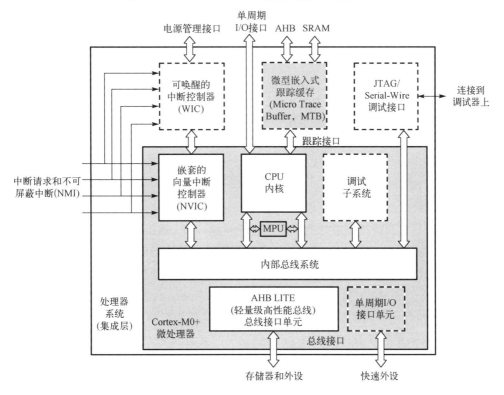

图 2.3　ARM Cortex-M0+的内部功能(组件)框图

注释：CPU 的流水线技术

　　CPU 的流水线是一种加速程序运行过程的技术，是指将一条指令分解为多步，并让连续多条指令的各步操作重叠，从而实现几条指令并行处理，以加速程序运行。保存在指令存储器中的程序指令必须经过取指令(Fetch)、指令译码(Decode)和执行指令(Execute)3 步，因此三级流水线是最简单且最易实现的技术方案。ARM Cortex-M0 和 ARM Cortex-M3 都采用三级流水线技术，指令执行过程为：正在执行第 n 条指令时，第 $n+1$ 条指令正好被译码，同时从指令存储器中读取第 $n+2$ 条指令。ARM Cortex-M0+的二级流水线技术是指如何分解指令的执行步骤的呢？如图 2.4 所示，二级流水线将一条指令的执行拆分为 4 步：取指令、预译码(Pre-decode)、主译码(Main-decode)和执行指令。ARM Cortex-M0+的二级流水线技术是指在每一个时钟周期内执行两步，从而形成两条指令并行的处理效果。三级以上的流水线仍保持三步的指令执行分解，但多级流水线很容易受跳转指令影响。当执行到跳转指令时，流水线上已经预取和预译码的指令必须先清空并根据跳转指令的执行结果重新取指令和译码。由于多级流水线需要更多的触发器单元，因此会增加 CPU 的动态功耗、CPU 晶元的面积和封装体积。

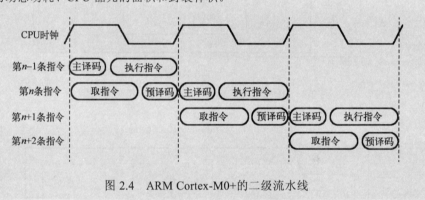

图 2.4　ARM Cortex-M0+的二级流水线

　　相较于 ARM Cortex-M0/M0+体系结构不大于 50MHz 的 CPU 时钟频率，ARM Cortex-M3 和 ARM Cortex-M4 的时钟频率可达 200MHz，这就意味着适合 ARM Cotex-M3 和 ARM Cortex-M4 微处理器的存储器和 I/O 外设必须具备与之匹配的访问速度。必须注意半导体领域的速度与成本始终保持单调的正比关系。然而，很多外设的速度是非常低的，例如，按钮和继电器的切换时间达到数十毫秒。高速 CPU 和低速外设之间的矛盾如何解决呢？半导体技术工程师使用总线桥技术很好地解决了这一问题：在 CPU 和存储器之间采用高速总线的同时增加 Cache 单元，CPU 与低速外设之间采用总线桥和低速外设总线。这样的总线桥隔离技术不仅能够保持 CPU 拥有高速时钟，而且能够保持低速外设的低成本和低功耗。

　　ARM Cortex-M3/M4 的内部功能(组件)如图 2.5 所示。与图 2.3 和图 2.4 相比，ARM Cortex-M3/M4 拥有更丰富的软件调试接口(断点、数据和指令观测点等)，还具备专用的硬件浮点数处理单元，以及 I-Cache(取指令专用的高速缓存)和 D-Cache(访问数据存储器专用的高速缓存)单元。

　　截至 2020 年中期，ARM Cortex-M 系列最高速度的微处理器时钟频率已高达 1GHz，足以流畅运行 Linux 系统。

NXP 的 i.MX RT1xxx 采用 ARM Cortex-M7 微处理器，图 2.6 给出 ARM Cortex-M7 的内部功能(组件)框图。MCU 几乎已接 PC 系统近 CPU 的速度，这完全归功于先进的半导体工艺制程和紧耦合的存储器(TCM)技术。

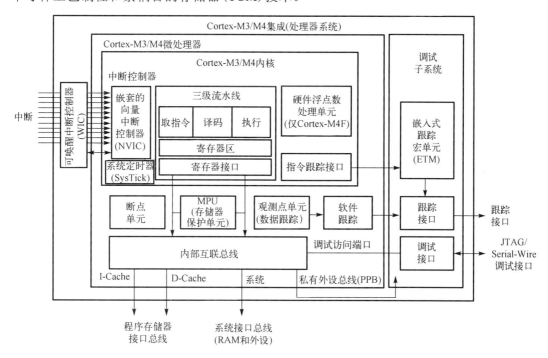

图 2.5 ARM Cortex-M3/M4 的内部功能(组件)框图

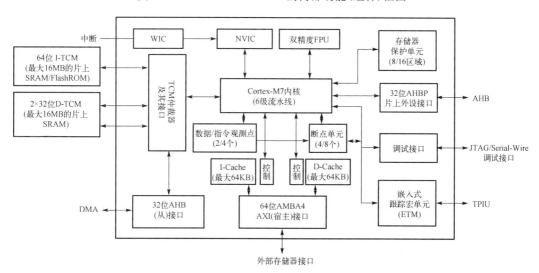

图 2.6 ARM Cortex-M7 的内部功能(组件)框图

与 ARM Cortex-M4F 的单精度 FPU 相比，ARM Cortex-M7 采用双精度 FPU(浮点运算器)以满足更高精度的计算需求。此外，ARM Cortex-M7 的内部互联总线和片上存储器的位宽度都达到 64 位。拓宽单次访问的二进制宽度也是提升吞吐量的一种有效方法。

对比 ARM Cortex-M 系列微处理器的功能(组件)，我们不难发现，多级流水线中，32 位 CPU 内核是必需组件，中断子系统(包括 WIC 和 NVIC)和调试子系统也是必需的组件。虽然内部互联总线也是必需的组件，但随着 CPU 内核速度的增加，内部互联总线也越来越复杂。存储器与 CPU 内核之间是否需要 Cache 仍取决于 CPU 的速度，存储器保护单元(MPU)是绝大多数 MCU 的一种可选择组件。FPU 是 ARM Cortex-M4 和 ARM Cortex-M7 两种微处理器的可选组件，ARM Cortex-M4 只能使用单精度的 FPU，而 ARM Cortex-M7 配备双精度的 FPU。

2. 使用 ARM Cortex-M 系列微处理器的 MCU 内部结构

半导体制造商如何使用 ARM 授权制造具体的 MCU 产品呢? 图 2.7 是 ARM 公司提供的使用 ARM Cortex-M0+微处理器的 MCU 内部结构。

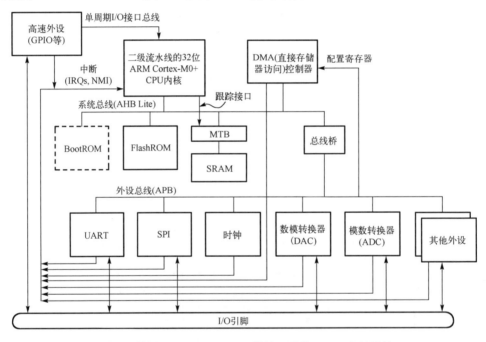

图 2.7　使用 ARM Cortex-M0+微处理器的 MCU 内部结构

使用 ARM Cortex-M0+微处理器 Microchip 的 SAMD21 系列 MCU 内部结构如图 2.8 所示。使用 ARM Cortex-M4F 微处理器的 Nordic 的 nRF52840 内部结构如图 2.9 所示。

从这些 MCU 示例中可以清晰地看到 ARM Cortex-M 的 CPU 内核、DMA 控制器、片上的 ROM 和 SRAM 存储器、片上的各种外设、调试接口等功能组件，以及连接这些单元的内部总线系统(AHB、APB 和总线桥等)。从表面上看，nRF52840 比 SAMD21 复杂很多，实际上它们的主要区别是片上外设的多少，以及 CPU 和存储器之间的耦合方式。从 50MHz 到 1GHz 的 ARM Cortex-M 系列 MCU，在技术和成本等方面的差异非常大，ARM 公司提供如此多样的微处理器的原始动力是为了满足多样的嵌入式系统。工作时无存在感的穿戴类产品需要低工作电压和极低功耗的、低计算需求的

MCU，而嵌入式的机器视觉和机器听觉设备不仅需要低功耗，而且需要高计算能力和高浮点数处理能力。

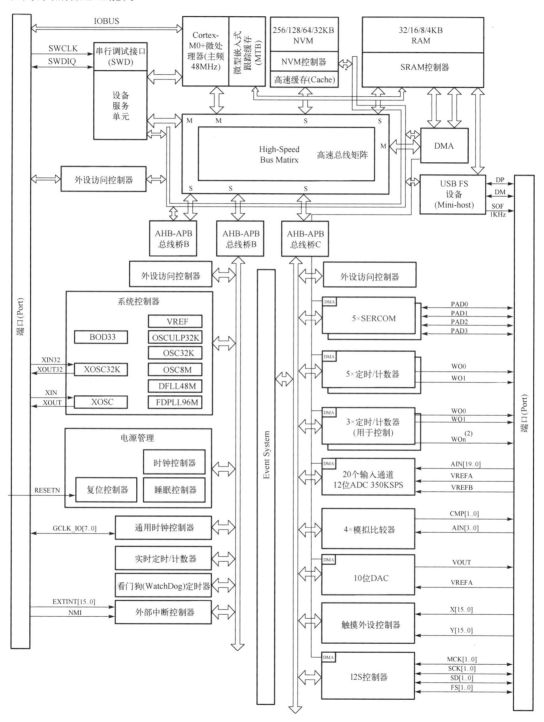

图 2.8 Microchip 的 SAMD21 的 MCU 内部结构

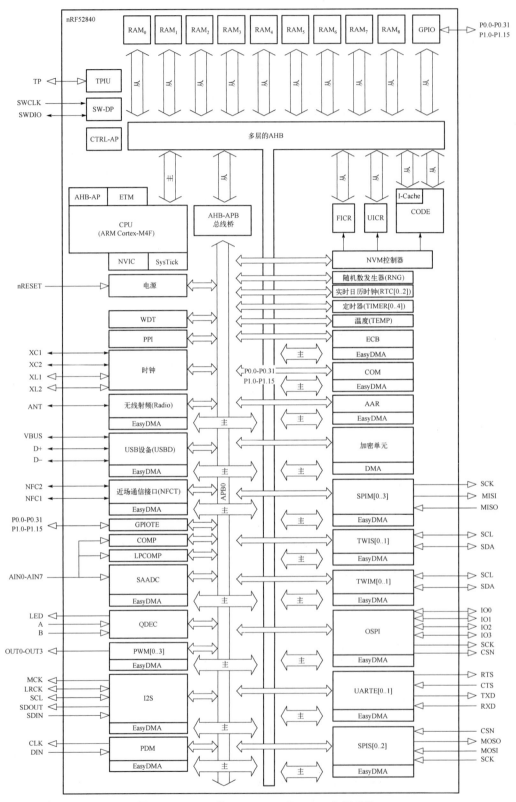

图 2.9 Nordic 的 nRF52840 的 MCU 内部结构

在仔细阅读 ARM Cortex-A 系列微处理器相关的历史演变和性能发展文档之后，你一定会发现常规的性能提升和产品迭代，但微处理器的体系结构变化并不大。ARM Cortex-M 系列微处理器之间的确存在极大的差异，究其原因是为了解决高速 CPU、存储器、低速外设之间的矛盾问题(性能和成本之间的折中)。

此外，我们需要注意 ARM Cortex-M 系列微处理器的 MPU 与普通的 MMU(存储器管理单元)存在较大区别。MPU 的基本原理是将系统的存储器分割为不同的功能区域，如 Code 区、Data 区、Peripheral 区，通过配置 MPU 来管理这些存储区各自的起始地址和长度、读/写权限、是否使用缓存和缓存方式(写通或写回)、是否为可执行的等。MMU 是 CPU 用于管理虚拟存储器和物理存储器的控制单元，MMU 不仅为多线程和多用户系统提供存储分区的权限管理，而且还负责将虚拟地址映射到物理地址中。

3．ARM Cortex-M 存储器系统

存储器系统是计算机系统的重要组成部分,MCU 芯片内部的存储器约占晶元面积的 1/4，成本的 1/3，存储器系统的访问速度和访问方法也严重影响 MCU 的整体性能。ARM Cortex-M 系列微处理器的存储器系统是如何组织、如何访问的呢？

ARM Cortex-M 系列微处理器的存储器采用扁平化管理，32 位的地址总线宽度意味着整个存储空间共 4GB(即 2^{32} 字节)，片上或片外的全部程序存储器、数据存储器和外设等都位于这 4GB 空间内。ARM 公司将 4GB 空间简单地均分为 8 个区(每个区的大小正好为 0.5GB)，并指定每个区的主要用途、访问属性等，如表 2.1 所示。

表 2.1 ARM Cortex-M 存储器系统及其分区

地址范围	存储区名称	存储区类型	XN	Cache 写属性	描述
0x00000000～0x1FFFFFFF	Code	存储器	—	WT	ROM 或 FlashROM，复位后从位于地址 0x0 的向量表中取系统引导程序
0x20000000～0x3FFFFFFF	SRAM	存储器	—	WBWA	SRAM 区，用于片内 RAM
0x40000000～0x5FFFFFFF	外设	设备	XN	—	片上外设的地址空间
0x60000000～0x7FFFFFFF	RAM	存储器	—	WBWA	支持写回-写分配(WBWA)缓存的 RAM 区，用于片内 L2/L3 缓存空间
0x80000000～0x9FFFFFFF	RAM	存储器	—	WT	支持直写(WT)缓存的 RAM 区
0xA0000000～0xBFFFFFFF	设备	可共享的设备	XN	—	片上可共享设备的地址空间
0xC0000000～0xDFFFFFFF	设备	非共享的设备	XN	—	片上非共享设备的地址空间
0xE0000000～0xFFFFFFFF	系统	系统设备	XN	—	片上私有外设总线上的功能单元和系统供应商专有外设的地址空间

ARM Cortex-M 系列微处理器的扁平化管理方法将系统所有资源(包括存储器和外设)统一编址到 4GB 空间中，且粗略地将它们分割为 8 个功能分区，对外设的编程控制和操作几乎与访问 SRAM 一样，这样既可以保持各被授权半导体厂商最大的产品设计自由度，又可以保持使用 ARM 体系结构的嵌入式系统软件的兼容性。

ARM 体系结构之所以受到广泛认可，不仅是因为其先进的 32 位微处理器设计，而且其合理的存储器系统组织和管理方法也是关键因素，受此影响的工具链、软件库和中间件形成了易用的软件生态环境，大大地简化了嵌入式系统开发。

ARM Cortex-M 系列微处理器中的特殊外设被 ARM 称为私有外设，如 SysTick、NVIC、MPU、系统配置和状态、系统异常处理、系统调试和控制等。访问和配置这些私有外设相关的地址空间可以控制 ARM Cortex-M 系统工作模式，从 0xE0000000 开始的 1MB 空间被固定用于这些私有外设。

注释：Cache 的写属性

表 2.1 中的 Cache 写属性使用的缩写词 WT 和 WBWA 分别代表什么意思？WT(Write-Through) 即直写，是一种最简单的、最低效率的 Cache 写操作，存储器控制器直接将 Cache 块的内容写入片上存储器，这就意味着需要耗费内部总线流量；WB(Write-Back) 即写回，是一种更好的 Cache 写操作，尽可能减少 Cache 到存储器的更新，仅当需要(如某个 Cache 块需要被占用)时才将 Cache 块内容更新到存储器中；WA(Write-Allocate) 即写分配，存储器控制器首先加载存储器中的某些数据块到 Cache 中，写回 Cache 通常是写分配的。高速 ARM Cortex-M 的 CPU 内核使用 WBWA 属性的 Cache 访问 SRAM。直写 Cache 都是非写分配的。

此外，XN(eXecute Never) 是指一个存储区是不允许执行的。表 2.1 中的外设/设备/系统区是不允许执行的，而 ROM 和 RAM 区都是允许执行的。ROM 区通常用于保存程序指令，被称为允许执行区是很容易理解的。RAM 区为什么允许执行呢？通常 RAM 的访问速度都大于 ROM，从 RAM 区取指令的速度比从 ROM 区快，但是 RAM 是易失性存储器(掉电即丢失数据)，系统每次启动时需要将 ROM 中的程序指令复制到 RAM 中，再从 RAM 区开始执行程序。从调试程序的角度看，我们可以将正在反复修改的程序直接写到 RAM 区并从 RAM 区开始执行程序，不仅速度快，而且有利于节约 ROM 的写寿命。

计算机系统资源使用"一切皆地址"的管理方法。ARM Cortex-M 系列微处理器将系统的全部资源映射到 4GB 空间内，我们在编程时使用指令将某个输入外设的对应存储器地址单元的内容加载(Load)到 CPU 内核的某个寄存器中，即外设的读操作，将 CPU 内核的某个寄存器内容写入(Store)某个输出外设的对应存储器地址单元中，即外设的写操作。ARM Cortex-M 系列微处理器属于典型的 Load-Store 架构类型，即任何操作都必须在 CPU 内核的寄存器之间进行，而且所有外设都没有 Cache，任何的外设操作都被统一为 Load 和 Store 操作。那么 ARM Cortex-M 的 CPU 内核中有多少个寄存器可用呢？仅有 16 个(物理上实际是 17 个)32 位寄存器。这些寄存器分别称为 R0、R1、…、R15，其中 R13 是比较特殊的(它是物理上两个寄存器的别名)。此外，ARM Cortex-M 还有几个特殊寄存器，包括 3 个程序状态寄存器、3 个中断/异常屏蔽寄存器和 1 个控制寄存器，如图 2.10 所示。

R0~R7 可以由 16 位 Thumb 指令操作，也可以由 32 位 ARM 指令操作，但 R8~R12 只能由 ARM 指令操作。R13 是堆栈指针寄存器，ARM Cortex-M 在物理上有两个堆栈指针寄存器：MSP(主堆栈指针)寄存器和 PSP(进程堆栈指针)寄存器，在任何时候 R13 到底对应物理上的哪个寄存器都由 CONTROL(控制寄存器)决定。两个堆栈指针寄存器的结构是为了满足运行操作系统和用户进程的需要。R14 是连接寄存器(LR)，用于存储子程序或函数的返回地址。R15 是程序计数器(PC)，读取 R15 将得到"当前正在执行的指令存储地址+4"。

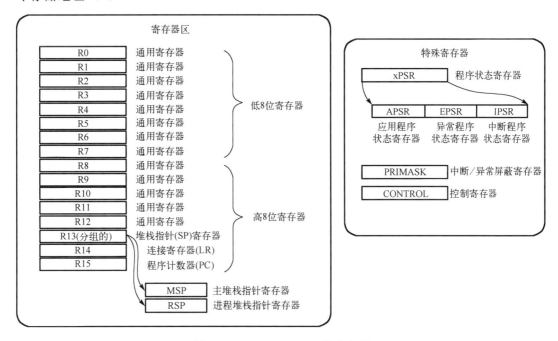

图 2.10　ARM Cortex-M 的寄存器

读取程序状态寄存器会得到当前指令的执行结果，如是否溢出、是否进位等，设置控制寄存器会改变系统 CPU 的执行模式，如启用 FPU 处理浮点数等。关于 ARM Cortex-M 的详细寄存器介绍请查阅参考文献[2,3]的相关章节内容。

与其他 CPU 体系结构相比，尤其是与 CISC(复杂指令集的 CPU)和哈佛结构的 CPU 相比，ARM Cortex-M 系列微处理器的架构和系统资源管理更简洁，指令集也更简单。图 2.11 给出了 ARM Cortex-M 支持的全部指令集。

图 2.11 并不包括 ARMv8-M 支持的指令，如果需要查看这些指令，请参考 ARM 官方给出的"ARM Cortex-M 入门"文档。事实上，我们在使用基于 ARM Cortex-M 系列微处理器的 MCU 开发嵌入式系统的过程中并不会直接使用其指令集。我们在使用 Python 等高级脚本编程语言时并没有机会使用指令集，使用 C/C++等编译型编程语言实现 ARM Cortex-M 系列嵌入式系统软件时，系统软件的启动部分往往会使用高效的汇编语言实现，但是这部分代码仅是 ARM 统一提供的模板，具体的系统代码实现或修改几乎都是从 C/C++开始的。从指令集可以看出，ARM Cortex-M 系列不同型号微处理器之间是向下兼容的，例如，ARM Cortex-M0+中的硬件无关的二进制代码能够直接在 ARM Cortex-M3 上执行。

所谓硬件有关的代码，是指代码中某个特定的 MCU 的特定外设所使用的存储器地址空间与其他 MCU 可能完全不同。而硬件无关的代码，如数据处理算法(排序、查找)代码等，是指对一段数据进行处理并给出结果。

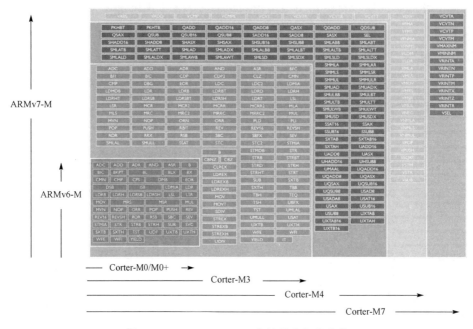

图 2.11　ARM Cortex-M 支持的全部指令集

4．ARM Cortex-M 内部互联总线

为了更好地理解 ARM Cortex-M 体系结构，我们需要对其内部互联总线系统稍做了解。在本节前面的很多图中都能看到 AHB、APB 等总线，它们都属于 AMBA(Advanced Microcontroller Bus Architecture)标准。AMBA 最初由 ARM 定义并用于数字半导体产品设计，于 1996 年公开并成为半导体设计领域的一类片上组件互联协议标准。AMBA 标准已经被多次更新和迭代，如表 2.2 所示。

表 2.2　AMBA 标准及其演变

类　　型	说　　明	AMBA2	AMBA3	AMBA4	AMBA5
高级系统总线(ASB)	用于 ARM7TDMI，已弃用	ASB	—	—	—
先进高性能总线(AHB)	用于 Cortex-M 系列微处理器	AHB	AHB Lite	—	AHB5
先进外设总线(APB)	用于所有 ARM 微处理器	APB2	APB3	APB4	
先进可扩展接口(AXI)	用于高性能微处理器	—	AXI3	AXI4 AXI4 Lite AXI4 Stream	AXI5
AXI 一致性扩展(ACE)	用于缓存一致性需求的高性能微处理器	—	—	ACE ACE-Lite	ACE5 ACE5 Lite
一致性集线器接口(CHI)	先进的一致性管理	—	—	—	CHI
分布式传输接口(DTI)	用于系统级存储器管理单元(MMU)	—	—	—	DTI
低功耗接口规范	用于电源管理	—	—	Q-/P-沟道	—
先进跟踪总线(ATB)	用于传送调试期间的跟踪数据	—	ATB	—	—

虽然 AMBA 只应用于芯片内部各功能单元之间互联的总线，但它们与其他计算机系统总线并无本质区别，高速的、宽位的总线能够提供更高的数据吞吐量，例如，AHB 适用于 CPU 内核与存储器、CPU 内核与 USB 等高速外设之间的互联，APB 总线组合 AHB-APB 桥用于将各类外设间接地连接到 CPU 内核上。就像 PC 的主板一样，CPU 和 Cache 控制器通过北桥（并行数据总线桥）与 DRAM 互联，CPU 通过南桥与各种不同速度的外设互联。计算机主板上的各种总线都是一组物理上的信号线，但 MCU 芯片内部的互联总线无法用肉眼观察到。

每个 MCU 芯片都有若干个 I/O 引脚，极少数片上外设不需要引脚。除定时器、加密引擎等不需要占用芯片的外部引脚外，其他外设都需要通过 I/O 引脚与 MCU 外部的功能单元或电子元件进行连接。例如，当某个嵌入式系统需要使用一种小型的 LCD 显示器时，我们必须占用 MCU 的几个 I/O 引脚和内部的 SPI 或 I2C 外设接口将 LCD 显示器电路单元与 CPU 连接起来，然后通过编程将某些寄存器中的数据写入 LCD 显示器的 RAM 中，这样的接口电路设计实际上是将 LCD 显示器的 RAM 写端口映射到嵌入式系统的 SPI 或 I2C 外设的某个或某些存储器中。我们将在第 5 章和第 6 章介绍这样的接口电路设计、编程控制和应用。

ARM 体系结构是非常成熟的，与之相关的参考书也非常多，如果需要深入了解 ARM Cortex-M 系列微处理器体系结构的片上系统（SoC）设计，推荐阅读相关参考书[1]，本节内容仅仅是对 ARM Cortex-M 系列微处理器体系结构的一种简要综述。

想要深入了解 ARM Cortex-M0、ARM Cortex-M0+、ARM Cortex-M3 和 ARM Cortex-M4 等微处理器的基本架构和原理，以及指令集、编程模式和软件设计等相关知识，推荐阅读参考文献[2, 3]。

2.2　RISC-V 体系

视频课程

1. RISC-V 与 ARM-Cortex

RISC-V 是目前最热门的开源指令集架构（ISA），发布于 2010 年，"-V"表示第 5 代。RISC-V 始于美国加州大学伯克利分校并行计算实验室（Parallel Computing Laboratory）David A. Patterson 教授指导的团队，并得到全球很多志愿者和从业者的帮助。开源，意味着任何人都可以自由地使用该指令集架构用于任何目的而不必支付任何费用。RISC-V 架构诞生的时间较晚，而且经过很多从业者反复打磨，不仅适用于设计仓库级计算机系统 CPU，而且也适用于设计个人移动设备的 MCU 和嵌入式系统的 MCU。与商业版的 ARM Cortex、Intel x86 等体系结构相比，其开源和免费特性非常吸引人，而单个体系结构就能适用于多种应用场景更让 RISC-V 备受瞩目。

注释：2017 年图灵奖获得者

RISC-V 指令集架构由 David A. Patterson 主导设计，MIPS 指令集架构由 John L. Hennessy 主导设计，这两位分别来自加利福尼亚大学伯克利分校和哈佛大学的教授获得了 2017 年图灵奖。图灵奖被誉为计算机科学领域的诺贝尔奖，奖项的名称是为了纪念计算机科学的先驱——艾伦·图灵（英国）。两位教授不仅分别主导 RISC-V 和 MIPS 的设计，而且还时常合作著书，例如，《计算机体系结构：量化研究方法》（第 5 版）[6]和《计算机组成与设计：硬件/软件接口》（第 5 版）[7]几乎是计算机科学领域必读的参考书、体系结构领域的"圣经"，也被很多大学当作教材。《计算机组成与设计：硬件/软件接口》（第 5 版）[7]分为三种，分别为 MIPS 版、RISC-V 版和 ARM 版。两位教授合作研究计算机体系结构，不断地追求更快的、更低功耗的 RISC 微处理器，并创建了一套系统性的、量化的方法，他们的成果已经被学术界和工业界广泛应用。

RISC-V 之前的 4 代都是在 David A. Patterson 教授的主导之下进行设计的，从 20 世纪 80 年代就已开始，一直以学术研究和教学为目的，直到 2010 年才进入高速发展阶段并进入商业应用。虽然 RISC-V 现在炙手可热，但正式的文献非常少，*The RISC-V Reader*[4]算是最正式的指令集架构指南性参考书，其第二作者 Andrew Waterman 不仅是首个 RISC-V 微处理器的设计者，也是 SiFive 公司的创始人。目前，SiFive 已经推出 E、S、U 三个系列的基于 RISC-V 的商用微处理器，E 系列 RISC-V 微处理器是 32 位的，主要面向低功耗的、低成本的嵌入式系统，该系列又分为 2、3/5、7 子系列，其中 E20 采用二级流水线，仅使用 13500 个逻辑门。SiFive 的 E2 子系列明显对标 ARM Cortex-M0/M0+，两者的性能对比如图 2.12 所示。

项目	SiFive 的 E2 子系列	ARM Cortex-M0/M0+
Dhymark 性能	1.22/1.84 DMIPS/MHz	0.9 DMIPS/MHz
CoreMarks 性能（使用 GCC）	2.51 CoreMarks/MHZ	1.8 CoreMarks/MHZ
浮点数处理单元（FPU）	可选的	不支持
存储器映射	可定制化的	固定的 ARMv6-M
中断数量	最多支持 1024 个	最多支持 32 个
中断延迟（使用 C 程序）	6 个机器周期	15 个机器周期
紧耦合的存储器（TIM）	可选的 2 区型 TIM	不支持

图 2.12　SiFive 的 E2 子系列与 ARM Cortex-M0/M0+系列的性能对比

图中 Dhrystone 和 CoreMark 分别是两种 CPU 运算性能的基准测试方法，前者主要检验 CPU 的整数运算速度（每秒执行指令数），后者是较综合的测试方法，首先让 CPU 执行列表处理（排序、查找、插入和删除等）算法、矩阵运算和状态机等，然后给出综合得分。这些基准测试软件都是用 C 语言编写的，测试前需要将 C 代码移植、编译到目标 CPU 平台中，这一过程可能会影响测试结果。

通过图 2.12 可以看出，SiFive 的 E2 子系列的中断延迟明显小于 ARM Cortex-M0/M0+，而且支持更多个中断向量和中断请求源。E2 子系列的存储器系统完全由 MCU 制造商自行定制，而 ARM Cortex-M0/M0+ 则必须遵照 ARMv6 的规则。

"年轻"的、开源的 RISC-V 如果必须与历史悠久的、非开源的商业 ARM Cortex 进行对比，反而对 ARM Cortex 不公平。历史悠久的 ARM Cortex 一直是商用 IP，产品向后兼容是必须的，必然会带着一些今天看起来该甩掉的"包袱"，但是历史悠久的商业内核具有极好的稳定性。

开源的 RISC-V 指令集架构与 ARM Cortex 授权的 IP 存在很大的差异，甚至是两种不同层次的 IP。SiFive 的核心业务是使用开源的 RISC-V 指令集架构设计出适合不同应用场景的微处理器 IP 并授权给半导体制造商，本质上与 ARM 公司的业务区别很小。与 SiFive 业务极为相似的国内公司——芯来科技已推出 N、NX 和 UX 三个系列作为 RISC-V 指令集架构下的商用微处理器，在芯来科技官网可以查阅到该公司的 IP 及其简介。阿里巴巴旗下的平头哥半导体有限公司也采用 RISC-V 推出玄铁、无剑和含光三个系列作为面向 IoT 和 AI 应用场景的 IP。

以 IP 授权为业务核心的半导体设计公司相对较少，有数据显示全球已有逾 500 家半导体制造商正在生产或研发基于 RISC-V 指令集架构的半导体产品，人们都很期待开源的 RISC-V 能够像 Linux 那样在半导体领域创造辉煌。

2. RISC-V 指令集的特点

RISC-V 并不是唯一的开源指令集架构，为什么 RISC-V 备受欢迎呢？我们需要了解 RIAC-V 的指令集及其特点才能确定其原因。RISC-V 的指令集有多个版本，其中 RV32I 和 RV64I 分别为 32 位和 64 位的 RISC-V 基础整数指令集，其他都属于可选择的扩展型指令集，例如，RV32E 是面向嵌入式系统应用的扩展型指令集，仅有 16 个寄存器，而 RV32I 则有 32 个寄存器（寄存器个数越少，CPU 内核的实现成本越低）。RISC-V 的开放性和可扩展性（且具有标准的扩展方式）是其核心竞争力。通过预留的拓展方法可保持 RISC-V 的性价比不断提升，以满足未来应用场景，已有自定义扩展指令的 RISC-V 微处理器能够满足当下的深度学习（DL）和增强现实（AR）等应用。

图 2.13 是芯来科技推出的 RISC-V 指令集架构下的一种微处理器——N200 系列微处理器的功能组件。图中的"扩展指令"单元是专门为定制化用户提供的设计接口（NICE 接口）。

ARM Cortex-M 指令集包含 32 位的 ARM32 指令和 16 位的 Thumb 指令，后来增加的 16 位 Thumb2 指令，有利于提高代码密度（短指令仅使用 16 位编码），同时增加使用难度。RV32I 仅有 6 类共 47 条指令，而且所有指令都是 32 位的，每一类指令仅有一种指令格式。RV32I 的 6 类指令分别是：用于寄存器-寄存器操作的 R 型指令、用于短立即数和访存 LOAD 操作的 I 型指令、用于访存 STORE 操作的 S 型指令、用于条件跳转操作的 B 型指令、用于长立即数的 U 型指令、用于无条件跳转的 J 型指令。RISC-V 的指令集简洁、易用。如今我们使用的任何体系结构的 CPU 都涉及工具链（交叉的或非交叉的），使用指令集的难易程度将会影响工具链的效率和输出代码的执行效率。此外，指令集越简洁，指令解码的实现成本越低，尤其是在低成本且低功耗的嵌入式系统领域。总之，指令集的简洁性、易用性和低实现成本是 RISC-V 的核心优势。

无论 RISC-V 的指令集多么简洁、易用，其终究需要硬件设计才能得到 CPU 实现。有人把 RISC-V 的指令集比作建筑设计的效果图或蓝图，把最终的 CPU 设计比作大厦的建筑施工图，这是一种恰当的比拟。胡振波的《手把手教你设计 CPU:RISC-V 处理器篇》[5] 是国内少有的 CPU 硬件设计参考书。由苏黎世联邦工学院和博洛尼亚大学共同维护的开源项目——"Ibex Core"是非常完善的一个 RISC-V 指令集架构的具体实现，该项目的二级流水线 CPU 内核如图 2.14 所示。

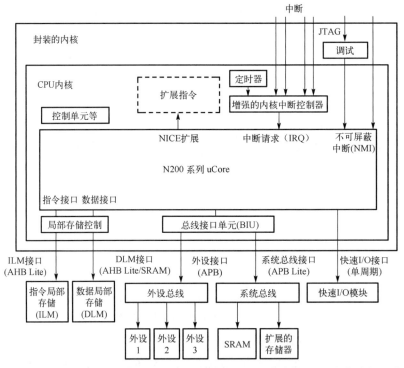

图 2.13　RISC-V 下的一种微处理器(芯来科技 N200 系列微处理器)的功能组件

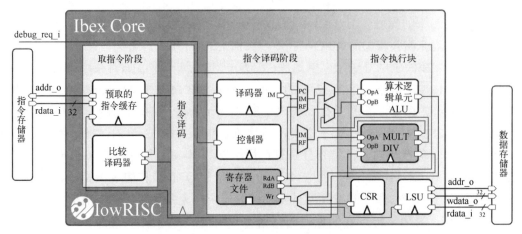

图 2.14　RISC-V 指令集架构的一个具体实现(Ibex Core CPU 内核)

将指令集架构变成具体的 CPU 实现需要使用电子设计自动化软件(EDA),例如,Ibex Core 使用 SystemVerilog 作为设计工具。首先,使用硬件描述语言(HDL)编程来实现数字集成电路和 CPU 内核,然后进行电路模拟和验证(设计工具必须支持仿真和模拟来验证设计),最后将集成电路和 CPU 内核交给半导体制造商生产。SiFive、芯来科技、平头哥等半导体设计公司都能提供开源 RISC-V 的标准微处理器和定制化的内核设计服务。ARM 的两种 IP 授权模式分别为 ARM Cortex ISA 授权模式和 ARM Cortex IP 授权模式,而开源的 RISC-V 指令集架构只有设计 IP 授权模式。

值得一提的是,著名硬盘供应商——美国的西部数据公司(Western Digital Corporation,WDC)通过 CHIPS Alliance 发布三种基于 RISC-V 的开源的微处理器设计:EH1、EH2 和 EL2,EH1 和 EH2 分别采用单路和双路 9 级流水线,且多方面的性能都超过 ARM Cortex-A15,EL2 是面向嵌入式系统应用场景的。按照 WDC 的官方说法,这些开源的微处理器不仅会用于自家的各类硬盘等存储产品,而且还会大量出现在其他公司产品中。从 WDC 发布的设计中可以看出,开源的 RISC-V 将有可能打破 Intel、ARM 等商业微处理器的垄断地位,更多企业将会基于此开源的指令集架构设计自主的微处理器并用于自家产品,这不仅有利于保护产品的知识产权,而且还能降低产品成本。

是否已有基于 RISC-V 指令集架构的 MCU 产品呢?有,如图 2.15 所示,这是一个非常有趣的 MCU 芯片,它支持 RISC-V 的 RV32IMAC 指令集(含 M、A 和 C 三类扩展指令),采用芯来科技的二级可变长度流水线的 N200 系列微处理器,是由北京兆易创新推出的 GD32VF103 系列 MCU,是我国首个 RISC-V 指令集结构下的 MCU 芯片。

将图 2.15 与前一节的图 2.8(SMD21)和图 2.9(nRF52840)相对比,这三种 MCU 在功能组件和内部互联总线等方面极为相似,但高速外设 USB 的连接方法略有区别:SAMD21 和 nRF52840 的 USB 设备都是连接在 APB 上的,而 GD32VF103 的 USB 直接与 AHB 连接。

显然,无论采用哪种体系结构,MCU 的 CPU 内核(含中断控制器等)、片上数据和程序存储器、高速总线接口(含 Cache 等)、片上高速外设、低速外设总线接口(含总线桥)、片上低速外设等功能组件及其互联总线都是必要的。如果采用开放的互联总线标准,最终这些 MCU 的区别都在一些细节上,如外设的多少、I/O 引脚的多少等。

由于 RISC-V 指令集架构并没有具体的存储器映射规则,因此每一种微处理器的实现完全由设计者确定,GD32VF103 系列 MCU 的存储器映射与 ARM Cortex-M 非常相似,这可能是由于北京兆易创新已获得 ARM Cortex-M3/M4/M23 微处理器 IP 的授权。具体的 MCU 产品细节详见该公司的产品页面。

与成熟的 ARM Cortex 体系结构相比,RISC-V 年轻、开放,但是从指令集架构到 CPU 微处理器的具体实现过程中还要做很多设计工作,开发者甚至还需要掌握半导体的制造工艺才能设计出在性能、功耗、价格等方面都达到最优的 MCU 芯片产品。

任何 CPU 体系结构都需要软件生态的支持,包括工具链、中间件和软件库等,RISC-V 体系的软件生态还很弱,需要更多从业者做出大量贡献,其才能逐步成熟起来。

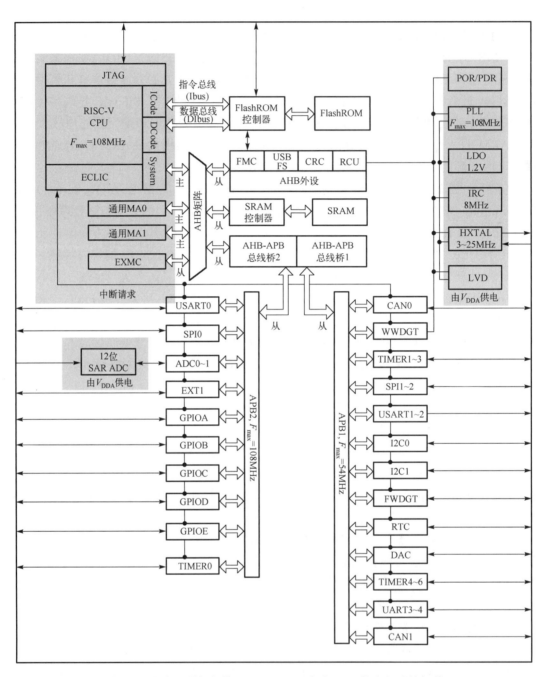

图 2.15　北京兆易创新的 GD32VF103 系列 MCU 的内部功能组件

2.3　其他体系

视频课程

　　ARM CorteN 和 RISC-V 都是为了构建通用的微处理器而设计的。以 32 位微处理器为起点的 ARM Cortex 后来又引入了 16 位 Thumb 指令集，是一种打补丁方案，以迎合市场需求的变化，作为后来者的 RISC-V 预留扩展指令和设计接口以应对未来需求。目前，Intel x86 体系的指令已经超过 3600 个，约是 20 世纪初期指令个数的 12 倍。Intel x86 体系是 CISC(复杂指令集计算机)阵营的典型代表，RISC(精简指令集计算机)的拥护者以此来反对 CISC。

计算机的数据处理量级不断地增加，尤其在大数据和多媒体类应用场景中，SIMD(单指令多数据流)类指令试图提升数据吞吐量(加载更多数据到内核寄存器)以确保高速微处理器单次能够处理更多的数据。然而，很多人已经发现这种被动解决方案并不理想，大量数据处理或专用算法应该交给专用硬件单元(或协处理器核)来处理，因此 GPU(图形处理单元)或 NPU(神经网络处理单元)等大数据处理单元和深度学习单元被增加到微处理器内部。增加这些单元不仅会增加晶元面积，而且这些单元与 CPU 内核、存储器、外设等单元之间的互联总线设计也将越来越复杂。如何保障它们的协作效率是一个新问题。

Cadence 作为三大半导体设计软件供应商之一(另外两家是 Synopsys 和 Mentor Graphics)，早在十年前就已开始着手解决这一问题。从半导体设计角度出发，该问题的本质是越来越复杂的需求和越来越复杂的系统所引起的设计成本越来越高。现在的 Cadence 不仅提供 EDA 软件，而且提供 Tensilica Xtensa 内核 IP，以及 HiFi(高保真)音频/语音处理 DSP、图像/视频处理 DSP 和 ConnX 类的基带 DSP 等，用户可以根据自己的需求使用 Cadence EDA 工具自动生成定制化的芯片级产品设计输出，并可以将其直接交给半导体制造商或加载到 FPGA 中。Cadence 借助于自身的 EDA 工具优势，以及全新的"CPU+DPU(专用数据处理器)"设计方案(如图 2.16 所示)，目前已经有上千种基于 Tensilica Xtensa 内核 IP 的定制化 SoC(片上系统)用于计算机周边、手机、音视频设备、网络设备、存储设备、家庭娱乐等，其中最具代表性的有 AMD 的显卡和声卡、EPSON 和 HP 的打印机、Microsoft 的 MR 设备 Hololens(混合现实的头戴式显示器)等。而且，全球诸多知名半导体制造商都有使用 Tensilica Xtensa 内核 IP，其中包括 Intel、Boardcom、Sumsung 等国外公司，以及华为海思、上海乐鑫等国内半导体公司。

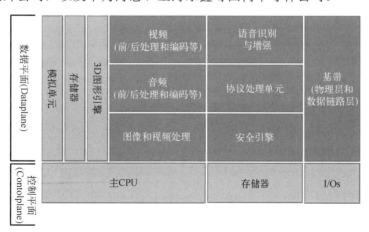

图 2.16　Tensilica Xtensa 内核 IP 的设计方案

Tensilica 是 1997 年才成立的一家小公司，最初只打算以 ASIC（专用集成电路）为基础向用户提供可重构的微处理器设计服务和对应软件工具设计服务，2013 年被 Cadence 溢价收购，其中关键的原因很可能是"可重构的微处理器"设计理念。将该理念和现成的内核 IP 整合到 EDA 工具中能够成就全新的微处理器设计方法，尤其对于那些需要定制化的、差异化的微处理器的客户来说，这无疑是最佳的选择。从需求直接到产品输出，该理念大大缩短了微处理器芯片的研发周期，且专业级设计软件服务能够大大地降低失败的风险。"Using and Customizing Tensilica Processors Is Easier Than You Think"是 Cadence 的宣传口号。基于 Tensilica Xtensa 内核 IP 的定制化 SoC 产品的软硬件开发流程如图 2.17 所示。

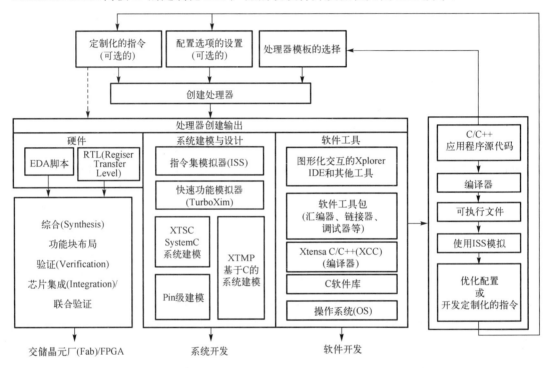

图 2.17　基于 Tensilica Xtensa 内核 IP 的定制化 SoC 产品的软硬件开发流程

通过上述内容我们初步了解了 CPU 体系结构的变化趋势及 Cadence 的应对方法。根据特定的产品和市场需求，使用 Tensilica Xtensa 内核 IP 和 Cadence 的 EDA 工具定制 SoC，这显然针对的是大批量产品的市场，如桌面打印机等。那么基于该 IP 的通用型 SoC 是什么样的呢？

最知名的 Tensilica Xtensa 内核的通用 SoC 是上海乐鑫的 ESP8266 系列和 ESP32 系列。上海乐鑫于 2014 年发布的高集成度 Wi-Fi SoC——ESP8266 至今还有大量应用，它采用超低功耗的 32 位 Tensilica L106 内核，CPU 时钟频率最高可达 160MHz。ESP8266 内置 Wi-Fi 协议栈，可将 80%的处理能力留给用户程序，这正是 Cadence 的 DPU 硬核和 CPU 内核协作达成的高效能目标。2016 年 9 月发布的 ESP32 系列采用 32 位 Tensilica Xtensa LX6 双内核，CPU 时钟频率最高达 240MHz，内置 Wi-Fi 和 BlueTooth 协议栈。ESP32 的双核分别称为 Pro-CPU（协议处理 CPU）和 App-CPU（应用处理 CPU），其体系结构示意图如图 2.18 所示。

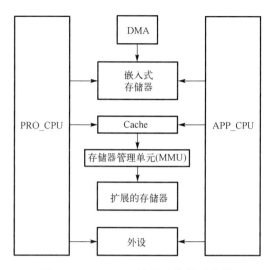

图 2.18 ESP32 双核体系结构示意图

ESP32 的片上和片外存储器及外设都分布在两个 CPU 的数据总线和指令总线上,两个 CPU 的地址映射呈对称结构,即访问同一目标的地址是相同的,每个 CPU 都具有 4GB 的地址空间, 其中小于 0x40000000 的部分属于数据总线的地址范围, 0x40000000～0x4FFFFFFF 的部分属于指令总线的地址范围,大于 0x50000000 的部分属于数据总线与指令总线共用的地址范围。ESP32 地址映射方法如图 2.19 所示。

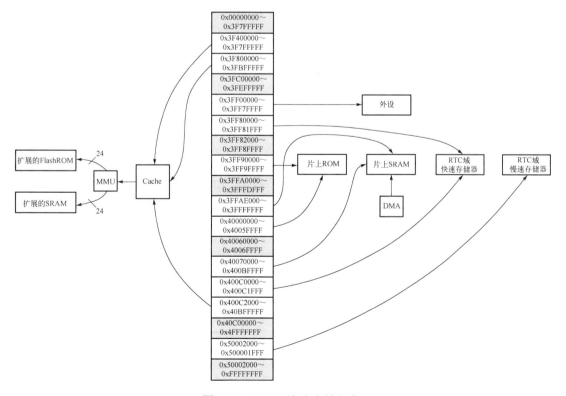

图 2.19 ESP32 地址映射方法

ESP32 的片上存储器非常有限，内部 ROM 大小仅为 448KB，内部 SRAM 大小为520KB，另外有两个 8KB 的 RTC（实时时钟）域的快速存储器和慢速存储器。如此有限的片上存储器资源与 ESP32 的高性能和高集成度严重不匹配。这是为什么呢？或许是由于成本和市场价格，或许是由于留给用户根据需要自行添加。ESP32 支持 QSPI（4 倍速 SPI接口）外扩 FlashROM 且最大容量达 16MB，以及 QSPI 接口的 PSRAM（伪静态 RAM）且最大容量达 8MB。按需外扩能保持成本最优，但会增加 PCB 面积。ESP32 系列 SoC 的功能组件如图 2.20 所示。

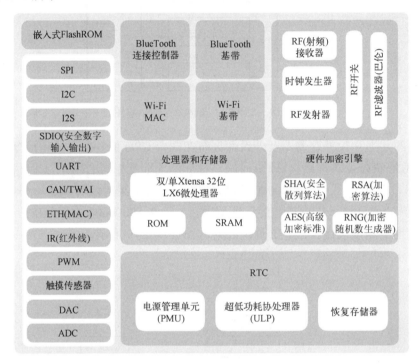

图 2.20　ESP32 系列 SoC 的功能组件

从图 2.20 中可以看出，部分 ESP32 仅为单核的，但所有 ESP32 内部都带有一个超低功耗协处理器（ULP），它独立于主 CPU，即使主处理器进入深度睡眠（deep-sleep）或掉电状态，协处理器仍能继续工作且仅消耗系统极少电量（协处理器被布局在 RTC 域），对于电池供电的系统来说，这是非常有用的设计。

2019 年和 2021 年，上海乐鑫连续发布新一代的 ESP32——ESP32-S2 和 ESP32-S3，相较于之前的 ESP32 系列产品，它们最大的变化是均采用 7 级流水线架构的 32 位 XtensaLX7 微处理器，并增加 USB OTG、视觉传感和 LCD 外设接口，外设进一步缩减片上的ROM（128KB）和 SRAM（320KB），允许 QSPI 接口的外扩 ROM 和 PSRAM，最大容量达1GB。这些产品的具体细节请查阅其规格说明书和使用手册。值得注意的是，Xtensa LX7微处理器已属于 VLIW（超长指令集架构），采用 Tensilica 自有的 FLIX（可变长度指令扩展）技术达到并行操作的目的，Intel IA-64 架构也属于 VLIW，每个时钟周期可执行 20条指令。对于 Xtensa LX7 微处理器的并行操作效果，目前还未查到具体的性能测试信息。

　　我们把 ESP32 系列产品称作 SoC（System on Chip），即片上系统，而不是 MCU、MPU 或 CPU。这是为什么呢？根据字面意思就可以区分它们，虽然如今 MCU 与 SoC 的界线已经非常模糊。

　　与 ARM Cortex 和 RISC-V 等相比，ESP32 使用的可配置的 Xtensa 内核是非常小众的，甚至有人认为是 ESP8266 和 ESP32 让 Xtensa 内核为外界所知。ESP8266 和 ESP32 系列的成功得益于上海乐鑫自主研发的软件平台——ESP-IDF，即 ESP 集成开发框架。

　　MIPS 体系结构的知名度非常高，由大名鼎鼎的 John L. Hennessy 教授主导设计（Tensilica 公司的创始人 Chris Rowen 也是 MIPS 的发起人之一），全球很多半导体公司都有 MIPS 的授权，也包括我国的一些半导体研发机构和公司，例如，中国科学院计算所的龙芯、北京君正的 X1000E 等都属于 MIPS。全球最大的 MIPS 系半导体公司是中国台湾的 MTK（联发科）。MIPS 体系结构是 RISC 类型的典范，主要作为 32 位 MPU 的内核使用。

　　IBM 的 POWER（Performance Optimization With Enhanced RISC）体系结构也是四大主流架构（x86、ARM、MIPS 和 POWER）之一，也属于 RISC 类型，主要作为服务器、网络设备的 CPU 和 MPU 的内核使用。

　　在嵌入式系统领域，由于系统功能需求多样、内核价格高低差距极大，因此即便是 ARM Cortex-M 体系结构也仅占部分市场份额。即便是 32 位 MCU 已大行天下，却仍有很多种 8 位和 16 位 MCU 产品在用。我们无法用少量文字完整介绍现有的嵌入式系统体系结构，但较老的体系结构不仅结构简单而且资料众多，开发者在很多半导体制造商的官网上可以很好地了解它们。

2.4　存储器系统

视频课程

　　"一切皆地址"是计算机系统资源管理的基本规则，虽然 RISC 已经把内核中的寄存器完全独立并使用 Ri 这样的别名来访问，但 CISC 内核的寄存器不仅有别名而且被分配独立地址。"唯一地址"是区分计算机系统资源的基本规则。例如，我们在程序中定义两个变量 va 和 vb，编译器（属于工具链的一部分）会自动从计算机系统中确定两个不会有任何歧义的存储单元来保存它们，没有歧义的意思是，当改变 va 时不会影响 vb 的值。你或许认为，这两个变量肯定在 RAM/内存的某些单元中。但这个想法不准确，因为 RAM/内存虽是计算机系统的主存储器，但不是唯一的。本节将介绍嵌入式系统的存储器及其映射规则。

1. ARM Cortex-M3/M4 的存储器系统及其映射规则

　　我们在表 2.1 中学习过 ARM Cortex-M 体系结构的 MCU 必须遵循的存储器系统分区规则，ARM 要求所有被授权设计和生产的 ARM Cortex-M 半导体产品都必须使用 32 位地址总线宽度，整个存储器系统的空间为 4GB（即 2^{32} 字节），并按照表 2.1 规定的功能分区使用，将系统的片上 SRAM 和 FlashROM、片外扩展的 SRAM 和 FlashROM、片上外设、片外扩展的外设等资源,以及 ARM Cortex-M 系列微处理器私有的外设资源(如 SysTick、NVIC 等)全部按功能分类并映射到 8 个 0.5GB 的不同功能分区中,无论是访问变量还是访问某个 I/O 引脚(读或写/改变其状态),均统一为访问 4GB 地址空间内的某些地址单元。这种统一的地址映射方法虽然看起来简单粗暴,但是效益很高,尤其是在软件编程方面。我们以 ARM Cortex-M3/M4 微处理器为例,图 2.21 给出了其存储器系统映射规则。

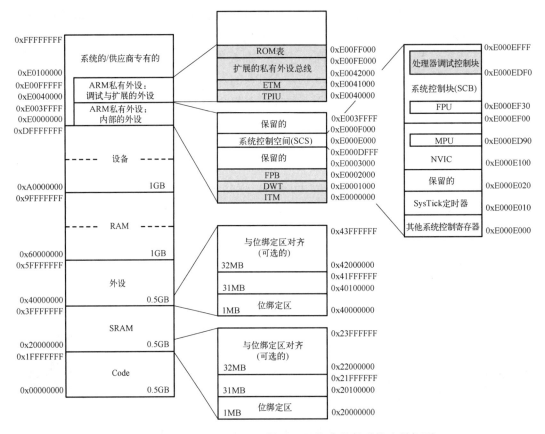

图 2.21　ARM Cortex-M3/M4 微处理器的存储器系统映射规则

连接在 ARM Cortex-M3/M4 微处理器上的 ARM 私有外设总线(PPB)上的内部外设和调试接口被固定映射到 0xE0000000~0xE0FF000(共 1020KB)地址空间中,其中 4KB 地址空间(从 0xE000E000 开始)是系统控制单元专用的,包括 SysTick、NVIC、MPU、FPU 等。SysTick 是一个专用的定时器,我们可以对其进行配置(溢出周期、溢出中断请求等),从而为系统软件提供时间基准。向 NVIC 的相关地址单元写入特定值即可允许或禁止 CPU 内核响应某些中断请求,通过对 MPU 进行配置,可以设置软件对特定存储区域的访问权限,FPU 是 ARM Cortex-M4 选用的浮点数处理单元,通过对其相关存储单元进行配置,可以启用/停用 FPU 等。

除 ARM Cortex-M 私有的外设之外,其他片上外设都是由半导体设计师定义的,也都分配有专用的地址空间,用软件编程访问(即读/写)这些空间的地址单元即可实现对外设进行操作。

ARM Cortex-M3/M4 所面向的嵌入式系统应用领域需要单个二进制位的操作,例如,控制某个 I/O 引脚上连接的 LED 指示灯的亮/灭,SRAM 分区和片上外设分区的前 1MB 地址空间的每个二进制位都是可以单独访问的,为此专门分配 32MB 地址空间作为位绑定别名区(Bit Band Alias)以确保在访问这些二进制位时使用相同的 32 位地址总线。当然,位绑定别名区是可选的地址映射方案,这意味着不是所有的 ARM Cortex-M3/M4 系列 MCU 都支持这样的二进制位访问方法。

2. 三种 ARM Cortex-M4/M4F 系列 MCU 的 Code 分区

ARM 规定的存储器系统分区映射规则是粗线条的,留给半导体设计师很大的灵活性。下面对比三种不同半导体厂家的、同属 ARM Cortex-M4/M4F 系列 MCU 的 Code 分区具体用法(布局),如图 2.22 所示。三种 MCU 型号分别为 SAMD51x20、STM32F401、nRF52840,分别来自 Microchip(Atmel)、ST(意法半导体公司)、Nordic,它们都使用 ARM Cortex-M4 微处理器,其 CPU 的最高时钟频率分别为 120MHz、80MHz、64MHz。

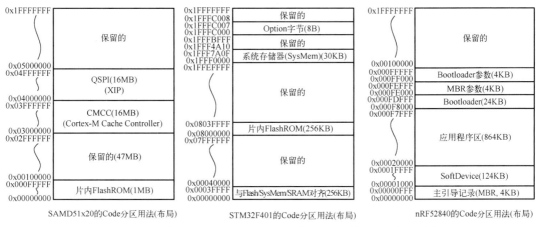

图 2.22 三种 ARM Cortex-M4/M4F 系列 MCU 的 Code 分区用法

虽然 ARM 为 Cortex-M4/M4F 系列 MCU 预留了 0.5GB 地址空间的 Code 分区,其地址范围为 0x00000000~0x1FFFFFFF,但是实际 MCU 芯片的片上 FlashROM 容量没有超过 2MB。图 2.22 中三种 MCU 的片上 FlashROM 容量分别为 1MB(SAMD51x20)、256KB(STM32F401)和 1MB(nRF52840),不足 0.5GB 的 1/500。既然 ARM 留给半导体设计师足够大的灵活性,那么各半导体厂商的产品设计师便可以充分展示自己对 MCU 应用系统设计的理念。

SAMD51x20 将 Code 分区的前 80MB 分割为 4 部分:1MB FlashROM 从起始地址开始,然后将前 48MB 的其余空间保留(在未来设计出更大容量 FlashROM 时使用),接着的 16MB 用于 Cache 控制器,剩下的 16MB 留给 QSPI 接口扩展的外部 FlashROM。整个 Code 分区都属于可执行指令区,这意味着 SAMD51x20 可以直接从片外扩展的 QSPI 接口的 FlashROM 中取指令并执行指令,即该 MCU 支持片外扩展的 16MB 的 QSPI 接口 FlashROM。

STM32F401 是 ST 公司 ARM Cortex-M4 系列 MCU 产品中最低配的,仅有 256KB

的片上 FlashROM 且被分配在 Code 分区的 0x08000000～0x0803FFFF 地址空间中，另外还有一个 30KB 的专用 FlashROM 区（System Memory）被分配在 0x1FFF0000～0x1FFF7A0F 地址空间中，以及仅有 8 字节的电源电压监测和看门狗定时器等复位控制单元的配置信息被分配在 0x1FFFC000～0x1FFFC007 地址空间中。其中 System Memory 区的 30KB FlashROM 专门用于存储 Bootloader 程序，关于 Bootloader 程序的内容将在 2.5 节专门介绍。值得注意的是，STM32F401 的 Code 分区最前面的 256KB 别名区是一个非物理存储器区，它与 ARM Cortex-M3/M4 的位绑定别名区的用法相似，当访问 Code 分区的这个别名区时，根据 MCU 的 Boot 引脚电平来决定对应的物理存储器分区，具体细节参见第 3 章的内容。

Nordic（来自挪威）是一家以 BlueTooth、ZigBee 等无线通信解决方案见长的半导体公司，为保护知识产权，该公司的 BlueTooth 协议栈以二进制库的形式提供给客户，图 2.22 中占用 124KB 的 SoftDevice 就是 BlueTooth 协议栈的二进制库，它被固定分配在 0x00001000～0x0001FFFF 地址空间中。nRF52840 共有 1MB 的片上 FlashROM，被固定分配在 0x00000000～0x000FFFFF 地址空间中，其中最前面的 4KB 用于存放主引导区记录（MBR）信息，接着是 124KB 的 BlueTooth 二进制库，然后是 864KB 的用户/应用程序区和 24KB 的 Bootloader 程序区，最后的两个 4KB 分别用于存放 MBR 和 Bootloader 的参数。

对于三种 MCU 的 Code 分区方法，不能说哪种更好。SAMD51x20 的 Code 分区方法最简单明了，给嵌入式系统工程师预留了很大灵活性，可以没有 Bootloader，最大程序存储空间达 16+1MB，嵌入式系统工程师可以自行任意分割这 17MB 存储空间；STM32F401 的 Code 分区中固定 30KB 空间独立用于 Bootloader 或其他功能，与 256KB 的主 FlashROM 相互独立；Nordic 设计师把 nRF52840 的 1MB FlashROM 的功能分区切割得非常详细，如果读者有兴趣了解其后背的目的，可以查阅 Nordic 的 DFU（设备固件升级）相关文档。

ARM Cortex-M4 的片上 RAM 分区和两个片外 RAM 分区（总计 1.5GB，也都属于 XIP）的用法相对简单，但是仍有很大的灵活性。ARM Cortex-M4 的片上外设分区和两个片外外设分区（总计 1.5GB）分别被分配给连接在 AHB 和 APB 上的各种外设使用。

3. 一种 RISC-V 和 Tensilica Xtensa MCV 的存储器系统及其映射规则

采用 RISC-V 指令集架构的 MCU 的存储器系统和映射规则并没有统一的规定，而是完全由半导体设计师来确定的。北京兆易创新和芯来科技的设计师对 GD32VF103 这种 RISC-V MCU 的存储器系统及其映射规则的定义，如图 2.23 所示。GD32VF103 采用 32 位宽度的地址总线，与 ARM Cortex-M 系列 MCU 相同，都有 4GB 存储空间。

通过对比图 2.21、图 2.22 和图 2.23 可以看出，GD32VF103 的存储器映射规则与 ARM Cortex-M 系列相似，尤其是最前面的 2GB 地址空间。GD32VF103 的和 STM32F401 在 0.5GB 的 Code 分区用法上极为相似，1MB 的别名区可以根据芯片外部的 Boot1 和 Boot0 两个控制引脚在复位期间的状态来确定对应的物理存储区：FlashROM（主存储器）、Bootloader 或 SRAM，以及 FlashROM、Bootloader 和选项字节（Option Bytes）三个物理存储分区。此外，GD32VF103 的片上 SRAM、片上外设（包含与 AHB 和 APB 连接的外设）、片外扩展的 SRAM 和片外扩展的外设等各自占用 0.5GB 的功能分区。

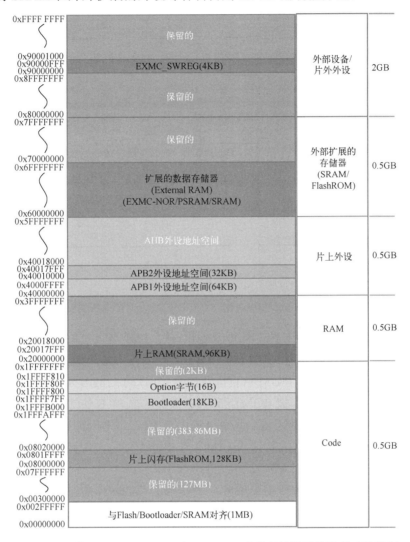

图 2.23　一种 RISC-V ISA MCU（GD32VF103）的存储器系统及其映射规则

显然，GD32VF103 也将片上的和片外扩展的 FlashROM、SRAM 和外设等资源统一编址并映射到 4GB 地址空间的不同功能分区中，与 ARM Cortex-M 系列 MCU 几乎相同。

在了解 Tensilica Xtensa 体系结构期间，我们已经对 ESP32 的存储器系统映射略做介绍（参见图 2.19），ESP32 也将片上的和片外扩展的 FlashROM、SRAM 和外设统一编址并映射到 4GB 地址空间中，具体的地址映射细节如图 2.24 所示。

从图 2.24 中可以看出，ESP32 仅把整个 4GB 地址空间分割成三个区域：数据区（含 FlashROM、SRAM 和外设）、指令区（含 FlashROM）、数据和指令混合区（仅 RTC-Slow-Memory）。其中数据区又分为外部扩展的 SRAM，最大可达 8MB（2 个 4MB 区），片上外设和片上数据存储器各占 512KB 地址空间。指令区包含片上的 776KB 指令存储器和

11512KB 片外扩展的 FlashROM 存储器。数据和指令混合区仅指片上 RTC 供电区的 8KB 慢速 SRAM。

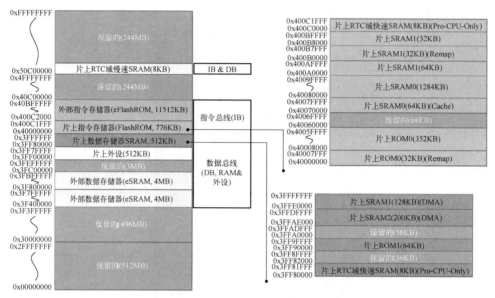

图 2.24　一种 Tensilica Xtensa MCU (ESP32) 的存储器系统及其映射规则

ESP32 的片上外设仅有 41 种，且每个外设占用 4KB 地址空间，所有外设都被分配在数据区的一个 512KB 空间内（显然还有很多留给未来使用的地址空间）。片上数据存储器又划分成 4 个区域：两个用于 DMA（直接存储器访问）的 328KB SRAM（即内部 SRAM1 和 SRAM2），以及 64KB 的内部 ROM1 和 RTC 供电区的 8KB 快速 SRAM。片上指令存储器被分割成 8 个不同的功能区域，其中也包含有 RTC 供电区的 8KB 快速 SRAM，一个物理的"RTC 供电区的 8KB 快速 SRAM"存储器为什么占用两个不同地址空间呢？这是因为这一个存储器区域有两种访问方式。

ESP32 的指令存储器被分割得很细致，主要用于 Cache 和高速执行的程序加载。

ESP32 的片外数据存储器使用 QSPI 接口的 PSRAM（伪 SDRAM），并使用 Cache 和 MMU（存储器管理单元）间接管理和缓存，其最大支持 8MB 容量的片外扩展的 PSRAM。ESP32 的片外指令存储器也使用 QSPI 接口的 NOR FLashROM（支持 XIP），仍需要借助 Cache 和 MMU 间接管理和缓存，最大容量可达 16MB。

与 ARM Cortex-M 系列 MCU 和 GD32VF103 等相比，ESP32 的存储器系统映射规则具有明显的区别，ESP32 把片上的和片外扩展的全部资源映射到一个比较狭小的地址空间内，大小总计不到 32MB，这样，实际有用的地址总线只需要 25 根。

Linux 社区流行的"一切皆文件"是 Linux 操作系统开发和应用编程的一条"军规"，"一切皆地址"是计算机系统资源管理的"军规"。本节仅从嵌入式系统全局角度来讲解存储器系统及其映射规则，以及 Code 分区的用法示例，没有涉及 32 位嵌入式系统的（大/小）端模式、（字/半字/字节的）对齐和非对齐访问规则、存储器分区属性和访问权限、存储器分区的重映射和重定位等概念。

2.5 系统的工作模式

我们在打开 PC 系统电源或按下复位按钮之后,大多数情况下需要等待 OS 启动完毕才能继续其他操作,偶尔需要按几个组合键进入特殊的状态,如进入 BIOS 配置状态。绝大多数现代嵌入式系统也有相似的启动过程,但是其在正常情况下的启动速度几乎"秒杀"PC。本节我们将从嵌入式系统上电或复位后开始介绍系统的工作状态和工作模式。嵌入式系统虽然在细节方面与 PC 的启动过程有很大区别,但是在工作模式方面很相似。

1. 嵌入式系统 CPU 的工作状态和模式

从嵌入式系统主程序是否带有 OS 的角度,本节内容包含两种嵌入式系统:带有 OS 的嵌入式系统和无 OS 的嵌入式系统。那么带有 OS 的嵌入式系统 CPU 是如何执行 OS 和应用程序/线程的呢?

我们给嵌入式系统上电或复位后,CPU 立即开始执行程序。这里有几个问题:

1)第一条指令在哪个地址单元中?一旦开始执行指令,CPU 的行为或程序的执行结果由编程者事先确定,甚至将产生可预见的结果/效果。

2)在 OS 启动前编程者应该安排 CPU 做哪些工作?

3)无 OS 的嵌入式系统在进入主程序之前,CPU 又应该做哪些工作?

嵌入式系统 CPU 的工作状态和工作模式如图 2.25 所示,总体上分为两种状态:调试状态和执行指令状态。调试状态是指借助专用的 Debug 工具,如 JTAG 工具和 Trace 工具等,通过设置断点、单步等方法使 CPU 暂停执行指令,并使用调试工具获取 CPU 内核的寄存器值和某些存储器值等,帮助程序开发者掌握系统内部状态。程序开发者可以借助 Debug 工具强制系统 CPU 停止执行指令或继续执行指令。

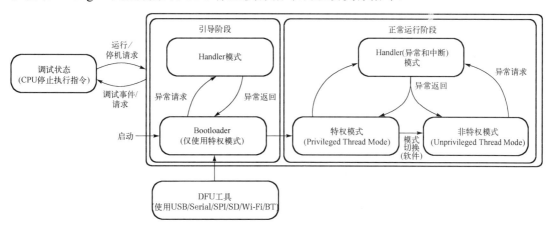

图 2.25 嵌入式系统 CPU 的工作状态和工作模式

现代的嵌入式系统 CPU 几乎都支持标准 JTAG 或兼容的调试工具，虽然大多数简单的嵌入式系统软硬件开发并不需要这样的调试步骤，但是这些调试工具都有一种最基本的功能，即固件下载。嵌入式系统软件开发需要经历代码编辑、交叉编译和下载过程，其中下载过程常常使用 Debug 工具。

调试状态仅在嵌入式系统软硬件开发阶段才需要。抛开调试状态，在正常的指令执行状态中，绝大多数嵌入式系统 CPU 包含两个工作阶段：引导阶段和正常运行（主程序）阶段。

引导阶段的程序被称为 Bootloader，这一小片程序将执行一些必要的硬件单元初始化操作，如 RAM 初始化操作、外部 ROM 存储器接口初始化操作等，为执行主程序做好准备工作。在执行 Bootloader 期间，嵌入式系统 CPU 可能处于两种工作模式：特权的线程模式和异常处理模式。在特权的线程模式下，可以用指令访问系统内所有资源。异常处理包括软件和硬件异常、中断请求响应等，除以零是典型的软件异常，非法访问某些存储地址也将导致硬件异常。在异常处理模式下，绝大多数都是执行中断服务/异常处理程序响应系统的中断/异常请求，所有嵌入式系统的软件开发者都会尽可能地避免软件或硬件异常，但万一出现异常，该异常情况必须被正确地处理，否则将导致系统出现不可预测的行为。为了降低固件下载成本，部分 Bootloader 还有 DFU（Device Firmware Update）功能以取代专用调试器的程序下载功能，当然这必须借助专用的 DFU 软件的支持。例如，ESP32 的 Bootloader 可以使用芯片的 UART（通用异步收发器）与 PC 的 ESP-Tools 软件相连接来下载固件，STM32F401 和 nRF52840 的 Bootloader 都可以直接使用芯片的 USB 接口与 PC 的 DFU 软件工具相连接来下载固件。

若在执行 Bootloader 程序阶段无须更新固件，则直接开始执行嵌入式系统的主程序。对于无 OS 的主程序，嵌入式系统 CPU 分为两种工作模式/状态：特权的线程模式和异常处理模式。对带有 OS 的主程序，嵌入式系统 CPU 分为三种工作模式/状态：特权的线程模式、无特权的线程模式和异常处理模式。特权的线程是指 OS，非特权的线程一般是指普通应用程序/线程，两者的主要区别是 OS 允许访问系统的全部资源而普通应用程序/线程只能访问属于本线程的资源，当普通应用程序/线程需要访问系统其他资源时，必须借助于 OS 的某些接口（即 API）。

图 2.25 以使用 ARM Cortex-M 系列微处理器的 MCU 为例来说明 CPU 的工作模式，基于 RISC-V 指令集架构的 CPU 将特权模式和非特权模式分别称为"机器模式"（M mode）和"用户模式"（U mode），并增加一种"监督模式"（S mode），对于嵌入式系统来说，只需要 RISC-V 指令集架构的 M mode 和 U mode，若同时支持三种模式，则能够实现 UNIX 型 OS（如 Linux）。

无论名称怎么取，嵌入式系统 CPU 能够在多种模式下执行指令的主要目的是系统资源访问权限管理和资源保护，非特权模式或用户模式都是为了限制在这个模式下 CPU 执行指令（或用户程序）的行为。例如，两个用户线程都可以向显示器内存写入数据，如果它们同时向同一地址写入不同数据会出现什么样的结果？原则上带有 OS 的嵌入式系统软件的系统资源都由 OS 访问，CPU 在执行用户应用程序/非特权的线程时不能直接访问系统资源，只能借助于 OS 的 API 来进行。

2．ESP32、STM32F401 和 GD32VF03 三种 MCU 的引导选项和控制引脚

当嵌入式系统上电或复位后，Bootloader 阶段是可选择的，最简单的无 OS 的嵌入式系统 CPU 只需要一些初始化操作就可以进入特权的线程模式。当发生异常或中断时，则根据当时的条件执行异常处理或中断服务程序，然后返回特权的线程模式。图 2.25 中所有虚线框的部分都是可选择的。那么如何选择进入或不进入下载程序状态呢？支持可选择地进入或不进入下载程序状态的 MCU 一般都带有 Booting 选项控制引脚，如 ESP32 的 GPIO0 和 GPIO2 引脚、STM32F401 的 Boot0 和 Boot1 引脚等。这种 MCU 在上电或复位期间会把 Booting 选项控制引脚的状态保存下来，在复位完成后会根据这些引脚状态确定是否进入下载程序状态。

ESP32、STM32F401 和 GD32VF103 三种特殊 MCU 的引导选项及复位期间的控制引脚状态之间的关系如图 2.26 所示。STM32F401 和 GD32VF103 两种 MCU 的 Code 分区的前 1MB 地址空间是片上主闪存（Main Memory）、系统存储器（即 Bootloader）和 SRAM 的别名区，在复位期间，Boot1 和 Boot0 两个引脚的状态决定复位后的别名区与三种物理存储器中的一个对齐，并从对应的物理存储器开始取指令。ARM Cortex-M 系列微处理器的 CPU 被复位后，其程序计数器（PC，即 R15）的值从 Code 分区 0x00000004 地址单元加载（注意，是将 Code 分区的这个地址单元内容加载到 PC 中），这一设计很容易从硬件设计上实现按配置从指定区域开始执行程序。在这一点上，GD32VF103 几乎与 ARM Cortex-M 系列微处理器的 CPU 完全一致。

引导选项	引导选项控制引脚	
	GPIO0	GPIO2
从 QSPI FlashROM 启动并进入 Boot 阶段	H	x
从 Internal ROM 启动并进入 DFU Boot 阶段	L	L

(a) ESP32 的 Booting 选项及其控制引脚

引导选项	引导选项控制引脚	
	Boot0	Boot1
从 Main Memory(FlashROM) 启动	L	x
从 System Memory(Bootloader) 启动	H	L
从 SRAM 启动	H	H

(b) STM32F401 等 GD32VF103 的 Booting 选项及其控制引脚

图 2.26　ESP32、STM32F401 和 GD32VF03 三种 MCU 的引导选项和控制引脚之间的关系

然而，ESP32 的引导过程比较复杂。严格地说，ESP32 的 Bootloader 有两种：DFU Bootloader 和正常启动的初始化操作的 Bootloader。DFU Bootloader 在半导体生产过程中就已固化在 Internal ROM 中，芯片在上电或复位后将根据 GPIO0 和 GPIO2 两个引导选项控制引脚在复位期间的状态来确定是否进入这个下载程序状态，一旦启动这个 Bootloader，则等待 ESP-Tools 软件与之通信，并将最新版 DFU Bootloader 下载到 Internal SRAM 中，然后重新初始化 UART 端口并与 ESP-Tools 软件通信，下载程序（或更新固件）。如果复位时 GPIO0 引脚为高电平，那么复位后将开始正常启动初始化操作。首先初始化 QSPI 接口并从 QSPI FlashROM 的 0x00001000 地址单元开始加载程序到 ISRAM（指令 SRAM）中，这一阶段的 Bootlaoder 程序也是固化在片内 ROM 中（用户不能修改）的，然后从 ISRAM 中执行这个 Bootloader，开始加载分区表并根据分区表确定主程序的初始地

址，最后从这一地址开始取指令即启动主程序。更详细的 ESP32 引导过程和初始化操作请参见上海乐鑫的官方论坛和相关文档。从 QSPI FlashROM 的 0x00001000 地址单元开始加载的并从 ISRAM 中执行的 Bootloader 是用户可编程的，虽然加载分区表、定位主程序初始地址等初始化操作是这个 Bootloader 的默认功能，但用户可以增加一些系统必需的其他初始化操作。注意，此处所用的地址编码仅是 FlashROM 芯片从 0 地址开始的编码，与 ESP32 的 4GB 地址空间编码无关，图 2.27 给出了 ESP32 通过 QSPI 外扩的 NOR 型 FlashROM 存储器的分区细节，最前面的 64KB 已经被上海乐鑫详细地定义，其他存储单元的用法和分区容量由用户通过分区表来指定。

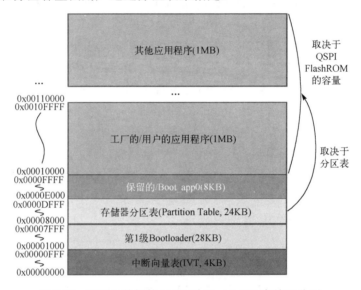

图 2.27　ESP32 外扩的 NOR 型 FlashROM 存储器分区

在前面的内容中，我们多次将 ESP32 称作 SoC 而不是 MCU，主要是因为 ESP32 的片上功能远超一般的 MCU 芯片，包括双核 CPU、MPU 和 MMU 等。带有 MMU 的嵌入式系统支持虚拟内存和物理内存之间的映射，所以能够运行 UNIX 型 OS。ESP32 片外扩展容量达 16MB 的 FlashROM 被映射到 0x400C2000～0x40BFFFFF（仅 11MB）地址空间，实际是由 MMU 来完成的。

前面以 ESP32、STM32F401、GD32VF103 三种 MCU 的引导选项及控制引脚之间的关系来说明从 Bootloader 到嵌入式系统主程序的启动过程，那么这些过程适合 SAMD51 和 nRF52840 吗？事实上，SAMD51、nRF52840 和 STM32F401 都是以 ARM Cortex-M4F 为 CPU 内核的 MCU 芯片，但是它们的 Code 分区设计存在明显的差异：SAMD51 和 nRF52840 的 Code 分区最前面的 1MB 是主闪存，但 STM32F401 Code 分区最前面的 1MB 则是三个物理存储器分区（其中一个分区就是 Bootloader）的别名区，如图 2.22 所示。这意味着，SAMD51 和 nRF52840 是否需要 Bootloader 完全取决于嵌入式系统的软件设计。

综上所述，嵌入式系统从上电或复位到用户主程序启动期间的过程由半导体设计师和嵌入式系统的软硬件设计师共同确定，包括固件更新 Bootloader、初始化操作 Bootloader 等。是否启动并进入下载程序状态基本都是以复位期间某些 Booting 选项控制引脚的状态来决定的，每一种特定 MCU 都有专用的/复用的 Booting 选项控制引脚，硬件设计师将根据这些特性设计 Booting 电路单元，从而方便快速地进入下载程序状态。

2.6　系统的电源

视频课程

1. 嵌入式系统供电电源的低功耗设计

低功耗是嵌入式系统最主要的设计目标之一，尤其在电池供电应用场景中，产品功耗是最重要的指标。CPU 时钟频率越高，动态功耗越大，CPU 频率高，就必须有与之匹配的高速存储器，然而高速存储器也会增加功耗，因此为保持嵌入式系统的计算能力和功耗之间的平衡，在 MCU 半导体设计阶段就需要确保 CPU 支持正常/全速工作模式和多种低功耗工作模式，如睡眠模式和深度睡眠模式。让 CPU 在极短时间内高速运行，待事务处理完毕后立即进入长时间睡眠，这是从软件设计角度降低功耗的一种方法。在 CPU 进入睡眠之前关闭大功耗外设的电源，这是从系统硬件电路设计角度降低功耗的一种方法。

从半导体设计角度降低系统功耗的方法有很多种，除 CPU 的低功耗模式外，还有多路可编程时钟控制(门控时钟)、状态维持的电源控制、可唤醒中断的中断控制器等方法，Joseph Yiu[1]用一章(第 6 章)的篇幅来介绍 ARM Cortex-M 系列 MCU 在半导体设计阶段如何优化功耗。

本节将介绍嵌入式系统 MCU 的供电电源及其相关的低功耗设计，并介绍电源域、DC-DC 变换、负载开关等概念。现代嵌入式系统的供电电源输入范围非常宽，例如，单节电池 1.5V 供电、纽扣电池 3V 供电、单节/多节锂电池供电，以及 USB 5V 供电、工业 12V 或 24V 电源供电、48V 通信电源供电等，但是绝大多数 MCU 及片外扩展的存储器和外设等电子元件都需要稳定的 3V 或 5V 电源。因此，嵌入式系统的 PCB 板上必须带有 DC-DC 或 AC-DC 变换电路单元，能够将宽输入的供电电源变换成稳定的可供 MCU 及其外设工作的电源。嵌入式系统的供电电源拓扑如图 2.28 所示。DC-DC 变换是指，将一种/一定范围的输入电压变换为某种稳定的输出电压且满足设定的功率，包括降压型 DC-DC 和升压型 DC-DC，以及线性变换或开关变换 DC-DC。AC-DC 变换是指，将交流输入电压通过整流、降压等变换输出为满足设定功率的稳定直流电压。这些系统级电源设计非常重要但不是本节重点，本节的重点是 MCU 的供电电源设计和降低功耗的方法。

2. MCU 片上电源拓扑

在嵌入式系统 CPU 进入睡眠或深度睡眠的低功耗模式之前，必须控制负载开关切断系统外设的电源才能达到降低系统功耗的目的，如果外设的供电电压是多种类型的(如1.8V、2.75V、3.3V、5V 等都是常用的外设工作电压)，那么必须使用多路负载开关来分别控制每个外设电源的开关。这样的供电电源设计称为多电源域，各个电源域的工作电压和功率不同，且拥有独立的负载开关。这种电源域设计也常用于 MCU 芯片内部，用于控制片上外设电源开关。MCU 片上的电源拓扑如图 2.29 所示。

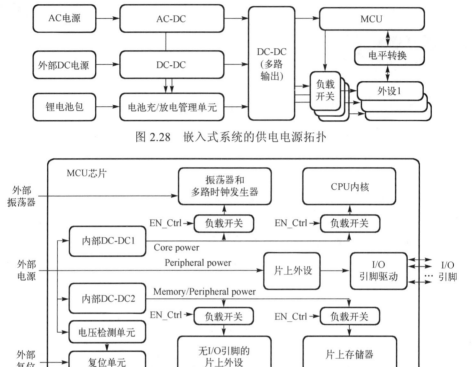

图 2.28 嵌入式系统的供电电源拓扑

图 2.29 嵌入式系统 MCU 片上电源拓扑

降低 CPU 动态功耗的一种有效方法是降低 CPU 内核的工作电压，例如，STM32F401的 CPU 内核的工作电压仅有 1.2V，由于 CPU 内核与片上存储器之间的连接信号密度较大(如 32 位地址总线和 32 位数据总线)，因此必须降低片上存储器的工作电压以简化接口。然而对于片上外设，尤其是使用 I/O 引脚的片上外设则需与外部供电电源电压保持一致。当 CPU 进入(轻)睡眠模式时，CPU 将停止工作，必须使用维持状态的电源控制(State Retention Power Gating)技术确保 CPU 内部寄存器内容维持不变，片上振荡器、存储器和外设仍继续工作，被中断唤醒后将立即开始继续工作。当 CPU 进入深度睡眠模式时，不仅 CPU 完全停止工作，而且振荡器和片上外设也全部停止工作，仅片上 SRAM 数据仍保留，被外部中断或复位唤醒后将花费更长时间重新开始工作。显然，(轻)睡眠的功耗远大于深度睡眠。

片上内建的多路 DC-DC 输出除分别为 CPU 内核、时钟发生器单元、片上存储器、片上外设等功能单元独立供电外，还可以根据 CPU 的低功耗模式切断这个单元的供电或仅提供状态维持电源，而且每个功能单元的时钟频率也是可编程和独立控制的。MCU 片上的多电源域和多输出频率的时钟系统设计，能够实现各域独立的电源供电和维持电源及其开关控制，以及各域独立的可编程时钟频率和开关控制，这些都是为了使其性能与功耗之比达到最大。

下面我们来介绍一种特定 MCU 芯片——nFR52840 的片上供电电源，如图 2.30 所示。nRF52840 能够在很宽范围的外部电压（DC2.5～5V）条件下，无须外部 DC-DC 器件即可为系统供电，因为该 MCU 片上有两个串级的 DC-DC 单元（可独立编程工作在线性模式或开关模式下），第一级 DC-DC 单元的输出电压可编程为 1.8～3.3V，为片上外设和片外扩展的外设供电，第二级 DC-DC 单元输出 1.3V 固定电压，为 CPU 内核和片上存储器供电。

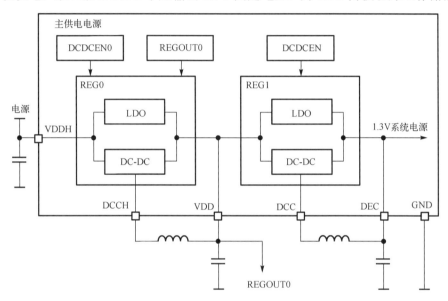

图 2.30　nRF52840 的片上供电电源

如果使用 nRF52840 片上的开关模式 DC-DC，那么必须使用外部功率电感和电容，这些分离元件很难集成到芯片内部。从 GD32VF103 的内部功能组件（图 2.15）中可以看出，这个基于 RISC-V 指令集架构的 CPU 内核的工作电压仅为 1.2V，而片上外设工作电压与器件的 VDD 一致。

如何平衡嵌入式系统的低功耗和高频率 CPU 时钟之间的矛盾，涉及 MCU 半导体设计和系统软硬件设计等阶段的工作，本节主要介绍 MCU 的低功耗模式，以及配合低功耗模式所需要的片上供电电源的拓扑。

2.7　系统时钟与复位

视频课程

系统时钟与复位是所有计算机系统中最基础的功能单元，两者都属于系统 MCU 的定位信号，用于确保系统 MCU 片上所有功能单元保持同步。本节首先介绍嵌入式系统

MCU 片上和片外的复位源，以及不同复位源的复位效果，然后介绍 MCU 的时钟源和时钟树，以及低功耗模式所需要的时钟门控等。

1. MCU 的时钟源

嵌入式系统 MCU 的片上时钟功能单元使用内部或外部的振荡器作为基础时钟源。为了能够产生低功耗模式的、片上 RTC（日历时钟）的低频时钟信号，以及正常工作模式的高频时钟信号，绝大多数 MCU 都支持两路基础时钟源：32.768kHz 的低频振荡器（LFO）和数 MHz 的高频振荡器（HFO），如 nRF52840 的系统时钟功能单元如图 2.31 所示。

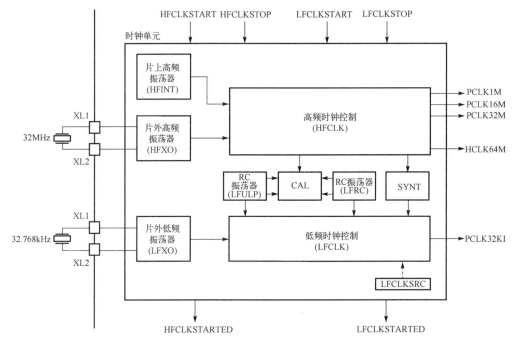

图 2.31   nRF52840 的系统时钟功能单元

图中左边的两种振荡器频率分别为 32MHz 和 32.768kHz，nRF52840 能够使外部低频和高频的振荡源与片上的晶体振荡器（Crystal Oscillator）电路结合，产生 32.768kHz 低频和 32MHz 高频的基准时钟信号，也能够使片上精度较低的 32.768kHz 和 64MHz 内部 RC 振荡器产生两种基准时钟信号。内部低频时钟控制电路将产生一个 PCLK32KI 时钟信号（稳定频率为 32.768kHz）提供给系统内部功能单元；内部高频时钟控制电路将产生 4 个不同频率的时钟信号：HCLK64M、PCLK32M、PCLK16M、PCLK1M，其中 HCLK64M 的频率为 64MHz，用作 CPU 内核及其周边高速外设和存储器的工作时钟，该时钟信号带有门控电路，当 CPU 内核进入低功耗模式时将被关断，另外三种时钟信号的频率分别为 32MHz、16MHz 和 1MHz，且都能用门控电路关断，这些时钟信号为片上外设单元提供基准时钟。

虽然时钟单元并不属于 CPU 内核体系结构的部分，但考虑到嵌入式系统所用 MCU 的 CPU 内核都需要考虑低功耗设计，因此 MCU 的片上时钟单元必须满足这一要求。从

nRF52840 多种频率的片上外设时钟信号可以看出，半导体设计师已经为不同用途和不同速度的外设准备好了合适频率的时钟信号，以确保系统每个功能部件的功耗都降到最低。

在系统上电复位期间，片上的低精度 RC 时钟会自动开启并达到稳定状态，为 CPU 内核执行 Bootloader 程序提供工作时钟，我们在 Bootloader 程序中配置或切换整个系统的时钟信号，以及每一个片上外设的时钟信号。由于高精度、低温漂的石英晶体元件体积较大难以集成到半导体芯片内部，因此只能使用低精度、低成本的 RC 振荡器，但是某些片上功能单元对时序要求很严格或对时钟频率要求很精确，例如，异步串行收发器所用的时钟频率不准确会引起较高误码率。虽然很多 MCU 具有内部的 RC 振荡器，但是很多系统仍需要使用外部的高精度、低温漂的振荡源。

对 nRF52840 来说，低速外设的时钟频率仅是 CPU 内核时钟频率的 1/64，当系统复位信号同时将 CPU 内核和片上低速外设复位时，复位信号的宽度必须不小于低速外设时钟信号的一个周期。

1．MCU 的复位源

几乎所有的 MCU 芯片都有一个专用或复用的外部复位信号输入引脚，复位信号的有效电平取决于 MCU 的具体设计，并且对有效电平的宽度(复位信号的持续时间)也有具体要求。注意，必须使用 MCU 的主时钟频率来度量外部复位信号有效电平的宽度，其原因会在本节后面给予说明。

由于现代嵌入式系统大多数的 MCU 芯片内部都带有 DC-DC 单元为 CPU 内核、片上存储器或高速外设供电，因此 DC-DC 单元的输入电压会被监测以确保其在正常的工作电压范围内，这样的监测电路称为片上电压监视器。当 MCU 的外部电源电压低于报警阈值时，片上电压监视器会产生低供电电压报警信号，也可将其作为中断请求信号；当 MCU 的电压过低(称为复位阈值电压)，可能造成 DC-DC 单元无法正常输出内核工作电压时，片上电压监视器将产生系统内部复位信号并持续到外部供电电压超出复位阈值为止。显然，片上电压监视器也能产生"上电复位"效果(即冷复位)，当嵌入式系统上电时，MCU 的外部供电电压有一定的爬升时间，在外部供电电压达到复位阈值电压前，MCU 一直处于复位状态。

MCU 的片上看门狗定时器(Watchdog Timer)单元也会产生系统内部复位信号。嵌入式系统软件受某些因素(如软件 Bug 或寄存器值非法改变等)影响会产生逻辑错误而陷入意外的死循环，此时系统软件无法按预期的任务逻辑处理事务。片上看门狗定时器单元的功能正是避免嵌入式系统软件陷入此类意外状态。正常的任务逻辑必须在看门狗定时器溢出周期到达前将定时器复位以避免溢出，但当系统软件陷入意外的死循环时不能给看门狗定时器复位，当看门狗定时器溢出时产生系统内部复位信号会将系统复位，从而让系统退出意外状态。

并不是所有 MCU 都带有片上看门狗定时器单元，有的 MCU 带有专用的外部看门狗定时器，但必须占用一个 I/O 引脚复位外部专用的看门狗定时器，外部看门狗定时器产生的复位信号可以作为 MCU 的外部复位信号使用。

软件复位是一种特殊的系统内部复位。一般的软件复位方法分为两种：一种方法是使用指令集中专用的复位/重启指令；另一种方法是在系统控制单元的某个寄存器中写入特定的值产生复位信号。两种方法都需要通过给 MCU 的系统控制单元配备必要的硬件电路来产生系统内部复位信号。

我们可以使用外部唤醒信号将处于深度睡眠等低功耗状态的 MCU 唤醒，这种唤醒与外部复位完全不同，唤醒必须保持某些内部状态不变同时确保 CPU 内核重新开始执行程序。唤醒效果只是将 CPU 内核或其他相关片上外设复位。由于 CPU 内核被唤醒信号复位，因此我们将这一特殊过程称为唤醒复位。

总之，除唤醒复位外，其余的系统复位不仅将 CPU 内核复位，而且同时将片上其他功能单元复位。复位，意味着被复位的功能单元相关的存储器(尤其是可读且可写的功能寄存器)全部恢复到默认值。例如，程序计数器(PC)被恢复到默认值意味着 CPU 内核将从这个默认值所指定的指令存储器单元开始取指令和执行指令。复位后各内部功能单元的状态和相关存储器的默认值可通过半导体厂商提供的文档找到。

提示：MCU 的复位源

➤ 外部复位

　　复位引脚与外部复位电路、复位按钮、看门狗定时器复位等连接

➤ 内部复位

　　低电压复位(Brownout Reset)

　　上电复位(Power On Reset)

　　看门狗定时器复位(Watchdog Reset)

　　软件复位(Software Reset/Reboot)

　　唤醒复位(Wakeup Reset)

注意，这里虽然列举出很多种复位源，但并不是所有 MCU 都支持这些复位。

3．MCU 的时钟树

为了方便理解，通过对比找出 MCU 系统时钟的共性和个性设计。图 2.32 给出基于 RISC-V 指令集架构的 MCU——GD32VF103 的时钟树，这个 MCU 芯片的时钟系统采用片上 RC 振荡器，以及片外低频的和高频的振荡器，要求低频振荡器的频率为 32.768kHz，高频振荡器频率可选择为 3MHz～25MHz 中的某个值，片上 RC 振荡器的频率分别为 40kHz 和 8MHz。

为什么要求片外高精度、低频振荡器的频率为 32.768kHz 而不是 40kHz 呢？这与数字分频器的实现原理有关，32.768kHz 的基准时钟信号被 32 分频能够得到高精度的秒时钟信号。从图 2.32 可以看出，GD32VF103 的低频基准时钟信号仅用于 RTC 单元。

GD32VF103 能够使片上 8MHz 的 RC 振荡源或片外 3MHz～25MHz 的振荡源产生 108MHz 的高频主时钟，这需要使用锁相环(Phase Locked Loop, PLL)电路才能产生稳定频率的基准时钟信号，锁相环的特性归功于反馈(Feedback)的作用。

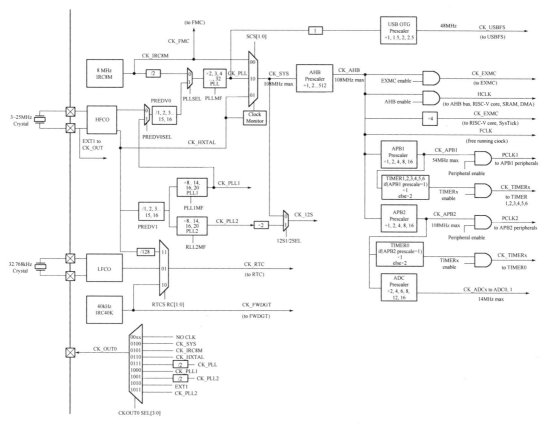

图 2.32 GD32VF103 的时钟树

GD32VF103 的主时钟 CK_SYS 的频率是可编程的，配置锁相环单元的控制参数即可。通过对 CK_SYS 信号分频得到最高频率达 108MHz 的 CK_AHB 时钟信号，并通过时钟门控提供给 RISC-V 微处理器。换句话说，GD32VF103 的 RISC-V 微处理器的工作时钟信号是可以关断的(进入低功耗工作模式)，而且时钟频率是可调节的。使用更多种可编程分频器和时钟门控处理 CK_AHB 时钟信号能够为片上外设提供不同频率的基准工作时钟。

综上所述，片上供电电源系统和时钟系统的设计是为了满足嵌入式系统的低功耗和高计算性能等需求，各半导体厂商的设计略有区别，但总体上的设计理念和方法都是相似的。

2.8 本章总结

现代嵌入式系统 MCU 的微处理器种类非常丰富，这与其他类型的计算机系统 CPU 或 MPU 的内核种类形成明显区别，PC 系统 CPU 目前仅有 Intel x86 和 ARM Cortex-A 两种主流体系结构，PMD 类计算机系统 MPU 的体系结构目前几乎只有 ARM Cortex-A，但嵌入式系统 MCU 的微处理器体系包含 8 位、16 位和 32 位等数百种。本章主要介绍了 ARM Cortex-M 和 RISC-V 两种主流体系结构的微处理器结构及其半导体实现，以及可重构的、小众的 Tensilica Xtensa 内核的架构和采用该内核的 SoC（ESP32）内部结构。为了满足更高计算性能，微处理器的时钟频率越来越高，但传统片上外设的频率仍很低，因此复杂的片上供电电源、时钟树等能够确保高性能内核和外设的低功耗特性。几乎所有的 MCU 和 SoC 都遵循"一切皆地址"原则，将片上资源全部映射到存储器系统内，像访问数据存储器一样地访问某些存储地址单元即可实现对片上外设的编程，对整个存储器系统进行功能分区并引入低成本且易用的 MPU 管理各功能区域的权限，允许 CPU 直接从片外扩展串行接口的存储器执行程序。与传统并行接口扩展的片外存储器相比，这种方式不仅极大地减少了 MCU 引脚数目和 PCB 面积，而且还有利于降低系统成本。

本章我们初步介绍了嵌入式系统硬件方面的基础知识、概念和系统实现方法，但是并没有涉及具体的硬件电路设计和调试等技术，在嵌入式系统软件方面仅从 MCU 的工作状态和工作模式方面了解了顶层软件的组成与执行过程。下一章我们将介绍嵌入式系统软件的基本（分层抽象）架构、开发方法、开发工具和开发环境的搭建等。

本章拓展阅读的内容如下：

1）MCU/SoC 设计（参考文献[1]）

2）MCU 体系结构（参考文献[2,3]的前 5 章）

3）PC 的体系结构并深入理解程序的执行过程（参考文献[6-8]）

4）MCU Datasheet（GD32VF103、STM32F401、SAMD51、nRF52840、ESP32 等 MCU 都是本章的示例，建议浏览相关 Datasheet）

参 考 文 献

[1] Joseph Yiu. System-on-Chip Design with ARM Cortex-M processors[M]. Cambridge: ARM Education Media, 2019.

[2] Joseph Yiu. The Definitive Guide to ARM Cortex-M0 and Cortex-M0+ Processors[M]. 2nd ed. Amsterdam: Elsevier, 2015.

[3] Joseph Yiu. The Definitive Guide to ARM Cortex-M3 and Cortex-M4 Processors[M]. 3rd ed. Amsterdam: Elsevier, 2013.

[4] D. Patterson，A. Waterman. The RISC-V Reader[M]. Berkeley: Strawberry Canyon LLC, 2018.

[5] 胡振波. 手把手教你设计 CPU：RISC-V 处理器篇[M]. 北京：人民邮电出版社, 2019.

[6] John L. Hennessy, David A. Petterson. 计算机体系结构：量化研究方法（第 5 版）[M]. 贾洪峰, 译. 北京：人民邮电出版社, 2013.

[7] David A. Petterson, John L. Hennessy. 计算机组成与设计：硬件/软件接口（第 5 版）[M]. 陈微, 译. 北京：机械工业出版社, 2018.

[8] Bryant R E, O'Hallaron D R. Computer Systems: A Programmer's Perspective[M]. 3rd ed. NewYork:

Education, 2018.

思　考　题

1．多级流水线（Pipeline）能够加速指令执行速度，但条件跳转指令会严重影响多级流水线的效率。请解释其原因。

2．对比 RISC 和 CISC。

3．对比 CPU、MPU、MCU 和 SoC 四类半导体器件。

4．ARM Cortex-M 系列微处理器使用哪些类型的接口总线？分别与哪些类型的片上资源连接？

5．简要对比 AHB 和 APB，查阅 AHB-APB 总线桥的工作机制，列举 MCU 片内同时使用 AHB 和 APB 两种总线带来的益处。

6．某半导体工程师打算使用 ARM Cortex-M4F 微处理器（有独立的浮点数处理单元）设计一个适合无刷伺服电机控制的 SoC，片上除 120MHz 主频的微处理器之外还包含有 128KB FlashROM、32KB SRAM，以及 100MB Ethernet MAC、CAN FD（参见第 8 章）和 UART（参见第 7 章）等系统级通信接口单元，2 个 SPI（参见第 6 章）、3 个 I2C（参见第 5 章）两种系统功能扩展接口单元，5 个 32 位通用定时/计数器、6 个输入通道的 ADC 等片上外设。请参考图 2.8 和图 2.9 所示的 SoC 内部结构，使用 AHB、APB 和 AHB-APB 总线桥将这些片上功能单元连接起来。（提示：可以忽略 DMA、片上时钟树、电源等。）

7．RISC-V 并不是唯一开源的 ISA（指令集架构），还有哪些其他开源的 ISA？为什么 RISC-V ISA 最受人们欢迎？

8．参考 GD32VF103 的内部结构（图 2.15），并自行选择一个特定的应用场景，使用适当且可用的 RISC-V 微处理器（请提供该微处理器的网址）设计一个满足特定应用的 SoC。

9．在 ARM 官网浏览 ARMv7、ARMv8 和 ARMv9 指令集，简要说明三代版本演变的主要趋势，以及迎合 IoT 应用场景的主要变化。

10．以 ARM Cortex-M3/M4 微处理器的 MCU 为例，简要说明 MCU 低功耗模式的节能原理，以及如何使用片上电源系统、负载开关和时钟树降低 MCU 功耗。

11．如果某嵌入式系统的 SoC 支持特权模式和非特权模式（以及响应中断和异常的 Handler 模式），且使用 RTOS 编写该系统的软件，那么在执行 RTOS 代码时必须切换至特权模式，执行其他任务的代码时必须切换至非特权模式，请简要说明其中的缘由。（提示：特权模式的代码可以访问系统内任意资源，非特权模式的代码只能访问有权限的系统资源。）

12．现代 SoC 片内几乎都采用多电源域，主要包括微处理器电源域、片上高速外设电源域、片上低速外设电源域、I/O 电源域等，并要求多个电源域之间保持合理的上电顺序。这样的多电源域设计使得 SoC 的供电系统更为复杂，但有利于降低功耗，请简要说明降低功耗的原理。（提示：直流电路的功耗取决于电流和电压的乘积。）

13．片上系统的时钟树能够产生供 CPU、USB、Ethernet 等功能单元工作的高频基准时钟，还能产生供 RTC、ADC 和 DAC 等功能单元工作的多种不同频率的低频基准时钟，而且这些功能单元的基准时钟输入端往往还带有时钟分频器以方便用户程序对功能单元的工作时钟频率进行编程控制。这样的 SoC 设计肯定会增加硬件成本，但有利于降低 SoC 的功耗。请简要说明原因。(提示：影响数字电路动态功耗的主要因素是电路的切换/工作时钟频率。)

14．除外部复位之外，MCU 内部能产生多种复位信号，如低电压复位、软件复位、内部看门狗定时器溢出复位等，查阅相关资料了解每种复位信号的产生机理，然后从软件和硬件两个角度简要列举提高系统可靠性的方法。

15．查阅 STM32F401 和 GD32VF103 两种 MCU 的 Datasheet，从 CPU 内核时钟速度、FlashROM、RAM 和外设，以及存储器映射、片内电源和时钟单元等几方面对它们进行对比。

第3章

嵌入式系统软件

早期的嵌入式系统软件开发必须使用汇编语言，编写汇编语言程序的效率极低且很难维护。如今我们可以使用很多种成熟的、易用的高级编程语言开发嵌入式系统软件，如 C/C++、Python、JavaScript、Lua、Go 等。在嵌入式系统软件开发领域，C/C++和 Python 都十分流行，C/C++是编译型语言的代表，Python 则是解释型语言的代表，这两种编程语言都会在本书中使用到。

在过去的 20 年间，嵌入式 Liunx（μcLinux）、嵌入式 Windows（Windows CE）及其应用程序开发几乎被当作标准版本的嵌入式系统软件开发的模板，事实上99%的嵌入式系统软件根本不使用 OS，或 FreeRTOS、RTX RTOS 等小型的 RTOS（Real Time Operating System，实时操作系统）[1]，本章将分析带有 RTOS 的和无 RTOS 的嵌入式系统软件开发的基础（分层抽象）架构和基本开发方法，以及如何使用 Python[2]和 C/C++[3]语言开发嵌入式系统软件。

动手实践是一种高效率的嵌入式系统学习方法，本章包含一个动手项目：创建一个兼容 Arduino 开发板和软件的开发环境。通过动手实践不仅能够帮助我们理解前 3 章的理论内容，还能够为后续学习过程中的动手验证做一些准备。

3.1 有 RTOS 的嵌入式系统软件

视频课程

PC 系统和 PMD 的软件开发统称为应用程序（或称为 App）开发，在 Windows、Linux、macOS、iOS、Android 等标准 OS 运行环境中，应用程序开发的难点是算法和软件性能优化等，例如，SaaS（软件即服务）等软件开发的重点是 API 的应用，与其对应的开发方法和开发环境非常成熟。但是，开发带有 OS 的嵌入式系统软件完全不同。

1. RTOS 的基本概念和作用

适用于嵌入式系统软件的 OS 通常称为嵌入式 OS（Embedded OS）或 RTOS，在 OS 环境中运行的软件绝大多数都采用事件驱动（Event Driven）的风格，但 RTOS 种类繁多且无统一的、标准的 API，也没有统一的开发环境，很多 RTOS 仅支持几种 MCU（目前没有完全通用的 RTOS）。RTOS 意味着当发生某个事件时所触发的任务必须在预定时间内完成（不是最快完成，而是在预定的截止时间之前完成)。

嵌入式 OS 都是多任务的(单任务的 OS 没有实用价值)，借助于 OS 的任务调度器 (Task Scheduler)可以"同时"执行多个任务，执行多任务的效果与桌面 OS 很相似。

带有 RTOS 的嵌入式系统软件模型如图 3.1 所示，系统启动后首先执行必要的初始 化操作(如 Bootloader、RTOS 初始化)，然后创建多个任务并启动 RTOS 任务调度器。这 些操作都是一次性执行的代码，RTOS 调度器本身是一个无穷循环，能够在定时器中断 的辅助下控制多个任务并行执行。

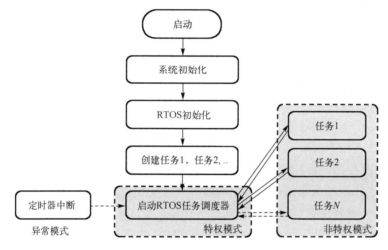

图 3.1　带有 RTOS 的嵌入式系统软件模型

当前的大多数 MCU 都支持 RTOS，如支持特权模式和非特权模式、异常模式等。一 般来说，RTOS 内核在特权模式下工作，可以访问和管理系统内全部的软硬件资源，用 户任务程序在非特权模式下工作，只能访问属于本任务的资源。异常模式是专门处理软 硬件异常和中断服务的。使用 RTOS 编写嵌入式系统软件的(伪代码)风格如下。

使用 RTOS 编写嵌入式系统软件的(伪代码)风格示例

```
1    Task1() {
2      //Task1 的初始化代码(仅执行一次)
3      while(1) {
4        //Task1 的功能代码(重复执行)
5      }
6    }
7    Task2() {
8      //Task2 的初始化代码(仅执行一次)
9      while(1) {
10       //Task2 的功能代码(重复执行)
11     }
12   }
13   Task3() {
14     //Task3 的初始化代码(仅执行一次)
```

```
15      while(1) {
16        //Task3 的功能代码(重复执行)
17      }
18    }
19  main() {
20    //系统软硬件资源初始化代码(仅执行一次)
21    //RTOS 初始化代码(仅执行一次)
22    xCreakTask(Task1);      //创建 Task1 并将其添加到任务列表
23    xCreakTask(Task2);      //创建 Task2 并将其添加到任务列表
24    xCreakTask(Task3);      //创建 Task3 并将其添加到任务列表
25    vTaskStartScheduler();  //启动 RTOS 任务调度器, 列表中的任务将会逐个地执行
26  }
```

任务调度器能够"同时"执行多个任务的机制是,将 CPU 的时间分割为多个时间片并分配给已经创建的多个任务,每个任务占用 CPU 的一个时间片。当正在执行的任务的时间片消耗完毕时,调度器实施任务切换(将正在执行的任务挂起,继续执行下一个任务),每个任务按分配的时间片占用 CPU 一定的时间后被挂起,如此无穷地循环,从而让我们感觉多个任务被"同时"执行。其中,时间片的分割粒度由定时器的中断/溢出周期来决定,通过对定时器的中断/溢出周期进行编程配置即可改变时间片粒度。

这是一种最简单的按时间片轮转的多任务调度器,当我们需要优先处理某些任务时,抢占型 RTOS 就很必要。抢占型 RTOS 的任务调度器相对复杂,每个任务不仅有自己的时间片,而且还有优先级,正在执行的低优先级任务的时间片可能会被高优先级任务抢占。

2. 使用 RTOS 的优缺点

嵌入式系统软件使用 RTOS 有什么益处呢?支持任务驱动和多任务的软件设计方法能够将复杂的嵌入式系统软件分割成多个易于实现的、简单的任务软件,不仅易维护还能确保实时性。例如,无人机的飞控系统软件需要实时无线通信、实时姿态控制、实时避障、实时定位、视频采集和视频流回传等功能,几乎所有功能都需要很高的执行频次,如果没有 RTOS 的支持,直接编写飞控系统软件将会耗费很长的开发时间。

使用 RTOS 的缺点是哪些呢?任何 RTOS 都需要额外占用嵌入式系统有限的 ROM 空间和 RAM 空间,例如,μcLinux 需要占用 2MB RAM。RTOS 的任务调度器需要占用 CPU 的时间来实现任务调度和任务切换,尤其当任务切换时需要将待挂起任务的寄存器等状态信息保存到该任务的控制块(TCB)中,并将待调度的下一个任务的寄存器等状态信息从其 TCB 中恢复,这个过程需要耗费一定的 CPU 时间。每个任务的 TCB 肯定会额外地占用 RAM 空间。因此,简单的嵌入式系统软件完全没有使用 RTOS 的必要。

目前在嵌入式系统开发过程中使用 RTOS 还存在一些困难。其一,RTOS 种类繁多且无统一的标准 API,对开发环境和软件工具也有特殊要求(没有统一的开发环境);其二,商用 RTOS 授权费昂贵,虽然也有很多种免费的甚至开源的 RTOS 可以选择,但是没有技术支持可能会增加软件开发周期和技术成本;其三,RTOS 中存在 Bug,虽然所有 RTOS 研发者都认为自己已经尽力做到最好,但复杂的 RTOS 内核软件和相关中间件本身就是庞大的软件系统,存在 Bug 是在所难免的,由 RTOS 的 Bug 引起的灾难事件已有很多。

3．RTOS 的使用情况及问题

RTOS 的实际使用情况如何呢？图 3.2 是 EETims 杂志 2020 年初发布的全球操作系统市场调查结果，其中包含很多种 RTOS。

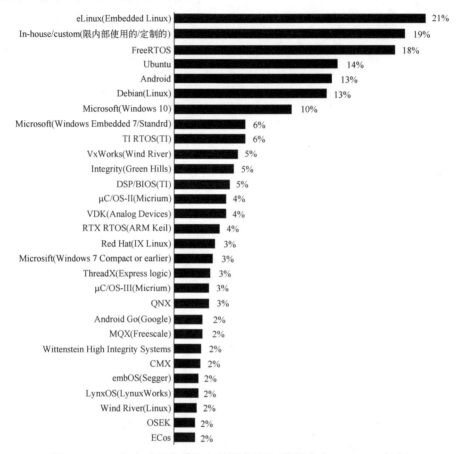

图 3.2　2019 年全球操作系统市场调查结果（数据来自 EETimes 杂志）

根据调查结果可以发现，去掉我们熟悉的 PC 系统的 OS，其他几乎都是 RTOS（限内部使用的/定制的 OS 除外）。免费且开源的 eLinux 和 FreeRTOS 的市场占有比例拥有绝对优势，比例相近的 TI RTOS 和 VxWorks 分别是免费的和商业的 RTOS，但相较于免费且开源的 μC/OS-II 和 μC/OS-III 的总体比例还是有差距，半免费的（个人免费但企业非免费）QNX 和低授权费的 MQX 的比例也很接近。

显然，完全免费且开源的 RTOS 非常受欢迎。注意，eLinux 并不是实时的 OS（适合 PMD 类计算机系统）。FreeRTOS、TI RTOS、μC/OS-II/III 等属于免费且完全开源的 RTOS，它们的市场占有比例与使用难易度和通用性有关：FreeRTOS 和 μC/OS-II/III 都是通用型 RTOS，但后者的使用难度略大于前者；TI RTOS 仅支持 TI 自己的 MCU 和 DSP，DSP/BIOS 是 TI RTOS 的内核（在 TI 官网的名称是 SYS/BIOS）。虽然国产的 RT-Thread 等免费 RTOS 都未上榜，但它们也拥有自己的大量用户。

图中所有的 RTOS 都支持基本的时间片轮转调度和按任务优先级抢占调度模式，在

RTOS 初始化阶段可以通过编程来配置或编译前使用配置文件来选择其工作模式。

初始化 RTOS、创建任务、启动多任务调度器等是 RTOS 的基本操作,在使用 RTOS 开发嵌入式系统软件时我们一定会遇到共享资源访问和任务间通信等高级问题,解决这些问题就要用到 RTOS 的一些高级操作。

多个任务共享嵌入式系统的硬件资源(如内存、外设等)是很常见的,例如,两个任务都需要向同一个 UART 端口写入单行型字符串信息,如果这个问题处理不当,那么一定会发生一个字符串被另一个字符串分割的现象。互斥(Mutual Exclusion)机制及其接口是 RTOS 解决共享资源问题的常规方法,需要使用共享资源的每个任务必须对预先定义的互斥变量进行查询(若被其他任务锁定则该任务将被挂起)、锁定(锁定成功即可使用共享资源)、释放(使用完毕立即释放)等互斥访问共享资源的过程。

任务间通信问题出现在业务逻辑耦合的多任务软件设计过程中,例如,一个高优先级的任务 A 负责控制 ADC 按指定采样周期采集语音,另一个高优先级的任务 B 负责将采集的语音数据滤波后存入内存,还有一个低优先级的任务 C 负责将语音流数据通过网口传输至云端。任务 A 和任务 B 之间需要借助通信或共享内存来协作执行,任务 C 需要等待任务 B 的消息才能开始传输数据流,任务 B 必须根据任务 C 的传输进度决定是否能够继续保存语音数据(如果流数据存储空间是满的,那么任务 B 需要暂停写内存)。信标、队列和邮箱等都是 RTOS 常用的任务间通信方法,但不是所有 RTOS 都支持这些方法。更详细的 RTOS 知识请查阅相关的文献及前文所提到的各种 RTOS 的官网。

4．软件架构及 FreeRTOS 的应用

使用 RTOS 的嵌入式系统软件架构是什么样的呢?图 3.3(a)和图 3.3(b)分别给出了通用型分层架构、FreeRTOS 用于 ARM Cortex-M 的嵌入式系统软件架构。从图中可以看出,除 RTOS 内核(Kernel)外,RTOS 还有一部分组件与具体的嵌入式系统 MCU 的体系结构相关。当 FreeRTOS 用于 ARM Cortex-M 系列 MCU 时,我们必须进行一部分代码移植(Porting)工作。

Windows 用户有上亿之多,FreeRTOS 的用户数量接近其 2 倍,包含基于 FreeRTOS 的 OpenRTOS 和 SafeRTOS(属 FreeRTOS 的变种版本)的用户。FreeRTOS 得到全球嵌入式系统市场广泛认可的原因,除了免费且开源(可以自行修改 FreeRTOS 的源代码),易用性也很关键。从图 3.3 中可以看出,FreeRTOS 允许用户代码和第三方库代码直接访问嵌入式系统的硬件资源和半导体厂商提供的片上外设驱动库,这使得 FreeRTOS 能够保持代码量极小化和高易用性。图 3.4 是 FreeRTOS 的一种移植版本——支持 nRF52(Nordic 公司的使用 ARM Cortex-M4F 微处理器的一系列 MCU)的版本,其编译环境是 Arduino IDE。

从图中可以看出,FreeRTOS 包含 4 个关键的内核文件,内核需要用到的 SysTick 定时器及其中断、堆内存(Heap)等操作依赖 ARM Cortex-M4F 的移植代码文件,以及其他辅助功能代码文件等。与 PC 系统的 OS 相比,FreeRTOS 非常小且极其简洁。

在前面的内容中我们对 RTOS 稍做介绍,在后面的 Arduino IDE 环境中将会用到 FreeRTOS。

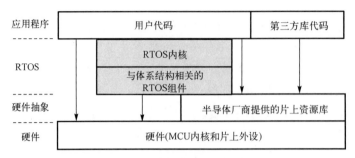

(a) 通用型分层架构

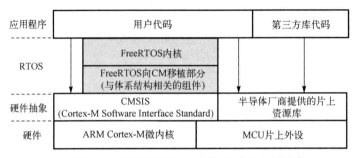

(b) FreeRTOS用于ARM Cortex-M的嵌入式系统软件架构

图 3.3　使用 RTOS 的嵌入式系统软件架构

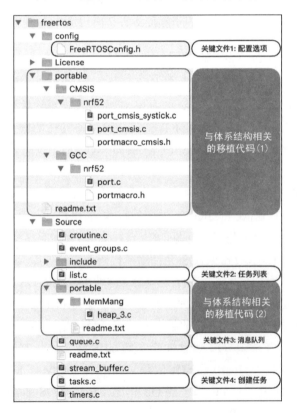

图 3.4　支持 nRF52 的 FreeRTOS 移植版本

3.2　无 RTOS 的嵌入式系统软件

绝大多数嵌入式系统软件并不使用 RTOS，本节将探讨无 RTOS 的嵌入式系统软件的设计模式。我们知道，无论多么精简的 RTOS，都会占用嵌入式系统的 Code 和 Data 资源，占用 ROM 和 RAM 空间的大小是 RTOS 的关键指标之一，当然 RTOS 的任务调度器也会占用 CPU 的时间。功能和业务逻辑相对简单的嵌入式系统所使用的 MCU 性价比较高，这意味着 CPU 的时钟频率尽可能低(低速带来多方面的低成本效应)，ROM 和 RAM 资源也尽可能小(够用就好)，RTOS 所占用的资源在这样的系统中占比较高，因此使用 RTOS 就显得多此一举了。

1. 无 RTOS 的嵌入式系统软件模型及其执行过程

当我们不使用 RTOS 时，最好的嵌入式系统软件设计方法是仍按照功能和业务逻辑将软件分割为多个子功能或子业务，并编写相应的子程序，在系统初始化完毕后，在一个无穷循环内顺序地调用各个功能子程序即可，无 RTOS 的嵌入式系统软件模型如图 3.5 所示。当不使用 RTOS 时，嵌入式系统 MCU 只需要两个工作模式：特权模式和异常模式，前者循环执行正常主循环，后者响应中断或处理软硬件异常。图中的每个子程序都可以访问系统的任何资源，所有子程序的权限都是相同的。

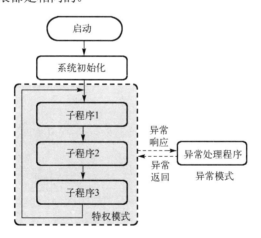

图 3.5　无 RTOS 的嵌入式系统软件模型

假设某个无 RTOS 的嵌入式系统软件有 3 个功能性子程序，"子程序 1"执行异步串行通信功能(从串口接收指令并执行指令)，"子程序 2"执行传感器的数据采样和滤波，"子程序 3"负责刷新显示器和指示灯状态。显然，"子程序 1"的执行时间会随着串口接收消息的变化而变化，在没有新的接收消息时几乎不占用 CPU 时间，而另外两个子程序的执行时间相对固定，尤其是"子程序 2"。其他一些功能主要包括，使用中断服务程序处理系统按钮，可以调整数据采样分辨率、时间间隔等。

图 3.6 给出无 RTOS 的嵌入式系统软件的执行过程。由于"子程序 1"的执行时长受串口接收到的消息的影响，因此当图中第二次循环时，"子程序 1"的执行时间很短，三个子程序的执行间隔也随之变短，当"子程序 1"的执行时间很长时，三个子程序的执行间隔(数据采样间隔)也随之变长。响应中断/异常也会影响传感器的数据采样间隔，如图中 $t_6 \sim t_7$ 阶段。按功能子程序轮转方式的无 RTOS 软件无法确保任何一个功能程序正常的执行间隔，或者说无法保证在预定的时间点之前完成，所以这样的软件系统属于非实时的。为了改善软件系统的实时性，我们需要尽可能地缩短每个功能性子程序的执行时间，当执行所有子程序的循环周期接近或小于预定的实时处理周期时，这样的软件系统就属于实时的。

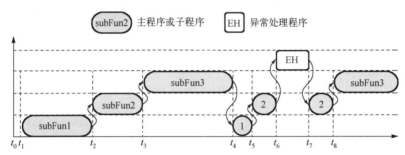

图 3.6　无 RTOS 的嵌入式系统软件的执行过程

与带有 RTOS 的嵌入式系统软件的执行过程(图 3.7)相比，无 RTOS 软件主程序的循环周期完全受每个子程序的执行时长影响。当使用非抢占型 RTOS 时，RTOS 调度器能确保每个任务按固定的间隔周期执行，而抢占型 RTOS 能根据任务优先级来调度任务执行。假设图 3.7 中的 3 个任务与图 3.6 中的 3 个功能性子程序实现相同功能，任务 2 执行传感器数据采样时必须确保固定的时间间隔(称为采样周期)，借助 RTOS 很容易实现这一实时性要求。但无 RTOS 的嵌入式系统软件想要实现这样的目的就相对困难，需要经过系统软件设计者精心测试和改善才能达成。

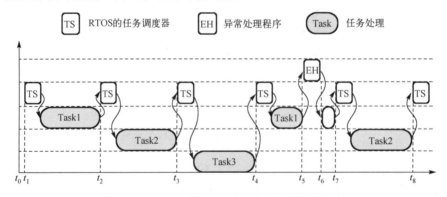

图 3.7　有 RTOS 的嵌入式系统软件的执行过程

异常处理程序(Exception Handler，EH)的执行将会打破常态的主循环，无论是否有RTOS，当允许被响应的中断或软硬件异常发生时，正在执行的任务或子程序将被暂停，系统先执行 EH，再返回被暂停的地方(称为断点)继续执行。所有优秀的嵌入式系统软件的 EH 都保持尽可能短的执行时间，如几微秒的时间，以保证正常主循环的执行周期受 EH 的影响不太大。

2．中断驱动的无 RTOS 嵌入式系统软件

另一种无 RTOS 的嵌入式系统软件设计方法与 RTOS 的任务驱动相似，称为中断驱动的软件。如今 MCU 支持上百个中断请求源，包括外部输入中断、内部功能单元中断等，如 UART 接收到字符的中断和字符发送完毕的中断。中断驱动的无 RTOS 嵌入式系统软件的架构如图 3.8 所示，当中断请求发生时，CPU 立即退出(轻度)睡眠状态，执行中断服务程序，然后继续进入(轻度)睡眠状态。

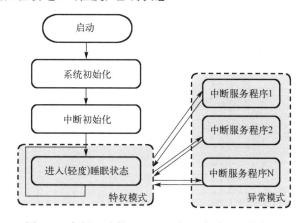

图 3.8 中断驱动的无 RTOS 嵌入式系统软件架构

中断驱动的嵌入式系统软件的主循环仅有一行代码，即进入睡眠模式，这样可以确保在每次响应中断后再次进入睡眠模式。进入睡眠模式代码如下。

进入睡眠模式代码

```
1   ISR1() {
2     //ISR1(中断 1 服务程序)的功能代码
3   }
4   ISR2() {
5     //ISR2(中断 2 服务程序)的功能代码
6   }
7   ISR3() {
8     //ISR3(中断 3 服务程序)的功能代码
9   }
10  main() {
11    //系统软硬件资源初始化代码(仅执行一次)
12    //系统中断初始化代码(仅执行一次)
13    while(1) {
14      entrySleepMode();      //进入睡眠模式
15    }
16  }
```

中断驱动的嵌入式系统软件并不确保实时性。当任意中断请求发生并被响应时或有其他中断请求时，其会根据中断系统初始化时所设定的中断优先级逐个响应，如果高优先级中断服务程序的执行时间很长，那么将会使得低优先级中断出现更长的延迟响应。但是如果使用高优先级的定时中断来保证前面提到的"传感器数据采样和处理"周期固定，那么使用相似的思路就可以达成某些特定任务的实时性要求。

3．中断驱动和子程序软件的无 RTOS 嵌入式系统软件

在异常模式下执行中断服务/异常处理程序的时间不宜太长，而且在异常模式下对系统内资源的访问可能存在冲突，例如，两个不同优先级的中断服务程序可能会访问同一个系统资源，若处理不慎，则会引起系统硬件异常。为了避免这种风险，我们可以采用由中断服务程序向主循环程序发送消息的方式来解决，也就是将执行时间较长的中断服务程序分成两部分，需要快速响应且执行时间较短的部分仍放在中断服务程序中，而执行时间较长的部分以一个子程序的形式放在主循环程序内，当第一部分执行完毕后，设置一个布尔型变量 true，当主循环中的子程序检测到该变量为 true 时，再执行第二部分程序。这种使用中断驱动和子程序轮转的无 RTOS 的嵌入式系统软件架构如图 3.9 所示。

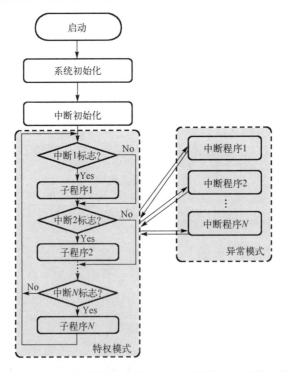

图 3.9　中断驱动和子程序轮转的无 RTOS 的嵌入式系统软件架构

使用中断驱动和子程序轮转的无 RTOS 嵌入式系统软件的基本设计思路是，将系统功能划分为高实时性任务和低实时性任务，并将高实时性任务按执行时间长短分为短时间型和长时间型。将短时间型的高实时性任务的代码放在中断服务程序内，并把相应的中断设为较高的优先级；将长时间型的高实时性任务分割成两部分，需要快速响

应部分的代码放在较高优先级的中断服务程序内，其他功能代码设计成子程序放在主循环内等待消息再执行，即使这部分代码出现大的延迟仍能达成可接受的实时性。对于低实时性任务来说，代码实现的方法不受限制，可采用低优先级中断驱动型，也可以采用子程序轮转型。

本节虽然给出了几种无 RTOS 的嵌入式系统软件的设计模式和方法，但实际上远不止这些。其他常用的软件设计模式主要包括有限状态机（FSM）模式、回调函数和事件驱动模式等，它们不仅适用于交互控制，还适用于流程控制。FSM 模式将嵌入式系统分割为有限个状态，譬如将伺服电机分为空闲状态、目标位置定位状态、目标速度跟随状态、已达目标状态和故障状态等，伺服电机根据主机指令进入不同状态实现不同控制功能；FSM 模式能够将系统的数据流和控制流单独处理。回调函数和事件驱动模式与中断驱动模式相似。

对照图 3.3 中使用 RTOS 的嵌入式系统软件分层架构，虽然本节并未考虑软件设计的分层，但当不使用 RTOS 时，整个嵌入式系统 MCU 仅工作在特权模式和异常模式下，主程序或中断程序都可以通过硬件抽象层访问系统内的全部资源。硬件抽象层是将嵌入式系统 MCU 片上的和片外的资源管理及访问封装成驱动库，只需要调用库中部分接口即可管理和访问全部资源。分层抽象的软件设计思维是计算机科学的核心思维之一，MCU 厂商几乎都会提供自己的产品驱动库，基于它们的驱动库，要实现对系统内外设的编程控制不必直接去访问地址单元，只需要调用库中某些接口就可以，能够大大地提升编程效率。

3.3　Python 解释器和 Python 脚本

视频课程

前面两节讨论的内容都是假设我们使用编译型语言开发嵌入式系统软件，在过去的 20 年中这是非常常见的。近些年 Python、JavaScript 等脚本程序盛行，它们不仅被广泛用于 PC 系统的应用程序开发，还用于服务器软件部署，以及各种网络应用程序开发，并逐步进入嵌入式系统软件开发领域。如今，Python 和 JavaScript 等都是嵌入式系统软件开发的语言。本节探讨 Python 脚本程序如何用于嵌入式系统软件开发及相关的基本概念。

C/C++是典型的编译型高级编程语言，编程者必须先将 C/C++源代码及其所用第三方库的源代码一起使用编译器(编译型语言的工具链之一)逐个地转换成目标计算机系统的汇编语言程序，然后再把这些汇编语言程序和所用的第三方汇编语言库、二进制库一起使用链接器(编译型语言的工具链之一)转换成可被目标计算机系统执行的机器码文件，接着借助专用的下载器(如 JTAG)将这个机器码文件下载到嵌入式系统板上的指定 ROM 空间(如片上 FlashROM 的 Code 区)中，最后将系统复位后才能执行更新后的程序。这是我们在第 1 章中就提到的使用编译型语言开发嵌入式系统软件的部分常规流程。

1. Python 解释器的概念和工作机制

Python 脚本程序的特殊运行环境——Python 解释器彻底改变了嵌入式系统软件开发

的流程。Python 解释器是一个独立的应用程序，可以从文件中逐行读入 Python 脚本程序，且逐行执行并立即给出执行结果。作为一个独立的应用程序，Python 解释器与操作系统和硬件有关，即不同的操作系统使用不同的 Python 解释器。当在 Python 官网下载一个最新版的 Python 解释器时，会被提醒根据自己的计算机系统所用的 OS 类型来选择下载源，换句话说，不能让某个嵌入式系统执行 PC 可用的 Python 解释器。因此，Python 解释器有很多种版本，虽然它们支持的 Python 语言的语法并无区别，但支持的内部库还是存在一定区别的。

软硬件运行环境的高度依赖性意味着每个嵌入式系统都有一个独立的 Python 解释器，虽然它们大多数区别并不大。Python 之所以得到广泛认可，原因有多方面，高效率编程是最关键的原因之一，Bruce Eckel 使用 "Life is short, you need Python（人生苦短，我用 Python）" 来描述 Python 的这一特点。Python 语法简洁，在 Python 解释器环境中无须编译即可直接执行代码，仅这一特点就可以让编译型语言立显笨拙。

除能从 Python 脚本程序文件中逐行地读入-执行-输出结果外，Python 解释器也支持从交互型控制台（一种命令行输入和输出的接口）接收输入的 Python 语句，并立即执行且输出结果，这个过程被称为 REPL，即读取（Read）-运算（Eval）-输出（Print）-循环（Loop）的首字母缩写。

Python 解释器像一台能够执行脚本程序的计算机，具有与普通 PC 一样的文件系统（脚本程序文件和库文件等）和人机交互接口（接收脚本程序并输出执行结果）。在本书第 1 章中已对比过将编译型语言程序和脚本程序转换成机器码的过程。虽然 Python 解释器有很多种版本，但是无论是在 PC 还是在嵌入式系统上运行的 Python 解释器，都能直接执行与硬件无关的算法型 Python 脚本程序，而且执行结果都一样。为什么有这样的统一性呢？需要了解 Python 解释器的工作机制。我们知道，不同指令集架构体系下的 CPU 的指令集完全不同，任何编程语言所编写的计算机程序都必须转换成机器码才能被目标计算机系统执行。但是，虚拟机（Virtual Machine）的定义表面上打破了这个原则，使得同一功能软件能够跨平台使用，如 Java 虚拟机。Python 解释器也是基于虚拟机概念的，建立在虚拟机之上的脚本解释器表面上是跨指令集架构体系的，使得与硬件无关的 Python 脚本程序能够被所有 Python 解释器执行。Python 解释器和虚拟机执行脚本程序的流程如图 3.10 所示。

从表面上看，Python 脚本程序不需要编译和链接即可被执行，但实际上其仍需要转换为机器码才能被特定 CPU 执行。Python 解释器将脚本程序逐行转换为 Python 虚拟机认识的中间代码——字节码，虚拟机再将字节码转换为机器码交给硬件执行。Python 解释器和虚拟机的软件

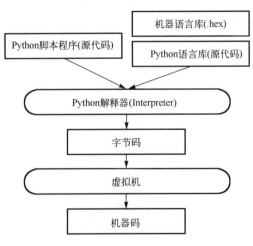

图 3.10 Python 解释器和虚拟机执行脚本程序的流程

架构不仅让 Python 脚本程序能够跨指令集体系执行，而且无须编译和链接。这与 Java 虚拟机解决跨平台问题有着相似之处，但 Java 源程序仍需要先编译才能被执行。

在有些计算机平台上，我们能够清楚地看到 Python 脚本程序对应的字节码，如在某些 Linux 系统中的 Python 脚本文件夹中的后缀为_pyc 子文件夹中的.pyc 文件即为字节码文件。当然，大多数情况下，Python 脚本程序对应的字节码往往保存在系统的内存中，我们无法使用文件管理器看到它们。

嵌入式系统使用的 Python 解释器的软件架构是什么样的呢？如图 3.11 所示，与 PC 系统所使用的 Python 解释器的软件架构相比，Bootloader 是嵌入式系统特有的，用于更新 Python 解释器固件，当然这是可选择的部分，独立于 Python 解释器之外。当我们需要升级 Python 解释器固件时，借助 Bootloader 将使升级过程更容易且无须使用专用工具。我们在第 2 章中已经说明了如何使用 Boot 引脚和复位让系统进入下载程序状态。

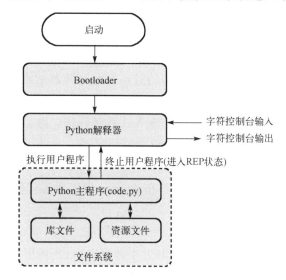

图 3.11　嵌入式系统使用的 Python 解释器的软件架构

Python 解释器使用的文件系统兼容 PC 的文件系统。因此，在 PC（宿主系统）上编写脚本程序并将其保存为特定扩展名称（如.py）的文本文件，再将脚本程序文件发送到 Python 解释器的文件系统中，即可实现用户脚本程序下载。

Python 解释器启动后，首先从文件系统中打开并执行 Python 主程序，一般来说，这个主程序的文件名是预设的，如 code.py 或 main.py。在执行 Python 主程序期间，如果需要使用某些 Python 库，那么对应的库文件必须已在文件系统中，否则将会终止执行主程序并从字符控制台输出出错的文件、代码位置（行数）和可能的原因等信息，然后进入 REPL 状态。

Python 解释器启动后，如果未找到预设的 Python 主程序，那么解释器将处于 REPL 状态，能够从字符控制台接收 Python 脚本程序，当接收到"Enter"字符（值为 0x13）时立即执行该语句。Python 解释器在执行 Python 主程序期间，REPL 自动关闭，在 Python 主程序执行完毕后自动进入 REPL 状态。如果 Python 主程序进入无穷循环，那么我们可以通过字符控制台向 Python 解释器发送组合键"Ctrl+C"字符(值为 0x03)以阻止 Python 主程序强制进入 REPL 状态。

总而言之,嵌入式系统的 Python 解释器有两种状态:REPL 状态和执行 Python 主程序状态。REPL 状态常用于调试脚本程序或诊断系统硬件单元。

2. Python 解释器在制作方法

如何为一个特定的嵌入式系统制作 Python 解释器呢?几乎所有 Python 解释器都是使用 C/C++语言编写的,即 Python 解释器本身是一个特殊的应用程序,例如,著名的 MicroPython 就是完全使用 C/C++编写的。在嵌入式系统中这种应用程序的机器码称为固件,最简单的制作 Python 解释器的方法是下载现成的固件,例如,MicroPython 官网中有数十种 MicroPython 固件可用。请牢记"每种嵌入式系统有一个独立的 Python 解释器",如果你正好使用 MicroPython 官网支持的某种开发板,那么这里的 Python 解释器就可以直接使用。

如果我们必须自定义嵌入式系统的硬件,且允许使用 STM32F4xx、CC3x00、ESP32 或 ESP8266 等作为系统 MCU/SoC,那么制作自定义硬件系统可用的 Python 解释器也很容易,因为绝大多数 Python 解释器是开源的且运行该解释器的嵌入式系统硬件也是开源的。具体过程包括:

1)参考相关的开源硬件,定义自己的嵌入式系统硬件电路。

2)搭建开源 Python 解释器的编译环境(含编译器等工具链)。

3)下载开源 Python 解释器的源代码。

4)根据自定义的系统硬件资源修改/移植 Python 解释器源代码。

5)编译并输出 Python 解释器固件。

6)将其下载到自定义的嵌入式系统中。

其中,第 4 步是关键,主要涉及到 MCU 片上外设和 I/O 引脚用法、片外扩展资源的接口等相关代码的修改,这些工作需要 C/C++编程经验。

如果你认为开源的 MicroPython 解释器支持的 MCU 类型太少,那么 MicroPython 的后裔——CircuitPython 支持更多种 ARM Cortex-M0/M0+/M4/M7 系列 MCU。虽然 CircuitPython 解释器目前仅支持 ARM Cortex-M 和 ESP 两个系列的 MCU/SoC,但是相信在不久的将来,这个开源社区中将会涌现出更多种 Python 解释器。将开源 Python 解释器移植到其他 MCU 中很难吗?从理论上讲不难,但是工作量很大,因为 Python 虚拟机部分代码必须针对目标 MCU 的指令集、存储器系统和中断系统等完全重构。当你体会到 Python 的便捷性和高效率时,务必记得"你的轻松是因为有人替你负重前行"。

然而,除自己编写的 Python 脚本程序外,Python 解释器并不能改进嵌入式系统产品的功能,它仅是执行 Python 脚本程序的一种特殊软硬件环境。编写 Python 脚本程序的模式是什么样的?

3. Python 脚本程序的编写和修改

Python 是一种典型的面向对象编程(Object Oriented Programming)语言,它支持封

装、继承和多态等特性,而且 Python 还支持更灵活的动态库加载方法。此外,Python 不仅支持常用的基本数据类型(包括实数型、复数型、数组、字符串等),而且支持列表、元组、字典等复合数据类型。

接下来,我们用 BlueFi 来体验 Python 的高效率。首先使用 USB 数据线(数据线与电源线完全不同)将 BlueFi 与计算机连接好,打开计算机的文件系统或资源管理器,将会看到一个名为 CIRCUITPY 的可卸载/移动磁盘。打开 CIRCUITPY 磁盘将看到磁盘上的全部文件和文件夹,这是在 BlueFi 上预装的 Python 解释器的文件系统,这个文件系统显然与 PC 的文件系统完全兼容,支持修改、保存、删除、复制、粘贴等文件操作。BlueFi 的 Python 解释器文件系统如图 3.12 所示。

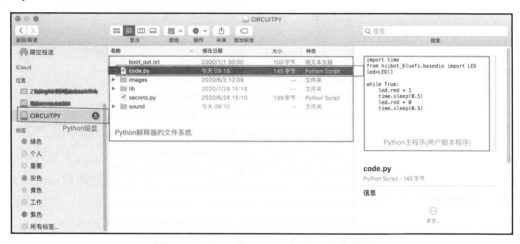

图 3.12　BlueFi 的 Python 解释器文件系统

注意,图中的文件和文件夹仅是一个示例,读者的操作界面与之不必完全相同。在 BlueFi 的 Python 解释器的文件系统中,code.py 文件是默认的 Python 主程序,你可以修改并保存这个脚本程序,但不能修改它的文件名称。secrets.py 是一个特殊的 Python 脚本程序文件,该文件仅定义一个字典(Dict)型数据列表,这个列表定义 BlueFi 联网所需要的一些信息,如 Wi-Fi 热点名称和密码等。boot_out.txt 是一个纯文本文件,.txt 这种扩展名是我们都熟悉的,用文本编辑器打开这个文本文件可以查看文件内的详细信息。CIRCUITPY 磁盘上还有三个文件夹:lib、images、sound,它们分别保存 Python 库、图片资源和声音资源文件。其中 lib 文件夹是非常重要的,BlueFi 上的 Python 解释器要求主程序使用的所有库文件必须保存在 CIRCUITPY 磁盘根目录的 lib 文件夹中。

如何修改 code.py 文件呢? code.py 文件是一个纯文本格式的 Python 脚本程序文件,意味着 PC 系统的任意文本编辑器都可以打开、修改、保存该文件,如图 3.13 所示。

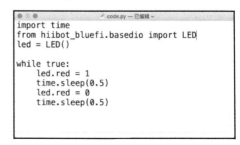

图 3.13　使用文本编辑器打开、修改、保存 code.py 文件

任务

请你尝试用计算机上的文本编辑器打开 CIRCUITPY/code.py 文件并修改、保存，把两个 time.sleep(0.5)语句中的"0.5"分别修改为"0.1"和"0.9"，然后保存该文件，只要重新保存 code.py 文件，BlueFi 上的 Python 解释器就会重新开始执行该文件，你会观察到不同的执行效果(BlueFi 上红色 LED 指示灯闪烁的效果发生明显变化)。

修改后的 code.py 脚本程序如下。

修改后的 code.py 脚本程序

```
1    import time
2    from hiibot_bluefi.basedio import LED
3    led=LED()
4
5    while true:
6        led.red = 1
7        time.sleep(0.1)
8        led.red = 0
9        time.sleep(0.9)
```

这个 code.py 脚本程序与观察到的现象之间有什么关系呢？在执行这个脚本程序的第 1 行时导入 time 模块(module，即一个 Python 库)，第 7 行和第 9 行语句使用该模块的 sleep(value) 接口产生"让 CPU 等待若干时间的效果"(等待时间的长短由参数 value 指定，这个参数的单位是秒)。在执行第 2 行语句时从 CIRCUITPY/lib/hiibot_bluefi 库文件夹的 basedio.py 模块中导入 LED 类对象，并在第 3 行语句中将该对象实例化为名为 led 的对象，然后在第 6 行和第 8 行语句分别将该对象的 red 属性值设为"1"和"0"。第 5 行是一个无条件循环语句，与第 6~9 行的 4 个语句一起组成一个无穷循环程序块。

这个简单的示例程序比较容易理解，首先导入主程序需要用到的库模块，然后在一个无穷循环程序块内执行"让 BlueFi 的红色 LED 指示灯亮，延时若干时间，再让 BlueFi 的红色 LED 指示灯灭，并延时若干时间"，最终我们看到 BlueFi 上的红色 LED 不断地闪烁。

通过这个简单示例可以发现：Python 脚本程序中的"程序块"是根据程序语句行首的空格个数/Tab 键个数来界定的，如示例中的无穷循环程序块。当然前一行的":"是必需的，这个符号是程序块开始的标志。

4. MU 编辑器和 Thonny 编辑器

只需要一个文本编辑器就可以编写嵌入式系统的 Python 脚本程序，下载程序到目标系统也仅需要文件保存或文件复制-粘贴等操作，这些便捷性和高效率应归功于 Python 解释器。除文本编辑器外，是否有嵌入式系统专用的 Python 工具软件呢？有，如 MU、Thonny 等开源 Python 工具软件。在嵌入式系统专用的 Python 工具软件中编辑 Python 脚本程序更容易，因为语法高亮、自动缩进行首以确保程序块对齐等功能是普通文本编辑器所不具备的。几乎所有嵌入式系统专用的 Python 工具软件都支持 REPL，当我们想要了解某个模块支持哪些接口函数时，除了翻阅帮助文档，还可以直接使用 REPL 获取这些信息。使用 REPL 调试程序也是 Python 脚本程序开发过程中最常用的。

嵌入式系统专用的开源 Python 工具软件——MU 编辑器的界面如图 3.14 所示。用鼠标单击按钮栏的"模式"按钮可以指定 MU 编辑器使用的 Python 解释器，或者将 BlueFi 连接到计算机后由 MU 编辑器自动识别并切换模式。单击"串口"按钮将打开字符控制台，在新打开的窗口中使用组合键"Ctrl+C"和"Ctrl+D"可以强制 BlueFi 上的 Python 解释器进入和退出 REPL 模式。在 REPL 模式中，我们可以在">>"提示符后输入脚本程序语句，如"import time"和"dir(time)"等，并按 Enter 键，Python 解释器会立即执行这些语句(列出内置的 time 模块所支持的接口函数名或子类名)。

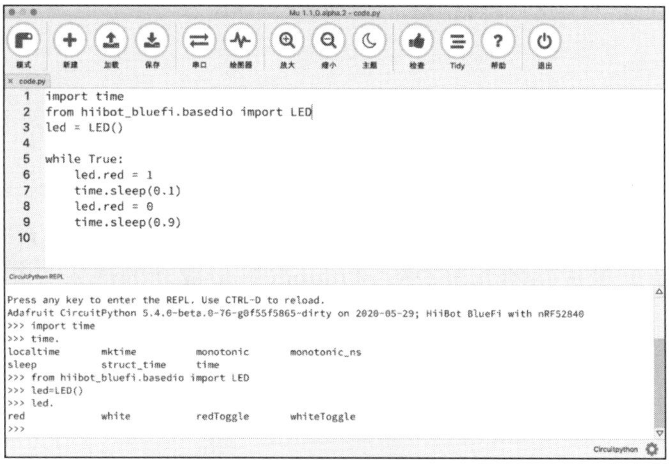

图 3.14　MU 编辑器的界面

Thonny(托恩)编辑器是爱沙尼亚塔尔图大学维护的一个 Python 开源项目，其界面如图 3.15 所示。从表面上看，MU 编辑器和 Thonny 编辑器的区别很大，但仅是界面风格的区别。

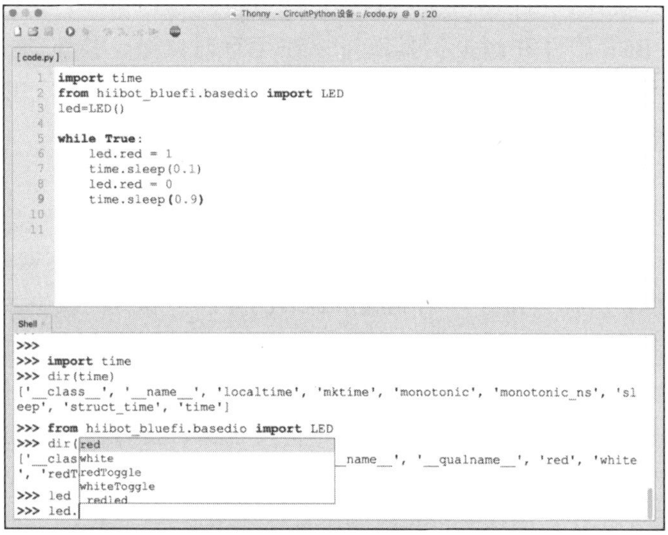

图 3.15　Thonny 编辑器的界面

　　MU 和 Thonny 两种开源的嵌入式系统专用的 Python 工具软件都支持多种 Python 解释器的切换、REPL、Python 解释器的文件操作（加载、保存）、绘图仪等基本功能。Thonny 编辑器拥有更多的 Python 解释器文件系统操作功能，以及代码树等扩展窗口。相较于普通文本编辑器，用这两种工具编写和调试 Python 脚本程序都非常方便，具体选择哪种工具软件可以根据自己的使用目的和喜好确定。总的来说，MU 编辑器短小精悍且比较稳定，Thonny 功能强大但部分功能不稳定。

　　最新的热门编程语言排行榜上，除 Python 外，JavaScript 也十分流行，支持 Python 的大多数嵌入式系统都支持 JavaScript。执行 JavaScript 脚本程序必须使用 JavaScript 解释器，它与 Python 解释器的架构相似。

3.4　Adruino IDE

视频课程

　　如今的 Arduino 已是开源的代名词，Arduino 是全球最大的电子和编程开源社区。截至目前，Linux 是最成功的开源 OS，Arduino 是最成功的嵌入式软硬件开发平台，Python 是当下最流行的开源编程语言。Arduino 自称使用"Arduino 编程语言"。事实上，Arduino 使用 C/C++语言，只是增加了一些内部函数。与标准 C/C++语言相比，Arduino 编程语言针对嵌入式系统的应用开发仅增加了一些硬件相关的内部函数、数据类型和常数。

　　当我们提到 Arduino 时，大多数情况指的都是"Arduino IDE"和"兼容 Arduino 的开发板"，前者是一种嵌入式系统软件开发平台，后者是一类嵌入式系统硬件。目前，Arduino 社区支持 8 位的 AVR 系列 MCU（来自 Atmel），以及 32 位的 ARM Cortex-M 系列和 ESP 系列 MCU。当安装 Arduino IDE 时，Arduino 官方的 AVR 系列开发板 BSP（板级支持包）软件、内部函数和 AVR 的工具链（编译器等）都是默认安装的，其他系列开发板的 BSP 软件和相关工具链可以在运行时安装。具体的安装步骤将在 3.5 节给出，本节我们首先介绍 Arduino IDE 的基本功能和使用流程，以及兼容 Arduino 的开发板的一些特点。

1. Arduino IDE 的基本功能

　　Arduino IDE 的主界面如图 3.16 所示，代码编辑区和控制台占据大部分窗口，IDE 软件顶部是菜单栏和快捷按钮区。Arduino IDE 的控制台和代码编辑区的大小是可以改变的，将鼠标指针悬停在两个区域的分界线处，当鼠标指针符号变为上下箭头时即可拖动两个区域的边界线以改变两个区域的大小。

　　与专业级 IDE 相比，Arduino IDE 没有项目文件树、寄存器和断点等信息窗口，但是 Arduino 的软件项目仍支持多个源文件，其采用标签窗口来管理多个源文件。首次打开 Arduino IDE 会看到默认的 Arduino 程序，具体如下。

默认的 Arduino 程序

```
1   void setup() {
2     //put your setup code here, to run once:
3
4   }
5
6   void loop() {
7     //put your main code here, to run repeatedly:
8
9   }
```

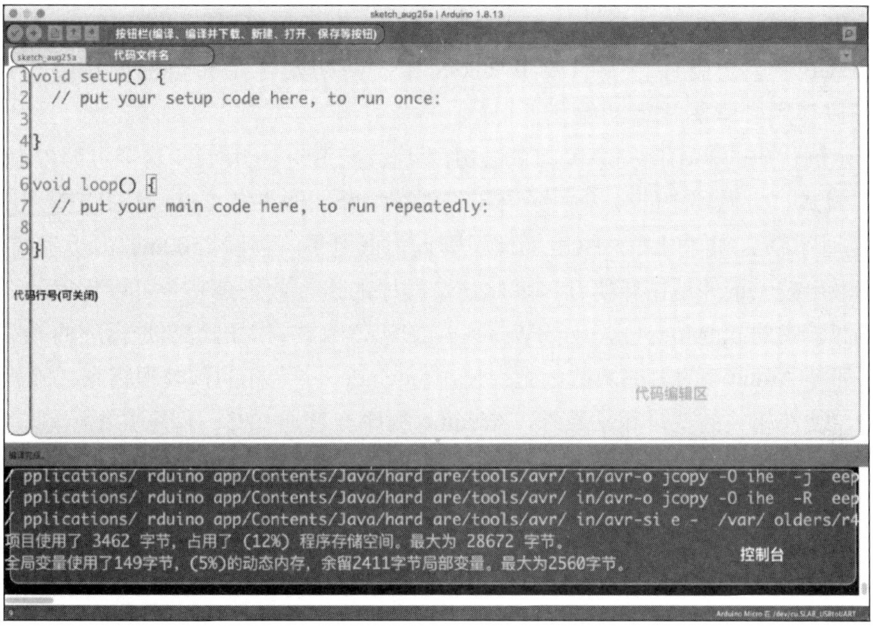

图 3.16　Arduino IDE 主界面

这个默认的 Arduino 程序由两部分组成：初始化部分(setup()子程序)和主循环部分(loop()子程序)，如果按照 C/C++的习惯，应该有 main()函数，那么它们与 main()函数是什么关系呢？事实上，Arduino 软件项目中都包含一个与 MCU 类型(硬件资源)相关的 Arduino 内核软件包，其中有一个名为 main.cpp 的源代码程序文件，标准 C/C++要求的 main()函数就在这个源文件中被定义，而且 setup()和 loop()两个函数在这里被调用。当系统上电或执行复位之后，setup()，即初始化函数中的程序语句仅执行一次，而 loop()中的程序语句将会循环执行。从表面上看起来与 C/C++程序有区别，闪灯程序的代码如下。

闪灯程序

```
1   void setup() {
2     //put your setup code here, to run once:
3     pinMode(LED_BUILTIN, OUTPUT);
```

```
4   }
5
6   void loop() {
7     //put your main code here, to run repeatedly:
8     digitalWrite(LED_BUILTIN, HIGH);        //LED 亮(HIGH 代表高电平)
9     delay(500);                             //等待半秒(500ms)
10    digitalWrite(LED_BUILTIN, LOW);         //LED 灭(LOW 代表低电平)
11    delay(500);                             //等待半秒(500ms)
12  }
```

本质上，这两个函数已经在 main.cpp 文件的 main()函数中被调用，如果打开该文件我们会发现，在 main()函数中调用 setup()之前还有其他的子程序被调用，如系统硬件时钟初始化、RTOS 初始化等，这样的程序结构有利于降低使用者的难度。开发者可以把某些跟 MCU 底层硬件相关的或跟 RTOS 相关的初始化工作全部安排妥当后再调用 setup()，按使用者意图执行初始化。

上面示例代码的初始化程序仅一个语句，即设置 LED_BUILTIN 这个可编程 I/O 引脚为 OUTPUT 模式。主循环中的 4 个程序语句分别有注释，即设置 LED_BUILTIN 引脚为高电平，然后延时 500ms，再将 LED_BUILTIN 引脚设为低电平，再延时 500ms。由于主循环 loop()内的程序语句被无条件地循环执行，因此这个程序的执行效果是完全可以想象的。

上面例子中的 pinMode()、digitalWrite()、delay()函数调用语句都是标准的 C/C++语句，这些函数都是 Arduino 的内部函数，无须使用#include <>这样的预处理指令。除程序结构、内部函数、硬件相关的变量和常数外，Arduino 程序与普通 C/C++程序并无区别。

2. 兼容 Arduino 的开发板

既然 Arduino IDE 是面向嵌入式系统应用软件开发的，那么其具体支持哪些类型的开发板呢？单击菜单栏中的"工具→开发板"选项，可以查看当前安装的 Arduino IDE 所支持的开发板列表，如图 3.17 所示。当首次安装 Arduino IDE 时，仅支持 AVR 系列的开发板（Arduino AVR Boards）。虽然在开发板列表中并不能直接看出每种板所使用的 MCU 类型，但 Arduino 社区习惯上为每种开发板取一个唯一的个性化名称，在 Arduino 官网或用搜索引擎搜索开发板名称即可查到该板的详情。

Arduino IDE 还支持其他开发板吗？Arduino 官方支持的开发板类型已近百种，主要包括 AVR 和 ARM Cortex-M 两个系列。对于官方支持的开发板，只需要选择菜单栏中的"工具→开发板→开发板管理器"选项打开"开发板管理器"窗口，并在这个窗口中浏览或搜索、安装某种开发板的 BSP 和相关工具链即可，然后在 Arduino IDE 中便可使用这些软件工具对该开发板进行软件编程。Arduino IDE 的开发板管理器窗口如图 3.18 所示。

在 Arduino 开源社区，还有很多种兼容 Arduino 的开发板，它们并非官方支持却非常活跃，如 ESP32 的多种开发板。如何在 Arduino IDE 中使用非官方的开发板呢？Arduino IDE 对非官方开发板的支持也非常完善，与官方支持的开发板一样，打开"开发板管理器"窗口，安装 BSP 和编译器等相关软件包，只是要求非官方开发板的开发者必须自行维护并使用 url 托管一个 JSON 文件，该文件中指定了该开发板所使用的 CPU 体系结构类别、编译器工具链、下载工具软件包，以及该开发板的 BSP 等，这些软件包的下载地址也必须在这个 JSON 文件中指定。我们只需要将某个非官方开发板的 JSON 描述文件的 url 告知 Arduino IDE 即可，具体方法如图 3.19 所示，然后再打开"开发板管理器"窗口，在搜索输入框中输入该开发板的名称即可安装与该开发板相关的所有软件包。

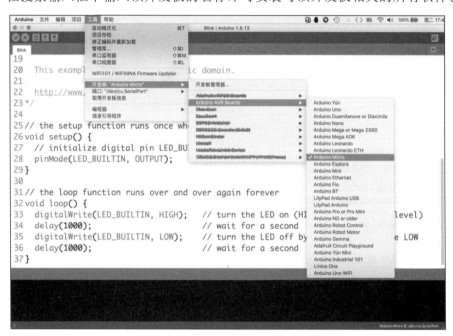

图 3.17　Arduino IDE 支持的开发板列表

图 3.18　Arduino IDE 的"开发板管理器"窗口

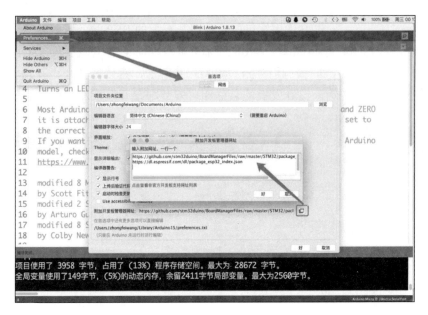

图 3.19　为 Arduino IDE 添加非官方开发板的 JSON 描述文件的 url

　　注意，图 3.19 是在 macOS 系统中使用 Arduino IDE，与在 Windows 和 Linux 系统中使用的情形略有区别。如果我们直接打开并查看某个非官方开发板的 JSON 描述文件，或许有益于理解前述的内容。CPU 体系结构类别指定 CPU 的指令集。将 C/C++程序源代码转换成汇编语言程序和机器码必须使用指令集体系结构相关的工具链。

　　那么，使用什么样的下载软件工具将编译后生成的机器码文件(固件)下载到嵌入式系统的 FlashROM 中呢？有了这个工具软件，我们可以使用 Arduino IDE 的"编译并下载"快捷按钮一键实现 C/C++程序源代码转换成机器码并下载到目标板。每个开发板都有特殊定义的硬件资源，依据分层抽象的编程思想，每个开发板应该有一套 BSP 来封装特定的软硬件资源和功能调用接口。

　　显然，每个开发板的 BSP 是开发者为使用者定制的一组软件。在 Arduino 社区内，兼容 Arduino 开发板的 BSP 必须也是开源的，即一组使用 C/C++语言编写的硬件资源管理和接口程序源文件。

3．自定义兼容 Arduino 的开发板

　　在了解了非官方支持的 Arduino 开发板的 BSP 和相关工具软件包的管理方法之后，我们是否可以自定义兼容 Arduino 的开发板呢？可以。在自定义兼容 Arduino 的开发板之前，我们必须了解 Arduino 开发板的硬件特性和软件架构。例如，兼容 Arduino 的 ESP32 系列开发板都是非官方的，但上海乐鑫(ESP32 系列 MCU 的生产商)为了争取 Arduino 开源社区的用户，专门开发了一套兼容 Arduino 开源平台的软件包，这个软件包中的文件树如图 3.20 所示。

　　使用 Arduino IDE 的"开发板管理器"窗口安装这个软件包所需要的 JSON 描述文件的 url 如下：

https://dl.espressif.com/dl/package_esp32_index.json

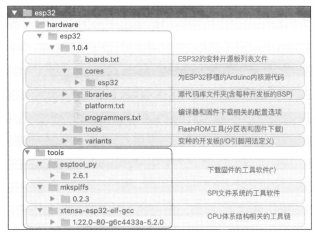

图 3.20　用于 Arduino 开源平台的 ESP32 软件包文件树

从文件树的结构中我们可以看出，一个自定义的兼容 Arduino 的开发板的软件包中有 hardware 和 tools 两个文件夹。前一个文件夹主要包含移植的 Arduino 内核源代码、开源库文件夹（含每种开发板的 BSP）、FlashROM 分区表和固件下载的工具软件等，并为 ESP32 系列的开发板预留资源定义文件和开发板列表文件等。后一个文件夹相对简单，主要包括任何一种 ESP32 开发板都必须使用到的工具软件，这些工具与上海乐鑫官方的 C/C++集成开发平台——ESP IDF 所用的一样。

显然，如果我们打算使用 ESP32 作为 MCU 来定义兼容 Arduino 的开发板，那么 tools 文件夹中的所有软件都需要完全保留，hardware 文件夹中与开发板相关的文件必须进行移植，主要包含 boards.txt（将自定义的开发板添加到列表中）、variants 文件夹（在这里指定自定义开发板的 I/O 引脚用法）、libraries 文件夹（自定义开发板的 BSP）等。

nRF52 系列采用 ARM Cortex-M4 微处理器的 MCU，该系列是 Arduino 官方支持的，Arduino Nano 33 BLE 系列开发板使用该 MCU。出于种种原因，有很多人将 nRF52 系列开发板的软件包进行移植，例如，图 3.21 所示的文件树就是其中的一种版本（来自知名的开源产品供应商 Adafruit）。

对比图 3.20 和图 3.21 不难发现，虽然 ESP32 和 nRF52 系列软件包文件树的基本结构相似，但还存在区别：nRF52 系列的软件包中包含有 bootloader 文件夹，但没有 SPI 文件系统的操作工具（mkspiffs 文件夹）。我们在第 2 章中已了解过 ESP32 的 Bootloader，它完全由上海乐鑫定义和维护。但 nRF52 系列 FlashROM 仅有一个 Code 区域，Bootloader 应该从哪个地址单元开始、占用多少空间等都由系统开发者定义和维护，Bootloader 与用户的主程序、蓝牙协议栈（Nordic 提供的二进制库）共享这个 Code 区域。

兼容 Arduino 的开发板硬件有什么特征呢？MCU 类型、I/O 引脚资源定义等应遵循 Arduino 开发社区的规则。其中 MCU 类型涉及 Arduino 内核源代码移植、工具链等，I/O 引脚资源定义的规则是为了确保开源库的兼容性，例如，前面示例中用到的 LED_BUILTIN 引脚，是绝大多数 Arduino 开发板都会使用的可编程指示灯的控制引脚（宏定义的别名），不同开发板的这个引脚的名称都使用 LED_BUILTIN，而不使用 P1.0

等名称，这种设计允许我们不需修改任何源代码，直接编译并下载这个示例程序在其他开发板上执行即可。

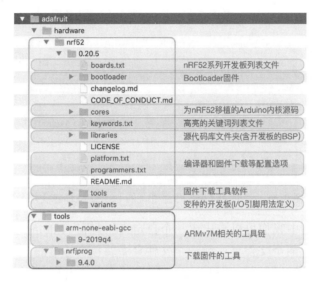

图 3.21　用于 Arduino 开源平台的 nRF52 系列软件包文件树

值得一提的是，Arduino 平台仍支持 RTOS，开源的 RTOS 源代码文件和非开源的 RTOS 二进制库都包含在上述的软件包中，且 RTOS 的接口函数的声明文件放在 Arduino 内核源代码目录中。例如，前述的 ESP32 和 nRF52 两种 Arduino 软件包都支持开源的 FreeRTOS，我们可以在软件包找到这个 RTOS 的源代码文件夹和接口函数声明文件，当需要使用这个 RTOS 时，只需要使用#include <FreeRTOS.h>（或#include <rtos.h>，文件名和接口函数名称或有不同）即可。

基于 Arduino 开源平台的软件架构如图 3.22 所示。使用 Arduino 开源平台开发嵌入式系统软件比较容易，从软件架构上可以看出，用户程序代码（应用程序）与硬件系统之间比较远，甚至都无须直接使用半导体厂商的驱动库，更不会直接访问存储单元地址。与实际硬件资源的距离越远，程序编码越容易。

4．其他开源的嵌入式系统开发平台

Arduino 不是唯一开源的嵌入式系统开发平台，绝大多数 MCU 产品的半导体厂商都提供适用于自家 MCU 产品的开源平台（平台本身的软件不开源），例如，上海乐鑫、Microchip、NXP、ST、TI 等都有相关的开源软件开发平台。ARM 作为最大的半导体设计公司，也提供开源的开发平台 mBed，但 mBed 平台仅支持 ARM Cortex-M 系列 MCU。近几年，PlatformIO 平台在嵌入式系统开源社区也非常流行，主要归功于 Microsoft 免费的 Visual Studio Code 平台的推广，目前 VSC+PlatformIO 的集成开发环境用户也非常多。有趣的是，PlatformIO 平台兼容 Arduino 平台，即 Arduino 平台支持的源代码库、用户程序源代码都可以直接在 PlatformIO 平台使用。

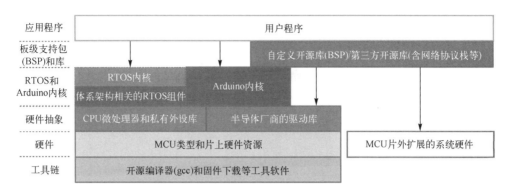

图 3.22 基于 Arduino 开源平台的软件架构

由于 Arduino、mBed 和 PlatformIO 等开源平台都使用 C/C++语言，因此这些平台都必须有交叉编译工具链和固件下载等工具软件。每种平台都支持"一键编译并下载"功能，将用户程序源代码和使用的库一起经编译、链接等操作后输出机器码文件(固件)，再由下载工具软件将固件下载到 FlashROM 的 Code 区域中。使用这种"编辑/修改-保存-编译-链接-下载"的程序开发过程,每修改一次程序都需要耗费较长时间才能让系统开始执行修改后的固件,软件开发和软件验证的周期较长。然而,当使用 Python 语言开发软件时,这个过程的耗时明显缩短,使用"编辑/修改-下载文件"两步即可完成 Python 脚本程序的一次修改。

3.5 创建一种兼容 Arduino 的开发板

视频课程

3.4 节初步介绍了 Arduino 开源平台及软件开发的基本流程和基本框架,用 Python 脚本程序编写嵌入式系统软件主要依赖 Python 解释器,如果系统预装了 Python 解释器,那么我们的软件开发工作几乎只需要一个文本编辑器软件工具即可,但当使用 C/C++这样的编译型语言的 Arduino 开源平台开发软件时,需要的软件工具要多很多。

1. BlueFi 的硬件资源及其原理

本节内容需要自己动手实践,一步一步地创建一种兼容 Arduino 的开发板及其 BSP。这个过程不需要使用任何硬件电路设计和电子电路分析的知识,其中涉及一些硬件接口方面的概念,我们将在后续的章节中逐步深入讲解,本节不必深究,只需要根据硬件功能单元及其接口的关系结构框图,以及开源社区的相关软件资源创建一个兼容 Arduino 开源平台的 BSP,并能够在 Arduino 开源平台开发这个开发板的应用软件。首先来认识本书使用的开发板 BlueFi 的硬件资源,如图 3.23 所示。

BlueFi 带有一个与 BBC MicroBit 开发板完全兼容的 40P "金手指"(这是一种特殊的 PCB 工艺)扩展接口,40P "金手指"的接口信号定义如图 3.24 所示。

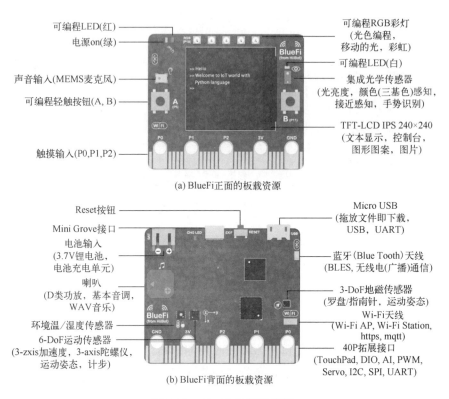

(a) BlueFi正面的板载资源

(b) BlueFi背面的板载资源

图 3.23 BlueFi 的硬件资源

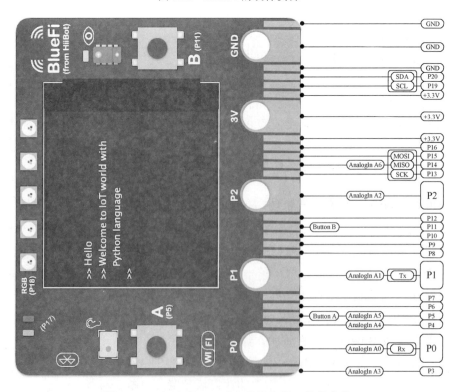

图 3.24 BlueFi 的 40P "金手指" 接口信号定义

BlueFi 上的大多数功能单元的基本功能都是众所周知的，不需要看电路原理图就能了解其中的硬件资源及其 I/O 引脚的用法，我们用功能单元及其接口的关系结构框图来描述硬件原理，如图 3.25 所示。每个功能单元所用的关键电子元件的型号都已经清楚地标注，如果需要了解某个元件的接口细节和用法，请使用搜索引擎查阅相关资料页。

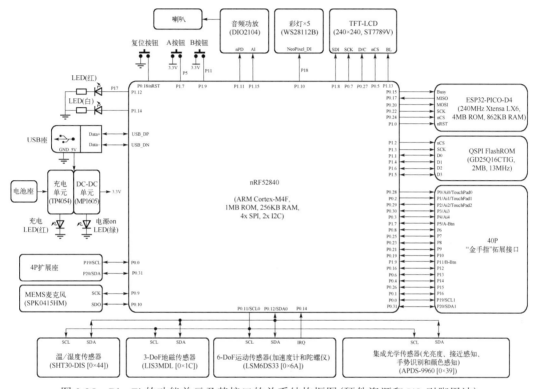

图 3.25　BlueFi 的功能单元及其接口的关系结构框图(硬件资源和 I/O 引脚用法)

BlueFi 使用 nRF52 系列的 MCU(Arduino 官方支持的)——nRF52840 作为主控制器，ESP32(非官方支持的)作为网络协处理器，两者之间采用 SPI 通信接口互联，其中 nRF52840 的 SPI 工作在主模式(Master)下，ESP32 的 SPI 通信接口工作在从模式(Slave)下。SPI 通信接口的具体细节和编程控制参见第 6 章。nRF52840 片上带有 4 个独立的 SPI 通信接口功能单元，一个用作 TFT-LCD 的接口，一个用作扩展片外 FlashROM，一个与 ESP32 连接，预留一个给 40P "金手指"扩展接口。由于 nRF52840 带有现场可编程的 I/O 单元，除了片上的 ADC 单元和蓝牙天线，绝大多数片上外设功能单元使用的 I/O 信号可编程到任意 I/O 引脚，SPI 使用的具体 I/O 引脚在图中已逐个标注。

nRF52840 带有两个 I2C 通信接口单元，一个用于连接 BlueFi 板上的 4 种 I2C 通信接口的传感器，包括温/湿度传感器、3-DoF 地磁传感器、6-DoF 运动传感器(含加速度计和陀螺仪)、集成光学传感器等，另一个 I2C 通信接口预留给 40P "金手指"扩展接口和 4P 扩展接口。I2C 是一种共享型两线的扩展总线(参见第 5 章)，理论上一组总线可挂接 128 个 I2C 设备，每个设备必须占用唯一的 7 位从地址，其中运动传感器需要专门的中断请求信号与主控制器连接。

BlueFi 上的 5 个彩灯采用 DMX 协议，使用单线传输数据，且采用级联形式连接，因此仅占用 MCU 一个 I/O 引脚。BlueFi 使用 MCU 片内 PWM(脉宽调制)功能单元产生声音信号输出给音频功放，静音时为了达到最低功耗(静音时关闭音频功放的电源)，使用一个 I/O 引脚控制音频功放的电源。所以，音频信号和音频功放电源控制各占用一个 I/O 引脚。MEMS 麦克风使用 PDM(脉冲密度调制)接口与主控制器内部的 PDM 解码功能单元连接，占用主控制器两个 I/O 引脚。此外，BlueFi 还有 3 个按钮输入(一个固定作为系统复位按钮)和两个可编程 LED 指示灯(红色和白色各一个)。

BlueFi 支持 USB 供电或单节 3.7V 锂电池供电，当使用 USB 5V 供电时，可以为锂电池充电，因此 BlueFi 上带有单节锂电池充/放电单元(充放电电压范围是 3.2～4.2V)。

BlueFi 板上开关型 DC-DC 的输入电压范围是 3.2～5.5V,输出电压范围是 3.1～3.3V,其他所有功能单元都使用这个 DC-DC 输出的电源供电。

nRF52840 片上带有一个全速的 USB2.0 接口，可用于 Bootloader、用户程序与宿主计算机通信。

2．Arduino IDE 软件的安装步骤

对 BlueFi 的硬件资源稍做了解之后，我们可以用 Arduino IDE 和开源社区的资源为 BlueFi 搭建一个兼容 Arduino 的软件开发环境。主要工作包含以下步骤：

1) 安装 Arduino IDE，打开 Arduino IDE。

2) 配置 Arduino IDE 的首选项(添加非官方开发板 JSON 描述文件网址)，重启 Arduino IDE。

3) 使用 Arduino IDE 的开发板管理器，选择并安装 nRF52 开发板的软件包(库和工具)。

4) 打开 nRF52 软件包(文件夹)，按以下步骤添加自定义的 BlueFi 的 BSP 和环境配置：

　　a. 使用文本编辑器修改 boards.txt。

　　b. 定义 BlueFi 的 I/O 引脚用法(variants 文件夹)。

　　c. 指定 BlueFi 的 Bootloader 文件。

　　d. 添加 BlueFi 的 BSP 源文件(libraries 文件夹)。

5) 验证开发环境。

安装 Arduino IDE 软件需要根据 PC 所用操作系统和版本从 Arduino 官网下载安装文件，并按照 Arduino 官网的向导完成软件安装。下面我们将从第 2 个步骤开始。

配置 Arduino IDE 的首选项。当使用非官方支持的 MCU 类型或开发板时，首先使用首选项添加开发板的 JSON 描述文件的 url，然后就可以使用 Arduino IDE 的开发板管理器安装相应软件包。对于官方支持的 MCU 类型或开发板，如果自定义的开发板不打算用 Arduino 官方的软件包，这里的步骤也是必须的。

虽然 nRF52 系列 MCU 是 Arduino 官方支持的，但是由于我们的目的特殊，因此有意不使用官方的软件包。如何找到其他非官方支持的兼容 Arduino 的 nRF52 软件包呢？使用浏览器打开网址 https://github.com，这是全球最大的开源代码托管仓库。在 GitHub

上搜索关键词 nrf52 arduino，会找到这个仓库中的搜索结果。图 3.26 中列出了搜索到的
86 个相关项目（默认按匹配度降序排列搜索结果），我们使用搜索结果中最匹配的
adafruit/Adafruit_nRF52_Arduino，单击该项目的链接，可以查看该项目的源代码，以及
相关说明。

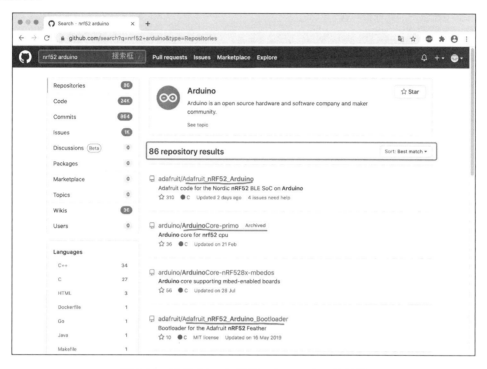

图 3.26　使用 GitHub 搜索 nrf52 arduino 的结果

　　在图 3.26 所示的搜索结果中，第 2 项是 Arduino 官方的 nRF52 项目，第 4 项是 Adafruit
贡献的 nRF52 的开源 Bootloader 项目。在本节内容中，我们将忽略 Bootloader 的工作，
Bootloader 是一个独立的应用程序，每个 BlueFi 都已带有这个功能，跳过这个环节并不
会影响其他工作。

　　根据 adafruit/Adafruit_nRF52_Arduino 的相关说明，这个项目开发板的 JOSN 描述文
件的 url 如下：

https://www.adafruit.com/package_adafruit_index.json

　　然后我们打开 Arduino IDE 的"首选项"窗口，如图 3.27 所示，使用复制−粘贴操
作将上面的 url 添加到"附加开发板管理器网址"区域。值得注意的是，Arduino IDE 的
"附加开发板管理器网址"区域允许添加多个 url，但每个 url 必须独立占用一行。图 3.27
中看到的就是多个 url 的效果。

　　在配置完 Arduino IDE 的首选项之后，必须关闭并再重新开启 IDE 软件以确保配置
选项生效。接下来，我们就可以使用 Arduino IDE 的"开发板管理器"来安装这个非官
方的兼容 Arduino 的 nRF52 的软件包。

　　使用 Arduino IDE 的"开发板管理器"安装非官方的 nRF52 系列开发板的软件包。

在 Arduino IDE 的菜单栏中选择"工具→开发板→开发板管理器"选项，在打开的"开发板管理器"窗口的搜索输入框中输入"nRF52"，滚动鼠标就可以发现 Adafruit nRF52 系列开发板，如图 3.28 所示，在"选择版本"下拉菜单中选择该开发板软件包的最新版本，单击"安装"按钮即可自动开始安装。

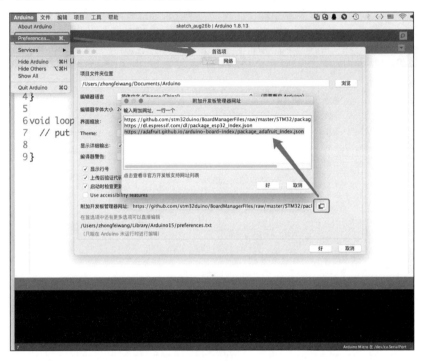

图 3.27　在 Arduino IDE 首选项中添加 nRF52 开发板的 url

图 3.28　使用 Arduino IDE 的开发板管理器搜索 nRF52 开发板

　　注意，这个安装步骤是在线安装的，要求我们的计算机必须已经联网，而且在安装前自动根据该开发板的 JSOM 描述文件中的信息确定相关软件包的位置，并自动下载、自动安装，下载耗时的长短取决于安装期间的网速。安装完成后，关闭"开发板管理器"窗口回到 Arduino IDE 主界面，再次使用菜单栏选择"工具→开发板"选项，会看到 Adafruit nRF52 Boards 系列开发板的列表。据此验证我们是否成功地安装软件包。

　　由于我们计算机使用的 OS 不同，因此已经安装好的 nRF52 系列开发板的软件包（文件夹）位置略有区别，不同操作系统的文件夹的路径如下：

　　1）Windows：APPDATA/Local/Arduino15/packages/。

　　2）macOS：～/Library/Arduino15/packages/。

　　3）Linux：～/.arduino15/packages/。

　　其他开发板的软件包，无论是否是 Arduino 官方支持的，也都安装在该路径。为什么需要了解这个安装路径呢？我们下面将会在该文件夹中自定义兼容 Arduino 的开发板。

3．在文件中定义 BlueFi 开发板

　　注意，对于所有非 Arduino 官方支持的开发板，无论是否已经安装相应软件包，如果 Arduino IDE 首选项的"附加开发板管理器网址"中没有指定开发板的 JSON 描述文件的 url，那么该系列开发板将不会出现在开发板列表中。如果保留开发板的 JSON 描述文件的 url 在 Arduino IDE 首选项的"附加开发板管理器网址"中，那么即使将已经安装的该系列开发板的软件包删除，该系列开发板的名称仍会出现在开发板列表中。

　　将自定义的开发板添加到开发板列表中。现在查看 Arduino IDE 的 Adafruit nRF52 Boards 列表，会发现没有 BlueFi 板。下面步骤可以将 BlueFi 添加到这个列表中。我们先将当前使用的开发板指定为 Adafruit nRF52 Boards 列表中的 Adafruit CLUE，然后会发现"工具"下拉菜单中"开发板"的下方多了两项：Bootloader 和 Debug，分别用于指定 Bootloader 版本（含 Nordic 蓝牙协议栈的版本）和 Debug 级别。因为我们使用的是非官方支持的开发板，所以从"工具"下拉菜单中新增的信息肯定不是官方的。那么 Arduino IDE 从哪里获取这些信息呢？从已安装的开发板软件包中的 boards.txt 文件中获取。现在使用文本编辑器打开已安装的软件包文件中的../packages/adafruit/hardware/nrf52/0.20.5/boards.txt，修改这个文件即可将自定义的开发板加入 Adafruit nRF52 Boards 列表中。文件夹路径中的"0.20.5"是软件包的版本号，随安装的版本而变。

　　将下面的文本完整地添加到 boards.txt 文件的最后面，并保存该文件（覆盖原始的文件）。然后关闭并重新打开 Arduino IDE，BlueFi 名称将出现在 Adafruit nRF52 Boards 列表中。

添加自定义开发板（boards.txt 文件）

```
1    #--------------------------------------------
2    #BlueFi nRF52840
3    #--------------------------------------------
4    bluefinrf52840.name=BlueFi
```

```
5
6    #VID/PID for bootloader with/without UF2, Arduino + Circuitpython App
7    bluefinrf52840.vid.0=0x239A
8    bluefinrf52840.pid.0=0x80B1
9    bluefinrf52840.vid.1=0x239A
10   bluefinrf52840.pid.1=0x00B1
11   bluefinrf52840.vid.2=0x239A
12   bluefinrf52840.pid.2=0x80B1
13   bluefinrf52840.vid.3=0x239A
14   bluefinrf52840.pid.3=0x80B2
15
16   #Upload
17   bluefinrf52840.bootloader.tool=bootburn
18   bluefinrf52840.upload.tool=nrfutil
19   bluefinrf52840.upload.protocol=nrfutil
20   bluefinrf52840.upload.use_1200bps_touch=true
21   bluefinrf52840.upload.wait_for_upload_port=true
22   bluefinrf52840.upload.maximum_size=815104
23   bluefinrf52840.upload.maximum_data_size=237568
24
25   #Build
26   bluefinrf52840.build.mcu=cortex-m4
27   bluefinrf52840.build.f_cpu=64000000
28   bluefinrf52840.build.board=NRF52840_BLUEFI
29   bluefinrf52840.build.core=nRF5
30   bluefinrf52840.build.variant=bluefi_nrf52840
31   bluefinrf52840.build.usb_manufacturer="Hangzhou LeBan"
32   bluefinrf52840.build.usb_product="BlueFi"
33   bluefinrf52840.build.extra_flags=-DNRF52840_XXAA {build.flags.usb}
34   bluefinrf52840.build.ldscript=nrf52840_s140_v6.ld
35   bluefinrf52840.build.vid=0x239A
36   bluefinrf52840.build.pid=0x80B1
37
38   #SofDevice Menu
39   bluefinrf52840.menu.softdevice.s140v6=0.3.2 SoftDevice s140 6.1.1
40   bluefinrf52840.menu.softdevice.s140v6.build.sd_name=s140
41   bluefinrf52840.menu.softdevice.s140v6.build.sd_version=6.1.1
42   bluefinrf52840.menu.softdevice.s140v6.build.sd_fwid=0x00B6
43
44   #Debug Menu
45   bluefinrf52840.menu.debug.l0=Level 0(Release)
46   bluefinrf52840.menu.debug.l0.build.debug_flags=-DCFG_DEBUG=0
47   bluefinrf52840.menu.debug.l1=Level 1(Error Message)
48   bluefinrf52840.menu.debug.l1.build.debug_flags=-DCFG_DEBUG=1
49   bluefinrf52840.menu.debug.l2=Level 2(Full Debug)
```

```
50  bluefinrf52840.menu.debug.l2.build.debug_flags=-DCFG_DEBUG=2
51  bluefinrf52840.menu.debug.l3=Level 3(Segger SystemView)
52  bluefinrf52840.menu.debug.l3.build.debug_flags=-DCFG_DEBUG=3
53  bluefinrf52840.menu.debug.l3.build.sysview_flags=-DCFG_SYSVIEW=1
```

上面这些文本内容需要稍做了解。这些文本是从 boards.txt 已有的某个板的描述复制-修改而来的。从这些文本内容来看,以"#"为首的行显然是说明性的,从这些说明可以看出文本内容分为 5 类:

1)指定 USB 的 VID(Vendor ID)和 PID(Product ID),其中 PID 有唯一性要求,正确地指定这个值可以让 Arduino IDE 通过 USB 的 PID 识别已连接在计算机 USB 接口的开发板的名称。

2)指定下载固件的工具属性,BlueFi 使用 Bootloader 下载用户程序固件,这个 Bootloader 使用的宿主计算机软件是 Nordic 官方的 nrfutil。

3)指定编译器的配置,其中很重要的选项是 MCU 内核系列、CPU 时钟频率、Arduino 内核、Arduino 变种板的名称、编译时使用的脚本选项文件(ldscript),以及 USB 的 VID 和 PID。

4)Nordic 蓝牙协议栈的选项菜单栏项目和默认值。

5)Debug 的菜单栏项目和默认值。

上面使用的 USB VID 和 PID 的值由 Adafruit 分配,以确保唯一性,我们使用 Adafruit 为 BlueFi 开发板分配的值,其中 VID 固定为 0x239A,在下载程序期间 PID 使用 0x00B1,Arduino 应用程序的 PID 固定为 0x80B1,当运行 Python 解释器时 PID 使用 0x80B2。

虽然我们的自定义开发板——BlueFi 的名称已经出现在 Adafruit nRF52 Boards 系列开发板的列表中,但工作并没有完成。接下来我们需要按照如图 3.25 所示的硬件资源和 I/O 引脚用法自定义一个名为 bluefi_nrf52840 的变种板,并使用 variant.h 和 variant.cpp 指定 BlueFi 板上 I/O 引脚的用法。

注意,变种板的名称 bluefi_nrf52840 已经在修改 boards.txt 文件期间指定了。如果需要使用其他名称,请再返回去修改 board.txt 文件。

指定自定义开发板的 I/O 引脚用法。在已安装的 Adafruit nRF52 系列开发板的软件包文件夹中,进入../packages/adafruit/hardware/nrf52/0.20.5/variants/文件夹,这里已经包含了若干个子文件夹,每个子文件夹对应一种 nRF52 变种板的 I/O 引脚用法文件。

为了减少输入,我们可以采用复制-粘贴-修改-保存操作来完成这一步工作。复制一个子文件夹后,将新复制的子文件夹名称修改为 bluefi_nrf52840,然后进入该子文件夹并修改 variant.h 和 variant.cpp 两个文件。

显然,两个文件都属于 C/C++的源文件。variant.cpp 按照 Arduino 开源社区的惯例,将主控制器的 I/O 引脚名称重新编号并映射成连续的序数(如 0~40),抛弃半导体厂商 PA.x、P0.x 和 P1.x(x 是序数)的命名习惯。使用文本编辑器或代码编辑器打开 variant.cpp 文件,首先删除其中的全部代码,然后将下面的代码复制-粘贴到 variant.cpp 文件中,最后再按需要增加版本或版权说明等注释信息,并保存该文件。

指定自定义开发板的 I/O 引脚用法（variant.cpp 文件）

```
1   #include "variant.h"
2   #include "wiring_constants.h"
3   #include "wiring_digital.h"
4   #include "nrf.h"
5
6   #define _PINNUM(port, pin)     ((port)*32 +(pin))
7
8   const uint32_t g_ADigitalPinMap[] =
9   {
10    //D0 .. D20
11    _PINNUM(0, 28),    //D0 is P0.28(GPIO D0 / AI0 / UART RX)
12    _PINNUM(0, 2),     //D1 is P0.02(GPIO D1 / AI1 / UART TX)
13    _PINNUM(0, 29),    //D2 is P0.29(GPIO D2 / AI2)
14    _PINNUM(0, 30),    //D3 is P0.30(GPIO D3 / AI3)
15    _PINNUM(0, 3),     //D4 is P0.03(GPIO D4 / AI4)
16    _PINNUM(1, 7),     //D5 is P1.07(GPIO D5 / Left button)
17    _PINNUM(0, 8),     //D6 is P0.08(GPIO D6)
18    _PINNUM(0, 25),    //D7 is P0.25(GPIO D7)
19    _PINNUM(0, 23),    //D8 is P0.23(GPIO D8)
20    _PINNUM(0, 21),    //D9 is P0.21(GPIO D9)
21    _PINNUM(0, 19),    //D10 is P0.19(GPIO D10)
22    _PINNUM(1, 9),     //D11 is P1.09(GPIO D11 / Right Button)
23    _PINNUM(0, 16),    //D12 is P0.16(GPIO D12)
24    _PINNUM(0, 6),     //D13 is P0.06(GPIO D13 / SCK)
25    _PINNUM(0, 4),     //D14 is P0.04(GPIO D14 / MISO / AI5)
26    _PINNUM(0, 26),    //D15 is P0.26(GPIO D15 / MOSI)
27    _PINNUM(0, 1),     //D16 is P0.01(GPIO D16)
28    _PINNUM(1, 12),    //D17 is P1.12(GPIO D17 / Red LED  [not exposed])
29    _PINNUM(1, 10),    //D18 is P1.10(GPIO D18 / NeoPixel [not exposed])
30    _PINNUM(0, 0),     //D19 is P0.00(GPIO D19 / SCL)
31    _PINNUM(0, 31),    //D20 is P0.31(GPIO D20 / SDA / AI6)
32
33    //D21 & D22 - PDM mic(not exposed via any header / test point)
34    _PINNUM(0, 9),     //D21 is P0.09(MICROPHONE_CLOCK)
35    _PINNUM(0, 10),    //D22 is P0.10(MICROPHONE_DATA)
36
37    //D23 .. D27 - TFT control(not exposed via any header / test point)
38    _PINNUM(0, 7),     //D23 P0.07(TFT SCK)
39    _PINNUM(1, 8),     //D24 P1.08(TFT MOSI)
40    _PINNUM(0, 5),     //D25 P0.05(TFT CS)
41    _PINNUM(0, 27),    //D26 P0.27(TFT DC)
42    _PINNUM(1, 13),    //D27 P1.13(TFT LITE)
43
44    //QSPI pins(not exposed via any header / test point)
```

```
45     _PINNUM(1, 3),    //D28 is P1.03(QSPI SCK)
46     _PINNUM(1, 2),    //D29 is P1.02(QSPI CS)
47     _PINNUM(1, 1),    //D30 is P1.01(QSPI Data 0)
48     _PINNUM(1, 4),    //D31 is P1.04(QSPI Data 1)
49     _PINNUM(1, 6),    //D32 is P1.06(QSPI Data 2)
50     _PINNUM(1, 5),    //D33 is P1.05(QSPI Data 3)
51     //ESP32SPI WiFi pins(not exposed via any header / test point)
52     _PINNUM(0, 22),   //D34 is P0.22(WIFI SCK)
53     _PINNUM(0, 17),   //D35 is P0.17(WIFI MISO)
54     _PINNUM(0, 20),   //D36 is P0.20(WIFI MOSI)
55     _PINNUM(0, 15),   //D37 is P0.15(WIFI BUSY)
56     _PINNUM(0, 24),   //D48 is P0.24(WIFI CS)
57     _PINNUM(1, 0),    //D39 is P1.00(WIFI RESET)
58     _PINNUM(0, 13),   //D40 is P0.13(WIFI PWR)
59
60     //D41 .. D44 - on board sensors pins(not exposed via any header / test
point)
61     _PINNUM(0, 11),   //D41 is P0.11 SENSORS_SCL
62     _PINNUM(0, 12),   //D42 is P0.12 SENSORS_SDA
63
64
65
66     _PINNUM(0, 14),   //D43 is P0.14 LSM6DS33 IRQ(ACCELEROMETER_INTERRUPT /
IMU_IRQ)
67
68     _PINNUM(1, 14),   //D44 is P1.14 White LED(WHITE LED)
69
70     //D45 & D46, on board Buzzer pins(not exposed via any header / test point)
71     _PINNUM(1, 11),   //D45 is P1.11 Audio Amplifier Enable(SPEAKER ENABLE)
72     _PINNUM(1, 15),   //D46 is P1.15 Speaker/Audio
73 };
74
75 void initVariant()
76 {
77   //LED1
78   pinMode(PIN_LED1, OUTPUT);
79   ledOff(PIN_LED1);
80
81   //Disable TFT LITE powering up
82   pinMode(PIN_TFT_LITE, OUTPUT);
83   digitalWrite(PIN_TFT_LITE, LOW);
84 }
```

variant.cpp 文件的关键就是使用第 6 行的宏定义声明一个常量型数组，这个宏就是将 nRF52840 原始的 I/O 引脚编号映射为 0～46 的序数，在常量数组中各项的排序是自定义的，例如，我们将 A 按钮的输入引脚 P1.7 排在第 5 个位置（计算机领域习惯有第 0 个位置），在使用 Arduino IDE 编写程序时，可以直接使用 const uint8_t a_buttonPin=5 定义别名变量来访问 A 按钮，编译器根据 variant.cpp 文件的这个常量数组自动地将 a_state = digitalRead(a_buttonPin) 中的 a_buttonPin 转换为 P1.7。

对于 I/O 引脚用法的特殊处理，Arduino 开源社区的这个惯例有两方面的目的。其一是软件开发者不必直接访问半导体厂商提供的驱动库。对 P1.7 引脚状态的读操作，意味着读取这个 I/O 引脚状态所对应的存储器地址单元；其二是提高 Arduino 软件的可移植性。

在 variant.h 文件中，根据图 3.25 中指定 BlueFi 的 I/O 引脚用法，采用同样的处理方法，用下面的代码覆盖 variant.h 文件中的原始内容。

指定 BlueFi 的 I/O 引脚用法(variant.h 文件)

```
1   #ifndef _VARIANT_BLUEFI_
2   #define _VARIANT_BLUEFI_
3
4   //Master clock frequency
5   #define VARIANT_MCK        (64000000ul)
6   #define USE_LFRC                 //Board uses RC for LF
7
8   #define _PINNUM(port, pin)  ((port)*32 +(pin))
9
10  #include "WVariant.h"
11
12  #ifdef __cplusplus
13  extern "C"
14  {
15  #endif //__cplusplus
16
17  //Number of pins defined in PinDescription array
18  #define PINS_COUNT            (47)
19  #define NUM_DIGITAL_PINS      (47)
20  #define NUM_ANALOG_INPUTS     (7)
21  #define NUM_ANALOG_OUTPUTS    (0)
22
23  //LEDs
24  #define PIN_LED1              (17)
25  #define PIN_NEOPIXEL          (18)
26
27  #define LED_BUILTIN           PIN_LED1
28  #define BUILTIN_LED           PIN_LED1
29
30  #define LED_RED               PIN_LED1
31  #define LED_WHITE             44
32
33  #define LED_STATE_ON          1       //State when LED is litted
34
```

```
35  //Buttons
36  #define PIN_BUTTON1            (5)      //Button A
37  #define PIN_BUTTON2            (11)     //Button B
38
39  //Microphone
40  #define PIN_PDM_DIN            22
41  #define PIN_PDM_CLK            21
42  #define PIN_PDM_PWR            -1       //not used
43
44  //Buzzer
45  #define PIN_BUZZER          46
46
47  //Analog pins
48  #define PIN_A0              (0)
49  #define PIN_A1              (1)
50  #define PIN_A2              (2)
51  #define PIN_A3              (3)
52  #define PIN_A4              (4)
53  #define PIN_A5              (14)
54  #define PIN_A6              (20)
55
56  static const uint8_t A0  = PIN_A0 ;
57  static const uint8_t A1  = PIN_A1 ;
58  static const uint8_t A2  = PIN_A2 ;
59  static const uint8_t A3  = PIN_A3 ;
60  static const uint8_t A4  = PIN_A4 ;
61  static const uint8_t A5  = PIN_A5 ;
62  static const uint8_t A6  = PIN_A6 ;
63
64  #define ADC_RESOLUTION       14
65
66  //Serial interfaces(UART)
67  #define PIN_SERIAL1_RX      (0)
68  #define PIN_SERIAL1_TX      (1)
69
70  //SPI Interfaces
71  #define SPI_INTERFACES_COUNT 3
72
73  //nRF52840 has only one SPIM3 runing at highspeed 32Mhz
74  //This assign SPIM3 to either: SPI (0), SPI1 (1).
75  //If not defined, default to 0 or SPI.
76  #define SPI_32MHZ_INTERFACE 1
77
78  //SPI(P13~P16)
79  #define PIN_SPI_SCK         (13)
80  #define PIN_SPI_MISO        (14)
```

```
81  #define PIN_SPI_MOSI          (15)
82
83  static const uint8_t SS   = (16);
84  static const uint8_t MOSI = PIN_SPI_MOSI ;
85  static const uint8_t MISO = PIN_SPI_MISO ;
86  static const uint8_t SCK  = PIN_SPI_SCK ;
87
88  //SPI1(TFT-LCD)
89  #define PIN_SPI1_SCK          (23)
90  #define PIN_SPI1_MOSI         (24)
91  #define PIN_SPI1_MISO         (28)
92
93  static const uint8_t SS1   = (25);
94  static const uint8_t MOSI1 = PIN_SPI1_MOSI ;
95  static const uint8_t MISO1 = PIN_SPI1_MISO ;
96  static const uint8_t SCK1  = PIN_SPI1_SCK ;
97
98  //On-board TFT display
99  #define PIN_TFT_CS            25
100 #define PIN_TFT_DC            26
101 #define PIN_TFT_LITE          27
102 #define PIN_TFT_RST           -1  //not used
103
104 //On-board WiFi
105
106 //Wire Interfaces(I2C)
107 #define WIRE_INTERFACES_COUNT 2
108
109 #define PIN_WIRE_SCL          (19)
110 #define PIN_WIRE_SDA          (20)
111
112 static const uint8_t SCL  = PIN_WIRE_SCL ;
113 static const uint8_t SDA  = PIN_WIRE_SDA ;
114
115 #define PIN_WIRE1_SCL         (41)
116 #define PIN_WIRE1_SDA         (42)
117
118 static const uint8_t SCL1 = PIN_WIRE1_SCL ;
119 static const uint8_t SDA1 = PIN_WIRE1_SDA ;
120
121 //QSPI Pins
122 #define PIN_QSPI_SCK          28
123 #define PIN_QSPI_CS           29
124 #define PIN_QSPI_IO0          30
125 #define PIN_QSPI_IO1          31
126 #define PIN_QSPI_IO2          32
```

```
127 #define PIN_QSPI_IO3            33
128
129 //On-board QSPI Flash
130 #define EXTERNAL_FLASH_DEVICES   W25Q16JV_IM
131 #define EXTERNAL_FLASH_USE_QSPI
132
133 #ifdef __cplusplus
134 }
135 #endif
136
137 #endif
```

在这个文件中定义的 LED_BUILTIN 宏已在 3.4 节的示例代码中出现过，这个宏仍然是 Arduino 开源社区的惯例：所有 Arduino 开发板上都有一个可编程的 LED 指示灯称为内建的 LED。LED_BUILTIN 只是开发板上的一个 I/O 引脚的用法，在上面的代码中还有两个按钮使用的引脚、MEMS 麦克风的 PDM 接口引脚、I2C 和 SPI 等通信接口的引脚。

关于 BlueFi 的 Bootloader，我们在前面已经提到，由于每个 BlueFi 板在生产阶段就已经在 FlashROM 中固化有现成的 Bootloader 固件，因此可以跳过这一步。如果我们打算在 Arduino IDE 环境中升级 Bootloader 固件，就需要在路径 ../packages/adafruit/hardware/nrf52/0.20.5/bootloader/中创建一个名为 bluefi_nrf52840 的子文件夹，然后用浏览器输入下面的链接并下载最新版 Bootloader 的 hex 格式文件和 zip 格式的文件。hex 格式 Bootloader 文件的下载地址为：https://theembeddedsystem.readthedocs.io/en/latest/_downloads/7c6555c751319 f6bf62a2c1fc18ddb2b/bluefi_bootloader-0.3.2_s140_6.1.1.hex；zip 格式 Bootloader 压缩文件的下载地址为 https://theembeddedsystem.readthedocs.io/en/latest/_downloads/57b1a9c4aa1935f6 f77 96bc73e0b326d/bluefi_bootloader-0.3.2_s140_6.1.1.zip。

将下载到本地的这两种格式的 Bootloader 文件复制到../packages/adafruit/hardware/nrf52/0.20.5/bootloader/bluefi_nrf52840/文件夹内。在 Arduino IDE 中升级/更新 nRF52 系列开发板的 Bootloader 固件有两种方法。一种方法是使用 Segger 的 J-Link 软件和 Nordic 官方的 nRF52 命令行工具软件，并将 nRF52840 的 USB 虚拟串口作为通信接口，将 hex 格式的 Bootloader 文件下载到开发板上，以更新 Bootloader 固件；另一种方法是使用 Adafruit 改进的 nRF52 命令行工具软件，无须 J-Link 软件，同样将 nRF52840 的 USB 虚拟串口作为通信接口，将 zip 格式的 Bootloader 文件下载到开发板上，以更新 Bootloader 固件。这便是前面下载的两种格式的 Bootloader 文件的用途。

如果选择第二种方法，那么更新 Bootloader 固件的软件工具已经在 nRF52 系列开发板的软件包中了，无须下载其他软件。如果选择第一种方法，那么还需要先下载两个软件工具。选择哪种方法并不重要，它们的目标都是一样的。当更新 Bootloader 固件时，可以使用 Arduino IDE 的工具菜单栏进行配置，配置完成后，更新 Bootloader 固件的软件工具就已经安装好了，且两种格式的最新版 Bootloader 固件也都已下载到../packages/adafruit/hardware/nrf52/0.20.5/bootloader/bluefi_nrf52840/文件夹中。如图 3.29 所示，最后选择"工具→烧录引导程序（Burning Bootloader）"选项即可。

注意，嵌入式系统的 Bootloader 是一种与硬件有关的应用程序，每种开发板的 Bootloader 程序都是定制化的，或许只是从同类型开发板的 Bootloader 简单移植的，但任何硬件的细微差别都可能导致功能失效。BlueFi 使用的 Bootloader 是从 TinyUF2 开源项目移植过来的。

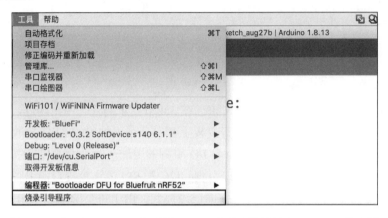

图 3.29　在 Arduino IDE 中更新 nRF52 系列开发板的 Bootloader 的配置

4．示例验证

现在我们可以使用一个简单的程序来验证前面的工作是否正确。在前述的步骤中，最关键的是"指定自定义开发板的 I/O 引脚用法"。如果我们能够成功地编译、下载 BlueFi 的第一个 Arduino 程序，那么就说明前面的工作是正确的。完整的示例代码如下。

根据 A 按钮状态设置白光灯亮灭

```
1   void setup() {
2     //put your setup code here, to run once:
3     pinMode(PIN_BUTTON1, INPUT_PULLDOWN);
4     pinMode(LED_WHITE, OUTPUT);
5   }
6
7   void loop() {
8     //put your main code here, to run repeatedly:
9     bool a_btn_state = digitalRead(PIN_BUTTON1);
10    if(a_btn_state) {
11      digitalWrite(LED_WHITE, HIGH);
12    }
13    else {
14      digitalWrite(LED_WHITE, LOW);
15    }
16  }
```

这个示例代码的程序逻辑非常简单，初始化程序（setup()子程序）只是把 PIN_BUTTON1 和 LED_WHITE 的模式分别配置为数字下拉输入和输出，这两个别名在

BlueFi 的 I/O 引脚用法的 variant.h 文件中采用宏定义的方式分别给予声明，在菜单栏中选择"工具→开发板→BlueFi"选项即指定在编译时使用我们自定义的 BlueFi 开发板。INPUT_PULLDOWN、OUTPUT、HIGH 和 LOW 都是 Arduino 平台的常量(参见 Arduino 官网的相关文档)。主循环程序(loop()子程序)读取 A 按钮的状态并赋值给布尔型变量 a_btn_state，然后判断 a_btn_state 是否为真(true)，若为真，则将白色 LED 指示灯控制引脚设置为高电平，否则设置为低电平。

将上面的代码输入 Arduino IDE 的源代码编辑区中，单击"编译并下载"按钮，这个简单的程序很快就被编译输出为 nRF52 的机器码文件，Arduino IDE 自动将该文件下载到 BlueFi 的 MCU 的 FlashROM 中，结果如图 3.30 所示。

图 3.30　编译并下载自定义开发板——BlueFi 的第一个 Arduino 程序

现在你可以按下 BlueFi 的 A 按钮，并观察白色 LED 指示灯的变化：按下 A 按钮，白色 LED 指示灯亮；释放 A 按钮，白色 LED 指示灯灭。你看到相同的程序执行效果了吗？

读取按钮的状态并根据其状态控制白色 LED 指示灯的亮或灭，虽然程序逻辑非常简单，但是这可以证明我们自定义的开发板——BlueFi 的 Arduino 软件开发环境的搭建工作已经成功。如果不成功，在单击"编译并下载"按钮之后，Arduino IDE 在其控制台中会用红色字体列出发生错误的代码行号，以及可能的错误原因。可以根据这些提示信息，仔细排查前面的工作到底错在哪里。

现在我们希望能使用 BlueFi 使 TFT-LCD 显示当前环境温/湿度信息或绘制图案，使彩灯能显示绚丽的光效，使喇叭能发出悦耳的旋律等。如何能够快速实现这些愿望呢？我们需要为 BlueFi 定制一个 BSP，使用 BSP 的单个接口就可以获取当前环境温度、环境湿度、声音响度或按钮状态等，从而控制喇叭产生指定频率和响度的基本音调、某个彩灯的颜色和亮度、TFT-LCD 上显示指定参数的文本和图案等。如何设计这个 BSP 呢？这是一个小型软件工程项目，当我们无从下手时，可以首先从规划软件的层次架构开始。

BlueFi 的 BSP 软件层次架构请参考图 3.31。我们暂时不考虑 BSP 软件的内部细节，只考虑外部接口分类和依赖库。从图 3.31 中可以看出，BSP 的作用是简化用户代码对 BlueFi 硬件的访问，例如，用户代码不必直接使用 I2C 接口读取温度传感器内部的寄存器，而是直接调用单个接口即可获取当前温度值，在 BSP API 的下面必须有代码来实现 I2C 接口初始化、检验硬件连线的有效性、读取寄存器、处理数据等，最后由这个 API 返回温度数值，在用户代码中甚至不涉及温度传感器的型号、I2C 从地址等。针对 BlueFi 的特定硬件资源，这个 BSP 的接口类型和数量都是确定的。

根据图 3.31 可以看出，我们需要完成的 BSP 软件设计与传统概念上的 BSP 有本质上的区别，由于 nRF52 的 Arduino 内核(含半导体厂商的驱动库和 RTOS 等)的存在，BlueFi 的 BSP 软件也不必直接访问寄存器和存储器层次的硬件资源。

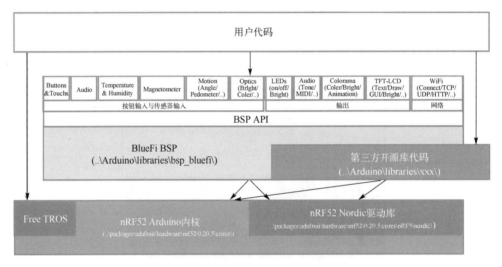

图 3.31　BlueFi 的 BSP 软件层次架构

每个特定开发板都有一套定制化的 BSP 源代码，BSP 软件的编码工作量较大，且涉及很多硬件接口、软件算法和代码封装等工作，我们将从第 4 章开始逐步完成整个 BlueFi 的 BSP 软件设计工作，期间我们还将介绍相关的嵌入式系统软硬件设计模式和设计方法，以及硬件接口原理和相关概念。

3.6　本章总结

嵌入式系统开发工作中，75%以上都是软件部分的工作，而且软件的质量往往会影响硬件性能，以及系统的可靠性。过去我们在预算嵌入式系统成本时，往往只关注硬件，即看得见的那些材料成本，现在人们已经越来越重视软件成本(含开发和运维)预算。

本章主要探讨嵌入式系统软件开发的基本模式和方法，以及使用和不使用 RTOS 的嵌入式软件的模型和基本架构，并介绍相关的概念。本章还将编译型语言和脚本语言放在一起进行对比，帮助读者了解使用两类不同语言开发嵌入式系统软件在基本方法、所用工具和效率等方面的区别，两种语言的源代码程序如何被嵌入式系统执行，以及 Python 解释器的运行机制。开源社区丰富的资源已是提高现代软件开发效率的重要方法之一，Arduino 是全球最大的嵌入式系统软硬件开源社区，如何使用 Arduino 平台也是本章的重点内容。

通过本章的学习，读者已初步掌握嵌入式系统的软件模型、层次架构、运行机制、开发方法等，为后续的深入学习奠定软件基础。

本章总结如下：

1）带 RTOS 的嵌入式系统软件模型及软件架构，RTOS 的相关概念，使用 RTOS 的益处和缺点等，以及使用带 RTOS 的嵌入式系统软件的过程。

2）无 RTOS 的嵌入式系统软件模型，带 RTOS 和无 RTOS 的嵌入式系统软件执行机制，子程序轮转型软件模型和中断驱动型软件模型的相关概念和设计思路。

3）Python 解释器相关概念，嵌入式系统执行 Python 脚本程序的机制，使用 Python 脚本程序开发嵌入式系统软件的工具和环境。

4）Arduino IDE 和 Arduino 程序结构，Arduino 的开发板管理器等相关概念，使用 Arduino 开发嵌入式系统软件的基本方法和分层抽象的软件结构，以及相关工具软件。

5）通过自定义兼容 Arduino 的开发板的软件开发环境搭建项目，嵌入式系统软件抽象硬件资源的方式，以及使用 Arduino 开源平台开发嵌入式软硬件的基本思路。

虽然单靠看书是学不会编程的，动手才能掌握编程的技能，但是如果能够了解软件设计模式、面向对象的编程思维、RTOS、软件编译、执行原理和运行机制等方面的理论知识，那么我们的软件开发工作会变得更高效。

本章拓展阅读的内容如下：

1）FreeRTOS 官方向导（参考文献[1]第 3～5 章）；

2）RTOS 相关的基础理论；

3）FreeRTOS 的应用；

4）软件设计的模式；

5）面向对象编程思想（参考文献[3]第 10～13 章和第 15 章）。

参 考 文 献

[1] Brian Amos. Hands-on RTOS with Microcontrollers[M]. Birmingham: Packt Publishing, 2020.

[2] Eric Matthes. Python 编程：从入门到实践[M]. 袁国忠，译. 北京：人民邮电出版社，2016.

[3] Walter Savitch. Problem Solving with C++[M]. 10th ed. NewYork: Pearson, 2017.

思 考 题

1．面向对象编程语言具有哪些特征？请逐一举例并简要说明每个特征。

2. 简要对比 RTOS 和桌面 OS 的主要区别。

3. 简要对比基于 RTOS 的嵌入式系统软件开发和桌面 OS 环境的应用软件开发之间的主要区别。（提示：从两种软件的编程语言、开发环境、开发工具、开发方法 4 方面来对比。）

4. 根据图 3.1 和图 3.5 所示的嵌入式系统软件模型，使用 RTOS 的系统软件将系统功能分割成多个独立的任务，而且每个任务都是一个无穷循环，某些耗时较长（如数百毫秒级）的系统功能（如人机交互）代码的实现变得较为容易，单个功能的代码很容易采用简单的时序逻辑实现；不使用 RTOS 的系统软件只能将系统功能分割成多个子程序，顺序地执行，执行时间（耗时）较长的系统功能代码的实现需要复杂的模型（如状态机）。显然，使用 RTOS 有利于降低系统功能代码之间的耦合度，甚至完全解耦。当然使用 RTOS 还有更多的优点，请逐一列举并简要说明理由。

5. 在资源有限、主频较低、计算能力较弱的嵌入式系统中使用 RTOS 时存在一些缺点，请逐一列举并简要说明理由。（提示：RTOS 本身是嵌入式系统软件的组成部分，需要占用系统的一部分 ROM 空间；系统运行期间 RTOS 本身需要占用系统的一部分 RAM 空间，还需要占用 CPU 的一部分时间执行 RTOS 代码。）

6. 每种体系结构的计算机系统仅能执行自己独有的指令集，任意高级语言程序都必须转换成目标计算机系统的机器码才能被执行。Python、JavaScript 等脚本程序由解释器逐行读取并被转换成机器码再被执行，输出结果，而 C/C++ 等编译型语言的程序直接在宿主计算机上被转换成目标系统的机器码并被下载到嵌入式系统的 FlashROM 中，C/C++ 程序的执行效率显然高于 Python 脚本程序。为什么 Python 语言仍然被很多嵌入式软件开发者所接受呢？请简要说明原因。

7. 嵌入式系统的 Bootloader 是一种功能单一的应用程序，只需要完成与宿主计算机的通信和 FlashROM 的读/写操作。假设某嵌入式系统能够使用 UART 与宿主计算机通信，并在复位后根据 0 号引脚的状态确定是否启动 Bootloader，即复位后若 0 号引脚为 LOW，则启动 Bootloader，否则直接启动用户程序。已知系统 MCU 的片上 FlashROM 容量为 128KB，SRAM 容量为 32KB，请为该系统设计一个合适的 Bootloader 的工作流程（绘制 Bootloader 软件的流程图）。

8. 按照 Arduino 开源社区惯例，每个开发板上的 MCU 的 I/O 引脚全部被映射成一组序数（见 variant.h 和 variant.cpp 文件）。这个处理方法的目的之一是提高 Arduino 程序源代码的可移植性，请举例说明原因。

9. 兼容 Arduino 开源平台的开发板都必须事先定义一个名称，而且必须具有唯一性（同系列开发板的名称必须保持各自唯一）。我们在 3.5 节修改 board.txt 文件，将 BlueFi 开发板添加到 Arduino 开源平台上时，除名称之外还指定了该开发板的其他哪些类别的选项？请分类说明每种选项的作用。（提示：这些选项几乎都用于编译和下载程序过程，在其他 IDE 中这些选项也都必须在创建项目时指定。）

第 4 章

嵌入式系统的基本输入和输出

　　嵌入式系统的轻触按钮、按键开关、LED 指示灯、继电器触点的通断控制等都属于开关型输入和输出，电路中传输的信号仅有两个有效状态，用一个二进制位即可存储这种信号。我们把这种类型的外设称为数字型 I/O 外设。一方面，嵌入式系统使用调节旋钮能够连续地调节电机转速、照明亮度、喇叭音量等，随着调节旋钮的旋转，调速电路单元输出的电压连续变换，嵌入式系统的 ADC（模数转换器）将连续变化的电压信号转换成计算机系统使用的数值（需要多个二进制位存储该信息），ADC 是嵌入式系统最常用的模拟输入接口。另一方面，电机控制单元根据电压信号的高低实时地调整电机转速，这需要嵌入式系统能够输出可编程的连续变化的信号，我们可以使用 DAC（数模转换器）将计算机系统的数值线性地转换成电压/电流信号，DAC 属于模拟输出型功能单元。脉冲的宽度、频率（或密度）调制信号具有易集成、低成本和高抗干扰能力等特性，PWM（脉冲宽度调制）和 PDM（脉冲密度调制）是现代嵌入式系统常用的接口，属于数字型"连续变化的信号"。

　　本章将深入介绍嵌入式系统 MCU 的基本输入和输出接口，包括数字型 I/O、模拟 I/O、脉冲（宽度、频率和密度等）调制信号 I/O 等硬件工作原理和软件接口设计。在此期间，我们将再次介绍"Load-Store 型体系结构"的 MCU 对片上外设的访问操作方法。

> **注释**
>
> - 数字型"连续变化的信号"，这句话使用""的原因：PWM 和 PDM 都属于数字调制技术，其离散性是不可避免的，PWM 和 PDM 信号与真实的连续信号存在本质的区别。
> - "Load-Store 型体系结构"是 RISC 和 CISC 的一种分界线。"Load-Store 型体系结构"指令的所有操作数都只限于寄存器组，这使得 MCU 的存储器映射的实现更简单。

4.1 可编程数字输入和输出

视频课程

1. 数字型 I/O 外设工作原理

　　数字型 I/O 外设仅有两种有效状态，人们习惯用 On 和 Off、High 和 Low、打开和关闭、接通和断开等表示这两种有效状态，例如，一个继电器触点的接通状态和断开状态、一个 LED 指示灯的 On 状态和 Off 状态等。存储一个数字型 I/O 外设的状态信息仅需要一个二进制位。绝大多数 MCU 的可编程 I/O 引脚都可编程输出高电平和低电平，这样的 I/O 引脚电平状态与相应接口电路即可控制数字型输出外设的状态，因此，在 MCU 内部使用二进制位的"1"和"0"分别表示数字型输出外设的状态。同时，通过读取 MCU 的 I/O 引脚的电平即可获取数字型输入外设的状态，并使用布尔型（Boolean）变量保存该状态。

很多编程语言都支持布尔型变量，尤其是嵌入式系统的编程语言，如 C/C++语言。虽然布尔型变量的有效值仅为"1"和"0"，但是如果目标计算机系统不支持位操作和位寻址，布尔型变量仍占用一字节或更多二进制位来存储一个二进制信息。现在的 MCU 绝大多数都支持位操作和位寻址，例如，ARM Cortex-M 系列微处理器的 MCU 支持 Bit-Band 操作，允许存取指令访问单个数据位（详见参考文献[11]的 6.7 节）。

2．BlueFi 上的按钮和 LED 指示灯电路及编程配置

按钮和 LED 指示灯是最简单的数字型 I/O 外设，图 4.1 给出了 BlueFi 上的按钮和 LED 指示灯的电路连接示意图。

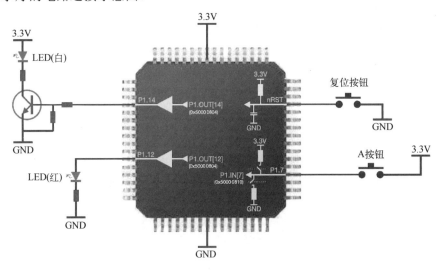

图 4.1　BlueFi 上的按钮和 LED 指示灯的电路连接示意图

从图 4.1 中，我们不仅能够了解数字型 I/O 信号的电平电压、驱动电流、频率和复位期间的默认状态，而且能了解如何读取数字型输入外设的状态并将其保存到布尔型变量中，以及如何通过写外设存储区的地址单元来控制数字型输出外设的状态。

BlueFi 主 MCU（nRF52840）的外部复位信号的有效电平为低电平，且内部带有上电复位（即冷复位）电路。图 4.1 给出了最简单的外部复位电路：一个手动复位按钮，一端接地，另一端与 nRST 引脚相连。内部上电复位电路的电阻与 MCU 的工作电源连接，当外部手动复位按钮未被按下时，保持复位引脚状态为高电平，这个电平的电压与 MCU 的工作电压相同；当按下外部手动复位按钮时，复位引脚的状态变为低电平，这个电平

的电压与电源地相同。当我们需要给 nRF52840 复位时，只需要按下复位按钮即可。当按下复位按钮时，向 nRST 引脚强制施加低电平信号，不仅将 MCU 内核复位，同时还将片上所有功能单元复位；当我们释放复位按钮后，片上的上电复位电路确保 nRST 引脚处于高电平，CPU 开始工作。我们在 2.7 节中已经了解到 MCU 的多种复位源，在复位期间，nRF52840 内部的 RESETREAS 寄存器(0x40000400 地址单元)将保存本次复位的信号源，应用程序可以根据这个寄存器的内容来识别复位源。按一次复位按钮 BlueFi 进行正常的系统复位，而双击 BlueFi 的复位按钮，BlueFi 则会进入下载程序状态。这个功能使用 RESETREAS 寄存器中的内容。

BlueFi 的 A 和 B 按钮都是可编程的，两个按钮的电路连接完全相似(除了使用不同的 I/O 引脚)，图 4.1 中仅给出 A 按钮的电路连接。A 按钮的接口电路不仅包含片外的按钮，还包含片内的可配置上拉/下拉电阻。由于 A 按钮的一端与 MCU 的工作电源连接，另一端与 P1.7 引脚连接，因此当按下 A 按钮时，P1.7 引脚被强制与电源连接；如果 P1.7 引脚的内部使用下拉电阻，那么当释放 A 按钮时，P1.7 引脚被下拉到电源地。通过读取 P1.7 引脚的状态即可确定 A 按钮的状态，当按下 A 按钮时，读取状态的结果为"1"(即高电平)，当释放 A 按钮时，读取状态的结果为"0"(即低电平)。当我们将 A 按钮的状态保存到一个布尔型变量时，如果不采用 DMA(直接存储器访问)方式，那么 nRF52840 的 CPU 的工作过程为：将 P1.IN 寄存器(即 0x50000810 地址单元)读入 CPU 内部某个寄存器中，然后再将 D7 位的值(即 P1.7 引脚的状态)保存到布尔型变量(即 Bit_Band 区的某个地址单元)中。

对于 P1.7 内部可配置的上拉/下拉电阻的使用，需要在 BlueFi 初始化期间根据 A 按钮的电路进行编程配置。按照图 4.1，使用 Arduino IDE 平台，A 按钮的初始化和使用参考代码如下。

A 按钮初始化和使用参考代码

```
1   void setup() {
2     //put your setup code here, to run once:
3     pinMode(PIN_BUTTON1, INPUT_PULLDOWN);
4   }
5
6   void loop() {
7     //put your main code here, to run repeatedly:
8     bool state_aBtn = digitalRead(PIN_BUTTON1);
9     if(state_aBtn == HIGH) {
10      //当 A 按钮被按下时需要执行的代码
11    } else {
12      //当 A 按钮被释放时需要执行的代码
13    }
14  }
```

第 3 行代码调用 Arduino 内部函数 pinMode(PIN_BUTTON1, INPUT_PULLDOWN)将 P1.7 引脚(即与 A 按钮连接的 I/O 引脚)配置为输入模式，且使用内部下拉电阻。在 Arduino

IDE 平台，有三种输入配置：浮空输入（INPUT）、上拉输入（INPUT_PULLUP）和下拉输入（INPUT_PULLDOWN）。第 8 行代码调用 Arduino 内部函数 digitalRead（PIN_BUTTON1）来读取 A 按钮的状态。由于按钮的状态为二进制信息，因此将 A 按钮的当前状态暂存在布尔型变量 state_aBtn 中。根据图 4.1 中的连接电路可知，当 A 按钮被按下时，布尔型变量 state_aBtn 的值为 true 或 HIGH。注意，HIGH 是 Arduino 平台的布尔型常量，true 是 C/C++语言的标准常量。你能确定这两个常量是什么关系吗？

BlueFi 有两个亮起时颜色分别为红色和白色的 LED 指示灯，它们的连接电路如图 4.1 所示，两个 LED 分别受 P1.12 和 P1.14 引脚控制。当程序将 P1.OUT 寄存器（即 0x50000804 地址单元）的 D12 位置位时，P1.12 引脚将输入"1"（即高电平），红色 LED 指示灯将亮起；当程序将 P1.OUT 寄存器的 D12 位清零时，P1.12 引脚输入"0"（即低电平），红色 LED 指示灯将熄灭。BlueFi 上其他数字电路采用相同的设计习惯，当 I/O 引脚为高电平时，对应的电压等于 MCU 的工作电压，低电平对应的电压等于电源地。按照第 3 章中的 BlueFi 电路原理介绍，nRF52840 使用 3.3V 作为 I/O 引脚电源。根据红色 LED 指示灯的正向压降、串联电阻的阻值和高电平的电压，我们可以计算出红色 LED 指示灯亮起时的电流（简称 On 电流），这个电流的大小影响指示灯的亮度。

根据 A 按钮的状态控制红色 LED 指示灯亮灭的代码如下。

根据 A 按钮的状态控制红色 LED 指示灯亮灭

```
1   void setup() {
2     //put your setup code here, to run once:
3     pinMode(PIN_BUTTON1, INPUT_PULLDOWN);
4     pinMode(LED_RED, OUTPUT);
5   }
6
7   void loop() {
8     //put your main code here, to run repeatedly:
9     bool state_aBtn = digitalRead(PIN_BUTTON1);
10    if(state_aBtn == HIGH) {
11      //当 A 按钮被按下时需要执行的代码
12      digitalWrite(LED_RED, HIGH);     //红色 LED 指示灯亮
13    } else {
14      //当 A 按钮被释放时需要执行的代码
15      digitalWrite(LED_RED, LOW);      //红色 LED 指示灯灭
16    }
17  }
```

按照 ../Arduino15/packages/adafruit/hardware/nrf52/0.20.5/variants/bluefi_nrf52840/variant.h 文件中对 BlueFi 的 I/O 引脚用法的定义，只需要将上述代码中的 LED_RED 引脚名称替换为 LED_WHITE，然后编译并下载修改后的代码到 BlueFi，就可以使用 A 按钮控制白色 LED 指示灯的亮和灭。

与红色 LED 指示灯相比，BlueFi 的白色 LED 指示灯更亮一些。这说明，白色 LED

指示灯 On 电流大于红色 LED 指示灯。如果使用 I/O 引脚输出的高电平电压直接驱动 LED 指示灯，并不断地减小 LED 指示灯的串联电阻阻值，那么 LED 指示灯的亮度会不断地增加吗？假设 I/O 引脚输出高电平电压时的电源是理想的(即内阻为 0 且功率足够大)，那么这个问题的答案是肯定的。事实上，所有 MCU 的 I/O 引脚的驱动能力都是有限的，按拉电流和灌电流两种指标分别指定每个 I/O 引脚的驱动能力。当 I/O 引脚的驱动能力无法满足 LED 指示灯 On 电流时，我们自然会想到使用外部功率驱动，图 4.1 中使用外部 NPN 三极管驱动白色 LED 指示灯，此时 I/O 引脚输出的拉电流被三极管放大数十倍(即三极管的放大倍数)，白色 LED 指示灯 On 电流可以达到数十毫安。当数字型输出外设需要更大的负载电流时，可以使用多级结构(如达林顿结构)的三极管提高放大倍数。

3. nRF52840 可编程引脚的内部结构

对于 MCU 的可编程 I/O 引脚，除了可配置的上拉/下拉电阻、可编程的 I/O 模式等，还有更多种可配置的结构。以 nRF52840 为例，我们需要进一步了解其内部的结构，如图 4.2 所示。

在图 4.2 中，我们可以找到某个可编程 I/O 引脚的所有配置选项、输入通道、输出通道等。除数字 I/O 功能外，一个可编程 I/O 引脚也可以作为模拟 I/O 功能引脚使用，图 4.2 中的 ANAEN 是编程配置的一个引脚，作为数字 I/O 或模拟 I/O 的控制位。关于模拟 I/O 的功能，详见 4.2 节。在 nRF52840 的资料页中，可以找到每个可编程 I/O 引脚的配置和控制相关的存储器地址及有效的控制位，pinMode(pin, mode)、digitalRead(pin) 和 digitalWrite(pin, value) 等基本数字型 I/O 接口都是通过编程这些存储单元实现的。

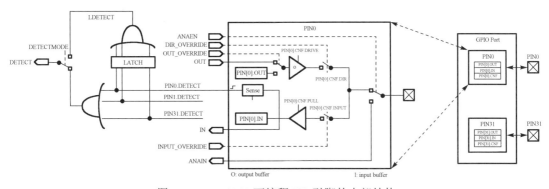

图 4.2　nRF52840 可编程 I/O 引脚的内部结构

4. 使用 C/C++语言的 BSP 及 API 应用示例

 任务

在了解数字型 I/O 电路和软件接口之后，我们可以继续第 3 章最后一节的任务：为 BlueFi 设计 BSP。

现在只涉及 BlueFi 的数字型 I/O 外设相关的部分，即两个输入按钮和两个 LED 指示灯的 BSP。如果你是 BlueFi 的二次开发(编程应用)用户，你会如何使用按钮和 LED 指示灯呢？BSP 的目的是根据特定硬件电路封装 API 并提高二次开发用户的工作效率，如

BlueFi 的两个输入按钮的配置(需根据按钮的电路结构)等,用户只需调用 BSP 封装的 API 即可得到"按钮被按下/释放/长按"的效果,或直接控制"红色 LED 指示灯亮/灭/切换"等。

为了了解 BSP 的基本结构,我们首先来实现 LED 输出控制类的 API。

根据计算机上安装的 Arduino IDE 的首选项确定项目文件夹的位置,如../Documents/Arduino,在该文件夹中新建一个 libraries 子文件夹,这个名称是固定的,是自定义的 Arduino 库或第三方 Arduino 库文件夹,BlueFi 的 BSP 显然属于此类。接着进入 libraries 子文件夹并在该文件夹中新建一个名为 BlueFi 的子文件夹,BlueFi 的 BSP 都将放在该文件夹中。既然一个兼容 Arduino 的开发板的 BSP 是 Arduino 库文件,我们就可以找到一个 Arduino 开源库复制一个模板,打开下面的链接就可以下载模板文件:https://theembeddedsystem.readthedocs.io/en/latest/_downloads/21ea6d7489535b964443bdd0061ed1af/BlueFi_ch4_1_1.zip。

将下载到本地计算机上的压缩包文件解压到../Documents/Arduino/libraries/BueFi/文件夹中,该文件夹的文件树如图 4.3 所示。

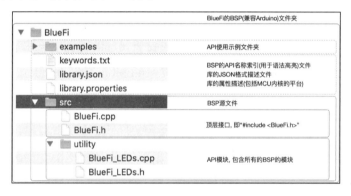

图 4.3　兼容 Arduino 的 BSP 文件夹的文件树

../Documents/Arduino/libraries/BueFi/文件夹中关键的 BSP 源文件都在/src 子文件夹内。/examples 文件夹是可选的,用来保存该 API 的示例程序。keyworks.txt、library.json 和 library.properties 三个文件都是文本格式文件,虽然它们的扩展名不同,但是使用任意文本编辑器都可以修改其中的内容,它们也是可选的。还可以在这个文件夹中增加其他文档,如 read.me 说明文档等。

目前../Documents/Arduino/libraries/BueFi/src/utility/文件夹中已经有两个源文件,BlueFi_LEDs.h 和 BlueFi_LEDs.cpp 是一对标准的 C/C++类 API 源文件,一个是 API 声明文件(俗称头文件),另一个是 API 实现的源代码,两个文件的源代码如下。

BlueFi_LEDs.h 文件源代码

```
1   #ifndef ___BLUEFI_LEDS_H_
2   #define ___BLUEFI_LEDS_H_
3
```

```
4    #include <Arduino.h>
5
6    class LED {
7     public:
8        LED(uint8_t pin);
9        uint8_t getAttachPin(void);
10       void on(void);
11       void off(void);
12       void toggle(void);
13       bool state(void);
14
15   private:
16       bool __isInited;
17       bool __state;
18       uint8_t __pin;
19   };
20
21   #endif //___BLUEFI_LEDS_H_
```

BlueFi_LEDs.cpp 文件源代码

```
1    #include "BlueFi_LEDs.h"
2
3    LED::LED(uint8_t pin) {
4        __isInited = 1;
5        __state = 0;
6        __pin = pin;
7        pinMode(__pin, OUTPUT);
8        digitalWrite(__pin, __state);
9    }
10
11   uint8_t LED::getAttachPin(void) {
12       return __pin;
13   }
14
15   void LED::on(void) {
16       __state = 1;
17       digitalWrite(__pin, __state);
18   }
19
20   void LED::off(void) {
21       __state = 0;
22       digitalWrite(__pin, __state);
23   }
24
25   void LED::toggle(void) {
```

```
26      __state = (__state)?0:1;
27      digitalWrite(__pin, __state);
28   }
29
30   bool LED::state(void) {
31     return __state;
32   }
```

这两个文件是 LED 输出控制类的 API 源文件(你可以模仿或修改这两个源文件实现继电器、蜂鸣器等输出控制类),如何使用它们呢?打开 ../Documents/Arduino/libraries/BueFi/src/BlueFi.h 文件。BlueFi.h 文件源代码如下。

BlueFi.h 文件源代码

```
1    #ifndef ___BLUEFI_H_
2    #define ___BLUEFI_H_
3
4    #include "utility/BlueFi_LEDs.h"
5
6    class BlueFi {
7
8    public:
9      BlueFi();
10     void begin(bool LCDEnable=true, bool SerialEnable=true);
11     LED redLED = LED(LED_RED);
12     LED whiteLED = LED(LED_WHITE);
13
14   private:
15     bool __isInited;
16   };
17
18   extern BlueFi bluefi;
19
20   #endif //___BLUEFI_H_
```

第 4 行将 utility/BlueFi_LEDs.h 包含到 BSP 的顶层接口头文件中,并在第 11 行和第 12 行分别定义 redLED 和 whiteLED 两个 LED 类实体对象。根据我们定义的 LED 类构造函数(见 BlueFi_LEDs.cpp 文件的第 3 行),在定义 LED 类实体对象时,必须用输入参数指定 LED 的控制引脚。现在 redLED 和 whiteLED 都已经是 BlueFi 类(该 BSP 的总类)的成员变量了,以后就可以像访问类成员变量一样访问它们,以及它们的 API。现在可以给出这个 BSP 的第一个 API 应用示例,代码如下。

API 应用示例

```
1    #include <BlueFi.h>
2    void setup() {
3      bluefi.begin();
```

```
4     bluefi.whiteLED.off();
5   }
6
7   void loop() {
8     bluefi.redLED.on();
9     delay(100);
10    bluefi.redLED.off();
11    delay(900);
12  }
```

这 个 示 例 代 码 见 ../Documents/Arduino/libraries/BueFi/examples/blink_redled/blink_redled.ino 文件。第 1 行将 BlueFi.h 头文件包含进来，第 3 行调用 bluefi 的成员函数 begin() 对 BSP 进行初始化，第 4 行调用成员变量 whiteLED 的接口函数（或方法）off() 关闭白色 LED 指示灯。在主循环程序中，通过调用成员变量 redLED 的接口函数（或方法）on() 和 off()，以及 Arduino 内部函数 delay(u32_ms) 来实现红色 LED 指示灯的闪烁效果。

我们前面给出的 LED 类源代码中共有 5 个接口函数，分别控制 LED 指示灯亮/灭/切换，以及读取 LED 的当前状态和 LED 所连接的 I/O 引脚编号。以后我们还会再次维护这个 LED 类 API，如增加 LED 指示灯的亮度控制等。对于 BlueFi 的两个输入按钮，如何实现它们的 API 呢？可以参考 LED 类的源代码自行设计，也可以在 Arduino 开源社区找一个现成的。这次我们选择使用开源社区资源来创建 BlueFi 按钮的 API。使用链接 https://github.com/LennartHennigs/Button2 自行下载或打开下面链接下载按钮类的 API 源代码文件：https://theembeddedsystem.readthedocs.io/en/latest/_downloads/2e801112fcea0e03639c3200c44811cd/bluefi_button2_ch4_1.zip。

注意，在 GitHub 上下载源代码后需要按照 BlueFi 的硬件稍做修改（也就是需要代码移植），若下载的是上面链接中的 zip 文件，则可以直接解压后使用（这是移植后的代码）。如果需要了解修改什么地方和为什么修改，可以将两个链接的代码都下载下来进行对比分析。

这个按钮类的 API 源代码文件中的 Button2.h 和 Button2.cpp 是源文件，其余都是示例代码或库说明文档，我们只需要将这两个源文件复制到 ../Documents/Arduino/libraries/BueFi/src/utility/ 文件夹中。为了不与其他的 Arduino 库混淆，建议将这两个源文件的文件名分别修改为 BlueFi_Button2.h 和 BlueFi_Button2.cpp，并分别修改两个源文件的部分内容（尤其是#include "xx.h"等语句），然后将下面三行语句添加到 BSP 的顶层接口头文件 BlueFi.h 中。

添加到 BlueFi.h 中的语句

```
1   #include "utility/BlueFi_Button2.h"
2
3   Button2 aButton = Button2(PIN_BUTTON1, INPUT_PULLDOWN, 50);
4   Button2 bButton = Button2(PIN_BUTTON2, INPUT_PULLDOWN, 50);
```

显然，第 1 行语句放在#include "utility/BlueFi_LEDs.h"的前/后都可以，另外两行都必须放在"class BlueFi"程序块内，建议放在"LED whiteLED = LED(LED_WHITE);"后面。

如此，我们就完成了 BlueFi 的按钮类 API 封装。如何使用它们呢？aButton 和 bButton

是 BlueFi 类的成员变量,访问方法与两个 LED 类的成员变量一样。但是 LED 类和 Button2 类的接口函数(或方法)完全不同,现在需要打开 BlueFi_Button2.h 和 BlueFi_Button2.cpp 两个源文件并仔细查看所有接口函数。为了帮助理解,我们给出一个简单的 Button2 类 API 应用示例程序,代码如下。

Button2 类 API 应用示例程序

```
1   #include <BlueFi.h>
2   void setup() {
3     bluefi.begin();
4     bluefi.redLED.on();
5     bluefi.whiteLED.off();
6   }
7
8   void loop() {
9     bluefi.aButton.loop();        //更新 A 按钮的状态
10    bluefi.bButton.loop();        //更新 B 按钮的状态
11    if(bluefi.aButton.isPressed()) {
12      bluefi.redLED.off();
13    } else {
14      bluefi.redLED.on();
15    }
16  }
```

初始化部分代码分别让红色 LED 指示灯亮、白色 LED 指示灯灭。在主循环程序中,调用 Button2 类接口函数 loop()更新按钮的状态,并使用 isPressed()成员函数判断按钮是否被按下。这是一个非常简单的示例,用 A 按钮控制红色 LED 指示灯亮和灭,其程序执行效果为当按下 A 按钮时红色 LED 指示灯灭,当释放 A 按钮时红色 LED 指示灯亮。

如果仔细查看 Button2 的两个源文件会发现该类中有很多个接口函数都是 setXxxHandler(Callback Functionf),即设置按钮状态的回调函数(Call back Function),如设置按钮被按下时的回调函数(setPressedHandler)等。

回想前面讨论过的“中断驱动型编程模式”,回调函数可以模仿中断机制被执行(但与中断程序完全不同)。下面的示例代码演示了如何使用 Button2 类的回调函数。

使用 Button2 类回调函数的示例代码

```
1   #include <BlueFi.h>
2   void a_changed_cb(Button2& btn) {
3     Serial.println("A-Button be changed");
4   }
5   void b_pressed_cb(Button2& btn) {
6     Serial.println("B-Button be pressed");
7   }
8   void b_click_cb(Button2& btn) {
9     Serial.println("B-Button is click");
```

```
10  }
11  void b_2click_cb(Button2& btn) {
12    Serial.println(" B-Button is double-click");
13  }
14
15  void setup() {
16    Serial.begin(115200);
17    bluefi.begin();
18    bluefi.redLED.on();
19    bluefi.whiteLED.off();
20    bluefi.aButton.setChangedHandler(a_changed_cb);
21    bluefi.bButton.setPressedHandler(b_pressed_cb);
22    bluefi.bButton.setClickHandler(b_click_cb);
23    bluefi.bButton.setDoubleClickHandler(b_2click_cb);
24  }
25
26  void loop() {
27    bluefi.aButton.loop();      //更新 A 按钮的状态
28    bluefi.bButton.loop();      //更新 B 按钮的状态
29    if(bluefi.aButton.isPressed()) {
30      bluefi.redLED.off();
31    } else {
32      bluefi.redLED.on();
33    }
34  }
```

在上面的代码中,我们预先定义了 4 个回调函数,分别是当 A 按钮状态发生改变时(包括哪些类型的改变呢?)、当 B 按钮被按下时、当 B 按钮被单击时、当 B 按钮被双击时需要执行的回调函数。为了简化程序代码,都仅向串口(字符)控制台发送一串字符信息来表示所执行的回调函数类别,并在初始化部分对串口(字符)控制台进行初始化(setup()子程序的第 1 行),以及完成回调函数的注册(setup()子程序的第 5～8 行)。主循环程序与前一个示例相同。该程序的执行效果:当按下或释放 A 按钮时都会在串口控制台看到 A-Button be changed 提示信息,当 B 按钮被按下或单击、双击时分别显示不同的信息。

如何看到控制台信息呢?在 Arduino IDE 菜单栏中选择"工具→串口监视器"选项,在弹出的串口(字符)控制台窗口的右下角选择波特率(本示例应选择 115200,与上面代码中的参数一致)。

为了能快速搭建本节内容中所涉及的 BlueFi 的 BSP 源代码和示例程序,可以直接下载下面链接中的压缩文件 https://theembeddedsystem.readthedocs.io/en/latest/_downloads/7d43adedbc7fa327c3301c86ed79111e/BlueFi_bsp_ch4_1.zip,并将其解压到../Documents/Arduino/libraries/BlueFi 文件夹中,然后就可以直接使用我们在前面封装好的 BSP,并逐个验证前面的示例程序。

截至目前,我们已经为 BlueFi 的 BSP 添加了 LED 类和按钮类 API 接口,以及 3 个示例程序,这些源程序都已在这个压缩包中。

任务

如果有机会动手试一试，建议你参考示例代码设计一些其他功能的程序，例如，按下 A 按钮切换红色(或白色)LED 指示灯的状态等。每次修改代码后都必须将其编译并下载到 BlueFi 上验证执行效果是否满足预期。

5. 使用 Python 语言的 BSP 及应用示例

上面使用 C/C++语言封装 BlueFi 的 BSP 和示例程序，并使用"修改代码-编译和下载-测试"的流程来测试示例程序，每次的编译和下载都非常耗时。如果使用 Python 语言，能否更快速地实现上述示例程序的功能？答案是肯定的。当拿到一个全新的 BlueFi 时，该 BlueFi 都默认带有一个 Python 解释器固件。当使用 USB 数据线将 BlueFi 与计算机连接好之后，计算机的资源管理器中将会出现一个名为 CIRCUITPY 的磁盘，可以直接使用 MU 编辑器等工具软件打开默认的示例程序/CIRCUITPY/code.py，模仿下面给出的红色 LED 指示灯闪烁的 Python 脚本程序即可开始使用 Python 编程。

红色 LED 指示灯闪烁的 Python 脚本程序

```
1    import time
2    from hiibot_bluefi.basedio import LED
3    led = LED()
4    led.white = 0              #白色 LED 灭
5    #主循环
6    while true:
7        led.red = 1            #红色 LED 亮
8        time.sleep(0.1)        #等待 0.1s
9        led.red = 0            #红色 LED 灭
10       time.sleep(0.9)        #等待 0.9s
```

这个示例程序首先导入 time 模块和 LED 类(从 basedio.py 中)接口，然后实例化一个 LED 类对象——led，再通过 led 的 white 和 red 属性值控制白色 LED 指示灯和红色 LED 指示灯的亮/灭。在主循环程序块中，通过切换 red 属性值并加以延时来实现红色 LED 指示灯的闪烁效果。

再看一个 Python 脚本程序示例，该程序的主要效果是使用按钮控制红色 LED 指示灯亮/灭，代码如下。

使用按钮控制红色 LED 指示灯亮/灭的 Python 脚本程序

```
1    import time
2    from hiibot_bluefi.basedio import LED, Button
3    led = LED()
4    button = Button()
5    led.red = 1
6    led.white = 0
7
8    while true:
9        button.Update()
```

```
10     if button.A:
11         led.red = 0
12     else:
13         led.red = 1
14     if button.B_wasPressed:
15         print("B-Button be pressed")
16     if button.B_wasReleased:
17         print("B-Button be released")
18     time.sleep(0.1)
```

由于当前版本 BlueFi 的 Python 解释器没有将 Button 类接口封装成回调函数模式，因此仅支持通过查询方法实现按钮的状态更新。与前一个示例相比，本示例不仅导入 time 模块和 LED 类接口，还导入 Button 类接口（我们需要使用按钮类功能），并定义 Button 类的实例化对象——button，在主循环程序块内调用 button 的 Update()接口函数更新 A 和 B 按钮的状态，然后通过查询 A、B、B_wasPressed 等属性值来判断两个按钮的状态和事件。button 到底有多少种属性？可以通过查询得到这个问题的答案。

单击 MU 编辑器的"串口"按钮，打开串口（字符）控制台窗口，在控制台窗口内按下 Ctrl+C 组合键强制让 BlueFi 的 Python 解释器进入 REPL 模式，按下 Enter 键即可看到">>>"提示符，在该提示符后输入以下命令并按 Enter 键，其中 dir(button) 和 dir(led) 命令行的执行效果就是分别给出 button 和 led 的属性列表。在需要了解其他对象的属性，也可以使用相似的方法进行查询。

button 和 led 的属性列表

```
1    >>> from hiibot_bluefi.basedio import LED, Button
2    >>> button = Button()
3    >>> dir(button)
4    ['__class__', '__dict__', '__init__', '__module__', '__qualname__', 'A',
'B', 'Update',
5    'A_wasPressed', 'B_wasPressed', 'A_wasReleased', 'B_wasReleased',
'A_pressedFor', 'B_pressedFor',
6    '_a', '_db_a', '_b', '_db_b']
7    >>> led = LED()
8    >>> dir(led)
9    ['__class__', '__dict__', '__init__', '__module__', '__qualname__', 'red',
'white', 'redToggle', 'whiteToggle',
10   '_redled', '_whiteled']
11   >>>
```

经过上述示例的对比，相信你一定体会到了使用 Python 语言的高效率。当修改代码并保存后，Python 解释器立即自动重新开始执行修改后的脚本文件。修改和测试程序的过程都非常快捷。

值得注意的是，在 Arduino IDE 环境更新 BlueFi 的应用程序时，默认的 Python 解释器固件将会被覆盖。

被覆盖后如何恢复 BlueFi 的 Python 解释器呢？这很容易，首先我们需要使用浏览器和下面的链接下载 BlueFi 的 Python 解释器固件(BlueFi 目前有两种硬件版本，如何快速区分两种版本？v2 版本的板边缘带有 4 个半圆缺口，v1 版本没有)。BlueFi(v1)的 Python 解释器固件下载链接为 https://theembeddedsystem.readthedocs.io/en/latest/_downloads/2f265daf29e-92421271dd82c7f70c819/bluefi_v1_python_firmware_v5.uf2；BlueFi(v2)的 Python 解释器固件下载链接为 https://theembeddedsystem.readthedocs.io/en/latest/_downloads/a01cbe1d96f21e2c79305860120e6e af/bluefi_v2_python_firmware_v5.uf2。

首先，根据自己的 BlueFi 版本下载 Python 解释器固件(.uf2 格式文件)到本地。然后，用 USB 数据线将 BlueFi 与计算机连接好，并快速地双击 BlueFi 的复位按钮，让 BlueFi 进入下载程序状态，此时所有彩灯都显示低亮度绿色，计算机资源管理器中出现名为 BLUEFIBOOT 的磁盘。最后，将下载的.uf2 格式的 Python 解释器固件拖放至 BLUEFIBOOT 磁盘中即可。稍等片刻，你会发现计算机资源管理器中出现了名为 CIRCUITPY 的磁盘。

总结一下，使用 Arduino IDE 环境编译并下载到 BlueFi 上的用户程序与 Python 解释器一样都保存在 nRF52840 片上 1MB FlashROM 的用户程序区(参见第 2 章的图 2.22)，两者相互覆盖是必然的。由于 Bootloader 独立占用 FlashROM 的一小片区域(24KB)不会受用户程序影响，因此我们反而可以通过双击 BlueFi 的复位按钮使其强制进入下载程序状态，以更新用户程序区的内容(如更新 Python 解释器固件)。

是否可以使用同样的方法更新使用 Arduino IDE 环境编译产生的用户程序/固件呢？可以。选择 Arduino IDE 菜单栏中的"项目→导出已编译的二进制文件"选项并将二进制文件保存到指定的文件夹中，然后使用已安装的 nRF52 软件包(参见第 3 章)中的 uf2conv 工具将二进制文件转换成.uf2 格式的固件，双击 BlueFi 复位按钮后出现 BLUEFIBOOT 磁盘，将这个 uf2 格式的固件拖放到该磁盘中即可。请自行探索这个过程。

BlueFi Python 解释器的使用小技巧

- **单击复位按钮**，重启系统和 Python 解释器，并开始执行已经保存的/CIRCUITPY/code.py 脚本程序，出现 CIRCUITPY 磁盘。有些脚本程序可能会造成 CIRCUITPY 磁盘很久才会出现(忙着执行用户程序去了)。

- **双击复位按钮**，重启系统并进入下载程序状态，所有 RGB 彩灯显示低亮度绿色，红色 LED 指示灯呈呼吸灯状态，出现 BLUEFIBOOT 磁盘，可以更新 Python 解释器固件或 Arduino 应用程序。

- **单击复位按钮**，当最左边的 RGB 彩灯显示低亮度黄色时再次按下复位按钮，重启系统并进入安全模式，此时最左边的 RGB 彩灯呈黄色呼吸灯效果，出现 CIRCUITPY 磁盘，LCD 屏幕上提示目前运行在安全模式。

当某个脚本程序存在严重问题，将 BlueFi 插入计算机后无法出现 CIRCUITPY 磁盘时，可以使用上面第三种操作强制让 BlueFi 进入安全模式，此时必出现该磁盘，即可修改 code.py。

虽然可编程数字输入和输出是嵌入式系统中最简单的 I/O 接口，我们从硬件和软件(分别使用 C/C++编译型语言和 Python 解释型语言)两方面来说明这类简单的接口及其编程控制，但本节仅使用 LED 指示灯和按钮作为接口示例，在实际的嵌入式系统中，此类的接口还很多，如继电器、电磁铁、限位开关、门磁开关等。虽然它们在软件方面几乎与 LED 类和按钮类没区别，但驱动电路各有不同。

4.2　可编程模拟输入和输出

视频课程

1．模拟信号转换为数字信号的过程

数字信号仅有"1"和"0"两种有效值，而模拟信号是连续变化的，如室温、气压等。模拟信号是有界的，即量程范围，一般使用最小值和最大值来描述。由于计算机系统内部只能接收数字信号，因此模拟信号必须使用 ADC 等器件进行数字化。优良的 ADC 不仅具备高分辨率还有很高的线性度，在有效量程范围内始终保持"$Data = 2^{n-1} \times (A_i - A_{min})/(A_{max} - A_{min})$"的线性关系。其中 Data 是 n 个二进制位宽度的数值，A_i 是 $[A_{min}, A_{max}]$ 量程范围内的连续信号。

很显然，Data 的二进制位宽度越大，数字化信号的分辨率越高。ADC 等数字化器件的分辨率是指，引起输出数值 Data 向相邻数值变化的模拟信号的变化量，通常使用 Data 的二进制位宽度来度量分辨率。一般来说，温度、气压、流量等物理量需要经过传感器和信号调理电路转换为连续的电压信号，然后再使用 ADC 等数字化器件转换为数字信号。所以，上述的线性关系不仅受 ADC 等数字化器件的线性度的影响，而且也会受到传感器和信号调理电路的线性度的影响。理论上的线性器件很难实现，在实际应用中经常通过减小量程范围来确保线性度（即使用局部线性度）。

由于计算机系统 CPU 内核和外设使用时钟信号按节奏地工作，且 ADC 等数字化器件实施信号量化转换的过程需要耗费一定时间（数微秒的量级），因此连续的模拟信号按一定时间间隔（称采样周期）被采样、量化、转换为离散的数字信号，如图 4.4 所示。

经过数字化的模拟信号仅保留采样时刻的信息，为了防止丢失模拟信号的原始特征（如频率、幅值等），采样周期（或频率）的选择非常重要。程序指令通过控制 ADC 器件的 START 信号来启动采样、量化和转换过程，当 A/D 转换完毕后，通过切换 EOC（Ethernet Over Coax，以太数据通过同轴电缆传输）信号的电平状态来通知系统读取转换结果。这样结构的 ADC 器件很容易设计成中断驱动模式，根据采样周期配置 MCU 的定时器产生周期性中断来启动 A/D 转换，并使用 ADC 的 EOC 信号申请中断，在 EOC 的中断服务程序内读取 A/D 转换结果。

 任务

请根据这里描述的 A/D 转换过程设计一个 ADC 接口电路，并完成 A/D 转换的软件流程。

大多数嵌入式系统的 ADC 等数字化器件前端都带有 PGA（可编程增益放大器），以满足更宽量程范围的模拟信号，虽然 ADC 等数字化器件能接收的模拟电压输入量程范围是固定的，在图 4.4 中，ADC 器件能够接收的模拟电压输入范围为 $[V_{ref-}, V_{ref+}]$，但通过调整 PGA 的增益可以把不同量程范围的 $V(t)$ 信号调整到 $[V_{ref-}, V_{ref+}]$ 范围内。

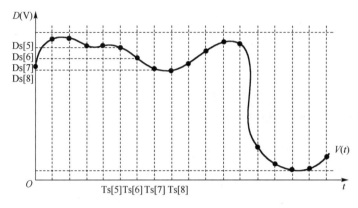

(a) 模拟信号数字化的离散采样

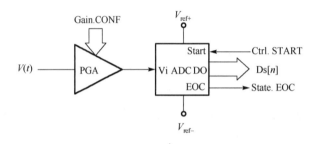

(b) 模拟信号数字化的信号通路

图 4.4　模拟信号按一定时间间隔被采样、量化、转换为数字信号的过程

2. 模拟前端和 ADC 单元

常用的模拟信号有两种，分别是单端信号和差分信号。本质上，所有模拟信号都是差分信号，单端信号是由信号本身和地信号组成的一种特殊差分信号对。标准的差分信号对仅需要一对双绞线即可传输信号，无须地信号线，具有极好的抗共模干扰能力和高信噪比等特性。在差分信号处理单元的输入端，差分电路单元能够将差分信号转换为单端信号。单端信号和差分信号的形式如图 4.5 所示。

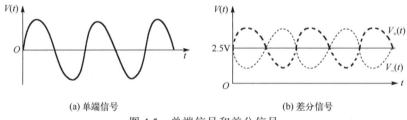

(a) 单端信号　　　　　　　　　(b) 差分信号

图 4.5　单端信号和差分信号

为了适应单端信号和差分信号两种类型的模拟信号，ADC 等数字化器件前端的模拟信号输入通路和信号处理单元被称为模拟前端。典型的模拟前端和 ADC 单元如图 4.6 所示。使用多路模拟信号选择器和 PGA 可以让多个输入的模拟信号共用一个 ADC 等数字化器件，这种模拟前端在信号量程和信号类型等方面具有较高的灵活性。

随着混合信号 IC 集成电路技术的发展，集成 ADC 等数字化器件的成本越来越低，现代大多数通用的 MCU 片上都带有可编程分辨率的 ADC 单元和模拟前端，例如，nRF52840 的片上带有一个可编程分辨率（8/10/12 位）的 ADC 单元及其模拟前端，其内部结构如图 4.7 所示。

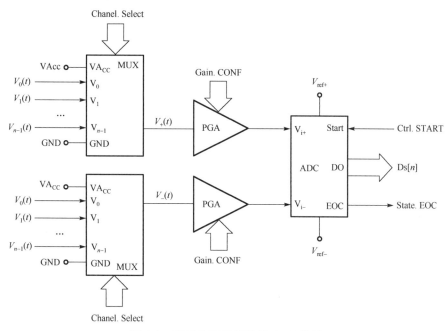

图 4.6　典型的模拟前端和 ADC 单元

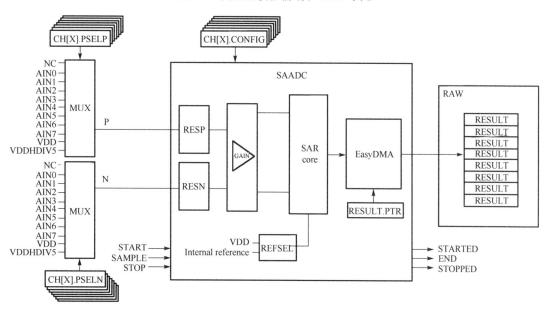

图 4.7　nRF52840 的片上 ADC 单元及其模拟前端的内部结构

　　逐次逼近（SAR）型 ADC 是最常用的数字化器件，从采样到输出转换结果的整个过程所用的时间是固定的。一般来说，逐次逼近型 ADC 器件的内部都有一个 ADC 单元，相较于积分型 ADC 器件，逐次逼近型 ADC 器件成本高、转换速度快，但分辨率较低。

3. DAC 器件的结构原理

借助于传感器、模拟前端和 ADC 等数字化器件，我们能够将现实世界中各种连续变化的物理信号转换为计算机系统能够处理的数字信号。反过来，我们也可以将数字信号转换为连续变化的模拟信号，这就需要 DAC 等数模转换器件。从原理上，常用的 DAC 器件分为加权电流型和电阻网络型两种。其内部结构原理如图 4.8 所示，图中仅以 4 位分辨率的 DAC 器件来说明两种 DAC 器件的内部结构原理。实际上，可用的 DAC 器件具有多种分辨率，部分 DAC 器件还具有可编程的分辨率，包括 8/10/12/16 位等。

DAC 器件的分辨率也可以使用其二进制位宽度来衡量。实际的 DAC 器件分辨率是指，DAC 器件的数据变化一个相邻数字时输出的模拟信号变化量。虽然既有输出连续变化电压信号的 DAC 器件，又有输出电流信号的 DAC 器件，但图 4.8 中仅以输出电压信号[2]为例。根据运算放大器的工作原理，加权电流型 DAC 器件输出的电压 $V_{out} = R_F \times i_F$，当反馈电阻 R_F 不变时，输出电压完全由 i_F 决定，而 i_F 正好等于 4 个电流源输出电流之和。改变二进制数值[D3～D0]的值即可改变 i_F 的大小，DAC 器件输出的电压信号也会随之变化。电阻网络型 DAC 器件由"R-2R 电阻网络"、模拟电子开关和电压跟随器等组成，DAC 器件输入的数字位控制模拟开关的位置切换，进而改变电阻网络的串并联结构，使得电压跟随器输入端的电压也随之变化。虽然"R-2R 电阻网络"实现的成本低，但其缺点也十分明显，电阻的一致性和电子开关的导通电阻等都是影响输出电压精度的因素。

从原理上看，软件控制 DAC 器件输出的连续变化的电压或电流信号是借由电子开关控制电阻网络的电压或加权电流来实现的，输出信号是有限分辨率的。例如，图 4.8(a) 中 4 位 DAC 输出的电压 $V_{out} = R_F \times i_F = Data \times R_F \times I/16$，其中 I 是恒流源的电流，I 与 R_F 一样，都是固定不变的，4 位宽的 Data 仅有 16 种取值，V_{out} 只能输出有限集合 $\{0, R_F \times I/16, 2 \times R_F \times I/16, 3 \times R_F \times I/16, ..., 15 \times R_F \times I/16\}$ 中的 16 种不同大小的电压信号。

从理论上讲，零阶保持器(ZOH)是使用 DAC 器件构建的连续变化的模拟信号的数学模型，即每个采样点保持一个采样间隔。DAC 器件使用零阶保持器将离散的采样点信号转换为连续信号，如图 4.9 所示。

在实际应用中，DAC 器件并不能保持理论上的零阶保持器的特性，在输出电压信号变化期间还会叠加噪声信号，因此 DAC 器件输出的连续信号需要经过后端处理。每个模拟信号输出通道必须占用一个 DAC 器件，无法像模拟前端那样使用多路模拟开关让多路模拟输出信号共用一个 DAC 器件。

随着数字化系统的普及，DAC 器件的应用场景越来越少，很多通用 MCU 内部并没有 DAC 器件，即使有，其模拟输出通道也非常少，分辨率也较低。在利用率极低的部件上增加成本是不明智的选择。

4. ADC 和 DAC 单元的编程控制

现在来看 nRF52840 的模拟输入和输出通道，4.1 节的图 4.2 中给出了 nRF52840 的 I/O 引脚内部结构图，共有 8 个引脚支持模拟输入，片上带有 1 个可编程增益、可编程分辨率的逐次逼近型 ADC 器件，支持 8 路单端或 4 路差分的模拟电压信号输入，但是片上没有 DAC 器件。BlueFi 板上的网络协处理器 ESP32 片上带有 2 个可编程分辨率的 ADC 单元，最多支持 12 路单端模拟电压信号输入，片上带有 2 个 8 位分辨率的高速 DAC 单元。

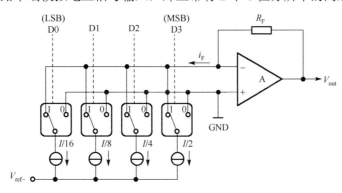

(a) 加权电流型DAC器件原理

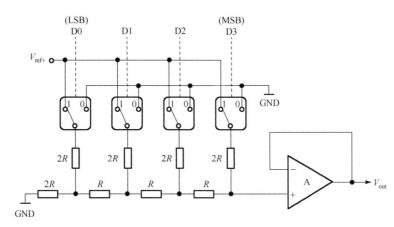

(b) 电阻网络型DAC器件原理

图 4.8　两种 DAC 器件的内部结构原理

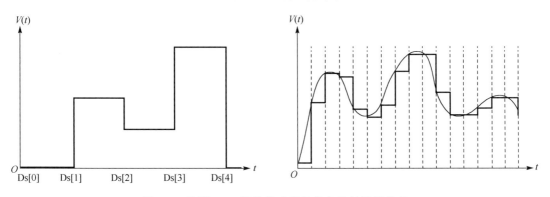

图 4.9　使用 DAC 器件构建的连续变化的模拟信号

ADC 和 DAC 单元的编程控制非常简单，尤其是 DAC 单元，改变输出电压时只需向控制 DAC 单元的寄存器写入相应数值即可，或将数据流写入 RAM 中再配置并启动片上定时器和数据指针，在每个周期性定时中断发生时，启动 DMA 传输将 RAM 数据写入控制 DAC 单元的寄存器中并调整数据指针，这样可以快速构建指定采样间隔的模拟信号，如输出声音信号。ADC 单元的编程控制稍微复杂一些，首先控制多路模拟开关选择模拟信号输入通道(写通道选择寄存器)，然后设置 START 信号有效(写 ADC 单元的控制寄存器)，自动启动采样，采样完毕后自动开始转换，这期间，软件可以通过读取 ADC 单元的状态寄存器的某些位来查询转换状态，若为转换完毕状态，则读取转换结果到 RAM。大多数 MCU 的片上 ADC 单元都支持中断编程和 DMA 传输，尽可能少地占用 CPU 时间就可以实现模拟信号的采样、量化、转换和存储过程。

在 Arduino 平台，我们不必直接访问与 ADC 和 DAC 单元相关的控制、状态、数据等寄存器，直接使用下面两个内部函数即可。

1) 模拟输入：uint16_t adc_chx_value = analogRead(chx)

2) 模拟输出：voidanalogWrite(chx, value)

注意，第一个函数是读取 ADC 单元的单次转换结果到一个变量 adc_chx_value 中，该变量的类型(二进制位宽度)非常重要，必须根据当前 ADC 单元的分辨率来选择。由于切换模拟通道、采样和 A/D 转换的过程需要一定的时间，因此第一个函数的执行时间长短取决于当前所用 ADC 单元的转换时间，理论上分辨率越低，转换时间越短。第二个函数的执行时间仅为几个机器周期，在执行该函数期间需要切换模拟输出通道、配置模拟输出引脚的结构、写 DAC 单元的寄存器等。

直接使用 ananlogRead(chx) 获取 A/D 转换结果采用的是"查询-等待"过程，如果需要使用中断或 DMA 模式的 A/D 转换，还需要我们编程访问 ADC 单元及其模拟前端的控制、状态和数据寄存器来实现。

BlueFi 板上没有固定的模拟 I/O 外设，但 40P"金手指"扩展接口上的 P0～P4、P14 和 P20 等 7 个引脚可作为模拟输入通道。进入 Python 解释器的 REPL 模式，使用 dir(board) 可以查询到这些引脚，代码如下。

使用 dir(board)查询引脚代码

```
1    >>> import board
2    >>> dir(board)
3    ['__class__',  'A0',   'A1',   'A2',   'A3',   'A4',   'A5',   'A6',
'ACCELEROMETER_INTERRUPT',
4    'AUDIO', 'BUTTON_A', 'BUTTON_B', 'D0', 'D1', 'D10', 'D11', 'D12', 'D13', 'D14',
5    'D15', 'D16', 'D17', 'D18', 'D19', 'D2', 'D20', 'D21', 'D22', 'D23', 'D24', 'D25',
6    'D26', 'D27', 'D3', 'D34', 'D35', 'D36', 'D37', 'D38', 'D39', 'D4', 'D40', 'D41',
7    'D42', 'D43', 'D44', 'D45', 'D46', 'D5', 'D6', 'D7', 'D8', 'D9', 'DISPLAY', 'I2C',
8    'IMU_IRQ',  'MICROPHONE_CLOCK',  'MICROPHONE_DATA',  'MISO',  'MOSI',
'NEOPIXEL', 'P0',
9    'P1', 'P10', 'P11', 'P12', 'P13', 'P14', 'P15', 'P16', 'P17', 'P18', 'P19', 'P2',
10   'P20', 'P21', 'P22', 'P23', 'P24', 'P25', 'P26', 'P27', 'P3', 'P34', 'P35', 'P36',
11   'P37', 'P38', 'P39', 'P4', 'P40', 'P41', 'P42', 'P43', 'P44', 'P45', 'P46', 'P5',
12   'P6', 'P7', 'P8', 'P9', 'REDLED', 'RX', 'SCK', 'SCL', 'SDA', 'SENSORS_SCL',
```

```
'SENSORS_SDA',
13  'SPEAKER', 'SPEAKER_ENABLE', 'SPI', 'TFT_BACKLIGHT', 'TFT_CS', 'TFT_DC',
'TFT_MOSI',
14  'TFT_RESET', 'TFT_SCK', 'TX', 'UART', 'WHITELED', 'WIFI_BUSY', 'WIFI_CS',
'WIFI_MISO',
15  'WIFI_MOSI', 'WIFI_PWR', 'WIFI_RESET', 'WIFI_SCK']
16  >>> board.A6
17  microcontroller.pin.P20
18  >>>
```

从 analogio 模块导入模拟输入类 AnalogIn，并用它实例化某个支持模拟输入的引脚，然后通过实例化对象的 value 属性获取该引脚上当前电压的 A/D 转换结果，代码如下。

获取引脚上当前电压的 A/D 转换结果

```
1  >>> import board
2  >>> from analogio import AnalogIn
3  >>> analog_in = AnalogIn(board.A0)
4  >>>
5  >>> analog_in.value
6  608
7  >>>
```

注意，因为默认模拟输入类 AnalogIn 的对象的 ADC 分辨率为 12 位，所以转换结果的最小值为 0、最大值为 4095。通用的 analogio 模块也支持模拟输出类 AnalogOut，我们同样可以先导入该类，并使用某个引脚实例化一个模拟输出类的对象，然后用程序改变其 value 属性从而改变模拟输出。由于 nRF52840 没有片上 DAC 单元，因此所有引脚都不能当作模拟输出通道使用，如果违例使用，将会引起 Python 解释器的错误提示，并终止脚本程序。例如，在 REPL 模式执行以下代码。

违例使用案例代码

```
1  >>> import board
2  >>> from analogio import AnalogOut
3  >>> analog_out = AnalogOut(board.A1)
4  Traceback(most recent call last):
5    File "<stdin>", line 1, in <module>
6  RuntimeError: AnalogOut functionality not supported
7  >>>
```

当 Python 解释器执行实例化模拟输出类语句 analog_out = AnalogOut(board.A1) 时就会立即给出 RuntimeError 型错误提示。

本节我们初步了解了模拟信号如何与数字世界相连，包括模拟输入信号如何被转换成数字信号，以及数字信号如何被转换成模拟信号，ADC 和 DAC 两种转换器件具有关键性作用。

视频课程

4.3　计数器和 PWM 信号输出

1．PWM 信号简介

PWM 信号是一种可实现连续信号控制效果的数字信号，由于其实现电路单元全部由数字电路组成，易于集成且成本低，因此现在的绝大多数 MCU 都支持多通道的可编程 PWM 信号输出。相较于 D/A 转换输出的模拟信号，PWM 信号具有极强的抗干扰特性，这使得 PWM 的应用场景非常多，如开关电源、电池充电、显示器亮度控制、伺服控制、通信等。

我们首先使用 BlueFi 的白色 LED 指示灯来测试 PWM 信号的使用效果。用 USB 数据线将 BlueFi 连接到计算机，使用 Python 脚本程序和 Python 解释器可以快速修改、测试程序，将下面的示例代码保存到/CIRCUITPY/code.py 文件中，覆盖之前的 code.py 文件。

测试 PWM 信号的使用效果

```
1   import time
2   import board
3   from pulseio import PWMOut
4   led = PWMOut(board.WHITELED, frequency=1000, duty_cycle=0)
5
6   while true:
7     for i in range(100):
8       if i < 50:
9         led.duty_cycle = int(i * 2 * 65535 / 100)            #占空比逐渐增加
10      else:
11        led.duty_cycle = 65535 - int((i - 50) * 2 * 65535 / 100)  #占空比逐渐减小
12      time.sleep(0.01)
```

当 BlueFi 执行这个脚本程序时，将会观察到白色 LED 指示灯的亮度会"渐灭-渐亮-渐灭-…"地循环变化。然后将第 4 行 frequency 的值分别修改为 50、500、5000、10000等，并观察每次修改-保存后白色 LED 指示灯的亮度变化。修改 frequency 的值实际就是改变 PWM 信号的频率，在使用不同频率的 PWM 信号时发现了什么不同吗？无论 PWM信号的频率如何改变，肉眼都看不出白色 LED 指示灯亮度变化的规律有何不同。

通过测试我们了解到：

1）使用 PWM 信号可以调节 LED 指示灯的亮度；

2）PWM 信号的频率变化不会影响 LED 指示灯亮度控制效果；

3）改变 PWM 输出类的实体对象 led 的 duty_cycle 属性值可以改变 LED 指示灯的亮度。

PWM 信号到底是什么样的呢？如果使用示波器观察 BlueFi 主 MCU（nRF52840）的 P1.14引脚（白色 LED 指示灯的引脚）的信号，我们将会看到如图 4.10 所示的 PWM 信号形状。

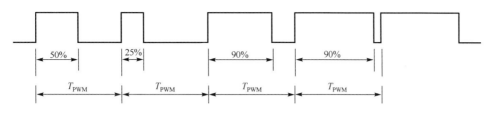

图 4.10　PWM 信号的形状

示例程序中的第 4 行在实例化 PWMOut 类时，指定 PWM 信号输出引脚为白色 LED 指示灯的控制引脚，PWM 信号频率（frequency）为 1kHz，初始占空比（duty_cycle）为 0，实例化对象的名称为 led。实质上，这行脚本程序是在配置 PWM 信号发生器参数和信号输出通道。在主循环程序块内，第 9 行根据循环变量 i 计算 led 的 duty_cycle 属性值，从表达式可以看出这个属性值与 i 呈正比关系，随着 i 的增加，输出的 PWM 信号的占空比也随之增加，我们观察到的效果为白色 LED 指示灯的亮度渐大。第 11 行也根据 i 计算 duty_cycle 属性值，但是它与 i 呈反比关系，随着 i 的增加，输出的占空比也随之减小，我们观察到的效果就是白色 LED 指示灯的亮度渐小。

当我们反复修改这个 PWM 信号的 frequency 属性时，只要保持其频率不低于 40Hz，便可以断定输出的控制 LED 指示灯亮度的 PWM 信号频率肯定发生变化，但是我们肉眼并不能观察到由不同 PWM 信号频率引起的特殊变化。如果你知道普通的交流电灯电源也是以 50Hz 的频率在变化的，肉眼也并不能观察到电灯的明暗变化，那么由此便可知在上述测试过程中观察到的现象背后的原因。如果把 frequency 属性改为 10 甚至更小，再观察白色 LED 指示灯的亮度变化，将会发现明显不同的效果。

并不是所有 PWM 信号的频率都是可以任意修改的，实际适用的频率应根据被控对象（如 LED 指示灯）的开关频率特性（这是电子元件的一种重要电气特性）来选择，例如，伺服系统电机的响应速度较低，仅适合 100Hz 以下的 PWM 信号频率。

2．PWM 信号发生器和计数器

PWM 信号是如何产生的呢？PWM 信号发生器由分频器寄存器（Prescaler）、波计数器（Wave Counter）或通用计数器（General Counter）、数值比较器（Comparator）等组成，如图 4.11 所示。

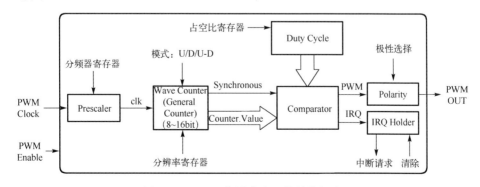

图 4.11　PWM 信号发生器的结构组成

通过设置时钟预分频器寄存器(即分频器寄存器)的值可以调整 PWM 信号的频率,向占空比寄存器中写入不同值可调整 PWM 信号的占空比,计数器的模式包括递增、递减、先递增再递减三种,计数器的模式选择可以改变 PWM 信号的对齐方式(前沿对齐、后沿对齐、中心对齐),如图 4.12 所示。

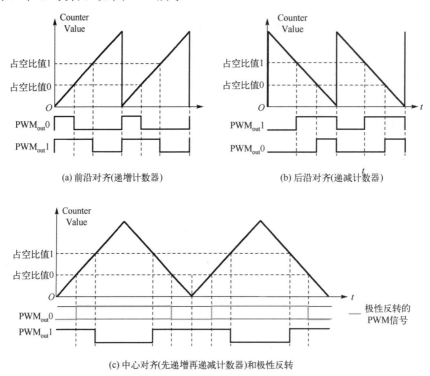

(a) 前沿对齐(递增计数器)　　　　　　(b) 后沿对齐(递减计数器)

(c) 中心对齐(先递增再递减计数器)和极性反转

图 4.12　计数器模式的选择可以改变 PWM 信号对齐模式

考虑 PWM 信号不同的应用目的,大多数 PWM 信号发生器的输出极性都支持可编程的反转特性。从图 4.11 和 4.12 中可以看出,计数器是 PWM 信号发生器单元的核心部件。定时/计数器(Timer/Counter)是现代 MCU 片上必备的基础功能单元,编程控制定时/计数器不仅能产生单次的(One-short)定时中断请求、周期性中断请求,还能捕获外部输入的脉冲信号进行计数,借助数值比较器也能产生 PWM 信号。很多 MCU 片上并没有专用的 PWM 信号发生器单元,只能借助软件和定时/计数器编程控制产生 PWM 信号。当然,专用的 PWM 信号发生器也具有定时器的功能。例如,使用图 4.11 所示的结构,让 PWM 信号发生器产生周期性中断请求是很容易的。与定时/计数器相关的概念大多数都属于数字电路范畴,本书不深入讨论。

3. PWM 信号输出的编程控制

在本节的开头部分,我们已经使用 Python 解释器和 pulseio 模块中的 PWM_{out} 类编写脚本程序控制 nRF52840 的 P1.14 引脚输出 PWM 信号,那么在 Arduino 开源平台如何编程控制 I/O 引脚输出 PWM 信号呢? Arduino 的内部函数 analogWrite(pin, value) 是一个特殊的接口，将自动根据输出参数 pin 的 I/O 属性确定其具体的执行效果。我们已经知道，在编译和下载 Arduino 程序之前必须使用开发板管理器指定开发板名称、编译和下载等相关的参数，每一种开发板 MCU 的每个引脚的用法都是确定的，这在第 3 章中已经提到过。若传递给函数 analogWrite(pin, value) 的参数 pin 对应的 I/O 引脚是支持 DAC 型模拟输出的，则将参数 value 写入 DAC 寄存器中即执行完毕；若该引脚不支持 DAC 型模拟输出但支持 PWM 输出，则将参数 value 写入 PWM 的占空比寄存器中即执行完毕；若 pin 既不支持 DAC 型模拟输出也不支持 PWM 输出，则该语句被忽略，不执行任何动作。

对于 MCU 的 PWM 输出引脚来说，Arduino 的函数 analogWrite(pin, value) 仅改变 PWM 的占空比，占空比的分辨率决定参数 value 的范围。对照 Python 脚本程序，我们如何确定 PWM 占空比的分辨率？如何改变 PWM 信号的频率呢？

Arduino 的函数 analogWriteResolution(bits) 用于指定 analogWrite(pin, value) 的参数 value 的范围，参数 bits 是二进制位宽度，默认值是 8。那么默认的参数 value 的有效范围是多少呢？根据前面所掌握的 PWM 信号发生器的结构可以得出，PWM 信号占空比的取值范围必须与计数器的范围保持一致。

Arduino 没有改变 PWM 信号频率的接口函数。如何知道某个开发板的 PWM 信号频率是多少呢？Arduino 官网的页面中已经列出官方开发板默认的 PWM 信号的频率，Arduino 平台的软件架构上已经将每一种开发板的 PWM 信号频率进行预设。在我们了解了 PWM 信号发生器的基本结构、开发板所用的 MCU 片上 PWM 资源及其用法，以及 Arduino 的 PWM 接口之后，我们可以通过修改 Arduino 的 PWM 接口初始化参数配置 PWM 信号频率。事实上，使用 analogWriteResolution(bits) 设置占空比(或计数器)范围也可以改变 PWM 信号频率。PWM 信号的频率受 PWM 模块的时钟频率、分频器和计数器的范围三个参数约束。例如，nRF52840 的 PWM 模块时钟频率为 16MHz，分频器可选择 1/2/4/8/16/32/64/128 分频，计数器的范围为 3~32767(即可设置最大的二进制位宽度是 15)。如果选择 1 分频，即 16MHz 时钟为计数器工作时钟(即时钟周期为 62.5ns)，当使用 8 位计数器分辨率时的 PWM 信号周期为 16ms(=256×62.5ns)，当使用 12 位时的 PWM 信号周期为 256ms，当使用 15 位时的 PWM 信号周期为 2.048ms。这些参数可在 nRF52840 数据页的 PWM 相关的寄存器说明部分查询到。在 3.5 节所搭建的兼容 Arduino 开源平台的软件开发环境中，PWM 信号发生器相关的接口在 ../Arduino15/ packages/ adafruit/hardware/nrf52/0.20.5/cores/nRF5 文件夹中，涉及其中的 wiring_analog.h、wiring_analog.cpp、HardwarePWM.h 和 HardwarePWM.cpp 4 个文件，PWM 初始化部分在 HardwarePWM.cpp 文件的 begin() 中。

下面我们来修改 4.1 节所创建的 LED 类的实现代码，增加 LED 亮度控制接口，使用 PWM 信号发生器控制 LED 指示灯亮度，从而了解 Arduino 开源平台上的 PWM 编程控制。BlueFi 的 LED 类的实现代码在 ../Documents/Arduino/libraries/BueFi/src/utility/文件夹的 BlueFi_LEDs.h 和 BlueFi_LEDs.cpp 两个源文件中，现在只需要为 LED 类添加一个名为 bright(bv) 的单输入参数的接口函数，具体的代码实现极其简单，修改后的两个源文件的代码如下。

修改后第一个源文件（BlueFi_LEDs.h 文件，第 14 行代码是新增的）

```
1    #ifndef ___BLUEFI_LEDS_H_
2    #define ___BLUEFI_LEDS_H_
3
4    #include <Arduino.h>
5
6    class LED {
7      public:
8        LED(uint8_t pin);
9        uint8_t getAttachPin(void);
10       void on(void);
11       void off(void);
12       void toggle(void);
13       bool state(void);
14       void bright(uint16_t bv); //设置 LED 亮度
15
16     private:
17       bool __isInited;
18       bool __state;
19       uint8_t __pin;
20   };
21
22   #endif //___BLUEFI_LEDS_H_
```

修改后第二个源文件（BlueFi_LEDs.cpp 文件，第 34～36 行代码是新增的）

```
1    #include "BlueFi_LEDs.h"
2
3    LED::LED(uint8_t pin) {
4        __isInited = 1;
5        __state = 0;
6        __pin = pin;
7        pinMode(__pin, OUTPUT);
8        digitalWrite(__pin, __state);
9    }
10
11   uint8_t LED::getAttachPin(void) {
12       return __pin;
13   }
14
15   void LED::on(void) {
16       __state = 1;
17       digitalWrite(__pin, __state);
18   }
19
20   void LED::off(void) {
```

```
21      __state = 0;
22      digitalWrite(__pin, __state);
23  }
24
25  void LED::toggle(void) {
26      __state = (__state)?0:1;
27      digitalWrite(__pin, __state);
28  }
29
30  bool LED::state(void) {
31    return __state;
32  }
33
34  void LED::bright(uint16_t bv) {
35      analogWrite(__pin, bv);
36  }
```

仅以演示为目的，我们仍使用默认的 PWM 信号参数，即使用 8 位分辨率的 PWM 占空比、62.5kHz 的频率。若需要改变分辨率和频率则可以使用 analogWriteResolution(bits) 接口。考虑到分辨率可配置的最大二进制位宽度是 15 位，因此亮度控制接口函数 bright(bv) 的参数 bv 采用 16 位宽的无符号整型。编写这个接口函数(或方法)的示例程序，代码如下。

改变分辨率和频率示例程序

```
1   #include <BlueFi.h>
2   void setup() {
3     bluefi.begin();
4     bluefi.whiteLED.off();
5   }
6
7   void loop() {
8     static uint8_t bv=0, dir=1;
9     if(dir) {              //渐亮
10      bv += 5;             //步长
11      if(bv > 250) dir=0;
12    } else {               //渐灭
13      if(bv >= 5) bv -= 5;
14      else dir=1;
15    }
16    bluefi.redLED.bright(bv);
17    delay(10);
18  }
```

如果使用示波器观察 BlueFi 红色 LED 指示灯的阳极引脚处的波形，将会清晰地看到一个周期/频率固定的 PWM 波形，而且高电平的宽度会"渐大-渐小-渐大…"地周期性变化，大多数示波器还能测量这个 PWM 波形的频率，从而验证是否与理论的 62.5kHz 保持一致。

然后，我们也可以尝试改变这个 PWM 波形的频率，根据前面所掌握的 PWM 信号发生器的原理可知，改变占空比（即计数器）的范围也可以改变 PWM 信号频率。这需要在初始化 BlueFi 时（setup（）子程序内）使用 analogWriteResolution（14）接口设置分辨率为 14 位宽，再修改 loop（）子程序中的亮度最大值和亮度增量步长。注意，14 位宽的无符号整型数范围是 0～16383。修改后的代码如下。

改变占空比的范围

```
1    #include <BlueFi.h>
2    void setup() {
3      bluefi.begin();
4      analogWriteResolution(14);  //14位分辨率，参数的有效范围：0～16383
5      bluefi.whiteLED.off();
6    }
7
8    void loop() {
9      static uint16_t bv=0, dir=1;
10     if(dir) {          //渐亮
11       bv += 328;       //步长
12       if(bv > 16383) dir=0;
13     } else {           //渐灭
14       if(bv >= 328) bv -= 328;
15       else dir=1;
16     }
17     bluefi.redLED.bright(bv);
18     delay(10);
19   }
```

修改包括：新增第 4 行（改变占空比分辨率），以及修改第 11、12、14 行中的亮度变量值。将修改后的示例程序编译并下载到 BlueFi 开发板上，在执行程序期间再用示波器观察和测量红色 LED 指示灯阳极引脚处的波形频率，验证是否与理论的 1kHz 频率一致。

在 Arduino 平台上修改 PWM 信号的频率看起来有点烦琐，在使用 analogWriteResolution（bits）接口修改频率的同时还会改变信号占空比的分辨率，是否有更便捷的方法？有。需要我们自己动手添加一个专门用来设置 PWM 信号频率的接口函数，这个接口函数需要借助半导体厂商提供的外设驱动库访问 PWM 信号发生器相关的寄存器。

为了便于测试，请先删除../Documents/Arduino/libraries/BlueFi 文件夹中的所有文件，然后使用浏览器和下面的链接下载压缩文件包 https://theembeddedsystem. readthedocs.io/ en/latest/_downloads/9db94ec41cd3e211e0e16ca855f9c9b4/BlueFi_bsp_ch4_3.zip，并解压到../Documents/Arduino/libraries/BlueFi 文件夹中。本节所修改的 LED 类的实现代码和示例程序都已添加到该文件夹中。将示例程序编译并下载到 BlueFi 开发板，当执行这个示例程序时，将会看到红色 LED 指示灯呈"呼吸"效果。

PWM 信号发生器由可编程的分频器、计数器和数值比较器等组成，PWM 信号的占空比（高电平宽度与信号周期的比值）和频率都是可编程的，而且 PWM 信号的边沿对齐方式、占空比范围(即计数器的分辨率)等也是可编程的。灵活的 PWM 信号发生器不仅具有结构简单、易实现等特点，而且输出的数字信号能实现连续信号的控制效果，具有极强的抗干扰特性。

视频课程

4.4　定时器和频率调制信号输出

1．频率调制信号

PWM 信号是一种频率固定的脉冲宽度调制信号，脉冲宽度承载待传输的信息。使用脉冲频率承载传输信息的方法叫作调频，即频率调制，这种信息传输的形式广泛应用于通信、广播、电视等领域。数字型频率调制信号采用固定的 1/2 占空比，但信号的瞬时频率随待传输信息的变化而变化，如图 4.13 所示。

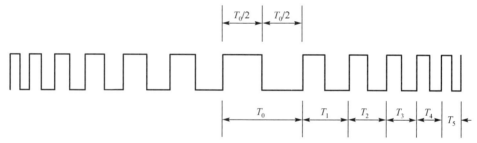

图 4.13　数字型频率调制信号

除了传统的通信、广播等领域，具有强抗干扰特性的数字频率调制信号也常用于工业领域。例如，使用数字脉冲频率调制信号控制步进电机，单个频率信号不仅承载位置/角度的步进信息，还承载速度信息。步进电机是一种最常用的直接数字控制型定位电机，是一种能将脉冲信号转换成步进角位移/线位移的电能和磁能转换装置。与交流电机相比，对步进电机的控制更容易实现，甚至部分 MCU 片上带有专用步进电机控制单元。

步进电机控制单元包含相序励磁发生器、前置驱动、大电流 H 桥、相电流监测等，其中相序励磁发生器是数字控制部分的核心，能够将控制步进脉冲转换为 H 桥控制信号。一般的步进电机驱动单元如图 4.14 所示。

Dir 和 Step 两个信号分别是步进电机的方向信号和步进脉冲信号，它们是步进电机驱动单元的关键控制信号。电机驱动单元根据 Dir 信号的电平状态确定正转/反转的励磁相序，一个 Step 信号内实现一个步距角的转动。实现一个步距角的转动需要经历励磁和消磁两个阶段，励磁阶段是根据当前转向的相序步骤确定 H 桥开关状态，给电机线圈接通电流以产生磁力推动转子运动的，消磁阶段先关闭 H 桥上臂再接通双下臂以快速消除电机线圈上的反电势，采用前沿对齐的、50%占空比的步进脉冲，其高、低电平与励磁、消磁阶段正好对应，步进脉冲的频率直接反映为电机的角速度。

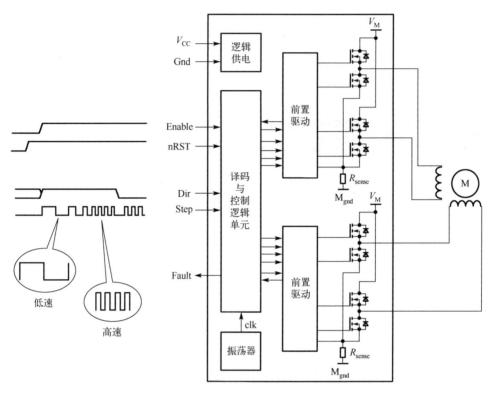

图 4.14　步进电机驱动单元

"低速时扭矩大，高速时扭矩小"是步进电机的重要特性，这从上述的驱动分析中不难发现。由于步进脉冲的频率可以实现对步进电机的转速控制，因此我们可以通过设计软件算法来实现适合步进电机和某种负载的加速与减速过程，通过合理的加减速控制即可避免机械冲击危害，还可以保持期望的定位精度。

数字脉冲频率调制信号的另一种用途是产生电子合成的声音，频率是声波的局部特征，反过来看，发声装置就是将频率调制信号转换成机械振动从而产生声波的。由于数字调频信号是方波形式的，且幅度是固定的，因此仅适合产生基本音调和简单音符。能够模拟人类声音的语音合成需要高速 DAC 输出频率和幅度同时调制的模拟信号。

无论是步进电机控制还是声音合成，如何使用嵌入式系统的功能单元产生频率调制信号才是关键。MCU 片上的可编程的定时器就是一种频率调制信号发生器，下面介绍配置定时器产生指定频率方波信号的基本方法(程序代码)。

2．定时器的结构

在下面的程序中，假设使用递减的定时器单元，其输入时钟频率记为 F_in_clk，待产生的方波频率为 F_out，还用到了该定时器的自动重装寄存器 R_autoload 和溢出中断服务。

配置定时器产生指定频率方波信号的基本方法

```
1    void iniTimer(F_out) {
2      T_overflow = 1000000UL/(2*F_out);     //计算定时器的溢出周期(us)
```

```
3      F_clk = F_in_clk/dv;                //确定分频数 dv 和定时器时钟频率
4      T_clk = 1000000UL/F_clk;            //计算定时器时钟周期
5      setDividerRegister(dv);             //设置分频器寄存器的分频数为 dv
6      R_autoload = T_overflow/T_clk;      //定时器溢出周期/定时器时钟周期
7      setAutoloadRegister(R_autoload);    //设置重装寄存器的值
8      setValueRegister(R_autoload);       //设置定时器的值寄存器
9      enableTimerIRQ();                   //打开定时器溢出中断
10     startTimer();                       //启动定时器
11   }
12
13   void Timer_Handler(void) {
14     clearTimerIRQ();                     //清除中断请求标志
15     digitalWrite(Pin_out, !digitalRead(Pin_out)); //将脉冲输出引脚状态反转
16   }
```

使用普通定时器产生指定频率方波信号的关键是计算定时器的重装值，这个参数应是定时器时钟周期的整数倍，因此合适的分频器配置十分重要。定时器的初始化操作涉及的计算包括计算定时器溢出周期、配置分频器并计算定时器时钟周期，以及根据两者比值计算定时器重装值。为了更好地理解这些计算过程，图 4.15 给出了定时器的结构。

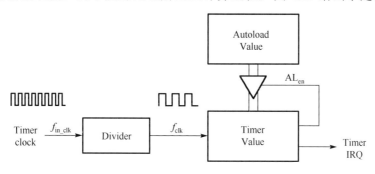

(a) 自动重装定时器的结构

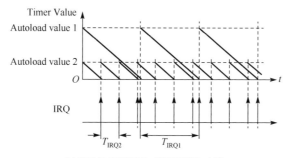

(b) 定时器的重装值、溢出周期和中断

图 4.15　定时器的结构

使用上述方法在某个指定的 I/O 引脚产生指定频率的方波信号需要用到中断服务程序，定时器只能产生周期中断并在中断服务程序中反转指定 I/O 引脚的电平状态，所产生的方波信号的周期为定时器周期的 2 倍。

根据 4.3 节介绍的 PWM 信号发生器的原理，我们还可以使用专用的 PWM 信号发生器产生指定频率的方波信号，而且无须中断服务程序。对照图 4.11 和图 4.15，只需要配置分频器、计数器即可确定输出的 PWM 信号频率，并将占空比寄存器的值设为计数器最大值的一半，这样就可以在指定的 I/O 引脚输出 1/2 占空比的方波信号。

在 Arduino 开源平台上，tone(pin, frequency, duation) 和 noTone(pin) 两个接口函数用于在指定的 I/O 引脚输出指定频率的方波信号，这两个函数的实现优先选择使用 MCU 片上的专用 PWM 功能单元。对于无专用 PWM 功能单元的 MCU，则选择使用片上通用定时器和中断程序。这两个接口函数的实现代码在 ../Arduino15/packages/hardware/mcu/version/cores/ 文件夹的 Tone.h 和 Tone.cpp 两个源文件中，该路径中的/mcu 和/version 分别是指兼容 Arduino 平台软件包的 MCU 系列和软件版本号。对于 3.5 节安装的 nRF52 系列软件包，该路径为 ../Arduino15/packages/hardware/nRF52/0.20.5/cores/。

3．接口函数测试

将下面的示例代码复制-粘贴到 Arduino IDE 中，编译并下载到 BlueFi 开发板上，可以测试 tone(pin, frequency, duation) 和 noTone(pin) 两个接口函数。

测试接口函数 tone(pin, frequency, duation) 和 noTone(pin)

```
1   void setup() {
2     Serial.begin(115200);
3     pinMode(45, OUTPUT);
4     digitalWrite(45, LOW);
5     pinMode(5, INPUT_PULLDOWN);
6     pinMode(11, INPUT_PULLDOWN);
7   }
8
9   void loop() {
10    if(digitalRead(5)) {
11      digitalWrite(45, HIGH);
12      delay(100);
13      tone(46, random(261, 1840));
14    }
15    if(digitalRead(11)) {
16      noTone(46);
17    }
18  }
```

当 BlueFi 执行这个示例程序时，按下 A 按钮（位于 BlueFi 开发板左侧）将会随机产生[261, 1840)范围内某个频率的方波信号，按下 B 按钮将会停止输出方波信号。每次按下 A 按钮后，我们的耳朵都能够清晰地分辨出喇叭所发出的不同声音，这是因为它们的频率完全不同。在这个示例程序中，45 号引脚是 BlueFi 开发板上音频放大器的使能信号引脚，当其处于高电平时，允许放大器工作，处于低电平时，禁止放大器工作（喇叭被静音）。46 号引脚与音频放大器的信号输入端连接，从 46 号引脚输出的方波信号被放大后推动喇叭发出声音。示例中还用到了 Arduino 的随机数发生器函数 random(min, max)，调用该函数将会返回[min, max)半封闭区间内的一个随机整数。

根据调用时的实参个数，tone 函数有两种形态：

1）tone(pin, frequency)

2）tone(pin, frequency, duration)

前面示例中使用的是第一种形态，执行该函数，将在指定的 pin 引脚输出频率为 frequency 的方波信号，直到执行 noTone(pin)时才会终止输出。调用第二种形态的 tone 函数同样能在 pin 引脚输出频率为 frequency 的方波信号，并持续 duration 时间（单位为 ms）后自动终止输出。如果打开 Tone.cpp 查看两个函数的实现代码，我们会发现第二种形态是使用 PWM 中断服务程序来实现持续时间的累计和输出终止的，当 PWM 中断服务程序侦测到累计的持续时间不小于设定时间时，使用 noTone(pin)终止输出。

4．基本音符播放示例

对于基本音调或音符来说，上述示例中的 frequency 参数并不符合我们的习惯，例如，钢琴一个音高区的 7 个白色琴键（全音键）对应"do、re、mi、fa、sol、la、si" 7 种基本音符，钢琴演奏家会将这 7 个琴键分别与"C、D、E、F、G、A、B"等 7 个名称（音符）对应，或分别与五线谱的符号对应，但从来不会将其与频率值相关联（虽然本质上这些琴键代表不同频率）。如果我们想用 BlueFi 输出一段自定义的旋律，你需要首先"唱一段旋律"，再根据"唱出"的每个音调确定其频率形成自定义旋律的频率列表和持续时间（拍数）列表，最后通过编程实现旋律播放。

此外，MIDI（乐器数字接口）号也是一种易读的基本音调的识别形式，每个 MIDI 号对应一种频率的音调，例如，60 号对应"中音 C 调（C5）"，其频率为 523Hz。

为了方便我们以后编写旋律播放程序，我们利用本节前面的知识为 BlueFi 定义了一个名为 Speak 的类，将播放基本音调、MIDI 号等方法，以及音频放大器的使能和禁止等封装在这个类中。使用搜索引擎很容易查阅到基本音调的名称（音符）和频率的对应关系，MIDI 号、音阶和基本音符的对照关系参见表 4.1。

表 4.1 MIDI 号、音阶和基本音符的对照关系

音阶	音符											
	C	C#	D	D#	E	F	F#	G	G#	A	A#	B
0	0	1	2	3	4	5	6	7	8	9	10	11
1	12	13	14	15	16	17	18	19	20	21	22	23
2	24	25	26	27	28	29	30	31	32	33	34	35
3	36	37	38	39	40	41	42	43	44	45	46	47
4	48	49	50	51	52	53	54	55	56	57	58	59
5	60	61	62	63	64	65	66	67	68	69	70	71

续表

音阶	音符											
	C	C#	D	D#	E	F	F#	G	G#	A	A#	B
6	72	73	74	75	76	77	78	79	80	81	82	83
7	84	85	86	87	88	89	90	91	92	93	94	95
8	96	97	98	99	100	101	102	103	104	105	106	107
9	108	109	110	111	112	113	114	115	116	117	118	119
10	120	121	122	123	124	125	126	127	128			

我们已经将基本音符名称和频率的宏定义在一个名为 PitchsFreqency.h 的文件中，并保存在我们为 BlueFi 定义的 BSP 源文件夹中，即 ../Documents/Arduino/libraries/BlueFi/src/utility/路径。为了能够使用 MIDI 号产生基本音符，需将下面的 MIDI 号与音符名称对照表代码添加到该文件中。

MIDI 号与音符名称对照表

```
1   const uint16_t tableMIDI2Tone[100] PROGMEM = {
2   /* 0*/ 0,  0,  0,  0,  0,  0,  0,  0,  0,  0,  0,  31,
3   /*12*/ NOTE_C1, NOTE_CS1, NOTE_D1, NOTE_DS1, NOTE_E1, NOTE_F1, NOTE_FS1,
    NOTE_G1, \
4    NOTE_GS1, NOTE_A1, NOTE_AS1, NOTE_B1,
5   /*24*/ NOTE_C2, NOTE_CS2, NOTE_D2, NOTE_DS2, NOTE_E2, NOTE_F2, NOTE_FS2,
    NOTE_G2, \
6    NOTE_GS2, NOTE_A2, NOTE_AS2, NOTE_B2,
7   /*36*/ NOTE_C3, NOTE_CS3, NOTE_D3, NOTE_DS3, NOTE_E3, NOTE_F3, NOTE_FS3,
    NOTE_G3, \
8    NOTE_GS3, NOTE_A3, NOTE_AS3, NOTE_B3,
9   /*48*/ NOTE_C4, NOTE_CS4, NOTE_D4, NOTE_DS4, NOTE_E4, NOTE_F4, NOTE_FS4,
    NOTE_G4, \
10   NOTE_GS4, NOTE_A4, NOTE_AS4, NOTE_B4,
11  /*60*/ NOTE_C5, NOTE_CS5, NOTE_D5, NOTE_DS5, NOTE_E5, NOTE_F5, NOTE_FS5,
    NOTE_G5, \
12   NOTE_GS5, NOTE_A5, NOTE_AS5, NOTE_B5,
13  /*72*/ NOTE_C6, NOTE_CS6, NOTE_D6, NOTE_DS6, NOTE_E6, NOTE_F6, NOTE_FS6,
    NOTE_G6, \
14   NOTE_GS6, NOTE_A6, NOTE_AS6, NOTE_B6,
15  /*84*/ NOTE_C7, NOTE_CS7, NOTE_D7, NOTE_DS7, NOTE_E7, NOTE_F7, NOTE_FS7,
    NOTE_G7, \
16   NOTE_GS7, NOTE_A7, NOTE_AS7, NOTE_B7,
17  /*96*/ NOTE_C8, NOTE_CS8, NOTE_D8, NOTE_DS8
18  };
```

参考前面已经定义的 LED 类或 Button2 类的软件架构完成 Speak 类的设计。Speak 类的两个源文件 BlueFi_Speak.h 和 BlueFi_Speak.cpp 的代码如下。

BlueFi_Speak.h 文件

```
1   #ifndef ___BLUEFI_SPEAK_H_
2   #define ___BLUEFI_SPEAK_H_
3
4   #include <Arduino.h>
5   #include "PitchsFrequency.h"              //音符对应的频率列表
6
7   class Speak {
8
9     public:
10      Speak();
11      void playTone(uint16_t frequency, uint32_t duration=0);
12      void stop(void);
13      void playMIDI(uint8_t midi, uint8_t beat=0);
14      uint8_t setBPM(uint8_t bpm);
15      uint8_t changeBPMwith(int8_t bpm);
16      void enableAudio(bool en=true);
17
18  private:
19      uint8_t __bpm;
20      const uint8_t __pinAPW = 45;          //控制 Audio 功放电源开关的引脚
21      const uint8_t __pinAudio = 46;        //Audio 信号输出引脚
22  };
23  #endif //___BLUEFI_SPEAK_H_
```

BlueFi_Speak.cpp 文件

```
1   #include "BlueFi_Speak.h"
2
3   Speak::Speak() {
4       __bpm = 120; //120(beats/minute), 500ms/beats
5       pinMode(__pinAudio, OUTPUT);
6       digitalWrite(__pinAudio, LOW);
7       pinMode(__pinAPW, OUTPUT);
8       digitalWrite(__pinAPW, HIGH);
9   }
10
11  void Speak::playTone(uint16_t frequency, uint32_t duration) {
12      digitalWrite(__pinAPW, HIGH);
13      tone(__pinAudio, frequency, duration);
14  }
15
16  void Speak::stop(void) {
17      noTone(__pinAudio);
18  }
19
```

```
20   void Speak::playMIDI(uint8_t midi, uint8_t beat) {
21       if((midi == 0) &&(beat == 0)) return;
22       float t = 0.0F;
23       if(beat != 0) {
24           t = (60000.0F/(float)__bpm)/(float)beat;
25       }
26       if(midi >= 99) midi = 99;
27       uint16_t f = tableMIDI2Tone[midi];
28       digitalWrite(__pinAPW, HIGH);
29       tone(__pinAudio, f,(uint32_t)t);
30   }
31
32   uint8_t Speak::setBPM(uint8_t bpm) {
33       if(bpm <= 30) bpm = 30; //30 beats/minute
34       if(bpm >= 240) bpm = 240; //240 beats/minute
35       __bpm = bpm;
36       return __bpm;
37   }
38
39   uint8_t Speak::changeBPMwith(int8_t bpm) {
40       if(bpm > 0) __bpm += bpm;
41       if(bpm < 0) __bpm -= abs(bpm);
42       if(__bpm <= 30) __bpm = 30;
43       if(__bpm >= 240) __bpm = 240;
44       return __bpm;
45   }
46
47   void Speak::enableAudio(bool en) {
48       digitalWrite(__pinAPW, en);
49   }
```

在这些接口函数中，构造函数 Speak()是 BlueFi 声音输出接口的初始化操作；playTone()和 stop()两个接口函数的功能与原始的 tone()和 noTone()函数相似，只是按照 BlueFi 固定的硬件接口隐藏 I/O 引脚参数；playMIDI(midi, beat)函数的两个参数分别是 MIDI 号和拍数，这个接口使用前面定义的 MIDI 号与音符名称对照表确定频率，并根据__bpm(每分钟拍数)确定持续时间，调用 tone()函数实现音符输出；setBPM(bpm)和 changeBPMwith(bpm)函数都可以用来改变__bpm 参数，前者直接给定新的__bpm 参数值，后者则是相对增加或减少当前值。

如何使用这些接口函数呢？我们在下面的示例程序中通过对比来演示 playTone()和 playMIDI()两个接口函数的用法，代码如下。

playTone()和 playMIDI()两个接口函数的用法

```
1    #include <BlueFi.h>
2    void setup() {
```

```
3     bluefi.redLED.off();
4     bluefi.whiteLED.off();
5   }
6
7   uint16_t notes[8] = {NOTE_C4, NOTE_G3, NOTE_G3, NOTE_A3, NOTE_G3, 0,
NOTE_B3, NOTE_C4};
8   uint32_t duration[8] = {125, 63, 63, 125, 125, 125, 125, 125};
9   uint8_t midi[8] =   {48, 43, 43, 45, 43, 0, 47, 48};
10  uint8_t beats[8] = { 4,  8,  8,  4,  4,  4,  4,  4};
11
12  void loop() {
13    bluefi.aButton.loop();    //更新 A 按钮的状态
14    bluefi.bButton.loop();    //更新 B 按钮的状态
15    if(bluefi.aButton.isPressed()) {
16      for(uint8_t i=0; i<8; i++) {
17        bluefi.speak.playTone(notes[i], duration[i]);
18        delay(1.2*duration[i]);
19      }
20    }
21    if(bluefi.bButton.isPressed()) {
22      for(uint8_t i=0; i<8; i++) {
23        bluefi.speak.playMIDI(midi[i], beats[i]);
24        delay(600/beats[i]);
25      }
26    }
27  }
```

在这个示例中，第 7~8 行分别定义旋律的 8 个音符和每个音符的持续时间(0 音符代表休止符)；第 9~10 行分别定义旋律的 8 个 MIDI 号和分拍数(1 分拍、2 分拍、4 分拍、…)。在主循环程序中，观测 A 按钮和 B 按钮的状态，当 A 按钮被按下时，播放音符和持续时间格式定义的旋律，当 B 按钮被按下时，播放 MIDI 号和分拍数格式定义的旋律。适当保持音符的播放间隔可以更清晰地识别组成旋律的音符，并在播放每个音符之后插入一个 1.2 倍音符播放时间的延迟。

 任务

现在模仿上面的示例程序自定义其他的旋律并使用 BlueFi 播放出来。

为了便于测试，请先删除../Documents/Arduino/libraries/BlueFi 文件夹中的所有文件，然后使用浏览器和下面的链接下载压缩文件包 https://theembeddedsystem.readthedocs.io/en/latest/_downloads/ef84fd7fe9250eb78be3b0b56fdc00d5/BlueFi_bsp_ch4_4.zip，并解压到../Documents/Arduino/libraries/BlueFi 文件夹中，本节所增加的 Speak 类的实现代码和示例程序都已添加到该文件夹中。首先删除之前 BSP 文件夹中的全部文件，然后下载最新的 BSP 压缩包再将其解压到该文件夹中，这种获取最新 BSP 的操作将会不断地被用到。

现在来介绍 BlueFi 的 Python 解释器中的音频信号输出接口的用法。前面验证的示例程序已经将 BlueFi 的 Python 解释器固件覆盖了，要恢复这个固件，首先需要双击 BlueFi

的复位按钮，强制让 BlueFi 进入下载程序状态（BlueFi 的所有彩灯呈低亮度绿色，与 BlueFi 连接的计算机资源管理器中出现 BLUEFIBOOT 磁盘），然后将 Python 解释器固件（见 4.1 节）拖放到 BLUEFIBOOT 磁盘中。

无论在任何时候，只要 BlueFi 启动 Python 解释器，它就会自动执行前一次保存在 CIRCUITPY 磁盘上的 code.py 脚本程序，这个脚本程序不会被 Arduino IDE 平台下载的固件所覆盖。如果不希望执行原来的脚本程序，可以强制让 BlueFi 的 Python 解释器进入安全模式：单击"复位"按钮，当最左侧彩灯变为黄色时再次按下"复位"按钮，BlueFi 的 Python 解释器将会自动进入安全模式，不再执行已经保存的 code.py 脚本程序。

5. SoundOut 类接口用法示例

BlueFi 的 Python 解释器本身并没有声音输出接口，我们使用与上述封装 C/C++ 的 BSP 一样的思路设计一个名为 SoundOut 的类接口，这个模块位于/CIRCUITPY/lib/hiibot_bluefi/soundio.py 文件中（注意，或许你看到的文件名称为 soundio.mpy，这是去掉注释的、二进制的库文件，占用更小的存储空间）。

在 REPL 模式下，我们可以使用以下命令行查看 SoundOut 类接口，命令行及其输出结果如下。

查看 SoundOut 类接口

```
1   >>> from hiibot_bluefi.soundio import SoundOut
2   >>> dir(SoundOut)
3   ['__class__', '__init__', '__module__', '__name__', '__qualname__',
4   'enable', 'Table_MIDI2Tone', 'volume', 'bpm', 'play_tone', 'play_midi',
5   '_sine_sample', '_generate_sample', 'start_tone', 'stop_tone', 'play_wavfile']
6   >>>
```

SoundOut 类接口的用法与其他类接口相似，首先将 SoundOut 类接口实例化为一个对象，然后用这个对象的名称即可访问该类的接口。从上面 dir(SoundOut) 命令行的输出结果可以看出，SoundOut 类接口与我们在前面使用 C/C++ 语言实现的 Speak 类极为相似。由于 Python 解释器天生就支持文件系统，因此这里增加一个播放 wave 格式的音频文件的接口 play_wavfile(wavFile)。

我们用下面的示例程序来演示这些接口的用法。

示例程序 1：唱出 7 个基本音符

```
1   import time
2   #从 soundio.py 模块导入 SoundOut 类
3   from hiibot_bluefi.soundio import SoundOut
4   #声明一个名为"speaker"的 SoundOut 类实例对象
5   spk = SoundOut()
6   spk.enable = 1
7   spk.volume = 0.6
8   tones = [523, 587, 659, 698, 784, 880, 988]
```

```
9
10   while true:
11      for i in tones:
12         spk.play_tone(i, 0.25, 0.025)
13      time.sleep(2)
```

第 5 行将 SoundOut 类实例化为一个名为 spk 的对象；第 6 行设置 spk 对象的 enable 属性为 1 的目的是使能音频放大器；第 7 行设置 volume 属性可调节音量大小；第 8 行定义 7 个基本音符的频率列表，并在主循环中遍历该列表，使该接口能按顺序地唱出这些音符。注意，play_tone(fre, duration, spacetl) 接口的前两个参数与 C/C++ 版本的参数一致，第三个参数是音符间隔的休止符时长(默认为 0)。

示例程序 2：播放 wave 格式音频文件

```
1    import time
2    from hiibot_bluefi.basedio import Button
3    from hiibot_bluefi.soundio import SoundOut
4    spk = SoundOut()
5    spk.volume = 1.0
6    button=Button()
7    #确保下面的声音文件(.wav)已保存在/CIRCUITPY/sound/文件夹中
8    while true:
9       button.Update()
10      if button.A_wasPressed:
11         spk.play_wavfile("/sound/Boing.wav")
12      if button.B_wasPressed:
13         spk.play_wavfile("/sound/Coin.wav")
```

这个示例程序的执行效果：分别单击 A 和 B 按钮将播放"超级玛丽"游戏中的提示音。在执行这个程序前，必须先将这两个 wave 格式音频文件保存在/CIRCUITPY/sound/文件夹中。打开下面链接可以下载这两个音频文件，Boing.wav 文件：https://theembeddedsystem. readthedocs.io/en/latest/_downloads/a71d2d81cba90ec8dba4bfe764acdd75/Boing.wav ；Coin.wav 文件：https://theembeddedsystem.readthedocs.io/en/latest/_downloads/a2a2d14038504a177 3831d695a27e875/Coin.wav。然后，将下载到本地磁盘的这两个音频文件复制到 BlueFi 的/CIRCUITPY/sound/文件夹中。对照示例程序的第 11 行和第 13 行代码，接口函数 play_wavfile() 的参数、音频文件的名称和路径必须与代码中的一致。

接口函数 play_wavfile(wavFile) 的输入参数必须是 wave 格式音频文件的名称(包含路径)字符串，如果该参数对应的文件格式、文件名称或路径等不正确，那么将会出现 OSError: [Error 21] No such file/directory ..等错误提示。

我们通过步进电机的定位和转速控制、基本音符播放等初步了解了脉冲频率调制信号的应用，并了解了如何使用递减计数器的周期中断和 PWM 信号发生器产生频率调制脉冲。最后，以 BlueFi 开发板上的音频输出为对象，掌握了 Speak 类的封装和用法，以及使用 Python 脚本程序编程控制产生频率调制脉冲的方法。

视频课程

4.5 脉冲调制输入

1. 脉冲调制信号接口

4.3 节和 4.4 节的内容一直都在探讨嵌入式系统如何产生并输出脉冲宽度或频率调制信号，本节我们讨论脉冲调制信号的输入接口及其解调问题。除了数字通信接口，脉冲宽度和频率调制信号接口也常用于工业和汽车等领域的集成传感器，这种接口不仅成本低且具有较强的抗干扰能力。例如，反射式测距传感器(包括雷达、激光、红外光和超声波等类型)的输出接口多输出脉冲宽度调制信号，旋转/线位移编码器(包括电磁、光电和磁致伸缩等类型)的输出接口多输出脉冲频率调制信号，如图 4.16 所示。

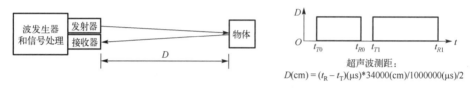

(a) 反射式测距传感器(超声波测距)输出的脉冲宽度调制波和距离关系

(b) 旋转/线位移编码器输出的(相对)角位移的频率、相位脉冲调制信号(含转速、转向信息)

图 4.16　传感器/编码器输出的脉冲调制信号示例

PDM 使用脉冲区域的密度表示模拟信号的幅值大小。以 PDM 接口的数字 MEMES(微机电系统)麦克风输出的数据流为例，如图 4.17 所示，高电平"1"的密度越大代表该区域模拟信号幅值越大，反之，"0"密度越大的区域对应的模拟信号幅值越小，图 4.17(b)是连续正弦信号与对应的 PDM 信号的关系对比。使用 PDM 接口的数字麦克风不仅体积小，而且带有拾音、前置放大器、精密 ADC 等单元，能够将模拟型音频信号转换为数字信号并以 PDM 格式输出所采集的数字音频流信息，仅占用两个接口信号(PDM 输出和同步时钟)，其抗干扰性能也远胜于模拟型麦克风。

从本质上看，PWM 是一种固定频率的 PDM，而且 100%和 0%占空比的 PWM 与 PDM 信号是完全相同的。PDM 不仅适合传输数字音频流信息，而且适合传输温度、振动加速度等信息。

对于各种脉冲调制信号接口的传感器、执行器、仪器、仪表等来说，传感器的设计者和使用者之间无须使用复杂的通信协议(在第 5 章中将会介绍各种数字通信接口的传感器和执行器)，双方只需要遵循简单的脉冲调制信号编码规则即可。

许多通用 MCU 的片上带有各种脉冲调制信号接口和调制信号的解调功能单元。例如，适合工业电机控制领域的 MCU 片上带有正交解码单元，图 4.16(b) 中的旋转/线位移编码器输出的信号直接接入 MCU 的 I/O 引脚，经过简单配置编程后就可以获取旋转电机的转向、角位移、转速等信息。对于片上带有 PDM 解码单元和 I/O 接口的通用 MCU，我们直接将数字麦克风的两个接口信号连接到 MCU 的 I/O 引脚即可实现音频流采集。关键是，所有遵循同样脉冲调制信号编调规则的传感器几乎是通用的。

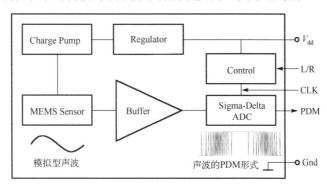

(a) PDM接口型数字MEMS麦克风的内部结构与接口

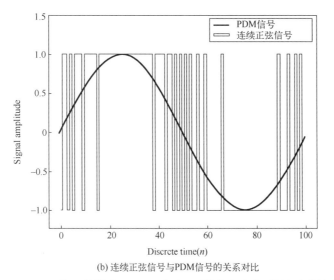

(b) 连续正弦信号与PDM信号的关系对比

图 4.17　PDM 接口的数字 MEMS 麦克风(数字声音传感器)及其输出的数据流

2. PDM 接口用法示例

为了更好地了解脉冲调制信号接口，我们首先使用 BlueFi 开发板的 Python 解释器自带的 PDM 传感器接口库编写两个示例的脚本程序，测试 PDM 接口的音频信号采集和处理。使用 USB 数据线将 BlueFi 与计算机连接，并打开 MU 编辑器或其脚本编辑应用程序，将下面的示例程序代码保存到/CIRCUITPY/code.py 文件中。

测试 PDM 接口的音频信号采集和处理

```
1   import time
2   import array
```

```
3    import board
4    import audiobusio
5
6    mic = audiobusio.PDMIn(board.MICROPHONE_CLOCK, board.MICROPHONE_DATA,
sample_rate=16000, bit_depth=16)
7    samples = array.array('H', [0] * 16)
8
9    while true:
10       mic.record(samples, len(samples))
11       for d in samples:
12           print((d,))
13       time.sleep(0.01)
```

这个示例的脚本程序用到了 4 个 BlueFi 的 Python 解释器内建的库：time、array、board和 audiobusio。time 库已经被用过多次，array 库定义数组型变量（数据集）及其操作接口，board 库定义 BlueFi 的全部 I/O 引脚用法，audiobusio 库包含 PDMIn 子类（PDM 接口的麦克风）和 I2SOut 子类（I2S 接口的音频输出）。第 6 行实例化一个 PDMIn 子类，名称为mic，指定连接麦克风的两个引脚，以及采样频率为 16kHz、采样数据的宽度为 16 位。第 7 行声明一个包含 16 个数据项的数组，用来保存音频采样数据。在主循环程序中，调用 mic 的 record()接口函数完成音频数据采样并保存到数组中，然后将每个采样点的数值以元组形式发送到字符控制台上，延迟 0.01s 后继续这个"采样-输出-暂停"的循环。

在 BlueFi 执行上面的脚本程序期间，采样数据不仅发送到计算机端的字符控制台中，还会同步地显示在 BlueFi 的 LCD 屏幕上，数据格式为元组形式，如(32760,)。此时我们可以使用 MU 编辑器的绘图仪绘制音频数据的图线，如图 4.18 所示。

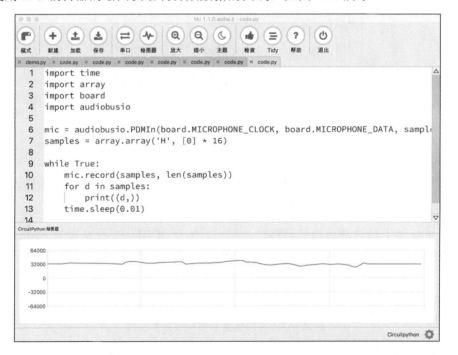

图 4.18　使用 BlueFi 的 PDM 接口麦克风采集音频数据和图线绘制

对着 BlueFi 的数字 MEMS 麦克风（A 按钮的上方）拍手、吹气等制造出剧烈的声波，观察此时音频数据和图线的变化，当完全安静时再观察音频数据和图线。根据观察发现，安静时的数据大约是 32000，有声响时数据将会变大。记得 16 位位宽的数据范围吗？其范围是 0～65535，32000 大约是中间值。安静时的这个数据是麦克风拾音单元的固定直流成分（即直流分量），这个分量信息与环境声响没有关系，我们可以使用均方根（RMS）等算法消除直流分量。一批数据的均方根计算分为三步：

1）计算平均值（Mean）。

2）计算均差（Mean Deviation）的平方和。

3）计算均方根，即均差平方和的方根值。

采用这个均方根的计算方法，对前一个示例稍做修改，代码如下。

测试 PDM 接口的音频信号采集和处理（修改）

```
1    import time
2    import array, math
3    import board
4    import audiobusio
5
6    mic = audiobusio.PDMIn(board.MICROPHONE_CLOCK, board.MICROPHONE_DATA,
     sample_rate=16000, bit_depth=16)
7    samples = array.array('H', [0] * 16)
8
9    def normalized_rms(values):
10       minbuf = int(sum(values)/len(values))
11       samples_sum = sum(float(sample - minbuf) *(sample - minbuf) for sample
     in values )
12       return math.sqrt(samples_sum/len(values))
13
14   while true:
15       mic.record(samples, len(samples))
16       rms = normalized_rms(samples)
17       print((rms,))
18       time.sleep(0.01)
```

用第 9～12 行代码定义均方根算法函数，其输入参数是一个数组，返回值是数组中各项数据的均方根。改进主循环程序，将均方根值输出到字符控制台上。将本示例代码保存到/CIRCUITPY/code.py 文件中，当 BlueFi 执行该示例代码时，再次使用 MU 编辑器的绘图仪观察处理后的音频数据和图线。可以发现，安静环境的数据都小于 20，较大声响时的数据高达 1000。你是否感觉到引入均方根算法后提升了麦克风的灵敏度？

如果你觉得使用 MU 编辑器的绘图仪不够方便，那么也可以关闭 MU 编辑器的串口和绘图仪，直接使用 Arduino IDE 的绘图仪，但是必须修改主循环中的 print()语句，输出的数据图线如图 4.19 所示。

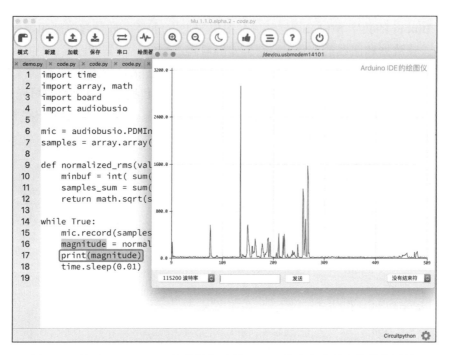

图 4.19　使用 Arduino IDE 的绘图仪绘制 Python 脚本程序输出的数据图线

Arduino IDE 的绘图仪是一个独立窗口，绘制图线时的纵向刻度更大，但 MU 编辑器的绘图仪仅是一个小窗口。为什么要修改 print() 语句呢？MU 编辑器自带的绘图仪能够识别 Python 语言支持的元组数据，多个数据项元组的一项都能绘制成一根单色图线，但 Arduino IDE 的绘图仪无法识别元组数据。

通过上面两个示例 Python 脚本程序，我们已经了解了 PDM 接口的用法，只需要指定 PDM 接口的采样频率、采样数据的二进制宽度，并声明一个数组用来保存采样数据，然后启动 PDM 接口进行采样，经历"数组长度/采样频率"的时间后，采样数据就已经保存在数组中了。

Arduino 平台如何使用脉冲调制信号接口呢？我们仍以 BlueFi 开发板上 PDM 接口的数字从 EMS 麦克风为例，同时完善 BlueFi 的 BSP 使其支持音频采集和处理功能接口。3.5 节安装的兼容 Arduino 开源平台的 nRF52 软件包中已经自带 PDM 类接口库，我们可以直接使用这个库或在开源社区搜索 nRF52 PDM 找到相关资源，下载后修改代码（即代码移植）即可使用。由于 PDM 接口的通用性，因此除了 MCU 片上的 PDM 接口功能单元的时钟、中断等需要使用 MCU 厂商提供的底层接口，PDM 信号传输和信号编码是统一的，代码移植工作仅涉及底层接口。

为了与 BlueFi 开发板的其他 BSP 接口保持一致，我们将 nRF52 软件包中与 PDM 接口相关的源文件移到 BSP 文件夹中，并实例化一个名为 mic 的 PDM 类对象，在 Arduino 环境中，只需要访问这个对象的 API 即可实现音频采集。具体的 PDM 类的实现代码请直接在本节末下载完整的 BSP 源文件压缩包即可，此处仅介绍我们定义的 PDM 类的接口名称和用法，代码如下。

PDM 类的接口名称和用法

```
1   #ifndef __PDM_MIC_H__
2   #define __PDM_MIC_H__
3   #include <Arduino.h>
4   #include "dbuf/PDMDoubleBuffer.h"
5   class PDMClass {
6   public:
7     PDMClass(int dinPin=22, int clkPin=21, int pwrPin=-1);
8     virtual ~PDMClass();
9     int begin(int channels=1, long sampleRate=16000);
10    void end();
11    virtual int available();
12    virtual int read(void* buffer, size_t size);
13    void onReceive(void(*)(void));
14    void setGain(int gain=20);
15    void setBufferSize(int bufferSize);
16    void IrqHandler();
17  private:
18    int _dinPin;
19    int _clkPin;
20    int _pwrPin;
21    int _channels;
22    PDMDoubleBuffer _doubleBuffer;
23    void(*_onReceive)(void);
24  };
25  extern PDMClass mic;
26  #endif //__PDM_MIC_H__
```

关键的接口共 7 个：

1）begin（）用于初始化 PDM 接口麦克风的模式（单声道/立体声）和采样率；

2）end（）用来停用 PDM 接口并释放已分配的资源；

3）available（）可查询接口上是否有可读的数据及可读数据的字节个数；

4）read（）将可读的数据读入指定的缓存中；

5）onReceive（）用来注册 PDM 接口读取数据流后需要执行的回调函数；

6）setGain（）和 setBufferSize（）分别用于指定采样数据的放大倍数/增益和采样数据的缓存大小。

更详细的用法详见 BSP 文件夹中的../libraries/BlueFi/ src/utility/PDM_ mic/README.MD 文档，此处不再赘述。

我们用下面的示例程序来演示如何使用 PDM 接口的麦克风。

使用 PDM 接口的麦克风的方法

```
1   #include <BlueFi.h>
2   //用于缓存每次读回的声音采样数据，每次采样的二进制数据位为 16 位
```

```
3    int16_t sampleBuffer[256];       //双极性的采样值范围：-32768～32767
4    volatile int16_t samplesRead;    //单次采样后读回的有效/实际数据个数
5
6    void setup() {
7      Serial.begin(115200);
8      while(!Serial); //等待串口监视器的打开
9      bluefi.begin();  //初始化BlueFi(并设置默认的状态)
10     //设置"当接收到采样数据时"的回调函数
11     mic.onReceive(onPDMdata);
12
13     //设置麦克风的信号增益，默认增益为20
14     //mic.setGain(30); //增益的有效范围：10～80
15
16     //初始化PDM接口麦克风的模式，参数为:
17     //- channel = 1(单声道模式) , = 2 channels(立体声模式)
18     //- sample rate = 16kHz(即每秒采样16000次)
19     if(!mic.begin(1, 16000)) {
20       Serial.println("Failed to start PDM microphone!");
21       while(1);
22     }
23   }
24
25   void loop() {
26     //等待采样完毕并接收采样数据
27     if(samplesRead) {
28       //将采样数据输出/打印到串口控制台或串口绘图仪上
29       for(int16_t i = 0; i < samplesRead; i++) {
30         Serial.println(sampleBuffer[i]);
31       }
32       samplesRead = 0; //处理后清除采样数据(将有效的采样数据个数清零即可)
33     }
34   }
35   //"当接收到采样数据时"的回调函数
36   void onPDMdata() {
37     //查询有效的/实际的数据个数
38     int16_t bytesAvailable = mic.available();
39     //读取采样数据并保存到缓存中
40     mic.read(sampleBuffer, bytesAvailable);
41     //每次采样的都是16位的数据，即2字节
42     samplesRead = bytesAvailable / 2;
43   }
```

将这个示例的代码复制-粘贴到Arduino IDE中，然后编译-下载到BlueFi开发板上，打开Arduino IDE的绘图仪(选择菜单栏中的"工具"选项)，将会看到如图4.20所示的音频图线，改变环境声响并观察图线变化趋势是否符合预期。

为了便于测试，请先删除../Documents/Arduino/libraries/BlueFi/文件夹中的所有文件，然后使用浏览器和下面的链接下载压缩文件包 https://theembeddedsystem. readthedocs.io/

en/latest/_downloads/fe29566ca5ecf73a90a7325efc1ce8f5/BlueFi_bsp_ch4_5.zip，并解压到../Documents/Arduino/libraries/BlueFi/文件夹中(本节所增加的 PDM 类的实现代码和示例程序都已添加到该文件夹中)。

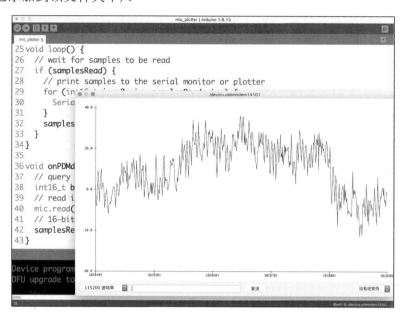

图 4.20　使用 PDM 接口的麦克风采集音频数据

3．其他常见的接口

除了 PDM 接口，旋转编码器输出的正交信号解码、测距传感器输出的宽度调制信号解码等都十分常用，使用 MCU 片上的对应功能单元对脉冲调制信号进行解调的方法与 PDM 接口极为相似。如果将这些接口进一步抽象，它们的共同之处是都能输出信息流数据，如音频数据流、角位移(即步进的脉冲个数除以每转脉冲数)和角速度数据流、目标物体的距离数据流等，所以这些接口的定义和用法也十分相似。

相较于数字 I/O 接口，脉冲调制信号 I/O 接口更加复杂。数字 I/O 接口仅传输一个二进制位信息，而脉冲调制接口所传输的信息更丰富，它们都属于数字信号。本节仅探讨脉冲调制信号输入型接口的工作原理和软件编程用法，并以 BlueFi 开发板上的 PDM 接口的麦克风为例来说明，可以直接动手验证这类接口，有利于掌握脉冲调制信号的解调和处理方法。

4.6　本章总结

数字 I/O、模拟 I/O、脉冲调制信号 I/O 等接口都是嵌入式系统常用的简单的输入和输出接口，这些接口几乎仅占用 MCU 的单个 I/O 引脚传输信号。单个数字 I/O 接口仅传输一个二进制位信息，常用于按钮或开关状态的侦测、设备的通断或启停控制。连续的模拟信号必须经过 A/D 转换，将模拟信号转换为数字信号才能被计算机使用，反之计算机必须借助 D/A 转换将数值转换为模拟信号。脉冲调制信号 I/O 接口需要借助 MCU 片上的功能单元(如定时器、PWM 信号发生器、PDM 解调单元)产生承载特定信息的调制波或解调波并从中获取信息。

比较这些接口的信息容量，数字 I/O 接口的信息量最小，模拟 I/O 接口次之，脉冲调制信号 I/O 接口所承载的信息量最大。因此，脉冲调制信号发生器和解调器最为复杂，数字 I/O 接口最为简单，从本章每节的软件编程中可以体会到它们的复杂度区别。

本章从简单的 I/O 接口原理、软件编程和 I/O 控制角度，以 BlueFi 开发板的兼容 Arduino 平台的 BSP 设计为主线，每节都有与所探讨的 I/O 接口相关的硬件接口和 BSP 代码设计。我们不仅能够通过实践掌握每节所涉及的 I/O 接口，还能掌握 BSP 的设计方法和 C/C++应用软件的封装等。同时，我们还使用 BlueFi 的 Python 解释器编写 I/O 接口应用的 Python 脚本程序，借助 Python 的快捷性能够快速地修改、测试和体验嵌入式系统 I/O 接口编程应用。

通过本章的学习，我们初步掌握嵌入式系统基本 I/O 接口的工作原理、接口配置与设计，以及相关功能单元的工作机制和软件编程控制。本章的绝大多数内容和相关概念都属于嵌入式系统开发及应用的基础。

本章总结如下：

1)数字 I/O 接口的配置和编程控制，有效电平状态、逻辑电平的电压、驱动电流的概念等。

2)模拟信号接口、ADC 和 DAC 的工作原理，以及存储器映射和编程控制。

3)脉宽调制信号发生器的组成结构和工作原理，以及 PWM 信号的应用和编程。

4)频率调制信号和定时器的结构组成、配置和编程控制。

5)脉冲调制输入信号的接口和解调原理，以及编程控制。

本章篇幅较长且属于嵌入式系统基本的 I/O 接口和编程控制，并涵盖数字 I/O、模拟 I/O 和脉冲调制 I/O 等接口，这些接口的实际应用极为丰富。本章仅使用按钮、LED 指示灯、声音输入和输出等来介绍，通过拓展阅读可以了解更多种 I/O 接口及应用。此外，本章还涉及 C/C++语言和 Python 语言的编程，建议阅读相关的参考书，从而能够熟练地使用这些语言编写嵌入式系统软件。

本章拓展阅读的内容如下：

1)Arduino 项目实战类；

2)嵌入式系统 I/O 接口类；

3)通过大量编写代码等方式快速掌握 Python 语言。

参 考 文 献

[1] Joseph Yiu. The Definitive Guide to ARM Cortex-M0 and Cortex-M0+ Processors[M]. 2nd ed. Amsterdam: Elsevier, 2015.

[2] Kester W. The Data Conversion Handbook[M]. Amsterdam: Elsevier, 2005.

思　考　题

1．请动手验证本章的所有示例程序，观察示例程序的执行效果是否达到预期，如果未达预期请反复修改代码以达到预期效果。

2．请尽可能多地分别列举出数字 I/O、模拟 I/O 和脉冲调制 I/O 接口的应用实例。(提示：开关输入和控制、连续变化模拟信号的输入和输出)

3．请从存储器映射和存储器访问的角度说明数字输出接口的状态保持机制。

4．以按钮为例，分别设计按下按钮时低电平有效和高电平有效的接口电路，简要说明工作原理。

5．参照图 4.1 中红色 LED 指示灯和白色 LED 指示灯的控制电路，假设红色 LED 指示灯和白色 LED 指示灯的串联电阻分别为 3.3kΩ 和 49Ω，请分别确定两个 LED 指示灯的"on 电流"及对应计算过程。

6．传统的布尔处理器和现代的"bit-bonging(位绑定)"操作都是为了实现嵌入式系统的开关控制，即通过单个指令即可访问系统内单个 I/O 引脚的控制。请使用搜索引擎查阅相关资料，并简要描述两者的区别。

7．根据 PWM 信号发生器的结构原理说明调整 PWM 信号频率的方法。

8．除定时器、PWM 信号发生器之外，还有哪些方法能够产生指定频率的方波信号波？(提示：delay)

9．C/C++类封装时的构造函数和析构函数各自有什么作用？(提示：初始化和反初始化操作)

10．声明 C/C++类时，public 域和 private 域的作用有何区别？

11．Python 语言中的 import 是一种非常重要的模块化编程机制，请简要说明其用法。

12．使用搜索引擎查阅"import A as B"和"from X import Y"，简要说明两者的区别。

13．嵌入式系统的模拟输入通道的 PGA(可编程增益放大器)有什么作用？举例说明。

14．多个模拟输入信号可以通过 MUX(多路信号选择器)和 PGA 等共享单个 ADC 器件组成多路模拟信号输入接口，单个 DAC 器件能使用 MUX 等实现多路模拟信号输出吗？为什么？

15．一个 16 位递增的定时器单元，其输入时钟信号频率为 64MHz，且具有一个 16 位分频器，请问该定时器可产生的最短定时周期和最长定时周期分别为多少？

16．某超声波测距传感器量程为 10 米，且具有两个 I/O 接口：触发测量的输入信号 trig 和脉宽调制输出信号 echo。该传感器的工作过程为：当 trig 信号出现一个不小于 10μs 的高电平脉冲时，传感器将该信号变为上升沿后的 10μs 发射超声波并在 echo 引脚输出高电平，当接收到反射波时，echo 引脚立即输出低电平。请使用两个可编程 I/O 引脚设计硬件接口，并编程实现此类传感器的软件接口。

第 5 章
I2C 通信接口及其应用

总线(Bus)是计算机世界的关键概念,数据总线、地址总线、控制总线(统称三总线)等用于 MCU 片内 CPU、存储器和 I/O 功能单元之间的互连,我们熟悉的 USB、Ethernet 等通信总线常用于系统间通信,还有一些我们不熟悉的用来连接嵌入式系统内部组件的重要总线,如 I2C 和 SPI 总线。过去我们通常把 MCU 片内的三总线延伸到片外用于连接系统内的功能组件,这种伪共享型并行总线不仅占用很多 I/O 引脚,还使得 MCU 片外功能组件占用很大的 PCB 面积。目前除了高带宽和大数据容量的视觉传感器、高分辨率的大屏幕点阵显示器等组件仍在使用并行总线,如今大多数嵌入式系统内的组件都使用极少信号线的串行总线。

嵌入式系统内部(组件之间)的数字通信总线接口主要包括 1-Wire(单总线)、2-Wire(即 I2C)、SPI(3-/4-Wire)、I2S(串行数字音频总线)和 TTL(双极型晶体管逻辑)异步串口等。除 I2S 和异步串口外,其他通信接口所使用的信号线个数如其名称。I2S 通信接口与 I2C 通信接口一样,都由 Philips 电子部门提出,I2S 通信接口专门用于 PCM 等音频数据传输,一般使用三或四根信号线即可传输单声道或立体声音频数据。异步串口不仅用于嵌入式系统内部的组件之间通信,还用于嵌入式系统之间通信,例如,我们使用该接口实现 BlueFi 与计算机之间的数据传输。双工的异步串口使用独立的数据发送和接收信号线,单工通信则只需要其中一根信号线即可,我们将在第 7 章详细介绍该接口。SPI 通信接口是一种支持多组件的伪共享总线,每个从组件必须有一个独立的片选(Chip Select)信号,第 6 章将会详细探讨该接口。I2C(集成电路互联接口)和单总线都是真正的多组件共享总线,它们分别使用两根和一根信号线即可连接上百个嵌入式系统内的功能组件。

本章将详细介绍 I2C 主从设备的接口单元结构组成和工作原理、通信时序和协议、主/从模式的工作流程和编程控制,并以 BlueFi 板上的数字温/湿度、加速度和陀螺仪等传感器为例,掌握 I2C 类组件的接口设计方法和编程应用。

注释:通信接口相关的基础概念

- 双工:允许通信双方之间互相传输数据。按通信收发机制又分为全双工和半双工;
  - 全双工:允许通信双方同时互相发送和接收数据,这意味着通信接口拥有两个独立的信息收发通道;

■ 半双工：允许通信双方互相传输数据，但任意时刻仅允许有一个发送者(另一个则为接收者)；

● 单工：只允许单方向传输数据，通信双方的角色是固定的：一个发送者，一个接收者；

● 并行通信：传统的三总线是典型的并行通信，每个传输时钟周期能够同时传输多个二进制位，如半字节(4 位)、整字节(8 位)或多字节(由数据总线的宽度来决定)信息；

● 串行通信：每个传输时钟周期只能传输单个二进制位，将待传输的数据按 MSB(最高位)到 LSB(最低位)或反之的顺序逐位地进行传输；

■ 同步串行通信：使用独立数据线和同步时钟线的串行通信接口，每个数据位与一个时钟周期对齐，因此同步时钟信号的频率即为波特率。由于数据信号完全与传输时钟保持同步，因此当时钟信号周期发生改变时，数据信号的宽度也同步地改变；

■ 异步串行通信：无专用的同步时钟信号，仅用单个数据线的串行通信接口。当采用不归零(NRZ)编码时，异步串行通信的双方只能采用相同波特率和特殊同步位来对齐字节数据。如果采用某些特殊的位编码，如双极性归零编码(RZ)和曼彻斯特编码等，当传输每个数据位时，数据信号必会产生一个跳变信号，这个跳变信号可以作为异步串行通信的"同步时钟"。

5.1　I2C 通信接口

视频课程

1. I2C 通信接口简介

I2C(Inter-Integrated Circuit)是一种典型的同步串行通信接口，单个接口支持单主多从、多主多从(但在任何时刻仅有一个主机)等模态的多组件之间半双工通信。虽然 I2C 协议支持多主多从的模态，但在实际应用中绝大多数是单主多从模态，本章仅限这种常见的 I2C 模态。

20 世纪 80 年代，Philips 电子部门定义 I2C 通信总线的主要目的是用于连接计算机周边的音频和视频等低速设备，最初定义的通信时钟频率是 100kHz(那时的音视频数据流频率很低)，I2C 发展到今天已经支持 100kHz、400kHz、1MHz、3.4MHz 和 5MHz 等多种时钟频率。现存很多种派生型 I2C 通信接口，最著名的是 Intel 提出的 SMBus(系统管理总线)，目前仍用于计算机周边设备接口的配置等领域，例如，现在开发的音视频设备、视觉传感器和点阵图形显示器接口中常用 I2C 或 SMBus 作为这些设备的参数配置通信接口。

随着嵌入式系统和物联网的飞速发展，I2C 逐步成为系统内各功能组件之间最常见的互联总线之一，仅占用 MCU 的两个 I/O 引脚就可以将系统内多达 128 个组件连接起来。I2C 是真正的多组件共享总线，不仅占用极少的 MCU 资源，而且嵌入式系统 PCB 板的布局和走线也非常简单。图 5.1 是 BlueFi 开发板上的 4 种传感器与主控制器之间的接口电路示意图。

单个 I2C 通信接口能够连接多达 128 个组件，这需要每个组件都拥有一个唯一的 7

位地址码，称为 I2C 从地址，图 5.1 中的每种 I2C 通信接口传感器拥有唯一的从地址。这意味着多个同一个型号的 I2C 组件不能同时连接到单个 I2C 通信接口上，除非该组件的 I2C 从地址是可配置的。例如，NXP 的 16 通道 PWM 控制器——PCA9685 采用 I2C 通信接口且具有 3 个从地址配置输入引脚，意味着它可以配置 8 种不同的从地址，单个 I2C 通信接口总线上允许最多连接 8 个 PCA9685 组件(其基地址为 0x40，可配置的从地址为 0x40～0x47)。也有很多 I2C 组件的从地址是不可配置的，例如，常用的一种 24×32 阵列红外温度传感器(IR array thermal sensors)——Melexis 的 MLX90640，其唯一的从地址为 0x33，单个 I2C 通信接口上只能连接一个这种传感器，如果想要在一个热成像系统内同时使用多个这种阵列传感器以成倍地提升成像的像素数，如何设计传感器接口才能满足这一需求呢？本章的内容将会帮助我们解决此类问题。

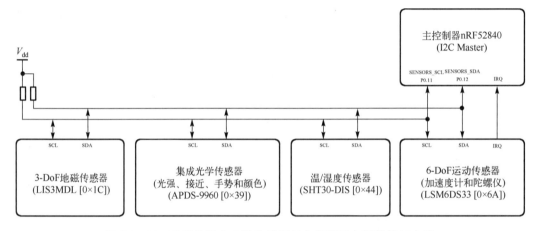

图 5.1　BlueFi 开发板上 4 种传感器与主控制器之间的接口电路

2. I2C 通信接口的"线与"电路

I2C 通信接口的两个信号分别称为 SCL 和 SDA，SCL 是主设备输出的同步时钟信号，SDA 是双向的串行数据信号。虽然 SCL 是单方向的信号，只能由主设备输出，但为支持多主多从模态，实际的 I2C 通信接口单元的 SCL 信号仍被定义成双向的。I2C 能够实现真正的多组件共享总线应归功于独特的"线与(wire-AND)"接口设计，如图 5.2 所示。

图 5.1 中两个"线与"接口信号的外部上拉电阻是必需的，上拉电阻的阻值选择与该接口的互联设备数量、传输线长度、分布电容和通信速度等有关，一般在 2～47kΩ 之间。图中使用 MOS 仅是原理性示意，实际 I2C 组件的硬件实现有多种选择，例如，使用三态门电路。当主机发送-从机接收数据位流时，数据位流的"1"/"0"被转换为"高"/"低"电平电压信号，随着同步时钟信号 SCL 顺序地发送到 SDA 上。SCL 和 SDA 两个信号都由 I2C 主机驱动，I2C 从机根据 SCL 信号同步地逐位锁存 SDA 上的数据位流信号并形成接收数据。当从机发送-主机接收数据位流时，I2C 主机输出同步时钟信号 SCL，I2C 从机根据 SCL 信号同步地将待传输的数据位流逐位地发送到 SDA 上，与此同时，I2C 主机同步地接收数据位流。

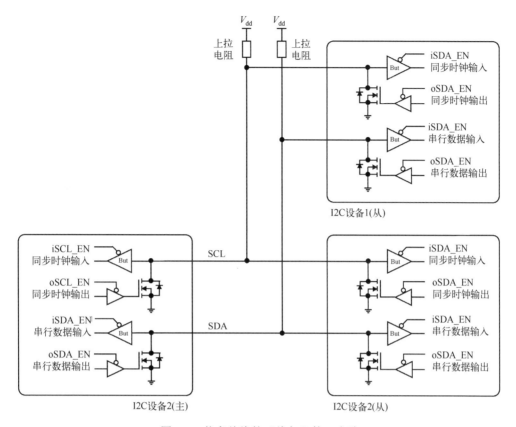

图 5.2　共享总线的"线与"接口电路

虽然同步发送和接收数据位流的描述有点拗口，但具体的实现非常简单。I2C 通信接口的移位寄存器的宽度仅有 8 位，这是因为 I2C 通信接口采用单字节的数据帧格式。I2C 通信接口支持多字节连续读或写操作，但始终保持单字节的数据帧，相邻的数据帧之间必须有一个接收者的应答位(ACK)。按照通信领域的规则，这个接收者的 ACK 位的作用是实现帧同步。

3．I2C 通信接口的时序

为了更好地理解通信协议中的"同步"，需要对 I2C 通信接口传输数据帧(字节)的时序(协议)稍做了解，如图 5.3 所示，图 5.3(a)给出了单帧/字节的数据传输时序，图 5.3(b)给出了 2(或更多)帧/字节的数据传输时序。

对于 I2C 通信接口的数据帧传输，不必刻意区分时序和通信协议，虽然时序仅规定总线上信号之间的时空关系，但通信协议却是更宽泛的概念。I2C 通信接口的每次数据传输必须以 Start 时序开始并以 Stop 时序终止，由于 I2C 通信接口仅支持单字节的数据帧，因此每帧/字节数据必须以数据接收者的 ACK 位结束。Start、Stop、ACK 的作用都是为了"同步"，对比单字节和两字节传输时序会发现 ACK 尤为重要，完全可以把 ACK 理解为字节同步位。正是这些特殊的同步状态才让 I2C 通信接口更加可靠、稳定。

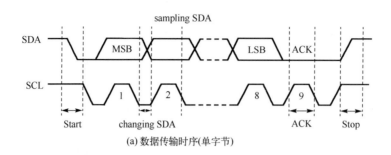

(a) 数据传输时序(单字节)

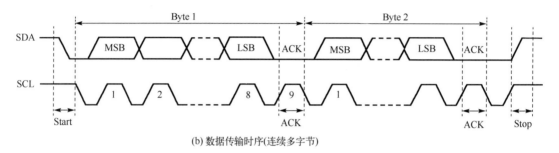

(b) 数据传输时序(连续多字节)

图 5.3　I2C 通信接口传输数据帧的时序(协议)

值得注意的是，I2C 通信接口传输数据位的顺序是最高位先传输、最低位最后传输。这在图 5.3 中已有明确标注。

I2C 通信接口的连续读/写操作是指，当从 I2C 从机上读取某些连续地址的寄存器内容，或向 I2C 从机上某些连续地址的寄存器顺序地写入内容时，I2C 主机首先传输给从机一个待读/待写的寄存器起始地址(仍可以是 8/16/32 位地址信息)，然后读取/写入第一字节，接收者给出 ACK，接着继续读取/写入下一字节，接收者给出 ACK，如此重复直到连续读/写操作完毕，这期间，不必再指定读取/写入的寄存器地址，因为在每读/写一字节后，下一个寄存器地址默认是前一个操作地址增加 1。

对高效率的批量读/写操作的支持，源于 I2C 通信接口组件的 RAM 型寄存器映射机制。从图 5.3 中可以看出，在单字节或连续多字节的数据传输期间，要求主机和从机都处于 Ready 状态，不允许任何 Waiting 状态迫使传输暂停，这就要求在主机读操作期间从机上的待读数据全部处于 Ready 状态，在主机写操作期间从机上的待写寄存器也全部处于 Ready 状态。显然，这就要求主机和从机上所有的 I2C 通信接口的寄存器都具有 RAM 的操作特性。如今的半导体技术，要满足这一要求是非常容易的。对于 I2C 通信接口单元的硬件实现，目前普遍采用有限状态机(FSM)和 RAM 型寄存器的组合，这样设计不仅能够将传输控制和数据流分离，而且允许 I2C 通信接口的功能组件内部单元也采用存储器映射机制(在第 2 章已探讨过)。例如，一个 I2C 通信接口的数字湿度传感器，湿度信号转换(成电信号)、采集(A/D)和滤波等过程由湿度采样控制的状态机按照设定的采样周期自治地进行，每次采样结果自动保存在固定地址的寄存器内。当 I2C 主机需要读取湿度信息时，湿度传感器直接输出最近更新的湿度值，I2C 主机无须执行"先启动再等待转换然后再读湿度值"的控制过程。

4．I2C 通信接口的主从机结构

如图 5.4 所示，I2C 通信接口的主机，通常可以理解为 MCU 的片上 I2C 通信接口功能单元。I2C 通信接口从机的片内功能单元的配置、数据/状态等都被映射到寄存器区，主机通过读/写寄存器实现对从机的控制和数据/状态的获取。

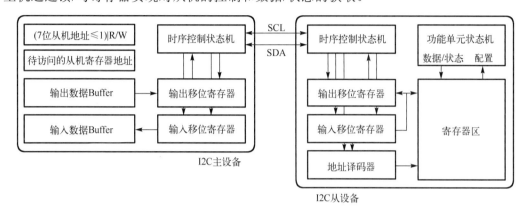

图 5.4　I2C 通信接口的主机和从机的结构组成

现在我们可以来回答"I2C 从地址为什么是 7 位的"这一问题。当主机需要访问某个从机的某个/某些寄存器时，首先发出由 7 位从地址和 1 位"R/W"组成的"读/写指定从地址"的指令帧，当"R/W=1"时为读，反之为写。与从地址匹配的从机被选中，被选中的从机的传输控制状态机被激活并开始接受主机访问。

接着，主机发出将要访问的寄存器地址信息帧，根据从机上寄存器资源(和从机的功能)的多少，当超过 1 字节时就需要使用批量传输模式，被选中的从机将会把接收到的地址信息传输到地址译码器中，于是对应地址的寄存器被选中。现在我们的 I2C 主机已经选中指定的从机及其内部的寄存器。

最后，主机和从机的传输控制状态机将会根据第一帧的"R/W"位信息完成进一步操作。如果"R/W=1"，主机驱动 SCL 输出同步时钟信号，从机上被选中的寄存器的内容将自动复制到输出移位寄存器中，并随着 SCL 同步时钟逐位顺序地发送到 SDA 线上，主机驱动 SCL 的同时会在 SCL 下降沿采样 SDA 线并逐位地移入输入移位寄存器中。如果"R/W=0"，主机驱动 SCL 输出同步时钟信号，同时在 SCL 低电平期间将输出移位寄存器的内容逐位顺序地发送到 SDA 线上，同时从机随着 SCL 同步时钟信号采样 SDA 线并逐位地移入输入移位寄存器中。在一字节传输完毕后，将输入移位寄存器的内容保存到被选中的寄存器中。

简而言之，一次 I2C 通信接口操作包括三步：首先主机使用 7 位从机地址和读/写控制位选中 I2C 总线上的从机；然后指定从机的寄存器(起始)地址；最后读/写从机的寄存器。使用从机唯一地址编码的寻址方法，与传统三总线接口、SPI 接口等伪共享总线相比，I2C 通信接口没有专用的从机选择信号线，既能节约 MCU 的 I/O 引脚又能简化 PCB 布板。当我们真正认识到共享总线型 I2C 通信接口带来的方便时，

或许也会遇到一些困难，例如，一个系统内的多个 I2C 组件的电平电压、时钟频率不一致等问题。

当接口两端的电平电压不一致时，通常会想到使用电平转换逻辑门（Level shifter）来解决，但在 I2C 通信接口的总线上使用的电平转换必须支持双向传输。一种简易的支持双向传输的电平转换接口可用于 I2C 总线，如图 5.5 所示。

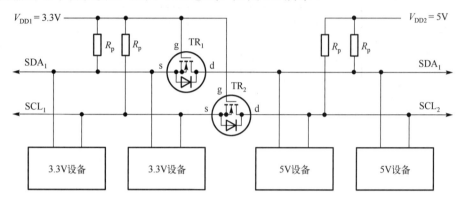

图 5.5　支持双向传输的电平转换接口

任务

如果在设计系统时遇到多个从机的时钟频率不一致的问题，应该怎样处理呢？留给你来解决。

5. I2C 通信接口软件分层

前面我们已经初步介绍了 I2C 通信接口的硬件和时序，包括总线架构、线与和移位寄存器结构、时序/协议、RAM 型存储器映射及访问、电平匹配等。I2C 通信接口软件如何实现呢？尤其是在面对一个系统或单个 I2C 通信接口上连接着很多该接口的功能组件时，合理设计此类接口软件是非常重要的。我们仍然使用分层抽象的思想来设计 I2C 通信接口软件，如图 5.6 所示。

I2C 通信接口的硬件层，除了在硬件电路设计前需查阅具体的 MCU 有哪些 I/O 引脚可用于 I2C 通信接口，以及系统所用的 I2C 组件的电平电压是否一致，其他工作几乎都是软件接口设计。根据 MCU 片上功能单元的存储器映射机制，可以想象这些接口软件的主要工作就是访问存储器单元配置 I2C 通信接口（包括时钟频率、引脚、数据发送和接收中断等）、使能和禁止 I2C 通信接口，以及中断服务程序等底层操作。凡涉及存储器访问的操作都是很烦琐的，而且几乎都是没有可移植性代码的。幸运的是，我们无须编写这些代码（对应的代码几乎都在半导体厂商提供的片上外设驱动库文件中）。

I2C 通信接口的硬件抽象层具有承上启下的作用，封装合理的 I2C 通信接口硬件抽象层是系统内所有 I2C 功能组件的共享代码。其向下访问 MCU 硬件层接口（MCU 的存储器资源访问），实现 I2C 通信接口的基本协议，包括启动时序 beginTransmission、停止时序 end Transmission、数据帧批量输出 write()、输入 requestFrom()和 read()等，以及数据接收中断 onReceive()(仅从机模式)、主机请求中断 onRequest()(仅从机模式)等中断服务程序；向上提供 I2C 协议的实现接口。

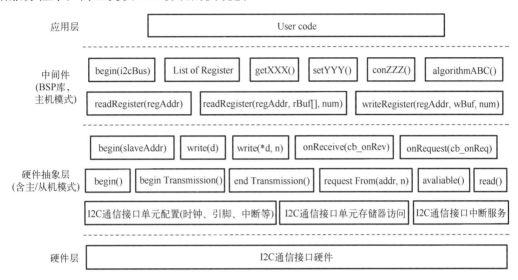

图 5.6　I2C 通信接口软件分层封装

对于任意的 I2C 组件，我们只需要访问其寄存器即可实现目标功能，例如，读数字湿度传感器的湿度寄存器(根据湿度的分辨率或许需要连续地读多个寄存器)。一个系统内使用的每种 I2C 组件的从地址、寄存器列表等都是固定的(常量)，调用硬件抽象层的接口访问寄存器实现 I2C 组件的功能封装，这部分工作属于 BSP 的一部分。我们已经在第 4 章中多次实施 BSP 代码，本章后续内容中也将会实施 I2C 组件的 BSP。I2C 接口软件的 BSP 部分的基本实施规则就是，隐藏寄存器及其访问操作，按照 I2C 组件的功能封装参数配置和功能操作接口，如设置温/湿度传感器分辨率、获取当前的环境湿度或当前温度、配置加速度传感器的量程、读取当前加速度的三个分量等。

用户层调用特定开发板的 BSP 接口实现传感器应用，如环境温度或湿度的测量及处理(滤波、显示、存储到本地或云端)、根据加速度计和陀螺仪的分量值估算姿态、根据当前姿态角调整飞控系统驱动发动机转速等。

以 BlueFi 开发板和兼容 Arduino 的 nRF52 开源软件包为例，硬件层源代码位于../Hardware/nrf52/版本号/cores/nordic/hal/文件夹中，硬件抽象层源代码位于../Hardware/nrf52/版本号/libraries/Wire/文件夹中，I2C 通信接口的 BSP 与其他接口的 BSP 都在一个文件夹中，将在 5.2 节开始实施 I2C 通信接口部分的 BSP 编码。

I2C 协议的规范和实现方法并不复杂，在接口硬件方面仅涉及数字电路领域的基础知识(线与、同步时钟和锁存、移位寄存器、电平匹配等)，在接口协议方面只涉及通信领域的字节同步基本概念，在接口软件方面我们仍采用分层抽象的思想来实施。

5.2 节将以主机的角色深入介绍 MCU 片上的 I2C 功能单元的结构和数据传输操作流程、硬件层和硬件抽象层的接口，以及 BSP 层软件封装。如何使用 I2C 通信接口连接两个 MCU 实现双向通信？这是 5.3 节的核心内容，其中一个 MCU 的 I2C 通信接口单元将扮演从机角色。

视频课程

5.2 I2C 主机模式

1. 主机模式的 I2C 硬件抽象宏接口

主机模式是 MCU 片上 I2C 功能单元的缺省工作模式，MCU 仅使用 2 个 I/O 引脚就可以通过从机（Slave）寻址方式与上百个 I2C 从机通信（或称为会话）。按照 I2C 协议，SCL 信号由主机驱动（主机输出的同步时钟信号），而 SDA 信号是双向驱动的。主机与任一从机之间的通信都必须以"Start 时序"作为开始，主机发送的第一帧数据必须是由"（7 位从地址<<1) | R/W 位"组成的寻址帧，然后被寻址的从机被选中并向主机发送"ACK 时序"确认，后续两者之间的通信始终以主机发出的同步时钟信号为节拍，并以 8 位数据和 1 位接收者"ACK 时序"为一个数据帧，在主机发出"Stop 时序"后结束本次通信，主机和从机双方都暂时释放 I2C 总线。显然，I2C 总线主从机之间的每次会话都以"Start 时序"和"Stop 时序"为界定，即使与同一个从机之间的多次会话也都遵循这一原则。

当 MCU 片上 I2C 功能单元工作在主机模式下时，I2C 通信接口的存储器（如小容量 EEPROM 非易失性数据存储器）、传感器、执行器和显示器等功能组件为从机，通过编程控制 MCU 片上 I2C 功能单元访问这些片外 I2C 组件上的寄存器以实现它们的功能。在 5.1 节中我们已经给出了分层的 I2C 通信接口软件的框架，参见图 5.6。绝大多数嵌入式系统软件开发平台都包含硬件层和硬件抽象层的接口库，硬件层通过访问 I2C 功能单元映射的存储器实现 I2C 通信接口的硬件控制，硬件抽象层是 I2C 协议的实现。在 Arduino 开源平台上，这两个层次的接口库都是以源代码形式提供给系统开发者的，其中硬件层由半导体厂商提供，硬件抽象层则是由开源社区的贡献者按照 Arduino 开源平台 Wire 库的接口规范所编写的特定系列 MCU 的 I2C 通信接口的兼容库，采用 Arduino 标准的 Wire 库共有十种接口（包含主机模式和从机模式的接口），详见 Arduino 官网的参考文档，对应的源代码见../Hardware/nrf52/版本号/libraries/Wire/Wire.h 文件。在使用该 I2C 通信接口前必须用"#include <Wire.h>"语句来引用这些接口。

值得注意的是，Arduino 的 I2C 通信接口的硬件抽象层不仅支持主机模式，还支持从机模式。关于 MCU 片上 I2C 功能单元工作在从机模式下的情形，将在 5.3 节探讨。

注释：I2C 硬件抽象层接口（仅主机模式的接口）

- **begin()**：将 I2C 通信接口配置为主机模式，并配置 SCL 和 SDA 的 I/O 引脚、SCL 时钟频率（使用默认的设置）、中断等。注意，只能在初始化时调用一次；
- **setClock(clockFrequency)**：重置 I2C 通信接口的 SCL 时钟频率，参数 clockFrequency 以 Hz 为单位，如 400000；

- **beginTransmission(slave_addr)**：产生"Start 时序"，并将后续会话的从地址参数配置为 slave_addr（7 位地址），直到执行 endTransmission()；
- **endTransmission(stop)**：如果发送缓冲区不为空，将发送缓冲区中的数据传输给指定的从机；参数 stop 的有效值是 true 或 false，该参数指定本次传输结束时是否产生"Stop 时序"释放 I2C 总线；
- **write(val)**：向从机写数据，必须在 beginTransmission(slave_addr) 和 endTransmission() 之间调用该接口。这个接口还有另外两种形式：write(val[], len) 和 write(string)；
- **requestFrom(slave_addr, quantity, stop)**：向指定地址(slave_addr)的从机请求(读取)指定个数(quantity)的数据，然后使用 available() 和 read() 检查并读取数据；stop 参数的有效值是 true 或 false，用于指定本次请求操作结束时是否发送"Stop 时序"；
- **available()**：返回接收缓冲区中有效的/可读取的数据，在调用 requestFrom (slave_ addr, quantity)后使用该接口检查请求回来的有效数据；
- **read()**：从接收缓冲区读取请求到的有效数据。

2．I2C 通信接口软件的封装

基于这些 I2C 协议的实现(即 I2C 硬件抽象层)接口，对于给定的嵌入式系统的 I2C 硬件层，我们可以设计系统内 I2C 通信接口的功能组件的 BSP。按照图 5.6 所示的软件架构，每个 I2C 功能组件的 BSP 层有 4 个基本接口：begin(i2cBus)、readRegister (regAddr)、readRegisters(regAddr, rBuf[], num)、writeRegisters(regAddr, wBuf[], num)。其中 begin (i2cBus)的功能是将 I2C 通信接口初始化，另外 3 个接口的功能与名称一致。使用这些基本接口，我们就可以直接访问 I2C 功能组件上的寄存器，从而实现其特设的功能，例如，获取温湿度或加速度值、配置采样频率等。

此外，每个 I2C 功能组件的 BSP 层接口最好的封装形式是类的形式，这样就可以把该组件的从地址、寄存器列表及其 4 个基本接口等定义为私有的变量和(内部)接口，以避免与其他 I2C 功能组件的接口混淆。

现在我们以 BlueFi 开发板上的 6-DoF 惯性测量单元(IMU)——LSM6DS33 为例，使用 Arduino 开源平台的(nRF52)I2C 硬件层和硬件抽象层接口实现加速度传感器的用户接口，即 BlueFi 开发板的 BSP 层的加速度传感器的代码实现。具体的实现代码由以下两个文件组成。

BlueFi_LSM6DS3.h 文件

```
1   #ifndef __BLUEFI_LSM6DS3_H_
2   #define __BLUEFI_LSM6DS3_H_
3
4   #include <Arduino.h>
5   #include <Wire.h>
6
7   #define DefaultSlaveAddress_LSM6DS3 0x6A
8   //#define DefaultSlaveAddress_LSM6DS3 0x6B
```

```
9    #define LSM6DS3_WHO_AM_I_REG        0x0F
10   #define LSM6DS3_CTRL1_XL            0x10
11   #define LSM6DS3_CTRL2_G             0x11
12   #define LSM6DS3_CTRL6_C             0x15
13   #define LSM6DS3_CTRL7_G             0x16
14   #define LSM6DS3_CTRL8_XL            0x17
15   #define LSM6DS3_STATUS_REG          0x1E
16   #define LSM6DS3_OUTX_L_G            0x22
17   #define LSM6DS3_OUTX_H_G            0x23
18   #define LSM6DS3_OUTY_L_G            0x24
19   #define LSM6DS3_OUTY_H_G            0x25
20   #define LSM6DS3_OUTZ_L_G            0x26
21   #define LSM6DS3_OUTZ_H_G            0x27
22   #define LSM6DS3_OUTX_L_XL           0x28
23   #define LSM6DS3_OUTX_H_XL           0x29
24   #define LSM6DS3_OUTY_L_XL           0x2A
25   #define LSM6DS3_OUTY_H_XL           0x2B
26   #define LSM6DS3_OUTZ_L_XL           0x2C
27   #define LSM6DS3_OUTZ_H_XL           0x2D
28
29   class LSM6DS3 {
30
31     public:
32       LSM6DS3(TwoWire& wire, uint8_t slaveAddress=DefaultSlaveAddress_
     LSM6DS3);
33       virtual ~LSM6DS3(){ };
34       bool begin(void);
35       void end(void);
36                                                      //加速度计
37       virtual bool readAcceleration(float& x, float& y, float& z);
                                                   //量纲为 G(地球重力加速度)
38       virtual float accelerationSampleRate();    //传感器的采样率
39       virtual bool accelerationAvailable();       //查询加速度计数据是否有效
40                                                    //陀螺仪
41       virtual bool readGyroscope(float& x, float& y, float& z);
                                                   //量纲为 degrees/second
42       virtual float gyroscopeSampleRate();       //传感器的采样率
43       virtual bool gyroscopeAvailable();          //查询陀螺仪数据是否有效
44
45     private:
46       int readRegister(uint8_t address);
47       int readRegisters(uint8_t address, uint8_t* data, size_t length);
48       int writeRegister(uint8_t address, uint8_t value);
49       int writeRegisters(uint8_t regAddr, uint8_t* data, size_t length);
50
51       TwoWire* __wire;
```

```
52    uint8_t __Address;
53  };
54
55  #endif //__BLUEFI_LSM6DS3_H_
```

注意，这个版本只为了演示 I2C 通信接口的用法，并不是完整的 IMU 功能接口。所有外部接口都在 LSM6DS3 类的 public 域，私有的/内部的接口在 private 域。读单个/多个寄存器、写单个/多个寄存器等操作是每种 I2C 功能组件最基本的内部接口实现。此外，连接该组件所用的硬件抽象层的 I2C 类接口，使用指针型的内部私有变量__wire来保存。

BlueFi_LSM6DS3.cpp 文件

```
1   #include "BlueFi_LSM6DS3.h"
2
3   LSM6DS3::LSM6DS3(TwoWire& wire, uint8_t slaveAddress) :
4     __wire(&wire),
5     __Address(slaveAddress) {
6   }
7
8   bool LSM6DS3::begin(void) {
9     __wire->begin();
10    if(readRegister(LSM6DS3_WHO_AM_I_REG) != 0x69) {
11      end();
12      return false;
13    }
14    //设置陀螺仪控制寄存器：更新频率为 104Hz，量程为 2000dps
15    writeRegister(LSM6DS3_CTRL2_G, 0x4C);
16    //设置加速度计控制寄存器：更新频率为 104Hz，量程为 4G
17    //设置低通滤波器(见 LSM6DS3 datasheet 的 figure9)
18    writeRegister(LSM6DS3_CTRL1_XL, 0x4A);
19    //设置陀螺仪功耗模式为高性能，带宽限制为 16MHz
20    writeRegister(LSM6DS3_CTRL7_G, 0x00);
21    //设置 ODR 配置寄存器为 ODR/4
22    writeRegister(LSM6DS3_CTRL8_XL, 0x09);
23    return true;
24  }
25
26  void LSM6DS3::end() {
27    writeRegister(LSM6DS3_CTRL2_G, 0x00);
28    writeRegister(LSM6DS3_CTRL1_XL, 0x00);
29    __wire->end();
30  }
31
32  bool LSM6DS3::readAcceleration(float& x, float& y, float& z) {
33    int16_t data[3];
```

```
34   if(!readRegisters(LSM6DS3_OUTX_L_XL, (uint8_t*)data, sizeof(data))) {
35     x = NAN, y = NAN, z = NAN;
36     return false;
37   }
38   x = data[0] * 4.0 / 32768.0;
39   y = data[1] * 4.0 / 32768.0;
40   z = data[2] * 4.0 / 32768.0;
41   return true;
42 }
43
44 bool LSM6DS3::accelerationAvailable() {
45   if(readRegister(LSM6DS3_STATUS_REG) & 0x01) {
46     return true;
47   }
48   return false;
49 }
50
51 float LSM6DS3::accelerationSampleRate() {
52   return 104.0F; //104Hz
53 }
54
55 bool LSM6DS3::readGyroscope(float& x, float& y, float& z) {
56   int16_t data[3];
57   if(!readRegisters(LSM6DS3_OUTX_L_G, (uint8_t*)data, sizeof(data))) {
58     x = NAN, y = NAN, z = NAN;
59     return false;
60   }
61   x = data[0] * 2000.0 / 32768.0;
62   y = data[1] * 2000.0 / 32768.0;
63   z = data[2] * 2000.0 / 32768.0;
64   return true;
65 }
66
67 bool LSM6DS3::gyroscopeAvailable() {
68   if(readRegister(LSM6DS3_STATUS_REG) & 0x02) {
69     return true;
70   }
71   return false;
72 }
73
74 float LSM6DS3::gyroscopeSampleRate() {
75   return 104.0F;
76 }
77
78 int LSM6DS3::readRegister(uint8_t regAddr) {
79   uint8_t value;
```

```
80    if(readRegisters(regAddr, &value, sizeof(value)) != 1) {
81      return -1;
82    }
83
84    return value;
85  }
86
87  int LSM6DS3::readRegisters(uint8_t regAddr, uint8_t* data, size_t length)
88  {
89    __wire->beginTransmission(__Address);
90    __wire->write(regAddr);
91    if(__wire->endTransmission(false) != 0) {
92      return -1;
93    }
94    if(__wire->requestFrom(__Address, length) != length) {
95      return 0;
96    }
97    for(size_t i=0; i<length; i++) {
98      *data++ = __wire->read();
99    }
100   return 1;
101 }
102
103 int LSM6DS3::writeRegister(uint8_t regAddr, uint8_t value) {
104   __wire->beginTransmission(__Address);
105   __wire->write(regAddr);
106   __wire->write(value);
107   if(__wire->endTransmission() != 0) {
108     return 0;
109   }
110   return 1;
111 }
112
113 int LSM6DS3::writeRegisters(uint8_t regAddr, uint8_t* data, size_t length)
    {
114   __wire->beginTransmission(__Address);
115   __wire->write(regAddr);
116   for(size_t i=0; i<length; i++) {
117     __wire->write(*data++);
118   }
119   if(__wire->endTransmission() != 0) {
120     return 0;
121   }
122   return 1;
123 }
```

上面的 LSM6DS3 类接口主要包括：初始化(begin)、读取 3-DoF 加速度计(陀螺仪)的三坐标分量值、检查 LSM6DS3 内部状态寄存器(LSM6DS3_STATUS_REG)是否有数据可读等。完成这个 LSM6DS3 类接口的代码编写后，将两个源文件(BlueFi_LSM6DS3.h 和 BlueFi_LSM6DS3.cpp)保存到../Documents/Arduino/libraries/BlueFi/src/utility/文件夹中，然后打开../Documents/Arduino/libraries/BlueFi/src/文件夹中的 BlueFi.h 文件，并在 BlueFi 类的 public 域增加"LSM6DS3 imu = LSM6DS3(Wire1, 0x6A);"语句，定义一个名为 imu 的 LSM6DS3 类接口。打开该文件夹中的 BlueFi.cpp 文件，为 begin()接口函数增加"imu.begin();"语句，当 BlueFi 开发板初始化时，调用 LSM6DS3 类接口——begin()对 imu 初始化。现在，我们的 BlueFi 开发板的 BSP 已具有读取加速度/陀螺仪原始数据的接口。注意，当初始化 LSM6DS3 类对象 imu 时，将加速度/陀螺仪的采样频率设置为 104Hz。

浏览 LSM6DS3 的资料页有利于我们掌握 LSM6DS3 的用法，还能更好地理解前面的代码。

下面的示例代码能够演示 LSM6DS3 类接口的简单用法。

LSM6DS3 类接口的使用方法

```
1   //将传感器原始数据(浮点数)打印/输出到串口监视器或串口绘图仪(baudrate=115200)上
2   #include <BlueFi.h>
3   void setup() {
4     bluefi.begin();                      //初始化 BlueFi 开发板(含 IMU 初始化)
5   }
6
7   void loop() {
8     float x=0.0F, y=0.0F, z=0.0F;
9     if(bluefi.imu.accelerationAvailable()) { //检查加速度计原始数据的可读性
10      bluefi.imu.readAcceleration(x, y, z);   //读取加速度计的三个分量
11      Serial.print(x); Serial.print(",");
12      Serial.print(y); Serial.print(",");
13      Serial.println(z);
14    }
15  }
```

现在可以使用 Arduino IDE 编译并下载上面这个简单示例，当程序下载到 BlueFi 开发板上后，打开串口监视器(或串口绘图器)就可以看到加速度计三个分量的原始数据(或三色折线图)，保证 BlueFi 使用 USB 数据线与计算机可靠地连接，再通过摇晃、移动、旋转 BlueFi 开发板，观察加速度三个分量的值与操作之间存在怎样的关联关系。在这个示例代码运行期间，使用 Arduino IDE 的串口绘图器绘制加速度三个分量的折线图，如图 5.7 所示。

将上面的示例代码稍做修改就可以使用 LSM6DS3 类接口读取 3-DoF 陀螺仪三个分量的原始数据，示例代码如下。

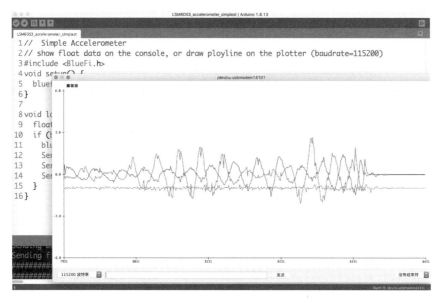

图 5.7 使用 Arduino IDE 串口绘图器绘制加速度三个分量的折线图

使用 LSM6DS3 类接口读取 3-DoF 陀螺仪的三个分量

```
1   //将传感器原始数据(浮点数)打印/输出到串口监视器或串口绘图仪(baudrate=115200)上
2   #include <BlueFi.h>
3   void setup() {
4     bluefi.begin();                        //初始化 BlueFi 开发板(含 imu 初始化)
5   }
6
7   void loop() {
8     float x=0.0F, y=0.0F, z=0.0F;
9     if(bluefi.imu.gyroscopeAvailable()) {   //检查陀螺仪原始数据的可读性
10      bluefi.imu.readGyroscope(x, y, z);    //读取陀螺仪的三个分量
11      Serial.print(x); Serial.print(",");
12      Serial.print(y); Serial.print(",");
13      Serial.println(z);
14    }
15  }
```

IMU 用于运动物体的姿态和位置估算，如飞行器和汽车等运动物体的稳定姿态和导航定位(在无 GPS 信号期间的短距离定位)。加速度计、陀螺仪和地磁传感器(电子罗盘)是 IMU 的基本测量传感器，基于这些传感器的原始数据(9 个分量)使用姿态和位置估算算法即可确定飞行器和汽车等运动物体的当前姿态和位置。我们将在后续的内容中给出完整的 IMU 接口及其算法，本节中的相关内容仅是作为 I2C 通信接口的示例使用的。

接着，我们以 BlueFi 开发板上的数字环境温/湿度传感器——SHT30-DIS 为例，使用 Arduino 开源平台的(nRF52)I2C 硬件层和硬件抽象层接口实现温湿度传感器的用户接口，即 BlueFi 开发板的 BSP 层的温湿度传感器的代码实现。具体的实现代码由以下两个文件组成。

BlueFi_SHT30.h 文件

```
1    #ifndef __BLUEFI_SHT30_H_
2    #define __BLUEFI_SHT30_H_
3
4    #include <Arduino.h>
5    #include <Wire.h>
6    #include <math.h>
7
8    #define DefaultSlaveAddress_SHT30 0x44
     //SHT30-DIS 默认的 I2C 从地址 (当 SHT30 的第 2 个引脚与 GND 连接时)
9    //#define DefaultSlaveAddress_SHT30 0x45
     //SHT30-DIS 默认的 I2C 从地址 (当 SHT30 的第 2 个引脚与 VDD 连接时)
10
11   #define SHT31_MEAS_HIGHREP_STRETCH   0x2C06 //使能时钟拉伸、高重复性测量模式
12   #define SHT31_MEAS_MEDREP_STRETCH    0x2C0D //使能时钟拉伸、中等重复性测量模式
13   #define SHT31_MEAS_LOWREP_STRETCH    0x2C10 //使能时钟拉伸、低重复性测量模式
14
15   #define SHT31_MEAS_HIGHREP      0x2400   //禁止时钟拉伸、高重复性测量模式
16   #define SHT31_MEAS_MEDREP       0x240B   //禁止时钟拉伸、中等重复性测量模式
17   #define SHT31_MEAS_LOWREP       0x2416   //禁止时钟拉伸、低重复性测量模式
18   #define SHT31_READSTATUS        0xF32D   //读 SHT30 内部状态寄存器
19   #define SHT31_CLEARSTATUS       0x3041   //清除 SHT30 内部状态寄存器
20   #define SHT31_SOFTRESET         0x30A2   //软复位
21   #define SHT31_HEATEREN          0x306D   //使能 SHT30 内部加热器 (用于湿度测量)
22   #define SHT31_HEATERDIS         0x3066   //禁止 SHT30 内部加热器
23   #define SHT31_REG_HEATER_BIT    0x0d     //SHT30 内部加热器的状态位
24   #define msONGOING  50  //>= 20ms
25
26   class SHT30 {
27
28     public:
29       SHT30(TwoWire& wire, uint8_t slaveAddress=DefaultSlaveAddress_SHT30);
30       virtual ~SHT30(){};
31       bool begin(void);
32       uint16_t readStatus(void);
33       void reset(void);
34       void heater(bool on);              //内部加热器控制, true: on,  false: off
35       bool isHeaterEnabled(void);
36       void RHT_FSM(void);
37       bool isReady;
38       float temperature, humidity;
39
40     private:
```

```
41     bool writeCommand(uint16_t command);
42     bool readRegisters(uint8_t *buf, size_t len);
43     bool writeRegisters(uint8_t *buf, size_t len);
44
45     TwoWire* __wire;
46     uint8_t __Address;
47     uint32_t __startMillis;
48
49     enum rht_FSM
50     {
51       IDLE = 0,
52       ONGOING,
53       READY
54     } __rht_FSM;
55
56   };
57
58   #endif //__BLUEFI_SHT30_H_
```

　　这个 SHT30 类温/湿度传感器接口主要包括：初始化（begin）、温/湿度测量和数据处理的状态机（RHT_FSM），以及三个成员变量：状态机的温湿度结果是否可用（isReady）、当前温度（temperature，单位为摄氏度）、当前相对湿度（humidity）。此外，SHT30 类还有一些辅助功能接口，包括传感器状态读回（readStatus）、传感器复位（reset）、传感器内部加热器的控制（heater）和状态查询（isHeaterEnabled）。SHT30 类的内部/私有的接口包括写命令字（writeCommand）、读多个寄存器（readRegisters）和写多个寄存器（writeRegisters），私有的成员变量包括硬件抽象层的 I2C 类接口指针、从机地址等。

BlueFi_SHT30.cpp 文件

```
1    #include "BlueFi_SHT30.h"
2
3    SHT30::SHT30(TwoWire& wire, uint8_t slaveAddress):
4      __wire(&wire),
5      __Address(slaveAddress) {
6      humidity = NAN;
7      temperature = NAN;
8      isReady = false;
9      __rht_FSM = IDLE;
10   }
11
12   bool SHT30::begin(void) {
13     __wire->begin();
14     reset();
15     return readStatus() != 0xFFFF; //check read-back operation
16   }
```

```
17
18   static uint8_t crc8(const uint8_t *data, int len) {
19     /*
20      * CRC-8 的计算方法请参见 SHT3x Datasheet 的第 14 页
21      * 测试数据用 0xBE、0xEF 时应得到 0x92
22      * 初始数据为 0xFF
23      * 多项式值为 0x31(即 x8 + x5 +x4 +1)
24      * 最终的 XOR 结果为 0x00
25      */
26     const uint8_t  POLYNOMIAL(0x31);
27     uint8_t crc(0xFF);
28     for(int j=len; j; --j) {
29       crc ^= *data++;
30       for(int i=8; i; --i)
31         crc =(crc&0x80) ? (crc<<1)^POLYNOMIAL: (crc<<1);
32     }
33     return crc;
34   }
35
36   uint16_t SHT30::readStatus(void) {
37     uint8_t data[3];
38     writeCommand(SHT31_READSTATUS);
39     readRegisters(data, 3);
40     uint16_t stat = data[0];
41     stat <<= 8;
42     stat |= data[1];
43     return stat;
44   }
45
46   void SHT30::reset(void) {
47     writeCommand(SHT31_SOFTRESET);
48     delay(10);
49   }
50
51   void SHT30::heater(bool on) {
52     if(on)
53       writeCommand(SHT31_HEATEREN);
54     else
55       writeCommand(SHT31_HEATERDIS);
56     delay(1);
57   }
58
59   bool SHT30::isHeaterEnabled(void) {
60     uint16_t regValue = readStatus();
61     return(regValue&SHT31_REG_HEATER_BIT);
62   }
```

```
63
64   /*   非阻塞式的启动测量(然后等待)并读回数据的状态机(FSM):
65   *                |------------------------------|
66   *  初始化  --> IDLE  --> ONGOING  --> READY  --->
67   *               --> 启动  --> 等待  --> 读回 ->
68   */
69   void SHT30::RHT_FSM(void) {
70     uint8_t  _readbuffer[6]; //TTCHHC
71     int32_t  _stemp;
72     uint32_t _shum;
73     switch(__rht_FSM) {
74       case IDLE:
75         writeCommand(SHT31_MEAS_HIGHREP); //start
76         __startMillis = millis();
77         __rht_FSM = ONGOING;
78         break;
79       case ONGOING:
80         if((millis()-__startMillis) >= msONGOING ){  //检查等待时间是否已达
81           __rht_FSM = READY;
82         }
83         break;
84       case READY:
85         readRegisters(_readbuffer, sizeof(_readbuffer));
86         if((_readbuffer[2]==crc8(_readbuffer, 2))&&(_readbuffer[5] == crc8
   (_readbuffer + 3, 2)) ) {
87           _stemp = (int32_t)(((uint32_t)_readbuffer[0] << 8) |
   _readbuffer[1]);
88           //简化的温度测量结果
89           //temperature = (_stemp * 175.0f) / 65535.0f - 45.0f;
90           _stemp = ((4375 * _stemp) >> 14) - 4500;
91           temperature = (float)_stemp / 100.0f;
92           _shum = ((uint32_t)_readbuffer[3] << 8) | _readbuffer[4];
93           //简化的相对湿度测量结果
94           //humidity = (_shum * 100.0f) / 65535.0f;
95           _shum = (625 * _shum) >> 12;
96           humidity = (float)_shum / 100.0f;
97         }
98         isReady = true;
99         __rht_FSM = IDLE;
100        break;
101      default:
102        __rht_FSM = IDLE;
103        break;
104    }
105  }
106
```

```
107 bool SHT30::writeCommand(uint16_t command) {
108   uint8_t cmd[2];
109   cmd[0] = command >> 8;
110   cmd[1] = command & 0xFF;
111   return writeRegisters(cmd, 2);
112 }
113
114 bool SHT30::readRegisters(uint8_t *buf, size_t len)
115 {
116   if(__wire->requestFrom(__Address, len) != len)
117     return 0;
118   for(size_t i=0; i<len; i++)
119     buf[i] = __wire->read();
120   return 1;
121 }
122
123 bool SHT30::writeRegisters(uint8_t *buf, size_t len) {
124   __wire->beginTransmission(__Address);
125   if(__wire->write(buf, len) != len)
126     return 0;
127   if(__wire->endTransmission() != 0)
128     return 0;
129   return 1;
130 }
```

可以从以下两方面对比 LSM6DS3 和 SHT30-DIS 两种 I2C 传感器的接口：

1）接口封装的结构；

2）寄存器的读写。

两种传感器接口的封装都采用 C/C++ 类的结构。public 域是外部接口，private 域是内部接口。接口类型不仅有类成员函数，还有成员变量。因此，与 C/C++ 类相关的概念和用法在这里完全通用。

两种传感器的寄存器读写接口虽然都是私有的，但区别较大。这是因为，LSM6DS3 的内部功能单元采用 RAM 型存储器映射的模式，而 SHT30-DIS 采用写入不同命令字来控制内部功能单元。SHT30-DIS 没有存储器映射机制，对传感器内部功能单元的每次操作都必须首先写入命令字（16 位无符号型），如启动温湿度测量、启动/停止内部加热器等，然后再执行多字节读操作获取传感器的测量结果、查询内部状态等。此外，从 SHT30-DIS 读回的数据（温/湿度和状态）也都是固定的 3 字节格式：2 字节数据和 1 字节 CRC（循环冗余校验）。SHT30-DIS 使用 8 位 CRC 算法，所用的多项式和初值等在其数据页第 14 页都有详细描述。

3. I2C 通信接口软件的实现

我们用一个示例来演示如何使用 SHT30 类温/湿度传感器接口。本示例首先初始化

BlueFi 开发板上所有资源(含温/湿度传感器及其接口),在主循环中调用 bluefi.rht.RHT_FSM()执行温/湿度测量的状态机更新温/湿度数据到变量 bluefi.rht.temperature 和 bluefi.rht.humidity 中,当状态机完成一次温/湿度数据更新时,bluefi.rht.isReady 被置位为 true,使用主循环程序测试该状态并将当前温/湿度结果打印到串口控制台上。示例代码如下。

SHT30 类温湿度传感器接口使用方法

```
1    //数字温/湿度传感器——SHT30 的简单操作
2    #include <BlueFi.h>
3    void setup() {
4      bluefi.begin();                        //初始化 BlueFi
5    }
6
7    void loop() {
8      bluefi.rht.RHT_FSM();                  //运行非阻塞式的温/湿度测量的状态机
9      if(bluefi.rht.isReady) {
10       bluefi.rht.isReady = false;
11       Serial.print("Temperature: ");
12       Serial.print(bluefi.rht.temperature);
13       Serial.write("\xC2\xB0");            //摄氏度的符号
14       Serial.println("C");
15       Serial.print("Humidity: ");
16       Serial.print(bluefi.rht.humidity);
17       Serial.println("%");
18     }
19     delay(249);
20   }
```

将上面的示例代码输入 Arduino IDE 中并编译-下载到 BlueFi 开发板上,在 BlueFi 执行示例程序期间,打开 Arduin IDE 的串口监视器,将会看到主循环程序输出到串口控制台的文本格式的当前温/湿度信息,如图 5.8 所示。

 任务

现在你可以使用 SHT30 类接口来监测本地的环境温/湿度,从而确定本地区最舒适的温湿度是什么季节,以及对应的具体环境温/湿度是多少。标定是正确使用传感器的基本要求。如何标定和校准温/湿度传感器呢?

在 Python 解释器环境中如何使用 I2C 通信接口的主机模式进行编程呢?请参考 4.1 节末尾的步骤,下载 BlueFi 的 Python 解释器固件,并双击 BlueFi 的复位按钮,并将固件拖放到 BLUEFIBOOT 磁盘中,当 BlueFi 恢复到执行 Python 解释器的模式后,计算机资源管理器中将会出现名为 CIRCUITPY 的磁盘。

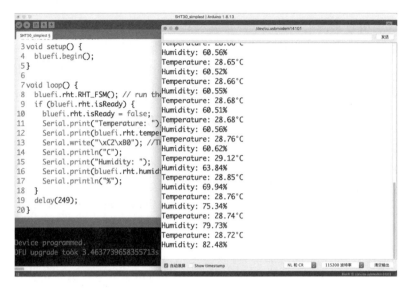

图 5.8　使用 SHT30 类接口读取当前温/湿度并输出到串口控制台的效果

注释：Python 解释器的安全模式

- 单击 BlueFi 的复位按钮，当第 1 个彩灯(靠近复位按钮)显示黄色时，再次按下复位按钮，迫使 BlueFi 终止执行用户脚本程序，并进入安全模式，此时第一个彩灯呈黄色呼吸灯效果；
- 当 Python 解释器在执行某些脚本程序时，可能会不出现 CIRCUITPY 磁盘，可以通过强制进入 Python 解释器的安全模式来终止脚本程序的执行；
- 在 Python 解释器的安全模式下，仍可以修改 CIRCUITPY 磁盘上的任一文件，但 Python 解释器不会立即执行更新后的 code.py 程序；
- 只有通过按下复位按钮才能退出 Python 解释器的安全模式。

CIRCUITPY/hiibot_bluefi/sensors.py 是 BlueFi 板上所有传感器的 Python 接口库模块，在我们的 Python 脚本程序中直接导入这个模块就可以访问 BlueFi 的传感器。将下面的示例代码保存到/CIRCUITPY/code.py 文件中，在 BlueFi 执行程序期间，我们可以使用任意串口控制台(MU 编辑器的串口、Arduino IDE 的串口监视器等)查看输出，Python 解释器的所有输出字符也都会同步地显示在 BlueFi 的 LCD 显示屏上。

查看输出

```
1   import time
2   from hiibot_bluefi.sensors import Sensors
3   sensor = Sensors()
4   while true:
5       print("T: {}°C, RH: {}%".format(sensor.temperature, sensor.humidity))
6       time.sleep(1)
```

这个示例程序输出的文本字符的参考效果，如"T: 30.9388°C, RH: 52.6817%"，这显然是第 5 行 print()函数中 format 的作用。示例程序的第 2 行的执行效果是从 CIRCUITPY/

hiibot_bluefi/ sensors.py 文件中导入 Sensors 类模块。第 3 行将 Sensors 类实例化为一个名为 sensor 的对象，并在第 5 行将该对象的 temperature 和 humidity 属性值按指定的字符格式输出到字符控制台上。

加速度计和陀螺仪——LSM6DS3 也有相似的用法，示例代码如下。

查看加速度计和陀螺仪的输出

```
1    import time
2    from hiibot_bluefi.sensors import Sensors
3    sensor = Sensors()
4    while true:
5        ax, ay, az = sensor.acceleration
6        gx, gy, gz = sensor.gyro
7        print("Acce X:{:.2f}, Y:{:.2f}, Z:{:.2f}".format(ax, ay, az))
8        print("Gyro X:{:.2f}, Y:{:.2f}, Z:{:.2f}".format(gx, gy, gz))
9        time.sleep(0.1)
```

这个示例代码的初始化部分与前一个示例完全相同。在主循环程序中，首先将加速度和陀螺仪的 6 个分量分别赋给 6 个变量，然后使用 format 将其转换成指定格式的字符串输出到字符控制台上，其中"{:.2f}".format(var)将变量 var 以浮点数输出且只保留小数点后两位。

在 BlueFi 开发板上共有 4 种 I2C 通信接口的传感器组件，即温/湿度传感器(SHT30-DIS)、加速度计和陀螺仪(LSM6DS3)、地磁传感器(LIS3MDL)和集成光学传感器(APDS-9960，含颜色感知、接近感知、手势感知和光强度感知等功能)。其中，加速度计、陀螺仪和地磁传感器能组合为 9-DoF 惯性测量单元的传感器。这些传感器的 Python 库模块都在 CIRCUITPY/hiibot_bluefi/sensors.py 脚本源文件中，可以直接打开这个源文件来了解具体的 Python 接口。

为了便于测试，请先删除../Documents/Arduino/libraries/BlueFi 文件夹中的全部文件，然后使用浏览器和下面的链接下载压缩文件包：https://theembeddedsystem.Readthed ocs. io/en/latest/_downloads/0b4ced0d82e 731be8fd23f21ad976d53/BlueFi_bsp_ch5_2.zip，并解压到../Documents/Arduino/libraries/BlueFi 文件夹中。本节所增加的加速度和陀螺仪传感器、温/湿度传感器的接口代码实现和示例程序都已在这个压缩包中。将该压缩包解压到指定文件夹后，直接用 Arduino IDE 打开其中的示例程序即可将其编译-下载到 BlueFi 开发板上进行验证。

在 I2C 总线上，每个从机都有唯一的 7 位从地址，主机通过寻址从机来实现一对一的半双工通信，包括读/写从机上的寄存器或者控制/查询从机上的功能单元。本节以 MCU 片上功能单元为主机模式，介绍如何通过编程访问各种从机，如加速度计和陀螺仪、温/湿度传感器等。

为了能够掌握 I2C 主机端软件的设计和实现思路，我们采用分层抽象的思想将与 I2C 功能组件相关的接口分层封装，并以加速度计和陀螺仪、温/湿度传感器为例，分别给出软件的实现，以方便我们对比和总结。虽然我们仅以 C/C++类封装为例，但 Python 语言的类封装和接口设计并无本质区别，查看 CIRCUITPY/hiibot_bluefi/sensors.py 文件并与上面的 C/C++语言的类封装进行对比，有利于理解 I2C 主机接口的编程和实现，以及 C/C++和 Python 两种面向对象编程语言之间的共性。

视频课程

5.3　I2C 从机模式

在绝大多数情况下，嵌入式系统的 MCU 都是系统的主控制器，MCU 片上 I2C 功能单元都工作在主机模式下，与系统内采用 I2C 通信接口的传感器、执行器或显示器等功能组件互联。但也有少数情况 MCU 片上 I2C 功能单元工作在从机模式下，例如，通过 I2C 通信接口升级 MCU 固件，或者通过 I2C 通信接口连接两个（或多个）MCU 组成的系统（即多个 MCU 协作系统，其中一个 MCU 做 I2C 主机其他做从机）。

本节主要介绍 MCU 片上 I2C 功能单元工作在从机模式下的编程控制。

1. 从机模式的 I2C 硬件抽象层接口

请注意，并不是所有 MCU 片上 I2C 功能单元都支持主机模式和从机模式，有些 MCU 片上 I2C 功能单元仅支持主机模式，具体请查阅 MCU 的数据页，慎重确认其片上 I2C 功能单元支持的模式。

当我们把 MCU 片上 I2C 功能单元配置为从机模式时，其内部结构组成如图 5.9 所示。在从机模式下，MCU 的 I2C 通信接口所使用的 I/O 引脚中，连接 SCL 信号的是输入引脚，连接 SDA 信号的是双向引脚。根据 I2C 通信接口的要求，任一从机都必须有唯一的从机地址，当我们将 MCU 片上 I2C 功能单元配置为从机模式时，必须指定本机的 7 位唯一从地址。相较于主机，从机始终是被动的，主机何时寻址本机、读/写操作均由主机发起。因此，从机模式需要配置一定 RAM 空间用于缓存接收数据，并使能 I2C 通信接口的中断请求（当从机模式的 I2C 通信接口识别到本机被寻址，并接收到主机的数据时，向 CPU 发起中断请求并响应主机的请求）。

2. I2C 通信接口工作流程

Arduino 的 I2C 通信接口的硬件抽象层不仅支持主机模式，还支持从机模式。从机模式的 I2C 硬件抽象层接口共有 6 种，分别用于 I2C 从机初始化、读/写操作、注册事件的回调函数等。

> **注释：I2C 硬件抽象层接口（仅从机模式的接口）**
>
> ● **begin(slave_addr)**：将 I2C 通信接口配置为从机模式，并配置唯一的 7 位从机地址、SCL 和 SDA 的 I/O 引脚、SCL 时钟频率（使用默认的设置）、中断等。注意，只能在初始化时调用一次；

- **onReceive(cb_rev)**：注册 onReceive 事件的回调函数，当 onReceive 事件发生后需要执行的代码，如调用 available()检查可读数据个数、调用 read()读取接收缓冲区的数据并处理；
- **onRequest(cb_req)**：注册 OnRequest 事件的回调函数，当 OnRequest 事件发生后需要执行的代码，譬如调用 write()传输数据给主机；
- **write(val)**：向主机写/传输数据(当主机请求数据时，即 OnRequest 事件发生后)，这个接口还有另外两种形式：write(val[], len)和 write(string)；
- **available()**：返回接收缓冲区中有效的/可读取的数据，即 onReceive 事件发生后使用该接口检查接收缓冲区的有效数据；
- **read()**：从接收缓冲区读取有效数据。

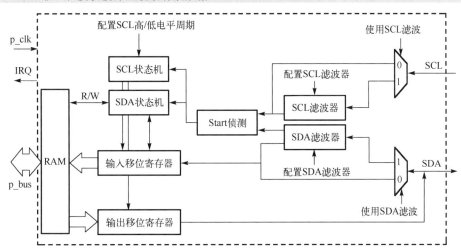

图 5.9　从机模式的 MCU 片上 I2C 功能单元的内部结构组成

注意，Arduino 平台 I2C 硬件抽象层的主机模式和从机模式的接口都被封装在 TwoWire 类中(详见 Arduino 官网的 I2C 通信接口相关的文档)，从机模式的接口仅有 6 种(具体个数还与 Arduino 内核的版本有关)，主机模式共有 8 种接口(见 5.2 节)，其中部分接口是两种模式共用的，如 write()、read()、available()等，部分接口是各自专用的，例如，注册事件的回调函数是从机模式专用的接口，而 I2C 的时序控制接口，如 beginTransmission()、endTransmission()和 setClock()是主机模式专用的。

使用 I2C 硬件抽象层的主机模式接口和从机模式接口的两个 MCU 之间的通信流程如图 5.10 所示。

图 5.10 中实线框内的操作是软件部分，实线框外的操作由 I2C 功能单元的硬件自动完成。除了图中的"主机写-从机读"和"主机读(请求)-从机写"的 I2C 通信接口数据传输流程，还有"主机写-从机读-主机请求-从机写"(简单理解为"主机写后读")的数据传输流程，这个流程要求主机 write(val)后调用 endTransmission(false)执行数据发送且在发送完毕后不发起"Stop 时序"，即不释放 I2C 总线，继续向从机请求数据，当从机数据发送完毕后，主机才发起"Stop 时序"释放 I2C 总线。

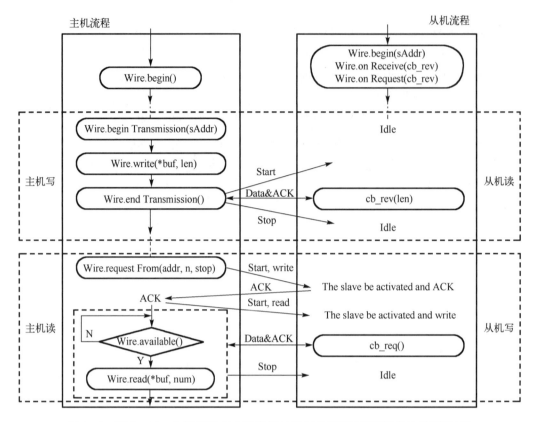

图 5.10　两个 MCU 之间使用 I2C 通信接口的工作流程（使用硬件抽象层接口）

 任务

请参照图 5.10 的流程自行设计"主机写后读"的操作流程。

下面我们找来两个 BlueFi 开发板，并使用一根型号为 SH1.0mm-4P 的双头同向信号线将它们连接起来。BlueFi 开发板带有一个专用的 4 脚 I2C 扩展插座（在复位按钮旁边），该插座的 4 个信号分别为 3.3V、GND、SDA、SCL，并按顺序排列。使用 I2C 通信接口连接两个 BlueFi 开发板的方法如图 5.11 所示。

请注意，4 芯连接线的型号和脚间距，并确保连接后的引脚保持同向一一对应，即两个 BlueFi 开发板的 I2C 专用插座的 4 个脚分别一一对应连接。在通电前务必检查和确认，切勿将 3.3V 和 GND 短路。

3．I2C 通信接口的编程控制

现在我们可以参考图 5.10 所示的流程，分别编写"主机写"和"从机读"的程序对，并分别将其编译、下载到两个 BlueFi 上执行，使用 USB 数据线将工作在从机模式下的 BlueFi 连接到计算机上，打开 Arduino IDE 串口监视器可以看到主机写给从机的数据。"主机写"的程序代码如下。

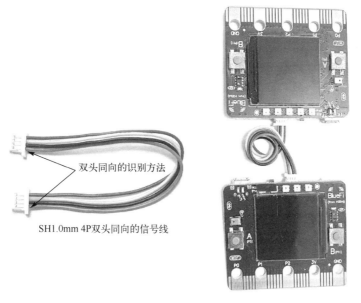

图 5.11　使用 I2C 通信接口连接两个 BlueFi 的方法

"主机写"程序（master_write.ino 文件，编译并下载到一个 BlueFi 开发板上）

```
1   #include <Wire.h>
2   TwoWire* __wire;                //定义一个 TwoWire 类型的名为 __wire 的指针
3
4   void setup() {
5     delay(500);
6     __wire = &Wire;                //指针 __wire 指向 Wire（即默认的 I2C 通信接口）
7     __wire->begin();               //与 I2C 总线连接（无参数的 begin 接口是 master 模式）
8   }
9
10  void loop() {
11    static uint8_t x=0;
12    __wire->beginTransmission(0x72); //启动与#114（即 0x72）从地址的设备通信
13    __wire->write("x is ");        //发送 5 字节
14    __wire->write(x);              //发送 1 字节
15    __wire->endTransmission();     //停止发送
16    x++;
17    delay(998);
18  }
```

在这个"主机写"的程序中，首先声明一个 TwoWire 型指针 __wire，并在初始化时将这个指针指向 BlueFi 的 I2C 通信接口 Wire，并使用指针访问这个 I2C 通信接口，在初始化阶段将该接口初始化为主机模式（即使用无参数的 begin() 初始化接口）。在主循环中，每隔 1 秒从这个 I2C 通信接口写出字符串"x is 12"，其中字符串中的数值是可变的，根据"static uint8_t x=0;"语句，以及每写出一次后执行的"x++;"语句，这个字符串的变化规律是怎么样的呢？"从机读"的程序代码如下。

"从机读"程序(slaver_receive.ino 文件，编译并下载到一个 BlueFi 开发板上)

```
1   #include <Wire.h>
2   TwoWire* __wire;                    //定义一个 TwoWire 类型的名为 __wire 的指针
3
4   void setup() {
5     __wire = &Wire;                  //指针 __wire 指向 Wire(即默认的 I2C 通信接口)
6     __wire->begin(0x72);             //与 I2C 总线连接(begin 接口参数为本机的从地址
    且指定本机为 slave 模式)
7     __wire->onReceive(cb_rev);       //注册 Receive 事件(当接收到数据时)的回调函数
8     Serial.begin(115200);            //启动串口输出，baudrate=115200
9   }
10
11  void loop() {
12    //delay(500);
13  }
14
15  //回调函数：当接收到 master 发送的数据时需要执行的代码
16  //该回调函数已经在 setup()期间被注册
17  void cb_rev(int num) {
18    while( 1 < __wire->available() ) {//循环读取接收缓冲区中数据，每次只读 1 字节
19      char c = __wire->read();       //读取该字节并保存为 char
20      Serial.print(c);               //打印/输出到串口监视器上
21    }
22    uint8_t x = __wire->read();       //读取接收缓冲区的最后 1 字节，并保存为整数
23    Serial.println(x);                //打印/输出到串口控制器上
24  }
```

在"从机接收"程序中，同样使用指针 __wire 指向 I2C 通信接口 Wire。当初始化时使用 __wire->begin(0x72) 将 I2C 通信接口配置为从机模式，且将从地址设置为 114，并使用 __wire->onReceive(cb_rev);语句注册"当接收到主机发送的数据"事件的回调函数 cb_rev(int num)。在这个回调函数中，监测 I2C 通信接口是否有数据可读，若有效数据个数大于 1，则读出 1 个数据并将其打印到串口字符控制台上，将最后一个数据作为整数打印到该控制台上。

注意，从机程序中使用的回调函数 void cb_rev(int num) 的输入参数 int num 是由 onReceive 接口指定的，用于传递发生 onReceive 事件时接收缓冲区内有效的数据个数，此示例中未用到这个参数。最后，根据图 5.10 所示的流程，实现"主机读"和"从机写"的程序对。"主机读"的程序代码如下。

"主机读"程序(master_request.ino 文件，编译并下载到一个 BlueFi 开发板上)

```
1   #include <Wire.h>
2   TwoWire* __wire;                    //定义一个 TwoWire 类型的名为 __wire 的指针
```

```
3
4  void setup() {
5    __wire = &Wire;                //指针__wire 指向 Wire(即默认的 I2C 通信接口)
6    __wire->begin();               //与 I2C 总线连接(无参数的 begin 接口是 master 模式)
7    Serial.begin(115200);          //启动串口输出, baudrate=115200
8  }
9
10  void loop()
11  {
12    __wire->requestFrom(0x72, 6);  //向 I2C 总线上从地址为#114(即 0x72)的从设
备请求读取 6 字节数据
13    while(__wire->available()) {   //不能确定从设备是否满足请求,只能用"查询-
等待-查询"的模式
14      char c = __wire->read();     //读取该字节并保存为 char
15      Serial.print(c);             //打印/输出到串口监视器上
16    }
17    delay(998);
18  }
```

在这个"主机读"的程序中,初始化部分与前一个"主机写"程序完全一样,但主循环程序完全不同。在主循环程序中,每秒向从地址为 114 的从机发出一次读请求(请求的字节个数为 6),然后监测接收缓冲区是否有数据可读,若有,则逐个读出并将其打印到串口控制台上。"从机写"的程序代码如下。

"从机写"程序(slaver_send.ino 文件,编译并下载到一个 BlueFi 开发板上)

```
1  #include <Wire.h>
2  TwoWire* __wire;                 //定义一个 TwoWire 类型的名为__wire 的指针
3
4  void setup() {
5    __wire = &Wire;                //指针__wire 指向 Wire(即默认的 I2C 通信接口)
6    __wire->begin(0x72);           //与 I2C 总线连接(begin 接口参数为本机的从地址
且指定本机为 slave 模式)
7    __wire->onRequest(cb_req);     //注册 Request 事件(当接收到读请求时)的回调函数
8  }
9
10  void loop() {
11    delay(100);
12  }
13
14  //回调函数:当接收到 master 发出 Request 事件时需要执行的代码
15  //该回调函数已经在 setup()期间被注册
16  void cb_req(void) {
```

```
17     __wire->write("hello ");//满足 master 设备的读 6 字节数据的请求,发送 6 字节数据
18    }
```

在这个"从机写"的程序中,首先初始化 I2C 通信接口,并注册"当主机请求读数据"事件的回调函数 cb_req。在回调函数 cb_req 中仅发送 6 字节给主机。

在上面两对示例程序中,我们仅使用 I2C 硬件抽象层的接口就实现了两个 BlueFi 之间的通信,虽然从表面上看两对程序各自实现的数据传输都是单工的,即"主机写"和"从机读"、"主机读"和"从机写",但实际的通信是双工的。

参照前面两对双工通信的示例程序,如何设计两个 MCU 的通用 I2C 通信接口的双工通信程序呢?建议采用"存储器映射"方法。从机端的数据集按特定的数据结构(如数组)顺序地组织,主机端首先通过向从机"写"顺序号来指定数据集中的某个数据单元,然后执行写/读该数据单元,具体流程如图 5.12 所示。

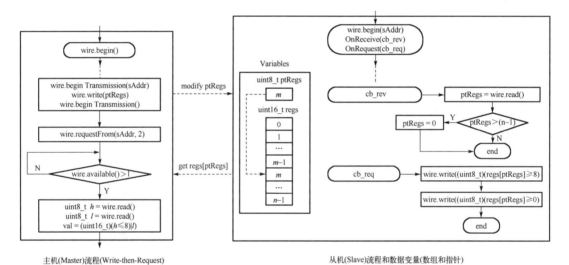

图 5.12　使用 I2C 通信接口实现两个 MCU 双向通信的主机和从机流程(存储器映射)

 任务

请你根据图 5.12 所示的流程并参考前面的示例程序,分别编写对应主机端和从机端的程序对,并使用两个 BlueFi 测试程序是否达到目标。

图 5.12 中的主机流程仅请求从机端指定的静态数据集,因为从机端并没有改变任何数据单元。事实上,如果我们允许从机端程序改变某些数据单元,必须十分地谨慎,因为正在修改的数据单元或许正好在回调函数被读取,这将引起竞争。避免这种竞争的方法之一就是使用"锁"(Lock),在访问数据单元之前首先检查"锁"的状态。若被上锁则等待解锁后方可操作,若未被上锁则先上锁再访问数据单元。除使用"锁"外,还有其他方法吗?如果你有兴趣,请尝试解决这种竞争问题。

本节探讨如何使用 I2C 硬件抽象层的接口实现两个 MCU 之间通信,对于主机端

的软件操作和实现方法，与 5.2 节所用的方法并无区别。由于 I2C 从机始终处于被动状态，I2C 硬件抽象层为从机端提供专用的接口，包括 OnReceive 和 OnRequest 两种事件的回调函数，使用回调函数确保从机实时地响应主机的写和读操作。当然，MCU 片上 I2C 功能单元的硬件可以自动处理主机的寻址，以及事件触发，无须从机端软件干预。

5.4　I2C 接口应用设计

视频课程

I2C 通信接口作为一种真正的多组件共享型总线，只需要两根信号线（SCL 和 SDA）即可实现上百种系统组件互联，本节进一步探讨如何使用 I2C 总线拓展嵌入式系统的功能。图 5.13 是知名开源硬件供应商 SparkFun 推出的 Qwiic 类开源硬件产品的应用示例，该产品的主控制器带有 I2C 通信接口且工作在主机模式下，所有扩展的系统功能组件都采用统一的 Qwiic 接口，并支持有顺序的串联或菊花链等多种连接拓扑。目前 SparkFun 已推出数百种 Qwiic 接口的主控制器、传感器、显示器、执行器、I/O 扩展等模块，几乎可以满足大多数产品原型开发阶段的功能验证和软件开发测试。

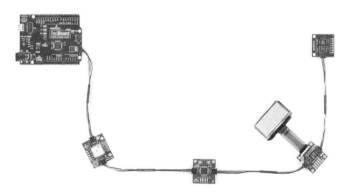

图 5.13　Qwiic 类开源硬件产品的应用示例（来自 SprakFun）

Qwiic 采用 4 根连接线和 4 脚的 1.0mm 间距的连接器，推荐使用的连接器内部带有键槽以防插错，4 根连接线的信号分别为 SCL、SDA、Vcc 和 GND，即两根电源线和两根 I2C 通信接口信号线。本质上，Qwiic 接口就是带有电源线的 I2C 通信接口。Qwiic 接口与传统的 4 线 USB、PS2 等接口相似，不仅具有数据接口信号线还具有电源线，当使用这样的接口时，从机无须额外供电。

此外，另一家知名开源硬件供应商 Adafruit 推出的 STEMMA QT 接口与 Qwiic 几乎完全相同，两种接口所用连接器的机械标准和电气标准也完全兼容。这种接口为什么备受欢迎呢？主要原因是 I2C 通信接口的共享总线方便嵌入式系统扩展上百种功能，而且扩展功能组件很容易实现模块化。图 5.14 是 Qwiic 接口或 STEMMA QT 接口的电路模型。

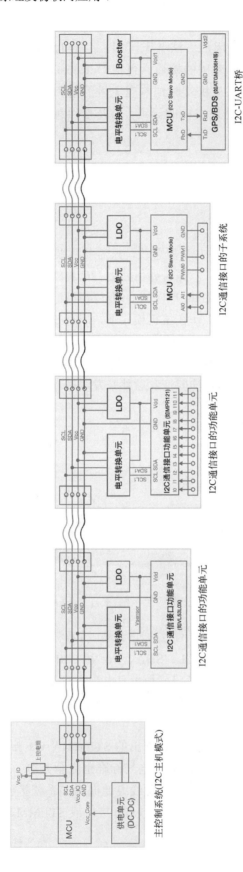

图 5.14 Qwiic/STEMMA QT 接口的电路模型

图 5.14 中给出 4 种典型的 I2C 通信接口的功能扩展组件的电路模型，左侧两种组件都采用标准 I2C 通信接口（从机）的专用功能 IC，右侧两种都是智能模块（每个模块上有独立的 MCU 实现丰富的功能）。基于 I2C 总线也可以实现分布式系统，这样的分布式系统不仅容易开发和维护，而且适用于连接子系统的总线拓扑也十分灵活。

有许多种采用 I2C 通信接口的专用传感器 IC，如 SHT30-DIS、LSM6DS3、VL53L0X（TOF 型激光测距传感器），以及显示器和 RTC 等。除供电外，这些专用 IC 仅使用 I2C 总线与系统连接，从 BlueFi 的数字温湿度、加速度和陀螺仪等传感器的用法中我们已经清楚 I2C 通信接口的便捷性，采用 Qwiic/STEMMA QT 等 4 线接口很容易拓展更多种系统功能，例如，使用 BlueFi 上的 4 线 I2C 通信接口连接一个 VL53L0X 模块为 BlueFi 拓展出激光测距功能。我们还可以使用其他一些采用 I2C 通信接口的人体触摸感知、热电偶传感器、ADC、DAC、PWM 和 I/O 拓展等专用 IC 来拓展系统功能，包括 MPR121（12 通道人体触摸感知）、MCP9600（热电偶传感器）、ADS1115（8 路 ADC）、MCP4728（4 路 DAC）、PCA9685（16 路 PWM 发生器）和 MCP23017（16 个可编程 I/O）等。显然，前面所列举的 I2C 通信接口的专用 IC 都是单一功能的，如果单一功能的模块无法满足你的需求，可以参考 5.2 节和 5.3 节的内容自主设计具有复合功能的智能 I2C 模块。

当然也有一些常用的嵌入式系统功能组件并不支持 I2C 通信接口，例如，GPS（全球定位系统）/BDS（北斗系统）等定位模块仅有 UART 接口，那么如何将这种组件连接到 I2C 总线呢？这个问题留给你来解决。

下面用两种具体的设计示例来帮助我们了解图 5.14 中的电路模型。第一个示例是 Adafruit 的 TOF（Time-Of-Flight）激光测距模块，该模块采用 ST 公司的集成型 TOF 传感器 VL53L0X，适合于机器人避障等场景，具体的电路原理图、PCB 和实物等参见图 5.15。

这个 I2C 通信接口的激光测距模块的有效量程和编程控制 API 可以在 Adafruit 官网找到。

第二个示例来自 SparkFun，这是一种步进电机（或双直流电机）控制模块。该模块使用一个小型 ARM Cortex-M0 系列 MCU——CY8C4245 控制一个步进电机驱动器，并使用 I2C 从机模式接入 I2C 总线，如图 5.16 所示。

上述两种示例都采用了 Qwiic/STEMMA QT 接口，用于控制这两种功能模块的主机端软件几乎相同。扮演 I2C 主机角色的主控制器在任何时候都可以通过唯一的 7 位从地址寻址任一扩展模块，并与之建立一对一的双工通信，从而实现测距和电机控制。参考第 5.2 节的内容即可实现这些软件，此处不再赘述。

本节以知名开源硬件供应商的 Qwiic/STEMMA QT 接口类产品为例，详细地介绍了基于 I2C 总线拓展嵌入式系统功能组件的设计方法。本节介绍的系统功能拓展方法适用于产品原型设计和功能验证。

在前几节的内容中我们已经了解了 MCU 片上 I2C 功能单元的主机模式和从机模式及其接口和编程控制，现在你可以花一些时间完善 BlueFi 开发板上 I2C 通信接口传感器的 BSP，完成这些工作需要参考 5.2 节的温/湿度传感器（SHT30-DIS）、加速度计和陀螺仪（LSM6DS33）的 BSP 实现，建议查阅 LSM3MDL 和 APDS-9960 等传感器的资料页，在 GitHub 等开源代码库中搜索相关开源代码以提高工作效率。

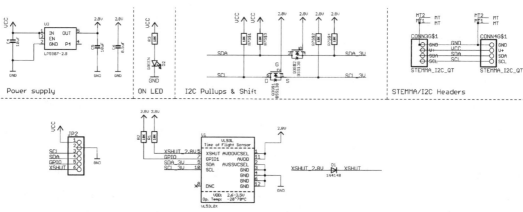

(a) 采用Qwiic/STEMMA QT接口的TOF激光测距模块的电路原理图

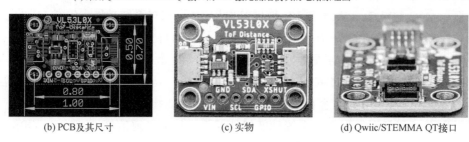

(b) PCB及其尺寸　　　　　　(c) 实物　　　　　　(d) Qwiic/STEMMA QT接口

图 5.15　采用 Qwiic/STEMMA QT 接口的 TOF 激光测距模块（Adafruit）

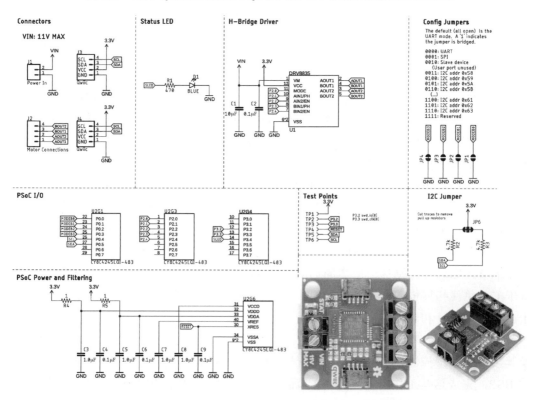

图 5.16　采用 Qwiic/STEMMA QT 接口的步进电机驱动模块（SparkFun）

5.5　本章总结

I2C 是一种同步串行通信接口，串行数据信号 SDA 和同步时钟信号 SCL 始终保持同步，两者之间的时空关系构成 I2C 通信接口时序。

I2C 总线是一种真正的多组件共享型总线，仅使用两种信号即可实现上百种传感器、执行器、显示器等功能组件的扩展。I2C 总线的这种性能得益于 I2C 通信接口所采用的"线与"电路结构，以及 I2C 通信接口的时序和数据传输协议。I2C 通信接口采用主从模式，支持一主多从和多主多从的灵活结构。在一主多从的系统结构中，要求每个从机都有唯一的 7 位从机地址，主机通过寻址某个指定的从机以实现一对一半双工通信。在多主多从的系统结构中，为实现多个主机同时抢占 I2C 总线，需要每个 I2C 主机单元都支持总线仲裁，发起抢占总线的主机根据总线仲裁结果确定是否抢占成功，抢占失败的主机将进入等待，所以多主多从系统结构的通信接口操作存在不确定性和非实时性。

本章内容中仅涉及最常用的一主多从结构。当单个 I2C 通信总线上挂接多种从机时，逻辑电平的电压匹配非常重要，适用于 I2C 通信接口的电平匹配必须是双向的。我们在本章提供一种简易型电平转换电路单元，也可以采用专用的电平转换单元，专用的电平转换单元具有通信速度高、漏电流小等特点。

嵌入式系统 MCU 片上 I2C 通信接口具有两种工作模式：主机模式和从机模式。主机模式下的 I2C 通信接口可用于扩展系统内的各种 I2C 通信接口显示器、传感器、执行器等，从机模式下的 I2C 通信接口允许 MCU 作为另一个主控制器的子系统（即智能模块），两个 MCU 之间可以使用 I2C 总线实现半双工通信。

在本章中，我们分别以主机和从机两种模式讨论了 I2C 通信接口的软件封装，仍采用分层抽象的思想，将 I2C 通信接口的软件分割为硬件层、硬件抽象层、中间层和用户层。其中，硬件层的接口软件由半导体厂商提供，主要是访问 MCU 片上 I2C 功能单元相关的寄存器；硬件抽象层是基于硬件层的软件接口为中间层分别提供 I2C 主机和从机两种模式的 I2C 协议实现的软件接口；中间层是针对特定的嵌入式系统内 I2C 总线上各个 I2C 功能组件的功能接口，基于硬件抽象层的 I2C 通信协议接口访问 I2C 功能组件上的寄存器等；用户层直接调用 BSP 中的相关 I2C 功能组件接口，无须了解 I2C 协议和 I2C 功能组件内寄存器等细节即可使用 I2C 功能组件。

基于 I2C 总线的产品原型系统是较为流行的一种模块化的、快速的原型系统搭建方法，如何将各种功能单元设计成具有标准的 I2C 通信接口的模块是此类系统的设计关键，本章给出了 I2C 通信接口应用设计的电路模型，以及主机和从机模式的软件实现。

通过本章的学习，我们了解了 I2C 通信接口的原理、协议、软硬件应用的设计方法等。I2C 通信接口是现代 MCU 标配的片上功能单元，也是最常用的嵌入式系统内各组件之间的互联总线。本章内容是嵌入式系统应用和开发的基础之一。

本章总结如下：

1）与数字通信相关的基础概念。

2）I2C 通信接口的"线与"电路、时序、协议、寻址方法、通信流程、电平转换方法等。

3）MCU 片上 I2C 功能单元工作在主机模式时，I2C 通信接口软件的封装和实现。

4）MCU 片上 I2C 功能单元工作在从机模式时，I2C 通信接口的通信流程和软件实现。

5）I2C 总线的原型系统模型和设计示例。

思 考 题

1．查阅双向三态门电路及其逻辑，并根据图 5.2 所示的"线与"接口电路，试着使用双向三态门单元改进 I2C 通信接口单元的硬件接口电路，并分别描述主机发送-从机接收、从机发送-主机接收两种工作模式的控制信号状态。

2．查阅数字电路的"噪声容限"概念，简要说明电平匹配电路解决的核心问题。

3．请根据图 5.5 所示的双向电平电压转换电路，简要分析其工作过程。

4．当你设计一个嵌入式系统时，所用到的 I2C 功能组件通信接口速度不一致，请给出合理的解决方案。

5．单主多从结构的 I2C 通信接口中仅使用 7 位宽从机地址即可连接上百（理论上为127）个 I2C 功能组件，请说明 7 位从机地址的作用，并简述主机访问某个从机的过程。

6．当 MCU 片上 I2C 功能单元工作在主机模式下时，以读取某 I2C 通信接口的传感器数据为例，简述 SCL 和 SDA 信号的输出方向和两者的关系。

7．以 I2C 通信接口软件的分层抽象为例，简述硬件层、硬件抽象层、BSP（或中间层）、用户层的功能和作用，并总结分层抽象软件结构的优缺点。

8．在 Arduino 平台的 I2C 硬件抽象层中，为什么 beginTransmission()、endTransmission() 和 setClock() 是主机模式专用的接口？

9．参照图 5.10 所示的流程，设计 I2C 通信接口的"主机写后读"的操作流程，即"主机写-从机读-（无 Stop 时序）-主机请求-从机写"的操作流程。

第6章

SPI 通信接口及其应用

SPI（Serial Peripheral Interface，串行外设接口）最初由 Motolora 半导体部门提出，最早出现在 M68 系列单片机上，用于连接片外的 EEPROM、ADC 和 DAC 等系统功能组件。SPI 是一种伪共享的全双工/半双工的同步串行通信接口，仅支持单主多从的系统结构。SPI 的伪共享总线结构受到并行总线的影响，要求主机必须为每个从机提供一个片选信号（CS），当某个从机的片选信号被主机置为有效电平时，主机和被选中的从机之间实现全双工/半双工的同步串行通信。同步串行通信意味着 SPI 通信接口具有专用的同步时钟信号。全双工意味着 SPI 通信接口拥有独立的"主机写-从机读"和"主机读-从机写"串行数据传输线。半双工只需要一根串行数据线即可双向传输数据。

SPI 通信接口经历多次改进，目前不仅支持单个串行数据信号，而且支持 2 位、4 位和 8 位宽度的半双工同步串行数据信号，在同样的时钟频率条件下，串行数据线越多则数据吞吐量越大。QSPI（Quad SPI）接口的数据信号达 4 个，假设同步时钟信号的频率为 32MHz，则 QSPI 实际的位时钟频率达 128MHz。高速的 QSPI 接口已经用于嵌入式系统内的大容量 FlashROM、伪静态 RAM 等存储器扩展，借助于 MCU 片上 Cache 单元，其甚至可以直接从 QSPI 接口的 FlashROM 中执行（XIP）程序。显然，SPI 通信接口是嵌入式系统内十分重要的一种扩展接口，与 I2C 通信接口一样，也是绝大多数 MCU 标配的片上功能单元。

本章将介绍 SPI 通信接口的信号、时序和协议规范，以及 MCU 片上 SPI 功能单元的主机模式和从机模式，并以 SPI 通信接口的显示器和协处理器、QSPI 接口的 FlashROM 等为例讨论 SPI 通信接口的结构组成、接口电路和软件编程控制。

6.1 SPI 通信接口

视频课程

1. SPI 通信接口主从模式

SPI 通信接口采用主从模式的结构，且仅支持单主多从模式。标准的 SPI 通信接口是 4 线的，包括同步时钟信号 SCK、主输出从输入信号 MOSI、主输入从输出信号 MISO、片选信号 NSS(Slave Select)。

一对 SPI 通信接口的主机和从机的内部结构如图 6.1 所示。这里再次看到移位寄存器，它是 SPI 通信接口的核心部组件。根据现代 MCU 的存储器映射规则，SPI 通信接口的接收和发送数据缓冲器都是 MCU 内部存储单元。当 SPI 通信接口软件将待发送的数据写入发送数据缓冲器并启动数据发送过程(片选信号 NSS 被主机置为有效电平)时，该数据将自动被装载到移位寄存器中，并以最高位先发送的规则随着同步时钟 SCK 顺序地将数据逐位从 MOSI 发出，同时从机 SPI 通信接口将随着同步时钟 SCK 逐位地将数据位移入移位寄存器中。当主机需要从从机中读取数据时，从机首先将待发送的数据写入发送数据缓冲器。当主机将片选信号 NSS 置为有效电平时会自动将数据加载到从机的移位寄存器中，并随着同步时钟信号 SCK 仍遵循 MSB 先发送的规则将数据顺序地逐位从 MISO 发出，同时主机 SPI 通信接口将随着同步时钟 SCK 逐位地将数据移入移位寄存器，所有数据位移入完毕后，主机移位寄存器的数据则自动被加载到接收数据缓冲器上。

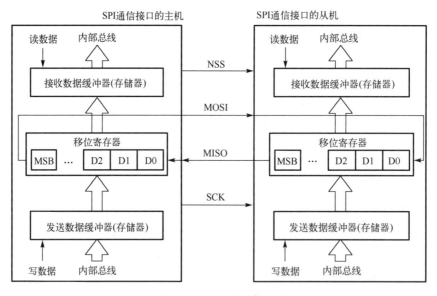

图 6.1　SPI 通信接口的主机和从机的内部结构

这两个方向的移位过程是可以同时进行的，而且不会有接收和发送数据位重叠，两个移位寄存器被两个独立的串行数据线首尾串联成环形，例如，在一字节(8 位)数据从主机移入从机的同时，从机上的一字节数据也正好移入主机。显然，标准的 SPI 通信接口支持全双工数据传输，即主机在向从机写入数据的同时可以读取从机上的数据。事实上，为了提高数据传输效率，绝大多数现代 SPI 通信接口的接收和发送数据缓冲器都采用 FIFO(先进先出)结构，以及接收和发送完毕的中断机制。

2．SPI 通信接口连接方式

有些 SPI 通信接口的应用场景无须全双工的数据传输，只需要半双工或单工，由此可以简化接口以减少信号线。图 6.2 给出全双工和半双工的 SPI 通信接口的对比。

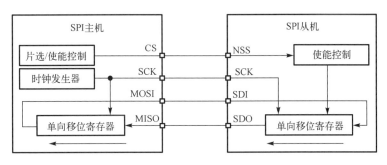

(a) 全双工的SPI通信接口(4线)

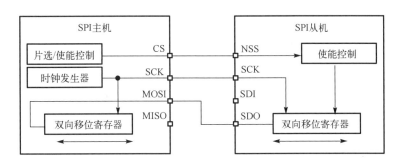

(b) 半双工的SPI通信接口(3线)

图 6.2　全双工和半双工的 SPI 通信接口对比

很多资料中提到的 4 线和 3 线的 SPI 通信接口正是图 6.2 中所示的两种情况，4 线的是标准的 SPI 通信接口，3 线的是半双工 SPI 通信接口。在半双工的数据传输模式下，主机的 MOSI 和从机的 MISO 相连，而且主从双方的这个接口信号都是双向的。为了防止信号名称混淆，图 6.2 中的主机侧仍使用 NSS、SCK、MOSI 和 MISO 等 4 个名称，而从机侧则使用 SDI(从机数据输入信号)代替 MOSI，SDO(从机数据输出信号或数据输入信号)代替 MISO。其中，在半双工模式下从机的 SDO 信号是双向的，主机的 MOSI 信号也是双向的。

半双工的 SPI 通信接口节约一个接口信号，但并不是所有的 SPI 通信接口都支持半双工模式。单工的 SPI 通信接口也可以节约一个接口信号，根据数据传输的方向需要确定去掉 MOSI 或 MISO。例如，显示器是一种典型的输出外设，显示器的 SPI 通信接口可以采用单工的，仅需要 NSS、SCK 和 MOSI 三个信号即可。

3. 两种 SPI 通信接口拓扑

前面讨论的都是一主一从的 SPI 通信接口，那多从机时的 SPI 通信接口是什么样的结构呢？如图 6.3 所示。

图中给出两种拓扑结构的单主多从的 SPI 通信接口。图 6.3(a)是常规的拓扑结构，

SCK、MOSI 和 MISO 三个信号是 SPI 通信接口的共享总线信号，所有的主机和从机通过这些共享总线连接在一起，但是每个从机必须独占一个片选信号 NSS。随着从机个数的增加，主机将开销更多的 I/O 引脚用作片选信号。显然，在图 6.3(b) 所示的菊花链拓扑结构中需要主机的 I/O 引脚始终有 4 个，不受从机个数的影响。对比两种拓扑结构，虽然菊花链拓扑结构节约 I/O 引脚但其数据传输需要经过更多次移位，即消耗更多个同步时钟周期，意味着更低的数据通信速率。此外，两种拓扑结构的接口软件区别较大，菊花链拓扑结构中某个从机与主机之间数据传输所耗费的时钟周期个数必须根据从机个数和顺序号来确定。

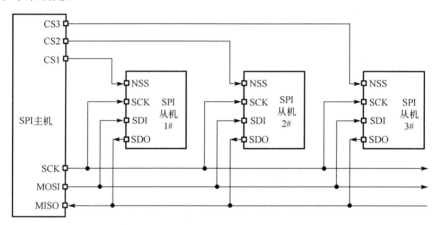

(a) SPI通信接口的多从机的常规拓扑结构(n个从机占用主机"3+n"个I/O引脚)

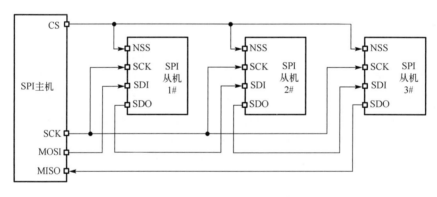

(b) SPI通信接口的多从机的菊花链拓扑结构(仅占用主机4个/I/O引脚)

图 6.3　单主多从的 SPI 通信接口

除非特别说明，本章后面所用的 SPI 通信接口都默认为常规的拓扑结构。与 I2C 通信接口使用的唯一从机地址的寻址方法完全不同，任一 SPI 从机是否被选中与 SPI 主机通信，仅由其片选信号 NSS 的状态所决定。通常，当 SPI 主机需要访问某个从机时，只需要将该从机的片选信号 NSS 置为有效电平，同时将其他从机的片选信号都置为无效电平，则仅有一个从机被选中与主机通信。这种通过唯一的片选信号来选中某个从机的方法与传统的通过三总线(数据总线、地址总线和控制总线)的片选信号来选中某个外设的方法几乎完全一致。传统的三总线是并行总线,现在仅适用于 MCU/SoC 片上组件之间的互联。当某个 SPI 从机的片选信号被主机置为有效电平时,SPI 主机与被选中的从机之间独占 SPI 总线进行数据传输,其他未被选中的 SPI 从机处于空闲状态,并忽略 SPI 总线的输入信号(SCK 和 MOSI)、释放输出信号(MISO)。

4. SPI 通信接口时序

从 SPI 通信接口的选中和非选中的访问方法看,任何时候仅有被选中的 SPI 从机才能与主机进行一对一通信,因此 SPI 通信接口的时序比 I2C 简单很多。如图 6.4 所示,SPI 通信接口仅支持 8 位(字节)及其整数倍的二进制位对齐的移位操作,没有 I2C 通信接口的 Start 和 Stop 等特殊时序。

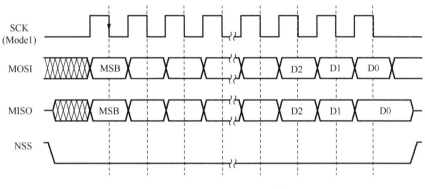

图 6.4　SPI 通信接口的时序

在图 6.4 中,SPI 通信接口的同步时钟信号 SCK 在总线空闲时的状态是低电平,并在 SCK 的第偶数次跳变沿对 MOSI 和 MISO 信号进行采样。事实上,在标准的 SPI 通信接口规范中,总线空闲时 SCK 信号的状态 CPOL(Clock POLarity)、数据线的采样时刻 CPHA(Clock PHAse)、位序 MSBFIRST(先发送 MSB)和 SCK 信号频率等都是可配置的。这些配置也都是 SPI 软件接口的基本参数,详见 6.2 节。CPOL 和 CPHA 两个参数之间的关系如图 6.5 所示。

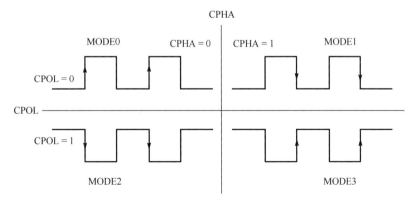

图 6.5　SPI 通信接口 CPOL 和 CPHA 两个参数之间的关系

根据 CPOL 和 CPHA 两个参数之间的关系可以看出，SPI 通信接口时序共有 4 种不同的配置模式（MODE0～3）。MODE0，当 SPI 总线空闲时 SCK 保持低电平，在 NSS 信号有效期间，SCK 信号的第奇数次跳变沿采样 MOSI 和 MISO 信号，即在 SCK 的上升沿时刻采样数据线。MODE2，当 SPI 总线空闲时 SCK 保持高电平，在 NSS 信号有效期间，SCK 信号的第奇数次跳变沿采样 MOSI 和 MISO 信号，即在 SCK 的下降沿时刻采样数据线。如图 6.5 所示，MODE1 和 MODE3 的两种配置无须赘述。

注意，数据线被采样的时刻必须确保数据线状态是稳定的，即不允许信号驱动端改变数据线状态，SPI 通信接口的每一种时序配置的数据线切换时刻也是确定的，对于 MODE0 和 MODE3 的配置，允许在 SCK 为低电平时改变 MOSI 和 MISO 的状态。

同步时钟信号 SCK 的频率是 SPI 通信接口的波特率（或称作波特率），这对于同步串行通信接口来说是显然的。当我们在配置 SPI 通信接口的参数时，必须考虑 SPI 从机的能力，包括 SCK 信号支持的/允许的最大频率、模式、位序等。换个角度来看，这些可配置参数都是以适应 SPI 从机为目的的，尤其在 SPI 从机是不可配置或不可编程的情况下。

本质上，SPI 通信接口仅是一种同步串行数据移位操作的物理层接口，可配置接口参数的高灵活性和开放性使得 SPI 通信接口拥有很多种变化版本（Variant）。例如，当前被广泛用于 FlashROM（主要是 NOR 结构闪存）接口的 2 位（Dual）/4 位（Quad）宽度的串行数据线版本（分别称为 DSPI 和 QSPI），其接口时序的读/写操作示例如图 6.6 所示。

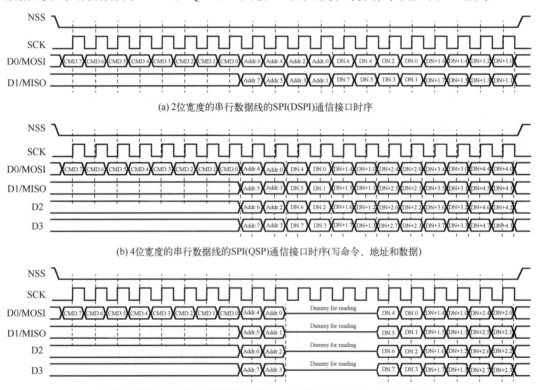

(a) 2 位宽度的串行数据线的 SPI(DSPI) 通信接口时序

(b) 4 位宽度的串行数据线的 SPI(QSP) 通信接口时序(写命令、地址和数据)

(c) 4 位宽度的串行数据线的 SPI(QSP) 通信接口时序(写命令和地址，然后读数据)

图 6.6　DSPI 和 QSPI 通信接口时序的读/写操作

　　图 6.6 中的 SPI 通信接口配置参数采用 MODE0。可以看出，为兼容标准 4 线 SPI 通信接口，我们在传输命令期间仍使用标准 4 线 SPI 通信接口时序，其后的地址和数据传输采用 2 位或 4 位宽度的串行数据线。显然，DSPI 和 QSPI 的波特率分别是标准 SPI 通信接口波特率的 2 倍和 4 倍。

　　图 6.6(c) 是先写命令和地址信息再顺序地连续读取若干地址单元数据的操作时序，该时序的写入与读出操作之间有 4 个 SCK 周期的 Dummy(占位)，允许 SPI 从机在这期间加载数据到发送缓冲区。DSPI 和 QSPI 通信接口的主机和从机信号如图 6.7 所示。

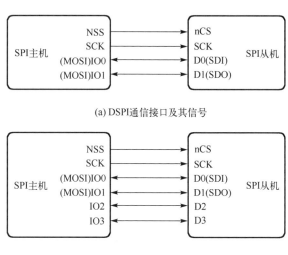

(a) DSPI通信接口及其信号

(b) QSPI通信接口及其信号

图 6.7　DSPI 和 QSPI 通信接口的主从机信号

　　DSPI 和 QSPI 通信接口的细节详见相关的标准和参考文献，本质上这些接口都属于增强型的高速 SPI。

5. SPI 通信接口变种

　　SD 卡是一种 NAND(计算机闪存设备)结构的大容量闪存，TF 卡则是外形尺寸更小的 SD 卡(micro SD)。SD 卡接口不仅兼容标准 SPI 通信接口，而且有专用的 SD 卡接口规范。在 SD 卡读写速度要求较低的场合，尤其在嵌入式系统中，仍可以使用标准 SPI 通信接口访问 SD 卡。即使在 SD 卡的高速读写系统中，在 SD 卡上电后的初始化阶段，主机仍使用标准 SPI 通信接口向 SD 卡发送配置命令，然后 SD 卡根据配置命令进入 SD 卡接口模式实现高带宽的数据读写操作。SD 卡、TF 卡接口信号与 SPI 通信接口信号之间的关系如图 6.8 所示。

　　SD 卡接口模式使用 6 个信号，分别为 CMD、SCK、DAT0～3。4 位宽度的串行数据线 DAT0～3 是双向的，与 QSPI 相同。CMD 是传输主机命令和 SD 卡应答信息的专用信号线。SD 卡操作总是以命令帧(由 1 字节命令码、4 字节命令参数和 1 字节 CRC7 校验和组成)开始的，例如，CMD17 和 CMD24 分别是单个数据块的读和写命令。

(a) SD卡外形和引脚排列

(b) TF卡外形和引脚排列

SD卡引脚号	SD卡引脚名称	TF卡引脚号	TF卡引脚名称	SPI接口模式使用的引脚
1	CD/DAT3	2	CD/DAT3	nCS
2	CMD	3	CMD	MOSI
3	VSS1	—	—	—
4	VDD	4	VDD	VDD
5	SCK	5	SCK	SCK
6	VSS2	6	VSS	VSS
7	DAT0	7	DAT0	MISO
9	DAT1	8	DAT1	—
9	DAT2	1	DAT2	—

(c) SD卡和TF卡的引脚号、引脚名称

图 6.8 SD 卡、TF 卡接口信号与 SPI 通信接口信号之间的关系

SDIO（Secure Digital Input and Output）接口是从 SD 接口衍生出来的一种高吞吐量的外设接口，向下兼容 SD 卡接口和标准 SPI 通信接口。SDIO 接口不仅用于可插拔的存储卡，还用于 Wi-Fi 无线网卡、蓝牙卡、摄像头、GPS 等外设接口。使用搜索引擎很容易找到 SDIO 接口相关的接口规范和应用。

更多的 SPI 通信接口的变种，请查阅相关文档自学。

前面已初步了解了半双工 SPI（3 线）、全双工的标准 SPI（4 线）、DSPI（4 线）、QSPI（6 线）、SD（6 线）及其衍生的 SDIO 等通信接口，这些接口常用于嵌入式系统主控制器与内部组件之间的总线接口，与 I2C 相比，SPI 通信接口的时序更简单、更容易实现、允许更高的波特率。

BlueFi 开发板的主控制器与彩色 LCD 显示器、Wi-Fi 协处理器等都使用 SPI 通信接口，并使用 QSPI 接口扩展片外的 2MB 闪存用于保存 Python 库、Python 脚本程序、声音和图片等资源文件。此外，BlueFi 开发板的 40P "金手指" 扩展接口的 P13~P16 可作为标准 SPI 通信接口。BlueFi 开发板上的 SPI 通信接口如图 6.9 所示。

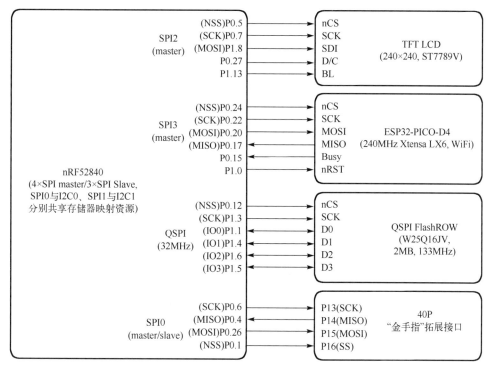

图 6.9　BlueFi 开发板上的 SPI 通信接口

nRF52840 具有 1 个 QSPI 接口和 4 个标准 SPI 通信接口（分别称为 SPI0~3），其中 SPI0 和 SPI1 分别与 I2C0 和 I2C1 共享存储器映射资源，即当使用 I2C0 时 SPI0 将无法使用，当使用 I2C1 时 SPI1 将无法使用。nRF52840 的 4 个标准 SPI 通信接口都可编程作为 SPI 主机模式，其中 3 个还可编程作为 SPI 从机模式。此外，nRF52840 的 QSPI 接口和 4 个标准 SPI 通信接口的最大波特率都高达 32MHz。

根据图 6.9 可以看出，BlueFi 开发板的彩色 LCD 显示器使用的是变种的 SPI 通信接口，Wi-Fi 网络协处理器使用的是标准 SPI 通信接口，我们并未使用 SPI 支持的共享总线。考虑到 I2C0、I2C1 和 SPI0、SPI1 共享存储器映射资源的局限性，我们在后续 BlueFi 开发板的 BSP 代码中使用 SPI2 和 SPI3 分别连接彩色 LCD 显示器和 Wi-Fi 网络协处理器，在第 5 章中我们已经使用 I2C1 作为 BlueFi 板上的温/湿度、光学和运动传感器，BlueFi 板的 40P "金手指" 扩展接口上的 I2C 和 SPI 通信接口分别使用 I2C0 和 SPI0，这意味着在任何时候都只能选择启用其中的一种接口，而不能同时使用它们。

BlueFi 开发板的 QSPI 接口固定用于片外 2MB 闪存的扩展接口，按照 nRF52840 的 QSPI 接口协议，最大支持 24 位地址宽度，即最大支持 16MB 片外扩展的 QSPI 闪存。当然，根据 QSPI 接口规范，向下兼容 DSPI 和标准 SPI 等低速接口。BlueFi 的片外 2MB

闪存主要用于 Python 文件系统，我们不再赘述。

为了深入地了解 SPI 通信接口在主机模式下的工作原理和编程控制，6.2 节将以 BlueFi 开发板的彩色 LCD 显示器的 BSP 实现为实例来介绍 SPI 主机模式接口及其应用。

6.2　SPI 主机模式

视频课程

1. 彩色 LCD 显示器接口电路

BlueFi 开发板的彩色 LCD 显示器使用 SPI 通信接口与 nRF52840 主控制器连接，显示器是一种典型的输出设备，我们将这个接口设计为半双工模式，仅使用 NSS、SCK、MOSI 这 3 个信号，同时引入第 4 个信号——数据/命令信号 D/C。当 MOSI 输出命令信息时，D/C 信号为低电平，当输出数据时则为高电平。引入 D/C 信号的 SPI 通信接口的时序示例如图 6.10 所示。nRF52840 的 SPI 通信接口的主机模式支持 D/C 信号，在每次发起 SPI 数据帧传输之前，通过配置数据帧中的命令字节数和数据字节数，SPI 通信接口能够自动产生 D/C 信号的有效电平，向 SPI 从机发送数据/命令的帧标识信号。

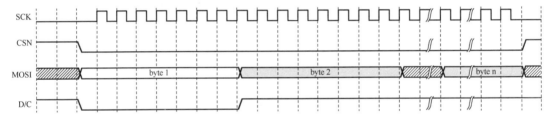

图 6.10　引入 D/C 信号的 SPI 通信接口的时序示例

BlueFi 使用的彩色 LCD 显示器的驱动器为台湾矽创的 ST7789V，支持 262K(18 位 RGB 颜色编码)种像素颜色，最大像素数达 240×320。ST7789V 支持可配置的多种并行与同步串行通信接口，包括 8/9/16/18 位并行接口、3 线(无 D/C 信号)和 4 线(带 D/C 信号)SPI 通信接口。我们使用的彩色 LCD 显示器由屏幕生产厂商将驱动 IC、LCD 玻璃屏、背光板等集成在一起，使用 COG(Chip On Glass)工艺将驱动 IC 直接绑定(IC 绑定指的是 IC 内外部信号的连线处理)在玻璃屏上，同时设定驱动 IC 的接口配置。

BlueFi 开发板使用的彩色 LCD 显示器及其接口电路如图 6.11 所示。图中已标注所用的 LCD 显示器接口的 12 个引脚及其信号名称，除了供电电源 VDD、电源地 GND 和 4 线的 SPI 通信接口信号(nCS/NSS、SCK、MOSI 和 D/C)，nRST 是该显示器专用的低电平有效的复位信号(强制给显示器复位会产生什么样的效果?)，LEDA 和 LEDK 分别是 LED 型背光板的阳极和阴极。

请注意，LCD 显示器是一种非主动发光的显示器，几乎所有 LCD 显示器都需要背光板提供光源才能看到屏幕上的内容。用于背光板的光源有很多种，如 LED 型、EL(场致发光)型等。

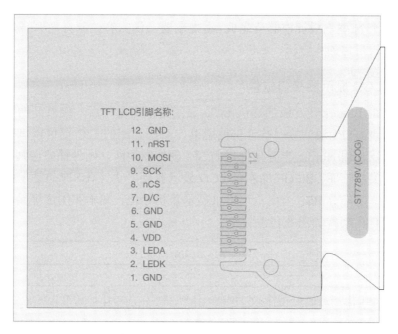

(a) 1.3' TFT-LCD-ST7789V-240×240

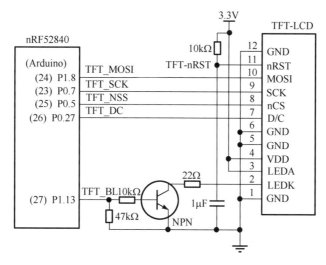

(b) BlueFi开发板使用的彩色LCD显示器接口电路

图 6.11　BlueFi 开发板使用的彩色 LCD 显示器及其接口电路

图 6.11(a)所示的彩色 LCD 显示器示意图中间的正方形区域是有效显示区，右侧较宽的区域是 COG 工艺区和外部软排线接口区，当实际使用时我们将软排线弯曲后焊在玻璃屏背面。图 6.11(b)所示的接口电路采用 4 线(含 D/C 信号)的半双工 SPI 通信接口，MOSI 信号是双向的，这个接口电路中，nRF52840 的 SPI 通信接口是主机模式的，SCK 和 D/C 两个信号的方向是输出。此外，由于彩色 LCD 显示器作为一种非主动发光型显示器，必须借助外界光源才能看到显示内容，因此背光板是此类显示器的必备组件，接

口电路使用一个 N 型三极管控制背光板,主控制器不仅能够控制背光板的亮、灭和亮度,还能提高供光板所需的大电流。

2. 彩色 LCD 显示器接口软件

在简要分析 BlueFi 开发板的彩色 LCD 显示器接口电路后,接着开始介绍该显示器接口软件的实现。SPI 通信接口软件仍使用第 5 章所介绍的 I2C 通信接口软件的分层抽象方法,硬件层使用 Nordic 半导体提供的 SPI 硬件驱动库,硬件抽象层则是 Arduino 开源平台的 SPI 类接口库,BlueFi 的彩色 LCD 显示器接口软件(BSP)是基于硬件抽象层的实现(中间层),这部分 BSP 为用户层提供显示器初始化、文本和图形等显示接口。整个显示器接口软件的架构如图 6.12 所示。

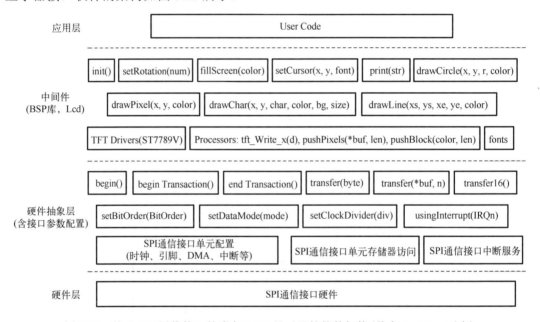

图 6.12 基于 SPI 通信接口的彩色 LCD 显示器的软件架构(兼容 Arduino 平台)

在 Arduino 开源平台上,对于任一种 Arduino 官方或第三方开发板,SPI 通信接口的硬件层和硬件抽象层的软件实现都是开源软件包的一部分。例如,基于 Nordic 的 nRF52 系列 MCU 的开发板,在 3.5 节我们安装的 nRF52 系列 MCU 的开源软件包中,SPI 通信接口的硬件抽象层的软件实现位于../Arduino15/packages/adafruit/hardware/nrf52/版本号/libraries/SPI/文件夹中,硬件层的软件实现由 Nordic 半导体提供,位于../Arduino15/packages/adafruit/hardware/nrf52/版本号/cores/nRF5/nordic/nrfx/文件夹中。

根据 Arduino 官网列出的 SPI 通信接口的硬件抽象层的软件接口,可以看出这个硬件抽象层仅支持 SPI 主机模式。主要接口包括:

1)SPISettings(clock, bitOrder, dataMode):SPI 通信接口的 SCK 频率、位序和数据线采样模式等参数配置接口。

2)setBitOrder(MSBFIRST):SPI 通信接口位序的单独配置接口,有效的输入参数仅

MSBFIRST 和 LSBFIRST 两种。

3）setClockDivider（diver）：SPI 通信接口的时钟分频器配置接口。该配置将影响 SCK 时钟频率，CPU 内核时钟频率被分频后作为 SCK 的时钟频率。

4）setDataMode（mode）：SPI 通信接口的数据线采样模式的单独配置接口，有效的输入参数仅 SPI_MODE0、SPI_MODE1、SPI_MODE2、SPI_MODE3 这 4 种（参见图 6.5）。

5）begin（）：初始化 SPI 通信接口，配置为主机模式，并指定 SPI 通信接口的引脚、时钟频率、位序、数据线采样模式等。

6）end（）：取消 SPI 通信接口的初始化，禁用该接口，释放该接口所占用的软硬件资源。

7）beginTransaction（SPISettings）：使用 SPISettings 接口的参数初始化 SPI 通信接口。

8）endTransaction（）：停用 SPI 通信接口。

9）transfer（txBuf[], rxBuf[], len）：SPI 通信接口的（全双工）数据传输接口。该接口还有另外 3 种形式：transfer（val）、transfer（val16）、transfer（buf[], len）。

10）usingInterrupt（numIRQ）：指定 SPI 通信接口的中断号。

除配置参数和初始化接口外，全双工数据传输接口 transfer（txBuf[], rxBuf[], len）是最基本的接口，另外 3 种形式的 transfer（）（半双工）接口也基于该接口。BlueFi 开发板的彩色 LCD 显示器的 BSP 仅使用 Arduino 开源平台 SPI 抽象层的 transfer（）接口，并根据这个 LCD 显示器的驱动器 IC——ST7789V 的接口规范（含命令和数据格式），首先定义 tft_Write_x（d）、pushPixels（colors[], len）、pushBlock（color, len）3 个 LCD 显示器基本的中间层接口，分别实现 8/16/24/32 位数据写操作、连续写入若干个像素点的颜色值、连续填充（写入）若干像素位指定的颜色。基于这些基本的写入操作，接着定义单个像素（指定（x,y）坐标）颜色、绘制直线、绘制圆弧和圆等基本图形的操作，以及彩色文本显示（指定位置和字体）等。

3．彩色 LCD 显示器的编程控制

基于 BSP 的 LCD 显示器接口，我们很容易将文本信息显示在 BlueFi 的彩色 LCD 显示器上，或者基于直线、圆弧和圆等基本图形的绘制接口实现复杂图案的设计与显示。现在看来，LCD 显示器接口的功能较多，但编写代码的工作量也比较大。实施这些编码工作，我们无须从零开始，从 GitHub 等开源社区的代码托管平台中搜索 "Arduino SPI ST7789" 等关键词，或许会找到数十甚至上百个相关的开源项目代码，直接将合适的项目代码移植到我们的项目中即可。

我们已经修改 "Adafruit TFT eSPI" 开源项目的代码用于 BlueFi 开发板，打开下面链接并下载这部分代码的独立压缩包 https://theembeddedsystem.readthedocs.io/en/latest/_downloads/05f4ddf728189b59773e45ecc6f1ea 88/BlueFi_TFT_eSPI.zip。

将下载到本地的压缩包文件解压到../Documents/Arduino/libraries/文件夹中，将会看到 BlueFi_TFT_eSPI 子文件夹中的 LCD 显示器的全部接口。面向用户层的接口都

在 ../Documents/Arduino/libraries/BlueFi_TFT_eSPI/BlueFi_TFT_eSPI.h 文件中，只需要将
该文件 include 到 BlueFi 开发板 BSP 的 BlueFi.h 文件中并添加少许代码即可使用这些接
口，参考下面的示例代码。

添加到 BlueFi.h 文件中的语句

```
1   #include <BlueFi_TFT_eSPI.h>
2   TFT_eSPI Lcd = TFT_eSPI();
```

打开 ../Documents/Arduino/libraries/BlueFi/src/ 文件夹中的 BlueFi.h 和 BlueFi.cpp 两个
文件，将上面两个语句添加到 BlueFi.h 文件中，并将下面的程序语句添加到 BlueFi.cpp
文件中的 void BlueFi::begin(bool LCDEnable, bool SerialEnable) 接口函数中。

添加到 BlueFi.cpp 文件中的语句

```
1   if(LCDEnable) {
2     Lcd.init();
3     Lcd.setRotation(1);
4     Lcd.fillScreen(TFT_BLACK);                //清屏
5     Lcd.setCursor(6, 108, 4);
6     Lcd.setTextColor(TFT_RED, TFT_BLACK);
7     Lcd.print("BlueFi ");                     //红色字体
8     Lcd.setTextColor(TFT_GREEN, TFT_BLACK);
9     Lcd.print(" with ");                      //绿色字体
10    Lcd.setTextColor(TFT_BLUE, TFT_BLACK);
11    Lcd.print(" Arduino\n");                  //蓝色字体，"\n"结尾表示换行
12    Lcd.setTextColor(TFT_WHITE, TFT_BLACK);
13  }
```

这些代码是对 BlueFi 开发板的彩色 LCD 显示器初始化的操作，包括屏幕旋转、清
屏和默认的内容显示等，同时这些代码也向我们简单演示了如何在 LCD 屏幕上显示指定
颜色的文本。

为了便于测试，请先删除 ../Documents/Arduino/libraries/BlueFi 文件夹中的全部文件，
然后下载下面的文件压缩包 https://theembeddedsystem.rea dthedocs.io/en/latest/_downloads/
df2ade63b053679f8e6e373a90b 08e7f/BlueFi_bsp_ch6_2.zip，并将其解压到 ../Documents/
Arduino/libraries/BlueFi 文件夹中。

在这个 BSP 文件压缩包中已包含 BlueFi 开发板的彩色 LCD 显示器的 BSP 接口，下
面我们使用这些接口操作 BlueFi 的 LCD 显示器。示例 1 源程序如下。

示例 1 源程序 (../examples/TFT_LCD/hello_world.ino)

```
1   #include <BlueFi.h>
2
3   void setup() {
4     bluefi.begin();                          //包含 LCD 显示器的初始化操作
5     bluefi.Lcd.fillScreen(TFT_BLACK);        //清屏，清除默认的显示内容
```

```
6
7      //设置光标接口 setCursor 的三个参数，前两个参数为 x 和 y 坐标，最后一个参数为字体大小
8      bluefi.Lcd.setCursor(0, 0, 4);
9
10     //设置文本显示接口 setTextColor 的两个参数，前一个是文本颜色，后一个是背景颜色
11     bluefi.Lcd.setTextColor(TFT_WHITE, TFT_BLACK);
12     //使用 Lcd 对象的 print 或 println 接口在 LCD 屏幕上显示文本
13     bluefi.Lcd.println("Hello, I am BlueFi\n");  //"\n"表示显示后光标换行
14
15     bluefi.Lcd.setTextColor(TFT_WHITE, TFT_BLACK);
16     bluefi.Lcd.println("this is White text");
17     bluefi.Lcd.setTextColor(TFT_RED, TFT_BLACK);
18     bluefi.Lcd.println("this is Red text");
19     bluefi.Lcd.setTextColor(TFT_GREEN, TFT_BLACK);
20     bluefi.Lcd.println("this is Green text");
21     bluefi.Lcd.setTextColor(TFT_BLUE, TFT_BLACK);
22     bluefi.Lcd.println("this is Blue text");
23   }
24
25   void loop() {
26     bluefi.redLED.on();
27     delay(100);
28     bluefi.redLED.off();
29     delay(900);
30   }
```

在这个示例中，首先调用 bluefi.begin() 对 BlueFi 开发板的相关硬件进行初始化，其中包括 LCD 显示器的初始化操作。然后调整显示器的光标位置和所用字体大小，之后的显示将从当前光标位置开始。接着在屏幕上显示 4 行彩色文本信息，每行文字的颜色分别为白色、红色、绿色和蓝色，用这些文本内容和颜色验证显示器的基本配置是否正确。在主循环中不再更新显示内容，仅保持 BlueFi 开发板的红色 LED 闪烁，表示我们的程序已经正确地执行。

显然，借助 BlueFi 开发板的中间层 LCD 显示器接口让 BlueFi 的 LCD 屏幕上显示彩色文本，我们并不需要直接访问与 SPI 通信接口相关的寄存器，也无须直接面对 LCD 显示器的驱动 IC——ST7789V 的 SPI 通信协议。现在可以打开 ../Documents/Arduino/libraries/BlueFi_TFT_eSPI/BlueFi_ TFT_eSPI.h 文件了解彩色 LCD 显示器接口的名称、参数等，基于这些接口，我们可以实现多种显示效果。

下面我们来探索另外一个有趣的示例——康威(Conway)生命游戏的模拟效果，如图 6.13 所示。

该游戏是由英国数学家康威(Conway)于 1970 年设计的，它使用 2D 网格模拟生物群落的生与死，每个网格代表一个生命体(或元胞)，其生存法则为：

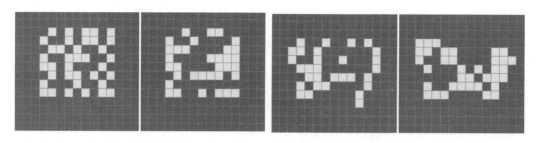

图 6.13 康威(Conway)生命游戏的模拟效果

1)若当前网格的元胞是活的,且周围活着的邻居数目(至多 8 个)为 2 个或 3 个,则保持原状态。

2)若当前网格的元胞是活的,且周围活着的邻居数目小于 2 个,生物群落太小,则该元胞死亡。

3)若当前网格的元胞是活的,且周围活着的邻居数目大于 3 个,生物群落太大,则该元胞死亡。

4)若当前网格的元胞是死亡的,且周围活着的邻居数目是 3 个,则该元胞变为活体。

5)若当前网格的元胞是死亡的,且周围活着的邻居数目不是 3 个,则保持原状态。

这些生存法则是经过我们重新编辑的描述,其一个目的是更容易演变成生命游戏的程序算法。该示例程序主要使用 BlueFi 的 LCD 显示器对象绘制可填充颜色的方形图案的接口 fillRect(x, y, w, h, color),进而绘制每个元胞的生与死。若某个网格的元胞为死亡状态则保持该方形图案的颜色与背景的黑色相同,否则随机选择一种非黑的颜色显示该元胞。使用这个绘图接口的关键语句是第 54 行,该接口的 5 个参数分别是方形左顶点的 x 和 y 坐标、方形的宽 w 和高 h、填充颜色值。我们探索这个示例的另一个目的是,如何将上述的生存法则描述转换成相应的程序代码(即实际问题转换为程序问题的过程)。

康威生命游戏示例程序的源代码如下。

康威生命游戏示例程序(../examples/TFT_LCD/game_life.ino)

```
1    //Conway 生命游戏
2    #include <BlueFi.h>
3    //每个元胞占用 2 x 2 像素,每个数组占用 14400 字节( 120*120*1)
4    #define GRIDX 120
5    #define GRIDY 120
6    #define CELLXY 2
7    //每个元胞占用 1 x 1 像素,每个数组占用 57600 字节( 240*240*1)
8    //#define GRIDX 240
9    //#define GRIDY 240
10   //#define CELLXY 1
11
12   #define GEN_DELAY 10                    //两代之间的等待时间
13   //当前代的网格数据(元胞)
14   uint8_t grid[GRIDX][GRIDY];
15   //新一代/下一代的网格数据(元胞)
```

```
16  uint8_t newgrid[GRIDX][GRIDY];
17
18  void setup(){
19    bluefi.begin();
20    bluefi.Lcd.fillScreen(TFT_BLACK);
21    initGrid();
22    drawGrid();
23    //计算新一代生命群路状态并显示到 LCD 屏幕上
24    uint16_t generations = 0;
25    while(computeCA()) {
26      generations++;
27      Serial.print("Generations: "); Serial.println(generations);
28      drawGrid();                              //显示
29      for(int16_t x = 1; x < GRIDX-1; x++) {
30        for(int16_t y = 1; y < GRIDY-1; y++) {
31          grid[x][y] = newgrid[x][y];
32        }
33      }
34      delay(GEN_DELAY);
35    }
36    bluefi.Lcd.setCursor(0, 120, 4);
37    bluefi.Lcd.setTextColor(TFT_WHITE, TFT_BLACK);
38    bluefi.Lcd.println("Game over!");
39  }
40
41  void loop() {
42  }
43
44  //在 LCD 屏幕上绘制当前代生命群落的状态
45  void drawGrid(void) {
46    uint16_t color = TFT_RED;
47    for(int16_t x = 1; x < GRIDX - 1; x++) {
48      for(int16_t y = 1; y < GRIDY - 1; y++) {
49        if((grid[x][y]) != (newgrid[x][y])) {
50          if(newgrid[x][y] == 1)
51            color = random(0xFFFF);
52          else
53            color = 0;
54          bluefi.Lcd.fillRect(CELLXY * x, CELLXY * y, CELLXY, CELLXY, color);
55        }
56      }
57    }
58  }
59
60  //初始化生命群落
61  void initGrid(void) {
```

```
62    for(int16_t x = 0; x < GRIDX; x++) {
63      for(int16_t y = 0; y < GRIDY; y++) {
64        newgrid[x][y] = 0;
65        if(x == 0 || x == GRIDX - 1 || y == 0 || y == GRIDY - 1) {
66          grid[x][y] = 0;
67        } else {
68          if(random(3) == 1)
69            grid[x][y] = 1;
70          else
71            grid[x][y] = 0;
72        }
73      }
74    }
75  }
76
77  //基于生命法则计算新一代的生命群落
78  bool computeCA() {
79    bool changed = false;
80    for(int16_t x = 1; x < GRIDX; x++) {
81      for(int16_t y = 1; y < GRIDY; y++) {
82        uint8_t neighbors = getNumberOfNeighbors(x, y);
83        if(grid[x][y] == 1) {
84          if(neighbors != 2 && neighbors != 3) {
85            newgrid[x][y] = 0; //
86            changed |= true;
87          }
88        } else {
89          if(neighbors == 3) {
90            newgrid[x][y] = 1; //Invert it(to live)
91            changed |= true;
92          }
93        }
94      }
95    }
96    return changed;
97  }
98
99  //检查邻居的数量
100 uint8_t getNumberOfNeighbors(int16_t x, int16_t y) {
101   return grid[x-1][y] + grid[x-1][y-1] + \
102        grid[x][y-1] + grid[x+1][y-1] + \
103        grid[x+1][y] + grid[x+1][y+1] + \
104        grid[x][y+1] + grid[x-1][y+1];
105 }
```

这个示例程序仅初始化 setup() 的代码，主循环 loop() 部分无代码(是一个死循环)。

初始化 setup()的代码包括 BlueFi 相关的接口和硬件初始化，并清除 LCD 屏幕、调用 initGrid()和 drawGrid()两个函数在 LCD 屏幕上输出第一代元胞的模拟效果。设置代表生存代数的变量 generations 为 0，调用函数 computeCA()根据生存法则计算每个网格中元胞生与死的状态，若没有任何元胞的状态产生变化，则该函数返回 false，否则返回 true。若函数 computeCA()的返回值为 true，则将当前的生存代数变量 generations 增加 1 并发送到串口控制台上，调用函数 drawGrid()绘制新一代的元胞状态，并保存此代的元胞状态，在延迟若干毫秒后再次调用函数 computeCA()。若函数 computeCA()的返回值为 false，则在 LCD 屏幕上显示"Game Over!"并进入 loop()死循环。

在 BlueFi 执行该示例程序前，能猜测出执行效果吗？我们能看到 LCD 屏幕上显示 "Game Over!"吗？

 任务

现在请你将示例程序编译并下载到 BlueFi 上执行，观察该示例程序的运行效果与你所猜测的效果是否一致。

我们为 BlueFi 设计的 Python 解释器默认使用彩色 LCD 显示器作为字符控制台，用于输出 Python 解释器的状态，以及执行脚本程序 print()时的信息。现在双击 BlueFi 开发板的复位按钮，然后将 Python 解释器固件拖放到 BLUEFIBOOT 磁盘中，将 BlueFi 恢复到运行 Python 脚本的状态。每当 BlueFi 上电或复位时，我们能够在 LCD 屏幕左上角看到 CIRCUITPYTHON 的 Logo——蟒蛇图案，在解释器开始执行 code.py 脚本程序前，屏幕上会显示 code.py output:提示信息。

换句话说，Python 解释器的状态允许我们直接使用 print()接口输出数值或文本信息到 BlueFi 的 LCD 显示器上。如果我们需要在 LCD 屏幕上显示基本图形或其他形式的信息，那么就需要相关的 Python 库或自建 Python 代码来实现。我们先让 BlueFi 的 Python 解释器运行下面的模拟水平仪代码。

模拟水平仪代码

```
1   import time
2   from hiibot_bluefi.screen import Screen
3   from hiibot_bluefi.sensors import Sensors
4   #从 adafruit_display_shapes 模块导入 Circle 和 Line 类
5   from adafruit_display_shapes.circle import Circle
6   from adafruit_display_shapes.line import Line
7   import displayio
8
9   #实例化 Screen 和 Sensors 类
10  screen = Screen()
11  sensors = Sensors()
12
13  #定义一组图形元素并指定其中包含的元素个数，组名称为 bluefi_group
```

```
14   bluefi_group = displayio.Group(max_size=9)
15   #分别定义9个图形元素
16   x_line = Line(0, 120, 240, 120, color=screen.WHITE)
17   y_line = Line(120, 0, 120, 240, color=screen.WHITE)
18   outer1_circle = Circle(120, 120, 119, outline=screen.RED)
19   outer2_circle = Circle(120, 120, 90, outline=screen.YELLOW)
20   middle_circle = Circle(120, 120, 70, outline=screen.GREEN)
21   inner2_circle = Circle(120, 120, 50, outline=screen.CYAN)
22   inner1_circle = Circle(120, 120, 30, outline=screen.BLUE)
23   inner0_circle = Circle(120, 120, 12, outline=screen.VIOLET)
24   #将9个图形元素逐个添加到bluefi_group中
25   bluefi_group.append(x_line)
26   bluefi_group.append(y_line)
27   bluefi_group.append(outer1_circle)
28   bluefi_group.append(outer2_circle)
29   bluefi_group.append(middle_circle)
30   bluefi_group.append(inner2_circle)
31   bluefi_group.append(inner1_circle)
32   bluefi_group.append(inner0_circle)
33
34   #定义一组图形元素并指定其中包含的元素个数，组名称为bubble_group
35   bubble_group = displayio.Group(max_size=1)
36   #定义一个圆形，将其中心坐标x和y分别设置为加速度计的x和y分量
37   x, y, _ = sensors.acceleration
38   level_bubble = Circle(int(x + 120), int(y + 120), 9, fill=screen.WHITE,
outline=screen.WHITE)
39   #将这个圆形添加到bubble_group中
40   bubble_group.append(level_bubble)
41   #将bubble_group添加到bluefi_group中(即bubble_group是bluefi_group的子组)
42   bluefi_group.append(bubble_group)
43   #将图形元素组bluefi_group显示到screen对象上
44   screen.show(bluefi_group)
45
46   while true:
47       #读取加速度计的x和y分量并用作图形组bubble_group的中心坐标
48       x, y, _ = sensors.acceleration
49       bubble_group.y = int(x * 12)
50       bubble_group.x = int(y * -12)
51       time.sleep(0.05)
```

使用文本编辑器或 MU 编辑器，复制上述代码并粘贴，覆盖/CIRCUITPY/code.py 文件中的全部代码，你将会看到一种水平仪的模拟效果，BlueFi 的 LCD 屏幕上有多个彩色圆代表水平仪刻度，并有一个白色填充圆代表"气泡"。当倾斜 BlueFi 板时，BlueFi 的 LCD 屏幕上"气泡"的位置会随之改变，当晃动 BlueFi 板时"气泡"也会随之晃动。

为什么会有这样显示效果呢？为什么气泡位置的改变不会影响其他元素的完整显示

呢？首先该示例程序的前6行分别导入了Screen、Sensors、displayio类，以及绘制圆形和直线的Circle和Line类，并将Screen和Sensors类分别实例化为对象screen和sensors，使用对象screen和sensors分别访问BlueFi的LCD显示器和传感器。在第14行中定义了名为bluefi_group的图形元素组（displayio.Group）且包含9个元素，其后的几行语句分别定义了2条白色直线和6个彩色圆共8个图形元素，并调用bluefi_group.append（element）将定义好的这8个图形元素添加到bluefi_group的图形元素组中。然后再绘制一个白色填充圆代表气泡，这个圆形的中心坐标由BlueFi加速度传感器的x和y分量来确定。最后将图形元素组显示到LCD屏幕上。在主循环程序中，读取加速度计的x和y分量，并更新"气泡"的中心坐标。

这个示例程序中用到的Python库displayio是BlueFi的Python解释器内建的，只需要导入该模块即可使用。这个Python模块的接口能够将我们需要在LCD屏幕上显示的若干文本信息、几何图形等分层显示和控制，甚至可以在BlueFi的LCD屏幕上实现动画效果，当改变某个显示元素的位置时不会影响其他元素的完整性（图层的益处）。例如，冒泡排序算法的可视化，程序代码如下。

冒泡排序算法的可视化

```
1    import time
2    import random
3    import displayio
4    from adafruit_display_shapes.rect import Rect
5    from adafruit_display_shapes.circle import Circle
6    from hiibot_bluefi.screen import Screen
7    screen = Screen()
8    speed = 0.1 #动画效果间隔时间(单位: s)
9    height = [random.randint(10, 100)  for _ in range(7)]  #生成7个随机数(大小
范围10～100)作为方块的高度
10   gol = [0, 1, 2, 3, 4, 5, 6]              #图形元素组中7个元素索引序号的初始值
11   x = [26, 58, 90, 122, 154, 186, 218]    #7个图形元素/sprite的x坐标分量(固定
的位置)
12   #创建一个图形元素组，至多包含9个元素，名为group
13   group = displayio.Group(max_size=9)
14   #绘制每个几何元素(5个彩色方块)
15   s0 = {'x':x[0], 'y':150-height[0], 'x2':20, 'y2':height[0], 'ot':(0, 52,
255), 'fl':(0, 26, 255)}
16   S0 = Rect(s0['x'], s0['y'], s0['x2'], s0['y2'], outline = s0['ot'], fill
= s0['fl'])
17   group.append(S0)
18   s1 = {'x':x[1], 'y':150-height[1], 'x2':20, 'y2':height[1], 'ot':(255, 0,
0), 'fl':(255, 0, 0)}
19   S1 = Rect(s1['x'], s1['y'], s1['x2'], s1['y2'], outline = s1['ot'], fill
= s1['fl'])
20   group.append(S1)
21   s2 = {'x':x[2], 'y':150-height[2], 'x2':20, 'y2':height[2], 'ot':(212, 255,
```

```
0), 'fl':(212, 255, 0)}
22  S2 = Rect(s2['x'], s2['y'], s2['x2'], s2['y2'], outline = s2['ot'], fill
= s2['fl'])
23  group.append(S2)
24  s3 = {'x':x[3], 'y':150-height[3], 'x2':20, 'y2':height[3], 'ot':(63, 255,
0), 'fl':(63, 255, 0)}
25  S3 = Rect(s3['x'], s3['y'], s3['x2'], s3['y2'], outline = s3['ot'], fill
= s3['fl'])
26  group.append(S3)
27  s4 = {'x':x[4], 'y':150-height[4], 'x2':20, 'y2':height[4], 'ot':(0, 216,
255), 'fl':(0, 216, 255)}
28  S4 = Rect(s4['x'], s4['y'], s4['x2'], s4['y2'], outline = s4['ot'], fill
= s4['fl'])
29  group.append(S4)
30  s5 = {'x':x[5], 'y':150-height[5], 'x2':20, 'y2':height[5], 'ot':(255, 0,
255), 'fl':(255, 0, 255)}
31  S5 = Rect(s5['x'], s5['y'], s5['x2'], s5['y2'], outline = s5['ot'], fill
= s5['fl'])
32  group.append(S5)
33 s6 = {'x':x[6], 'y':150-height[6], 'x2':20, 'y2':height[6], 'ot':(255, 216,
0), 'fl':(255, 216, 0)}
34  S6 = Rect(s6['x'], s6['y'], s6['x2'], s6['y2'], outline = s6['ot'], fill
= s6['fl'])
35  group.append(S6)
36  #绘制一个红色圆点用于标识最小值位置
37  red_dot = Circle( 36, 170, 5, outline=(255,0,0), fill=(255,0,0) )
38  group.append(red_dot)
39  white_dot = Circle( 66, 170, 5, outline=(127,127,127), fill=(127,127,127) )
40  group.append(white_dot)
41  #将图形元素组 group 显示在屏幕上
42  screen.show(group)
43
44  #两个方块位置交换的动画效果
45  def animation_chg(l, r, steps):
46      global group
47      for _ in range( 8 ):
48          time.sleep(speed)
49          group[l].x += 4*steps
50          group[r].x -= 4*steps
51          #time.sleep(speed)
52
53  #无须交换位置的动画效果(当前几何元素在原地跳跃 2 次)
54  def animation_nochg(l, r):
55      global group
56      tf = group[l].fill
57      for _ in range(2):
```

```
58          time.sleep(speed)
59          group[l].y -= 40
60          time.sleep(speed)
61          group[l].y += 40
62          #time.sleep(speed/4)
63      group[l].fill = tf
64
65  #7 个高度不同的方块排序(按升序)动画
66  for i in range(7):
67      red_dot.x = x[i]+4
68      time.sleep(0.1)
69      for j in range(i+1, 7):
70          time.sleep(0.1)
71          white_dot.x = x[j]+4
72          time.sleep(0.1)
73          if height[i] > height[j]:
74              #在交换位置的同时交换图形元素的索引序号
75              c1, c2 = height[j], gol[j]
76              height[j], gol[j] = height[i], gol[i]
77              height[i], gol[i] = c1, c2
78              animation_chg(gol[j], gol[i], j-i)
79          else:
80              animation_nochg(gol[j], gol[i])
81
82  while true:
83      pass
```

　　执行这个冒泡排序算法的可视化(动画)程序，效果是将 7 个彩色方块根据高度升序排列的效果显示到 LCD 屏幕上。首先，程序仍使用 displayio 模块的接口将 7 个随机高度的方块和 2 个圆点视为图形元素组中的基本图形元素，在初始状态时，7 个方块的颜色和高度都是随机生成的，高度是无序的，然后使用冒泡算法将它们按高度进行升序排列，当前正在比较和交换的两个方块的下方各用一个圆点来指示，交换过程的动画由方块的 x 坐标分量逐渐增加/减小来实现。

　　通过这个示例，我们不仅能够掌握如何使用 Python 语言控制 BlueFi 的 LCD 显示器来显示图案和动画，还能理解冒泡排序算法本身。

 任务

　　你能通过修改上面代码来改变动画效果的速度吗？

　　虽然 SPI 通信接口的数据传输速度远高于 I2C 通信接口，而且接口的硬件实现也较简单，但在 SPI 通信接口规范中并没有指定具体的通信协议，还允许主机端配置 SCK 的时钟频率、位序(MSBFIRST/LSBFIRST)、数据线采样模式等，因此 SPI 通信接口协议存在较大差异，每种 SPI 通信接口外设几乎都需要根据其接口协议定制接口软件。本节仅以 SPI 通信接口的彩色 LCD 显示器为例演示 SPI 主机模式的接口实现和应用示例。

视频课程

6.3 SPI 从机模式

1. 双处理器系统

MCU 片上 SPI 通信接口单元工作在从机模式下的系统往往是双 MCU 或多 MCU 的协作系统，与普通的双核或多核处理器(Multi-Core Processor)组成的系统完全不同。多核处理器一般是指一个 CPU 由多个内核组成，多核处理器的内核一般采用对等结构，使用片上高速总线互联，多个对等的内核都是总线的 Master，由总线仲裁器管理它们对总线的访问。当多核并行处理同一个任务的指令序列时，仅加速该任务处理的速度。在多 MCU 系统中，允许多种体系结构 CPU 内核(或许是多核的结构)，不同体系结构的多 MCU 系统是异构系统，每个 CPU 内核需要单独编程(异构系统内的 CPU 指令集不同)。

> **注释：多核处理器和多处理器系统**
>
> - **多核处理器**，单个计算机处理器内部集成两个或多个独立的处理器单元(也称内核)，每个处理器单元都能独立地取指令、执行指令，从而达到计算机系统同时拥有多个处理器的效果。多核处理器非常执行适合并行计算和并行处理的操作。在大多数情况下，这个术语所指的多核是同构的(指令体系相同)。
> - **多处理器系统**(Multi-Processor System)，单个计算机系统内部拥有两个或多个 CPU。此外，这个术语还指系统支持多个处理器的能力，以及系统能够为多个处理器分配不同任务的能力。一般来说，拥有多处理器系统的计算机内部的多个 CPU 都是异构的(不同的指令体系或计算能力等)，不同处理器承担各自擅长的系统任务。

主从多处理器系统(Master/Slave Multi-Processor system)是高性能嵌入式系统常用的结构，主 MCU 作为系统的主控制器，从 MCU 仅负责系统的特定任务(如网络访问或视频信号处理等任务)，主从 MCU 各自使用完全不同的时钟频率、指令集架构等，两个 MCU 通过共享总线或专用总线、共享内存等方式建立通信通路以实现协同工作。

BlueFi 开发板是一种典型的主从多处理器系统，主控制器采用 nRF52840，从控制器采用 ESP32，主从控制器之间采用 SPI 通信接口互联，其双 MCU 结构如图 6.14 所示。

两个 MCU 之间除使用标准 4 线的 SPI 通信接口外，还增加两个额外的控制信号(或称握手信号)，一个是从 MCU 的复位控制信号，另一个是从 MCU 的忙/空闲状态信号。BlueFi 开发板使用这种双处理器系统，可以将 Wi-Fi 联网、TCP/IP 协议栈等网络事务与其他事务分开，主处理器只需要通过 SPI 通信接口向网络协处理器发送网络处理指令，如扫描周围热点(Scan AP)、连接指定热点、向指定域名的 Web 服务器请求数据等，网络协处理器即可根据指令及指令参数执行网络事务并通过 SPI 通信接口返回执行结果。这就类似于我们使用手机/计算机 Wi-Fi 访问某个网站的过程，打开 Wi-Fi 配置窗口查看周围热点(AP，Access Point)，并连接指定的 AP。当 Wi-Fi 连接到某个 AP 之后，打开浏览器并输入网址，即可查看该网页信息。在我们在手机/计算机上使用浏览器打开指定网址的过程中，虽然浏览器首先使用 DNS(域名解析系统)获取指定网址的 IP 地址，然后使用 TCP 连接这个 IP 地址的服务器(还包含默认的 TCP 端口 80)，发送 HTTP 请求，最后接收 HTTP 报文格式的网页信息并显示在浏览器上，但是我们所感知的只是打开了一个网页，而并不关心 DNS、TCP 连接和 HTTP 传输等细节。

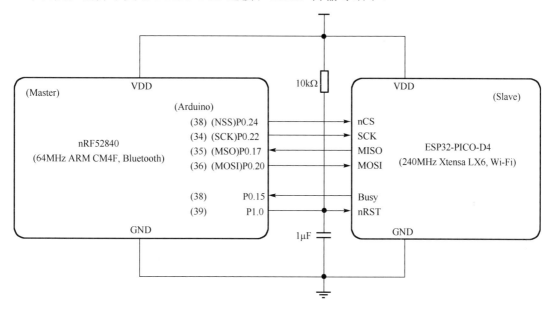

图 6.14　BlueFi 的双 MCU 结构

2．Wi-Fi 的编程应用

下面先用一个示例来演示 BlueFi 开发板的这种双处理器系统结构的益处。在运行示例程序之前，需要做些准备工作，首先用浏览器和下面的链接下载前面用到的 BlueFi 的 Wi-Fi BSP 源文件压缩包：https://theembedded system.readthedocs.io/en/latest/_downloads/ccb 82248172fa29f9c480762d719bf02/Bluefi_WiFi_eSPI.zip。

将压缩文件解压到../Documents/Arduino/libraries/文件夹中，子文件夹 BlueFi_Wi-Fi_eSPI"是主控制器 nRF52840 通过 SPI 通信接口访问网络协处理器的 BSP 源文件。本节内容所更新的 BlueFi 开发板的 BSP 源文件压缩包的链接为：https://theembeddedsystem.readthedocs.io/en/latest/_downloads/8f87223b175aa87f6e9b11364 a2711b6/BlueFi_bsp_ch6_3.zip。请先删除../Documents/Arduino/libraries/BlueFi 文件夹中的全部文件，然后下载这个压缩文件包，并将其解压到../Documents/Arduino/libraries/文件夹中。

准备工作并未完毕。以我们使用 Wi-Fi 联网的经验，必须配置网络协处理器使其能够连接某个可用的 Wi-Fi AP。BSP 源文件使用一个独立的且仅有两行代码的.h 文件保存

AP 名称和密码。使用文本编辑器修改并保存../Documents/Arduino/libraries/Blue Fi_Wi-Fi_eSPI/scr/secrets_wi-fi.h 文件。

保存 AP 名称和密码

```
1  #define SECRET_SSID "your_AP_name"
2  #define SECRET_PASS "your_AP_password"
```

在第 1 行双引号内输入可用的 Wi-Fi AP 名称来代替原来的字符串，第 2 行双引号内的字符串是这个 Wi-Fi AP 的密码，我们为 BlueFi 设计的网络连接库将会自动从这个文件中读取这两个宏并分别用作可连接的 AP 名称和密码。然后使用 Arduino IDE 编辑下面的示例代码，将其编译并下载到 BlueFi 开发板上。

连接网络

```
1  #include <BlueFi.h>
2  String hostName = "www.zjut.edu.cn";          //指定 IP 地址或网址
3
4  void setup() {
5    bluefi.begin();
6    while(!Serial) {
7      ;                                         //等待串口监视器打开，适用于 USB CDC 串口
8    }
9    connectWi-Fi(true);                         //参见 BlueFi_Wi-Fi.h
10 }
11
12 void loop() {
13   Serial.print("Pinging "); Serial.print(hostName); Serial.print(": ");
14   int16_t pingResult = Wi-Fi.ping(hostName);
15   if(pingResult >= 0) {
16     Serial.print("SUCCESS! RTT = "); Serial.print(pingResult); Serial.
println("ms");
17   } else {
18     Serial.print("FAILED! Error code: "); Serial.println(pingResult);
19   }
20   delay(5000);
21 }
```

在 BlueFi 执行上面示例程序期间，选择 Arduino IDE 菜单栏的"工具→串口监视器"选项，打开串口控制台，在控制台窗口能够看到一些熟悉的信息。

你或许在其他地方使用过 ping 命令来测试某个网址或网络设备的物理连通性和网络可达性，串口控制台输出的最后几行信息正是我们示例程序执行 ping www.zjut.edu.cn 的结果，串口控制台的前几行提示信息分别是检查网络协处理器及其版本的信息、连接到指定 Wi-Fi AP 的信息、连接成功后本机 IP 地址的信息等。

在上面的示例程序中，第 9 行语句 connectWi-Fi(true) 将../Documents/Arduino/libraries/BlueFi_Wi-Fi_eSPI/scr/secrets_wi-fi.h 文件中的 AP 名称和密码发送给网络协处理

器，协处理器自动连接指定的 AP，并通过串口控制台给出提示(前 4 行的提示信息)，一旦连接上之后就给出已连接的 AP 名称和 AP 为 BlueFi 分配的 IP 地址。第 14 行语句 Wi-Fi.ping(hostName)将目标网址字符串 hostName(即 www.zjut.edu.cn)通过 SPI 通信接口发送给网络协处理器，网络协处理器立即执行 ping www.zjut.edu.cn 命令并返回结果。

ping 命令是一种常用的网络测试工具，它是基于 TCP/IP 协议栈的网络层 ICMP (Internet Control Message Protocol)来实现的。显然，在上述示例的程序中，主控制器仅通过 SPI 通信接口将字符串 hostName 和 ping 命令发送给网络协处理器，具体的 ping 命令执行过程则由网络协处理器独立完成，查看 ../Documents/Arduino/libraries/BlueFi_WiFi_eSPI/scr/文件夹中的 Wi-Fi 接口，你会发现这个 Wi-Fi 接口的源文件中并没有涉及 TCP/IP 协议栈等。这里主控制器所使用的 Wi-Fi 接口完全兼容 Arduino 开源平台的 Wi-Fi 接口库——Wi-FiNINA，在 Arduino 官网可以了解这个 Wi-Fi 接口库的详细说明和参考示例。

在把前面的 BSP 源文件下载并解压到指定文件夹后，我们已经为 BlueFi 主控制器准备好完整的 Wi-Fi 联网接口，包括网络配置、TCP/IP 应用层的客户端(Client)、服务器端(Server)、HTTP 和 UDP 报文收发等接口。基于这些接口，我们只需要通过对主控制器进行编程即可实现 Web 访问等网络应用。

那么，网络协处理器的固件是如何实现的呢？我们的协处理器采用上海乐鑫的 Xtensa 体系结构的 Wi-Fi SoC——ESP32，其固件是从 Arduino NINA-W102 firmware 移植过来的，固件的源代码、编译工具、编译过程等详见链接 https://github.com/adafruit/nina-fw 及其说明。

在网络协处理器的固件源代码中，你将会发现 lwIP(开源 TCP/IP 协议栈)和 freeRTOS (开源 RTOS)等已被使用。这个 ESP32 的 SPI 通信接口工作在从机模式下，我们也能找到该接口的源代码实现，即 ../nina-fw/arduino/libraries/SPIS/src/文件夹中的 SPIS.h 和 SPIS.cpp 两个源文件。在 SPIS.h 和 SPIS.cpp 两个源文件中，指定这个 SPI 通信接口所使用的 SPI 端口号、I/O 引脚及其配置等初始化接口 begin()，transfer (uint8_t out[], uint8_t in[], size_t len)是 SPI 从机模式的关键接口，实现双向数据传输。除了第三方开源库 (TCP/IP 协议栈、RTOS 等)、SPI 通信接口(从机模式数据传输接口)，协处理器固件的核心工作是 SPI 通信接口的命令解析和处理，即接收、解析主控制器发送过来的命令和参数，然后执行该命令并给予应答。

在 Python 环境中如何使用网络协处理器呢？这需要使用主控制器 Wi-Fi 接口的多个 Python 模块，包含 /CIRCUITPY/lib/hiibot_bluefi/wi-fi.py 主接口模块文件，以及 /CIRCUITPY/lib/adafruit_esp32spi/adafruit_esp32spi.py 模块，请参考 BlueFi 在线向导的 "BlueFi 开源库及其下载"部分并根据向导下载最新版 BlueFi 开发板的 Python 库文件，将其下载并解压后，将../lib/hiibot_bluefi/和../lib/adafruit_esp32spi/两个文件夹复制到 CIRCUITPY 磁盘的/lib/文件夹中，我们就可以正常使用 BlueFi 开发板的 Wi-Fi 接口编写 Python 代码实现网络应用。例如，下面的示例使用 Wi-Fi 的 scan_networks()接口扫描周围 Wi-Fi AP。该功能的示例代码如下。

扫描周围 Wi-Fi AP

```
1   from hiibot_bluefi.wi-fi import WI-FI
2   wi-fi = WI-FI()
3
4   if wi-fi.esp.status != 0xFF:
5       print("ESP32 be found and in idle mode")
6
7   print("MAC addr:", [hex(i) for i in wifi.esp.MAC_address])
8
9   for ap in wi-fi.esp.scan_networks():
10      print("\t%s  RSSI: %d" %(str(ap["ssid"], "utf-8"), ap["rssi"]))
11
12  #关闭Wi-Fi的电源，考虑节能，这很重要!
13  wi-fi.esp.reset()
14  print("Program Done!")
```

复制这些代码并覆盖/CIRCUITPY/code.py 文件，或者将上述代码复制-粘贴到 MU 编辑器的代码编辑区，并保存到/CIRCUITPY/code.py 文件中即可，打开 MU 编辑器的串口控制台，将会看到一些重要的提示信息，与手机扫描周围 AP 时给出的信息几乎相同。具体的 Wi-Fi AP 名称和信号强度（RSSI）与周边的 Wi-Fi 环境有关，这些提示仅作参考。

在上面的示例程序中，前两行代码分别导入 Wi-Fi 模块并将其实例化；第 4 行和第 5 行代码分别检查网络协处理器的有效性及错误提示；第 7 行代码将网络协处理器 Wi-Fi 接口的 MAC 地址打印出来；第 9 行和第 10 行代码首先执行 AP 扫描（wi-fi.esp.scan_networks()接口并将返回一个 AP 列表），然后将 AP 的名称和信号强度打印到 LCD 屏幕（或串口控制台）上；最后两行代码分别将网络协处理器复位（以减少功耗）和程序终止的提示。

接下来我们编写 Python 代码控制网络协处理器联网，并使用 NTP（Network Time Protocol）获取当地的网络时间，然后用 BlueFi 设计一个简易的电子表功能。具体的实现代码如下。

简易电子表功能

```
1   import time, rtc
2   from hiibot_bluefi.wi-fi import WI-FI
3   wi-fi = WI-FI()
4   #########第1步 控制网络协处理器连接到Wi-Fi热点/AP #########
5   while not wi-fi.esp.is_connected:
6       try:
7           wi-fi.wi-fi.connect()
8           #wi-fi.esp.connect_AP(b"your_ap_name", b"your_ap_password")
9       except RuntimeError as e:
10          print("could not connect to AP, retrying: ", e)
```

```
11          continue
12  print("Connected to", str(wi-fi.wi-fi.ssid, "utf-8"), "\tRSSI: {}".format
    (wi-fi.wi-fi.signal_strength) )
13  print("My IP address is {}".format(wi-fi.wi-fi.ip_address()))
14  #########第 2 步 使用 NTP 服务获取本地的日期和时间 #########
15  weekDayAbbr = ['Mon', 'Tue', 'Wed', 'Thu', 'Fri', 'Sat', 'Sun']
16  TIME_API = "http://worldtimeapi.org/api/ip"
17  print("get local time from NTP(", TIME_API, ") through WiFi device on the
    BlueFi")
18  the_rtc = rtc.RTC()
19  response = None
20  while true:
21      try:
22          print("Fetching json from", TIME_API)
23          response = wi-fi.wi-fi.get(TIME_API)
24          break
25      except(ValueError, RuntimeError) as e:
26          print("Failed to get data, retrying\n", e)
27          continue
28  #########第 3 步　关闭 Wi-Fi 以节约功耗#########
29  if wi-fi.esp.is_connected:
30      wi-fi.esp.reset()
31  #########第 4 步　从 NTP 服务返回的 JSON 文本中解析日期和时间 #########
32  json = response.json()
33  print(json)                                #打印原始 JSON 文本
34  current_time = json["datetime"]
35  the_date, the_time = current_time.split("T")
36  print(the_date)
37  year, month, mday = [int(x) for x in the_date.split("-")]
38  the_time = the_time.split(".")[0]
39  print(the_time)
40  hours, minutes, seconds = [int(x) for x in the_time.split(":")]
41  #我们还可以填充这些额外的"好东西"
42  year_day = json["day_of_year"]
43  week_day = json["day_of_week"]
44  #Daylight Saving Time(dst:夏令时)?
45  is_dst = json["dst"]
46  now = time.struct_time(
47      (year, month, mday, hours, minutes, seconds+1, week_day, year_day,
    is_dst) )
48  the_rtc.datetime = now
49  #########第 5 步　将日期和时间显示在 LCD 屏幕上 #########
50  from hiibot_bluefi.screen import Screen
51  screen = Screen.simple_text_display(
52                  title_scale=3, title_color=Screen.RED, title="bluefi",
```

```
53                        text_scale=3, colors=(Screen.WHITE,) )
54  screen[1].text = "Time"
55  screen[1].color = Screen.MAGENTA
56  screen[2].text = "Week"
57  screen[2].color = Screen.GREEN
58  screen[3].text = "Date"
59  screen[3].color = Screen.BLUE
60  screen.show()
61  #########第 6 步   更新日期和时间并更新 LCD 屏幕显示#########
62  while true:
63      the_date="  {}-{}-{}".format(
64        the_rtc.datetime.tm_year, the_rtc.datetime.tm_mon, the_rtc.
datetime.tm_mday, )
65      screen[3].text = the_date
66      the_week=weekDayAbbr[the_rtc.datetime.tm_wday]
67      screen[2].text = "      " +the_week
68      the_time="  {}:{}:{}".format(
69        the_rtc.datetime.tm_hour, the_rtc.datetime.tm_min, the_rtc.
datetime.tm_sec, )
70      screen[1].text = the_time
```

在执行这个示例程序之前，首先仍需要配置连接指定 Wi-Fi AP 的名称和密码，与 Arduino 开源平台的思路一致，这些配置信息保存在一个文本文件中，即/CIRCUITPY/secrets.py 中，将该文件的 ssid 和 password 两项的值分别修改为可用的 Wi-Fi AP 名称和密码并保存。然后将上面的示例代码保存到/CIRCUITPY/code.py 文件中，当 BlueFi 执行该程序时会提示是否正确地连接到 Wi-Fi AP，是否正确地获取网络时间，最后在 BlueFi 的 LCD 屏幕上显示出日期、时间等信息。

根据注释语句，我们可以清晰地看到整个示例程序的执行分为 6 步：控制网络协处理器连接到 Wi-Fi AP；使用 NTP 服务获取本地日期和时间信息；关闭 Wi-Fi 以节约功耗；从 NTP 服务返回的 JSON 文本中解析日期和时间；将日期和时间显示在 LCD 屏幕上；更新日期和时间并更新 LCD 屏幕显示。

前面的 4 步仅是为了联网获取本地日期、时间并校准本地 RTC 单元，最后两步才是电子表的设计和实现。这样示例程序在没有使用备用电池的情况下，当每次开机时首先联网获取当前时间信息并校准 RTC，然后再进入电子表模式。

本节给出了一种双处理器系统设计，两个处理器使用 SPI 通信接口实现多种事务协作处理。本节的协处理器是用于 Wi-Fi 联网和网络处理的，网络协处理器的固件需要单独编程，与主机通信接口的 SPI 功能单元工作在从机模式下，负责从 SPI 通信接口接收并解析主控制器发出的命令及其参数，网络协处理器执行完毕后仍通过 SPI 通信接口向主控制器发出应答信息。SPI 通信接口是支持多设备共享的通信总线，根据本节的示例我们很容易实现多处理器系统，只是主控制器需要花费更多个 I/O 引脚用于从机片选信号、主从握手信号等。异构型多处理器系统(由不同体系结构的 MCU 组成的系统)能够以较低的成本实现多种事务协作处理，而且具有极高的灵活性，这些源于网络协处理器的可编程特性。

6.4　SPI 接口应用设计

视频课程

1. SPI 通信接口的扩展应用

SPI 通信接口的扩展常用于高速或大数据容量的功能外设扩展，如 Wi-Fi、Ethernet、SD/TF 卡、大容量高速数据存储器等。与 I2C 通信接口相比，虽然 SPI 通信接口的拓扑需要占用更多个 I/O 引脚用于片选或握手信号，但 SPI 通信接口的时钟频率远高于 I2C 通信接口，能满足高速和大容量的数据传输。此外，SPI 通信接口支持全双工通信，而 I2C 通信接口则是半双工的。我们知道，SD/TF 卡的存储器容量可以按千兆字节(GB)来计量，而 NOR 结构型 FlashROM 的存储容量仅以 MB 计，两者的存取速度相差很大(后者速度更快)，而且这两类存储器都采用 SPI 或 QSPI 等接口。大容量存储器不使用 I2C 通信接口的另一个原因是，I2C 的总线寻址和大容量存储器的地址管理会造成在数据存取过程中地址帧信息的传输，从而占用大量时间，数据的存取效率极低。

某些小容量的存储器既有 I2C 通信接口的也有 SPI 通信接口，例如，MRFRAM (Magnetic Relaxor Ferroelectric RAM，磁性弛豫铁电 RAM)，FRAM 的容量仅有 128B～512KB。这种存储器既有普通 SRAM 的存取速度和读/写寿命(达万亿次)，又有普通 Flash ROM 的不挥发性(断电后数据仍能保持数十年不丢失)。FRAM 常用于记录系统运行时的关键数据信息，即使没有后备电池系统，突然断电也不必担心这些数据会丢失，而且在系统运行期间将数据写入 FRAM 操作的时间与 RAM 一样快，如航空航天器控制系统内的数据采集和记录单元。当数据采集和记录的频次较高时(如每秒 1000 次)，使用普通 FlashROM 记录数据的写入速度无法满足要求，当使用普通 RAM 记录数据时，如果突遇断电会丢失(未转移的)部分数据，FRAM 能更好地满足此类需求。绝大多数 FRAM 产品都支持 I2C 或 SPI 通信接口，I2C 通信接口的时钟频率最高可达 1MHz，而 SPI 通信接口的时钟频率最高可达 20MHz。我们选择哪种接口，需要根据使用 FRAM 类小容量存储器的目的和数据存取速度、时钟频率来确定。

除了同步时钟频率，基于 SPI 通信接口的功能外设扩展设计还需要考虑一些其他因素，如外设工作电压、逻辑电平转换、握手信号的有效电平和默认状态等。当 SPI 通信接口的外设工作电压、接口逻辑电平电压与主控制器 I/O 引脚的逻辑电平相匹配时，这些问题都非常简单，标准 SPI 通信接口的 SCK、MOSI 和 MISO 都采用推挽型驱动电路，SPI 外设的这些信号引脚直接与总线对应连接即可。当逻辑电平电压不匹配时，电平转换电路单元是接口设计中不可或缺的。由于 SPI 总线的信号方向都是单向的，因此单向的和三态的电平转换 IC 非常多，如 OnSemi(安森美)、TI、NXP(或安世)等半导体厂商都有产品可选用。在接口功能方面，握手信号与 SPI 通信接口的片选信号相似，使用主控制器的低速 I/O 引脚即可，当然逻辑电平电压的匹配也是需要考虑的，外设的片选信号的默认状态应该设为无效电平，握手信号也应按功能选择合适的默认电平状态，即系统复位后或接口未激活时的电平状态，一般使用上拉或下拉电阻来设置。

2．TCP/IP 协议栈的 Ethernet 功能扩展

现在我们以硬件 TCP/IP 协议栈单元的扩展为例来演示使用 SPI 通信接口扩展系统功能的通用方法。硬件协议栈，顾名思义，就是使用纯硬件实现 TCP/IP 协议栈。对于存储容量小、计算能力弱的 MCU 来说，硬件协议栈是实现 IoT 应用的最佳方案。6.3 节中双处理器系统的网络协处理器也有相似的作用，Wi-Fi 网络协处理器需要单独编程，使用软件并结合 Wi-Fi MAC 和 PHY 等硬件单元来实现 TCP/IP 全栈功能。本节使用 WIZnet 的 W5500 硬件 TCP/IP 协议栈，采用标准 SPI 通信接口与 BlueFi "金手指" 扩展接口的 P13～P16 引脚连接，进而与 BlueFi 的主控制器 nRF52840 实现主从通信，为 BlueFi 扩展 Ethernet（以太网）功能接口。我们将在后续的内容中使用 Ethernet 接口，本节使用 SPI 通信接口扩展的硬件 TCP/IP 协议栈不仅是一种 SPI 通信接口设计示例，而且是一种 Ethernet 功能接口扩展方法。硬件 TCP/IP 协议栈 W5500 的内部结构如图 6.15 所示。

TCP/IP 协议栈的实现是 W5500 的核心，还包含一个 100MB 的 Ethernet PHY（物理层）单元，外围只需一个网络隔离变压器和 RJ45 插座（或者使用内置网络隔离变压器的 RJ45 插座）即可让系统接入 Ethernet。PHY 通过标准的 MII（介质无关的接口）与 MAC 层（数据链路层的关键协议，确保数据报文的可靠性和完整性）相连接，网络层（包含 IP、ARP 和 PPPoE 等）、传输层（TCP 和 UDP 等）等通过内部总线与下层协议单元相连接。W5500 内部有一个 32KB 的 Ethernet 接收/发送缓存，主控制器可通过 SPI 通信接口发送偏移地址访问这些缓存（读/写 TCP/IP 报文）。使用 W5500 扩展 Ethernet 功能接口的信号连接如图 6.16 所示。

具体的电路原理图如图 6.17 所示。图 6.17 左半部分是 RJ45（内置网络隔离变压器）插座、BlueFi "金手指" 扩展接口插座的电路原理，右半部分则是 W5500 及其外围的基本电路。W5500 共有 5 个信号连接到 BlueFi "金手指" 扩展接口上，包括 4 个标准 SPI 通信接口信号和 1 个中断请求信号。根据 W5500 数据页所列的电气接口信息，建议其工作电压和 I/O 接口逻辑电平为 3.3V，正好与 BlueFi 的主控制器 I/O 工作电压一致，所以 W5500 的这些接口信号可以与 BlueFi "金手指" 扩展接口信号直连，并使用 BlueFi "金手指" 的 3.3V 电源为其供电，注意，W5500 的最大消耗电流约为 150mA。

W5500 需要外置的 25MHz 晶体振荡器为其内部 PLL 单元提供输入时钟信号，其内部 PHY 单元的工作模式是通过 3 个引脚 PHY_M2/M1/M0 的逻辑电平的组合配置的，图 6.17 中（顶部靠中间的区域）已使用一个简表列举了常用配置引脚，这 3 个配置引脚内部均带有上拉电阻，即默认为自动协商模式。W5500 的片选信号和中断请求信号都设置有上拉电阻，当这个 Ethernet 功能接口未与主控制器连接时，即使接口信号都为悬空状态，W5500 默认也是未被选择的状态，即空闲状态。

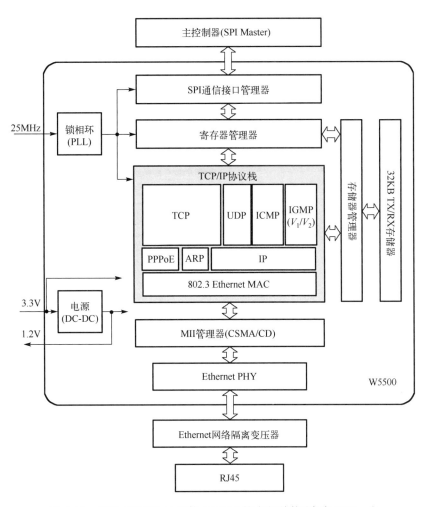

图 6.15　硬件 TCP/IP 协议栈 W5500 的内部结构（来自 WIZnet）

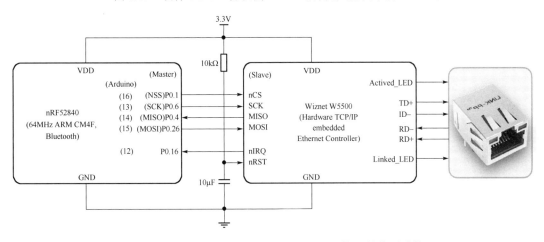

图 6.16　使用 W5500 扩展 Ethernet 功能接口的信号连接

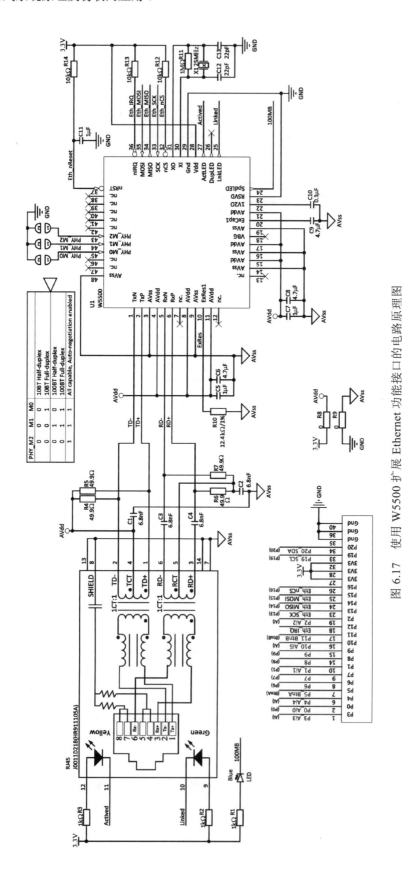

图 6.17 使用 W5500 扩展 Ethernet 功能接口的电路原理图

W5500 支持的 SPI 通信接口协议如图 6.18 所示。其完全兼容标准 SPI 通信接口以字节整数倍对齐的方式来传输数据帧，且每次传输至少 4 字节数据，包含 2 字节的地址信息、1 字节的控制字和至少 1 字节的数据域。数据域的传输方向和模式由控制字的第 3 位来指定。W5500 的数据传输模式分为 4 种，即数据域长度可变的模式或固定为 1/2/4 字节的模式。

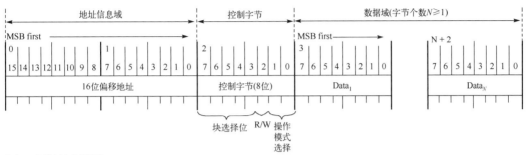

注释：8位控制字节的用法

　1) 块选择位(5位)，用于选择8组Socket(套接字)的寄存器、RX缓存和TX缓存，以及通用寄存器(全0时)

　2) R/W位，该位为"0"则读，为"1"则写

　3) 操作模式选择位(2位)，用于选择SPI通信接口的数据域长度。"00"：变长N≥1；"01"：定长N＝1；"10"：定长N＝2；"11"：定长N＝4

图 6.18　W5500 支持的 SPI 通信接口协议

根据这个 Ethernet 功能接口电路原理图，以及 WIZnet 提供的接口库，我们可以实现其软件接口和 Ethernet 应用，如 Web（HTTP）、E-mail（SMTP 和 POP3）、FTP 等。Arduino 开源平台的 Ethernet 库支持 W5500，或者也可以使用其改进版的库。基于这些开源库的代码，在 Arduino 开源平台上使用这里扩展的 Ethernet 功能接口是非常容易的。

Arduino 开源平台上有 Ethernet 库的接口及其应用示例，参考这些开源库的向导我们可自行设计 Ethernet 接口库。

上面基于 BlueFi"金手指"扩展的 Ethernet 功能接口仍可以使用 Python 脚本程序来实现网络连接。将 BlueFi 插入计算机 USB 端口，双击 BlueFi 复位按钮，将 BlueFi 的 Python 解释器固件拖放到 BLUEFIBOOT 磁盘中，即可使用 Python 脚本程序控制 BlueFi。

使用标准 Ethernet 网线将 BlueFi 开发板及其 Ethernet 功能接口连接到可用的以太网内并打开电源，实现网络连接，将下面的示例程序代码保存到/CIRCUITPY/code.py 文件中，观察执行程序时的提示信息。示例代码如下。

实现网络连接代码

```
1    import board
2    import busio
3    import digitalio
4    import adafruit_requests as requests
5    from adafruit_wiznet5k.adafruit_wiznet5k import WIZNET5K
6    import adafruit_wiznet5k.adafruit_wiznet5k_socket as socket
7
8    print("Wiznet5k WebClient Test")
```

```
9
10  TEXT_URL = "http://wifitest.adafruit.com/testwifi/index.html"
11  JSON_URL = "http://api.coindesk.com/v1/bpi/currentprice/USD.json"
12
13  cs = digitalio.DigitalInOut(board.P16)
14  spi_bus = busio.SPI(board.P13, MISO=board.P14, MOSI=board.P15)
15
16  #初始化 ethernet 接口，启用 DHCP
17  eth = WIZNET5K(spi_bus, cs)
18
19  #用 socket 和 ethernet 接口定义一个 request 对象
20  requests.set_socket(socket, eth)
21
22  print("Chip Version:", eth.chip)
23  print("MAC Address:", [hex(i) for i in eth.mac_address])
24  print("My IP address is:", eth.pretty_ip(eth.ip_address))
25  print(
26      "IP lookup adafruit.com: %s" % eth.pretty_ip(eth.get_host_by_name
("adafruit.com"))
27  )
28
29  #eth._debug = true
30  print("Fetching text from", TEXT_URL)
31  r = requests.get(TEXT_URL)
32  print("-" * 40)
33  print(r.text)
34  print("-" * 40)
35  r.close()
36
37  print()
38  print("Fetching json from", JSON_URL)
39  r = requests.get(JSON_URL)
40  print("-" * 40)
41  print(r.json())
42  print("-" * 40)
43  r.close()
44
45  print("Program Done!")
```

如果接入的以太网端口与广域网是连通的，那么我们将会看到从测试网页抓取到的文本信息。这个示例程序用到 3 个开源库：requests、WIZNET5K 和 socket，分别是 HTTP请求、W5500 的 SPI 通信接口和网络套接字，在运行该程序前请从 BlueFi 的 Python 库软件包中复制这 3 个库文件到/CIRCUITPY/lib/文件夹中，否则 Python 解释器会提示错误。

前面的 Python 示例代码仅简单演示 Ethernet 应用层的 HTTP 应用，我们的软硬件接口还支持 FTP（文件传输协议）、MQTT（物联网传输协议）等应用层协议。W5500 或同类的硬件 TCP/IP 协议栈本身并不包含应用层,这些应用层的协议都在开源库中实现。W5500 内部主要包含传输层(TCP/UDP)、网络层(IP)和 Ethernet 的物理层,因此仅用 SPI 通信接口访问 W5500 只能实现 TCP/IP 低层协议的编程应用,如 socket 通信。

与 Wi-Fi 接口不同,Ethernet 接口无须特殊配置即可连接到广域网,只要求所连接的网络设备(如路由器)能够连接到广域网即可。

6.5　本章总结

SPI 是一种高速同步串行通信接口,也是现代绝大多数 MCU 片上的一种基本功能单元,虽然仅支持主从通信模式,但其数据传输速率几乎是 I2C 通信接口的 1000 倍,SPI 通信接口已经成为一种最常用的系统内高速外设扩展接口,包括 LCD 显示器、SD/TF 卡、闪存(FlashROM)、pSRAM(伪静态 RAM)、网络等外设。

SPI 通信接口是一种伪共享通信总线,共享总线仅有 SCK、MISO 和 MOSI 3 个信号,但每个 SPI 从机必须拥有唯一的片选信号和必要的握手信号,当使用 SPI 通信接口连接多个从外设时需要开销更多个 I/O 引脚。

SPI 通信接口既支持全双工数据传输模式,也支持半双工模式,半双工模式可以节约一个 I/O 引脚资源。SPI 通信接口的硬件仅有移位寄存器,通信协议/时序仅规定以 8 位(单字节)的整数倍的数据传输格式和 4 种数据线采样模式,并没有更多的信息格式规定,这意味着每一种 SPI 外设都有自定义的数据格式,因此 SPI 通信接口外设没有统一的接口库。

在本章中,我们首先介绍了 SPI 通信接口的电路连接和基本时序/协议,包括总线拓扑、数据线的四种采样模式,并介绍了多种改进的 SPI 通信接口。然后从 SPI 主机模式和从机模式两种角度介绍了 SPI 通信接口的硬件设计和软件编程,并以 SPI 通信接口的 LCD 显示器和网络协处理器等为例分别说明两种模式的接口及应用。

通过本章的学习,我们初步掌握了 SPI 通信接口的基本原理、接口设计方法、编程控制及应用。

本章总结如下:

1)SPI 通信接口主机和从机的移位寄存器结构,全双工和半双工连接方式,两种总线拓扑,SPI 通信接口的基本时序,数据线的四种采样模式。

2)改进的 SPI 通信接口,如 QSPI、SDIO 等。

3)SPI 主机的接口设计,基于 SPI 通信接口的彩色 LCD 显示器的软硬件设计。

4)SPI 从机的接口设计、基于 SPI 通信接口的双处理器系统的软硬件设计、Wi-Fi 网络协处理器的编程应用。

5)基于 SPI 通信接口的系统功能扩展设计方法及应用,如 SPI 通信接口的硬件 TCP/IP 协议栈的 Ethernet 功能扩展。

思 考 题

1. 根据图 6.1 和图 6.4，简述 SPI 通信接口的主机向从机的 0x1234 地址单元写入数据 0x5678 的传输过程。

2. 根据图 6.3 所示的两种 SPI 总线拓扑，分别简述两种总线拓扑的主机访问其中某个从机的过程。

3. BlueFi 的彩色 LCD 显示器是由 240×240 个像素组成的点阵显示器，每个像素大小和像素间距是固定的，像素和间距越小则显示效果越细腻。图 6.19 是 7(行)×5(列) 点阵字符的示意图，请给出"0"～"9"十个数字字符的字模数据(含字符间隔)。当我们需要将这些字符放大 2 倍(14 行×10 列)、4 倍或 2n 倍显示时，请给出字模放大算法。

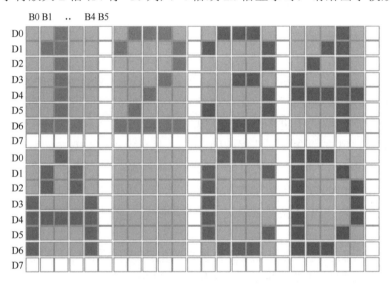

图 6.19   5(列)×7(行)点阵字符的示意图

4. 图形 LCD 显示器不仅可以显示几何图形、字符，也可以显示汉字等象形文字。假设使用 16×16 点阵(含字间距)显示单个汉字，请给出自己名字的汉字字模数据，并使用 BlueFi 将这些汉字显示在 LCD 屏幕上。

5. 修改第 6.2 节最后一个示例，即冒泡排序算法的可视化程序。在该示例程序中仅有 7 个方块的排序，请修改成不少于 12 个方块的排序。

6. 以 BlueFi 为例，请列举出多处理器系统的优缺点。

7. 使用搜索引擎查阅 FRAM 存储器 MB85RS16 的 Datasheet，并列举其他半导体公司的同类存储器。如果 BlueFi 需要使用此类存储器保存关键数据，请使用 BlueFi "金手指"扩展接口设计该存储器的软硬件接口。

第 7 章

UART 接口及其应用

异步串行通信接口是一种简单的系统间通信接口，只需要两个串行数据线即可实现两个系统之间的全双工通信，而且最高波特率可达 10Mbps。UART（通用异步收发器）单元是异步串行通信接口的可编程的硬件功能单元，是通用型 MCU 的一种片上外设单元。波特率和同步位（包括起始位和停止位）是异步串行通信的关键概念，是异步通信双方保持同步的基本手段。环境干扰会给串行通信数据线制造出各种噪声，通信双方的振荡时钟信号不稳定会造成波特率时钟偏差，异步串行通信的双方如何在噪声环境中保持数据的完整性？串行数据流如何保持收发双方的同步？异步串行通信协议指什么？工业应用领域如何改进异步串行通信的接口？

本章将介绍异步串行通信相关的基础概念，以及 UART 功能单元的基本结构、工作原理，双机通信和多机通信等，并逐一回答上面的问题。

注释：通信接口相关的基础概念

- **波特率**（Baudrate）：指每秒能够传输二进制位的位数（单位是 bits/s，即 bps），或传输一个二进制位所需要的时间。

- **异步串行通信**（Asynchronous Serial Communication）：指没有同步时钟信号的串行数据传输。异步串行通信需要发送者和接收者之间使用相同的波特率和同步位信息来保持收发双方的同步。

- **USART**（通用同步/异步收发器）（Universal Synchronous Asynchronous Receiver Transmitter）：既支持同步移位寄存器模式又支持异步串行通信模式的串行通信接口单元。

- **RS232 标准**：美国电子工业联盟（EIA）制定的一种异步串行通信接口标准，包括接口的电缆、机械和电气等方面的规范，支持硬件流控、软件流控和无流控三种模式，无流控模式仅需要 2 根串行数据线，硬件流控模式需要额外的 2 个信号（RTS 和 CTS）。RS232 标准还支持设备状态握手信号 DSR 和 DTR、线路状态信号 DCD 和 RI。

- **RS422 标准**：EIA 制定的一种全双工无流控的差分型异步串行通信接口标准，仅使用 4 根电缆（2 对差分信号）且无须共地线即可实现长达 1.2km 距离的全双工异步串行通信，最大波特率达 10Mbps。相较于 RS232 标准，RS422 采用差分信号能有效抑制共模干扰，适合远距离通信。

- **RS485 标准**：EIA 制定的一种半双工的差分型异步串行通信接口标准，后被通信工业协会（TIA）修订，也称 TIA/EIA-485 标准。仅使用 1 对双绞线作为通信电缆，通信距离可达 1.2km，最大波特率可达 10Mbps。
- **Modbus 通信协议**：由 Schneider 于 1979 年为 PLC 开发的一种用于主从架构的异步串行通信协议，后来被公认为是工业界异步串行通信协议。该协议的从站资源采用寄存器映射的方法，每个从站有唯一 Modbus 地址用于寻址，主站可根据从站地址、寄存器地址等信息寻址任一功能寄存器。Modbus 通信协议属于应用层协议，它还支持其他类型的物理层网络。

7.1 异步串行通信和 UART

视频课程

1. 异步串行通信接口基本用法

事实上，我们一直在使用异步串行通信接口，例如，在 Arduino 开源平台上的语句 Serial.print(var) 可以将变量 var 的值以字符串形式从串口输出，使用 Arduino IDE 的串口监视器即可看到这个字符串。绝大多数嵌入式系统的软件接口 print() 都基于异步串行通信接口。我们首先使用 BlueFi 来感受异步串行通信接口的基本用法，示例程序代码如下。

异步串行通信接口的基本用法示例

```
1   #define maxLENGTH  32
2   void setup() {
3     Serial.begin(115200);      //允许串口输出，并设置串口的波特率为 115200bps
4     while(!Serial) { ; }        //等待 USB-UART 桥就绪
5   }
6
7   void loop() {                 //仅当接收到数据时才回复（replay）
8     uint16_t incomingByte, rbufLen = 0;
9     uint8_t rbuf[maxLENGTH];                        //用于缓存接收的数据
10    while(Serial.available() > 0) {
11      incomingByte = Serial.read();                 //读取接收到的字节
12      if(rbufLen<maxLENGTH) {                        //防止数组越界
13        rbuf[rbufLen] = (uint8_t)incomingByte;       //将接收到的字节保存到 rbuf[]中
14        rbufLen += 1;                                //数组 rbuf[]中有效数据个数/长度加 1
15      }
16    }
17    if(rbufLen>0) {                                  //数组 rbuf[]中有效数据个数大于 0
18      Serial.print("I received: 0x");
19      for(uint16_t i = 0; i<rbufLen; i++) {
20        Serial.print(rbuf[i], HEX);
21        if(i != (rbufLen-1))
22          Serial.print(",0x");
23      }
```

```
27      Serial.println();
25      rbufLen = 0;
26    }
27  }
```

除了第 10 行和第 11 行，其他语句都很好理解，尤其是 Serial.print()和 Serial. println()两个接口，在前面的内容中我们常用它们输出程序状态到串口控制台上。第 10 行语句使用 Serial.available()接口返回值是否大于 0 作为循环条件，该接口返回值大于 0 表示"异步串行通信接口的接收数据缓冲区有可读的数据"。若该条件成立，第 11 行语句则调用 Serial.read()接口从接收缓冲区读取单字节数据。

将这个示例程序编译并下载到 BlueFi 上，然后打开 Arduino IDE 的串口监视器，其与 BlueFi 双向通信的参数配置如图 7.1 所示。图中串口监视器的发送控制符参数（图中第①处）请选择"没有结束符"选项。波特率（图中第②处）选择"115200 波特率"选项，这个参数必须与示例代码的第 3 行 Serial.begin(115200)保持一致，其原因我们在后续内容中会进一步解释。然后在串口监视器顶部的输入框中（图中第③处）输入"0123456789"并按 Enter 键或单击"发送"按钮（图中第④处），只要键盘上能够输入的字符或符号都可以输入该输入框，但是字符个数限于 32 个以内。当你每次按下 Enter 键后，串口监视器的输出列表中就会增加一行以"I received:"为开头的字符串，如果仔细观察规律，你会发现输入的字符或符号的个数与新增到串口监视器输出列表的字符串中的","个数有关。

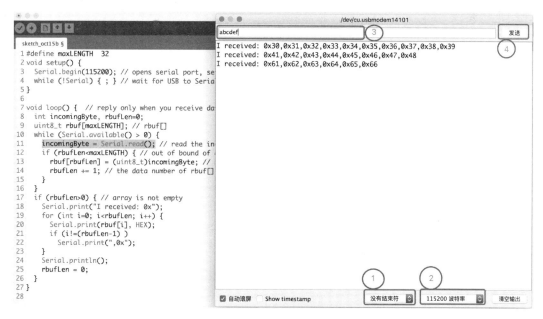

图 7.1　Arduino IDE 串口监视器与 BlueFi 双向通信的参数配置

事实上，在上面 BlueFi 执行的示例程序的主循环中，首先检查异步串行通信接口是否有可读的数据，若有，则逐个读出并保存到数组 rbuf[maxLENGTH]中，每读出 1 字节，

rbufLen 变量增加 1，直到全部读出（此时 Serial.available()接口返回值为 0）。然后将数组 rbuf[maxLENGTH]中的前 rbufLen 项输出到异步串行通信接口，并始终以固定的字符串 "I received:" 为开头。

在这个示例中，使用 BlueFi 开发板的串口与计算机实现了双向通信。或许你会问，明明使用的是 USB 数据线与计算机连接的，为什么说使用的是串口呢？在这个示例中，使用的的确是串口，计算机端打开的是 Arduino IDE 的串口监视器，而且选择的也是 COMx 串行接口。这是因为现在的 PC 几乎找不到标准的串口，但 USB 接口是标配的，所以 BlueFi 使用"USB-串口桥接"的方法将 USB 虚拟为串口，在嵌入式系统内部则是真实的异步串行通信接口。关于"USB-串口桥接"的基本方法，稍后再介绍。

2．异步串行通信接口的数据传输

从上面示例中可以看出，嵌入式系统之间、嵌入式系统与计算机之间使用串口连接并实现数据传输是很容易的，成本也仅是几根信号线（组成一根数据线）而已。

嵌入式系统之间的串口通信，严格来说是使用异步串行通信接口来传输数据的，如图 7.2 所示。图 7.2(a)中，如果不考虑硬件流控信号，那么只需要两根数据线即可实现两个嵌入式系统之间的全双工的数据传输，其中 TxD 信号是发送者的串行数据输出信号，该信号必须与接收者的串行数据输入信号 RxD 连接。为实现两个系统的全双工数据传输则必须将两者的收发信号线交叉连接，即 A 系统的 TxD 与 B 系统的 RxD 连接，A 系统的 RxD 与 B 系统的 TxD 连接。全双工的数据传输，意味着 A 系统在向 B 系统传输数据的同时还可以接收 B 系统发送来的数据。

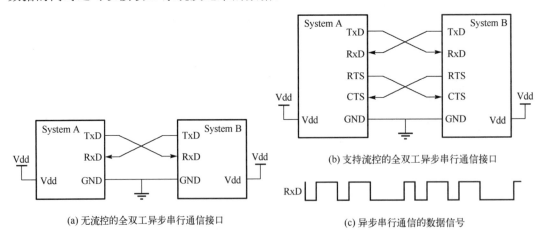

(a) 无流控的全双工异步串行通信接口

(b) 支持流控的全双工异步串行通信接口

(c) 异步串行通信的数据信号

图 7.2　使用异步串行通信接口传输数据

异步串行通信接口的硬件流控信号包括两对：RTS-CTS 和 DTR-DSR。在异步串行通信接口中，这些信号被称为硬件流控（Hardware Flow Control）信号，本质上这些都属于握手信号，由于在异步串行通信的数据传输期间，使用这些握手信号无须软件干涉即可实现暂停、继续数据传输等控制，因此得名。RTS 是数据接收者向对方发送的"请求发送"信号，当接收者收到大批数据来不及处理时，可以让 RTS 变为无效电平（低电平）

通知发送者暂停数据发送，当接收者腾出接收空间时，再置 RTS 信号为有效电平(高电平)并通知发送者继续发送数据。RTS 和 CTS 是一对流控(握手)信号，当两个系统使用串口互联时需要将这一对信号交叉连接，如图 7.2(b)所示。随着现代 CPU 时钟频率的提升、存储器容量的增加，串口的流控信号已很少有使用的机会。

与 I2C、SPI 通信接口相比，异步串行通信接口并没有专用的同步时钟信号，发送者从 TxD 信号发送的、接收者从 RxD 信号接收到的都是串行的二进制数据位，如图 7.2(c)所示，在电路上这些数据被转换成高低电平对应的电压信号，即由"1"和"0"组成的有序的二进制序列(即位流)。

当两个嵌入式系统的 I/O 工作电压不相同时，两个系统的 I/O 引脚的逻辑电平电压可能不匹配，因此两个系统之间必须使用电平转换单元确保电平电压相匹配，如图 7.3 所示。

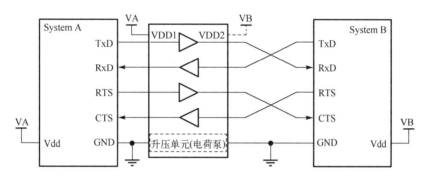

图 7.3　使用电平转换单元的异步串行通信接口

历史上异步串行通信接口有多种标准，例如，RS232 标准的电平电压：逻辑"1"对应–15～–3V，逻辑"0"对应 3～15V，它们与普通数字 CMOS(互补金属氧化物半导体)元件的逻辑电平电压(0～9V 最大)相差较大。RS232 标准的电平信号、CMOS 信号、TTL 信号等之间的电平转换电路需要谨慎设计，在半导体行业这种通信接口类的电平转换电路有很多种产品可选择。

前面示例中的 USB 接口如何被转换为异步串行通信接口呢？BlueFi 开发板的主控制器——nRF52840 片上带有一个 USB2.0 接口和一个标准的异步串行通信接口单元，并使用开源的 USB 协议栈——TinyUSB 使这个 MCU 的 USB 接口可用于串口设备通信类(CDC)、大容量存储设备类(MSC)、人机接口设备类(HID，即鼠标和键盘)等设备的连接。

当 USB 接口用于 CDC 的连接时，nRF52840 的 USB 功能单元为片上串口功能单元建立一种数据信息转发通道，在计算机端该通道称为虚拟串口，因此我们称这样的转换接口为"USB-串口桥接"。目前，专用的"USB-串口桥接"芯片是 ASIC(专用集成电路)，用于嵌入式系统串口与计算机 USB 接口的连接。专用"USB-串口桥接"芯片的内部结构如图 7.4 所示。

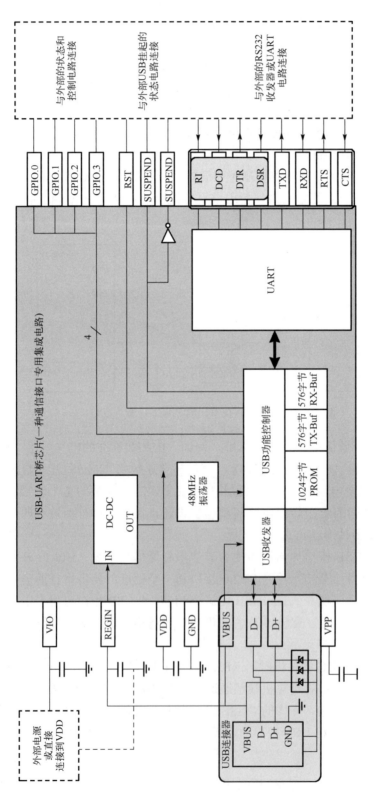

图 7.4 专用 "USB–串口桥接" 芯片的内部结构 (参考 Silicon Labs 的 CP2104)

与 nRF52840 的 USB 和串口的桥接方法相比，图 7.4 是使用硬件方式实现的"USB-串口桥接"，而 nRF52840 则使用软硬件相结合的形式来实现。使用硬件方式实现的"USB-串口桥接"缺乏灵活性，一般来说只能实现虚拟串口的功能，而软硬件结合的方法更灵活，尤其是可以通过软件编程的方式支持 CDC、MSC 等桥接。

无论是采用"USB-串口桥接"的虚拟串口，还是像老旧计算机一样带有 RS232 标准接口的串口，都是嵌入式系统与计算机之间实现异步串行通信的一种形式，异步串行数据信号线上所传输的仍是有序的二进制序列且没有专用的同步时钟信号。

3．波特率

在没有同步时钟信号的情况下，如何从数据信号线上恢复正确的二进制序列呢？异步串行通信接口的 TxD（或 RxD）所传输的电压信号如图 7.5(a) 所示。你能给出图 7.5(a) 所示的电压信号代表的二进制序列吗？仅依靠这个时序图给出的信息很难回答这个问题。如果我们已经知道这个二进制序列的发送方所使用的波特率，即已知传输每个二进制位的时间跨度，那么确定图中电压信号所代表的二进制序列就不再困难了。如图 7.5(b) 所示，根据发送者的波特率信息我们可以假想一个波特率时钟信号，现在就完全可以确定这个二进制序列了。

同步信号有多么重要呢？在数字通信领域，同步是最基础的工作机制，使用波特率信息假想的波特率时钟信号仅是异步串行通信的位同步机制之一，以后我们还会遇到字节同步、帧同步等机制。

接收方使用已知的波特率时钟来确定从异步串行通信输入端进来的二进制序列，即要求通信双方都必须按相同的波特率收发数据，发送方根据约定的波特率时钟逐位地将二进制序列发送到 TxD 数据信号线上。异步串行通信使用波特率信息保持收发双方同步，这样就无须专用的同步时钟信号，从而节约电缆成本。虽然同步时钟信号是片上（或系统内）功能单元之间数据传输的关键信号（保持主从同步），但是在 MCU 芯片和 PCB 布局的设计阶段，同步时钟信号仅是一根极短的信号线，成本几乎为零。系统之间的通信电缆（每个信号一根电缆）成本将随着系统间距离的增加而增加，异步串行通信不仅极致地减少通信电缆数量，还具有较好的抗干扰能力。

如何确保两个系统的波特率时钟完全相同呢？如果两个系统的波特率时钟存在偏差会造成什么问题？当然，两个系统的波特率时钟绝对不可能完全相同。振荡器的原材料、制造工艺、工作环境的温湿度等因素都会影响两个系统波特率时钟的一致性。当通信双方的波特率时钟存在偏差时，可以引入过采样处理来解决这一偏差造成的误码。如图 7.5(c) 所示，如果我们使用 8 倍频率的波特率时钟信号对异步串行通信的数据信号线进行采样，那么即使数据信号被噪声所污染，如图 7.5(d) 所示，接收方仍可以确定二进制序列。

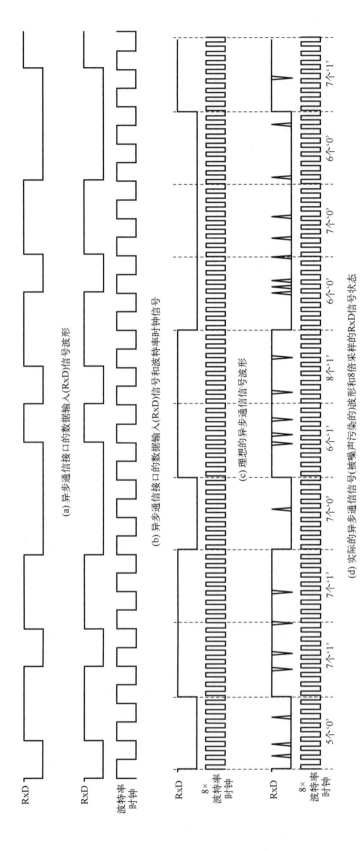

(a) 异步通信接口的数据输入(RxD)信号波形

(b) 异步通信接口的数据输入(RxD)信号和波特率时钟信号

(c) 理想的异步通信信号波形

(d) 实际的异步通信信号(被噪声污染)的波形和8倍采样的RxD信号状态

图7.5 使用电平转换单元的异步串行通信接口

　　所谓过采样处理，就是以数倍或数十倍于波特率时钟的高频时钟信号对异步串行通信的数据信号线进行采样，如 8 倍，即每个二进制位将被采样 8 次，然后从统计学上根据 8 次采样结果来确定这个二进制位更可能是"1"还是"0"。显然，过采样的时钟信号频率越高，所确定的结果的可信度越高，但实现成本和功耗也随之增加。除了过采样处理，异步串行通信接口还有其他的同步机制。

　　异步串行通信的数据传输时序中包含专用的同步位，包括起始位和停止位，使用这些同步位来确保字节同步以避免波特率时钟偏差累积，如图 7.6(a)所示。异步串行通信接口的数据参数以字节为基本单元，每字节的二进制位数是可配置的，包括 5、6、7、8 位四种，最常用的是 8 位宽度。起始位固定为"0"，停止位固定为"1"，而且停止位的个数是可配置的，包括 0.5 位、1 位、1.5 位、2 位 4 种，默认采用 1 个停止位。

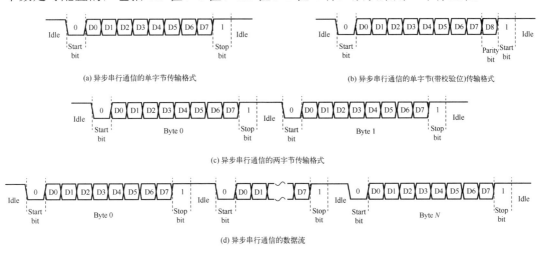

图 7.6　异步串行通信的数据格式(时序)

　　校验位包括偶校验位和奇校验位两种类型。一字节数据的偶校验位是指，组成字节的 8 个二进制位和校验位(共 9 位)必须保持偶数个"1"。奇校验位的定义与之相似，要求 9 个二进制位中保持奇数个"1"。异步串行通信的字节中使用的校验类型是可配置的。如图 7.6(b)所示，校验位在停止位之前发送。例如，如果采用 8 位宽的字节，那么校验位将作为第 9 位来传输。接收方将根据校验位类型、"1"的个数对接收到数据的可信度进行评价，若校验失败，则表示接收到的数据是错误的。

　　异步串行通信的起始位和停止位的设计非常巧妙。前一字节的传输以停止位结束，此时数据信号线的状态保持逻辑高电平，当开始传输下一字节的起始位时变为逻辑低电平。虽然停止位的个数是可配置的，但是如果在传输的两字节之间预留了数据处理(如准备下一个待发送的数据、保存前一个接收的数据)的时间间隔，那么停止位的多少已不重要，如图 7.6(c)所示。目前仅有智能卡(Smart Card)应用(ISO7816-3)等异步串行通信接口需要使用 0.5 个或 1.5 个停止位，这些应用对时序要求较为严格。

　　从图 7.6(d)可以看出，当使用异步串行通信接口传输多字节的数据时，起始位和停止位能够确保数据流中相邻字节间有明显的界线，接收方使用这个界线消除波特率时钟偏差累积，并使用过采样处理准确地从噪声环境中恢复数据流，甚至自动侦测发送方的波特率信息。

4．UART 模块

实现异步串行通信接口的功能单元称为通用异步收发器(UART)，其内部结构如图 7.7 所示。UART 主要由 4 部分组成：发送和接收控制单元(含移位寄存器)、接收和发送 FIFO(先进先出队列)、UART 的控制和状态寄存器、波特率发生器。波特率发生器是将 UART 模块的输入时钟信号进行分频以产生波特率时钟信号，UART 的发送控制单元和输出移位寄存器使用该时钟同步地将字节逐位地发送到 TxD 上，接收控制单元和输入移位寄存器使用波特率时钟同步地将 RxD 输入的二进制序列转换成字节，接收控制单元使用可配置的过采样时钟信号对 RxD 信号进行过采样处理以确定移入移位寄存器的每个二进制位信息。通过编程访问 UART 的控制和状态寄存器能够对 UART 进行配置，包括波特率、每字节的二进制位数(如 5 或 8 等)、停止位的个数、是否有校验位和校验类型等，也可以查询接收器是否发现错误(包括帧错误等)，以及在发送完毕和接收到数据时是否允许向 CPU 发出中断请求信号、清除中断请求信号等。

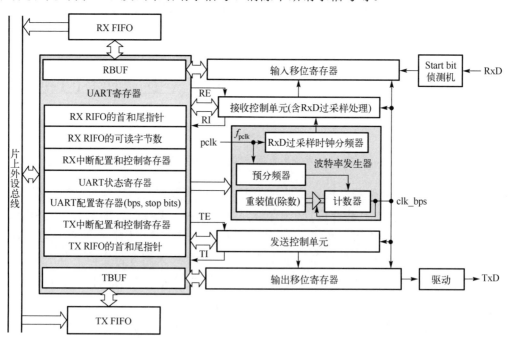

图 7.7　通用异步收发器的内部结构

对于波特率的计算，从图 7.7 中可以看出，波特率等于自动重装计数器的溢出率，计数器时钟信号的周期记为 T_clk_prescaler，即预分频器输出的时钟信号的周期。假设自动重装计数器的工作模式是递减的，根据计数器溢出率 = $1/((\text{AL\_Value}+1) \times \text{T\_clk\_prescaler})$ 可以确定波特率，其中 AL_Value 是计数器重装值，递减计数器从这个值开始，每经过 1 个时钟周期计数减 1。在(AL_Value+1)个时钟周期后计数器将溢出，计数器溢出后会从重装寄存器重新加载到计数器。因此，AL_Value×T_clk_prescaler 是波特率时钟信号的周期，即发送一个二进制位的时间。

　　显然，波特率发生器产生的波特率时钟信号频率由 AL_Value、预分频数（Prescaler）和 UART 模块输入的时钟信号 pclk 的频率 f_clk 共同确定。下面用一个具体的示例来说明波特率的计算过程。

　　假设 UART 模块输入的时钟信号频率 f_clk 为 64MHz，与之通信的另一个系统的波特率为 115200bps，由此我们需要确定一对最合适的预分频数和计数器重装值。如果使用的自动重装计数器是递减的，那么根据给定的条件，已知：

　　计数器的输入时钟信号周期 T_clk_prescaler = Prescaler / f_clk（μs），计数器的溢出周期 T_overflow =（AL_Value+1）×T_clk_prescaler =（AL_Value+1）×Prescaler/f_clk（μs）。

　　得到等式

$$（1000000 / 115200）=（AL\_Value+1）× Prescaler / 64$$

　　考虑预分频器的结构，预分频数只能取 2 的幂，即 1、2、4、8 等。也就是说，上面算式中的 Prescaler 只能取数据集{1, 2, 4, 8, 16, 32, 64}中的某个数。同时，计数器重装值 AL_Value 必须取整数。显然，上面等式中的两个数值可以取多个值，首先确定 Prescaler 为某个值，如 4，即可确定 AL_Value 的值。例如，当 Prescaler=4 时，AL_Value=（16000000/115200）－1 =137.8889。很遗憾，这个 AL_Value 不是整数，只能取最接近它的整数，即当 Prescaler=4 时 AL_Value=138。同样的方法可以确定其他合适的值，或许你会发现 AL_Value 都只能取近似的值。这就是系统波特率时钟偏差的因素之一。当 Prescaler=4 时，AL_Value 取近似值 138，对应的实际的波特率为 115108bps，则偏差为（115200－115108)/115200，约为万分之八。根据每一对 Prescaler 和 AL_Value 的值，我们都可以计算出实际的波特率及其偏差，最小偏差对应的一对取值是最佳的。

　　如果波特率发生器所使用的自动重装计数器的工作模式是递增的，对于给定的波特率又该如何计算这一对值呢？计算方法几乎没有区别，但递增计数器的溢出率与自动重装值之间关系不同，递增的自动重装计数器的溢出率 = $1/((2^{bw}–AL\_Value)×T\_clk\_prescaler)$，其中 bw 是计数器的二进制位宽度，例如，8 位计数器 bw=8，2^{bw} 值是计数器的最大值+1。因此，溢出周期 T_overflow = $(2^{bw}–AL\_Value) × T\_clk\_prescaler = (2^{bw} – AL\_Value) × Prescaler / f\_clk$（μs）。

　　图 7.7 中的发送和接收 FIFO 也是现代 MCU 片上 UART 功能单元必备的部分，使用这些缓存可以提高 CPU 的利用率，例如，当接收 FIFO 达到 3/4 用量时，向 CPU 发出中断请求，CPU 在该中断服务程序中将接收 FIFO 中的数据并将接收到的数据转移到 RAM 中。FIFO 并不是特殊的存储器，而是一片普通存储空间的访问方法，存取机制采用"先进先出"规则。对于 UART 这样的字节流型输入和输出功能外设，使用 FIFO 机制管理接收或发送缓存是非常合适的。将待发送的字节顺序地写入发送 FIFO 中，然后启动发送（置 TE 有效），UART 的发送控制单元将根据波特率发生器产生的时钟信号将这些字节流转换为二进制位流逐位地发送出去，期间自动地在每字节前和后插入起

始位、校验位和停止位。接收控制单元根据起始位和停止位将二进制位流还原为字节流，并逐个写入接收 FIFO 中，CPU 从接收 FIFO 中读取的字节流顺序与发送者完全一致。注意，异步串行通信的位流是最低位先发送的。

5. FIFO 队列

关于 FIFO 机制，借此机会稍做介绍，FIFO 存储器已广泛应用在嵌入式系统的诸多功能单元中。FIFO 存储器的访问和存取方法如图 7.8 所示。

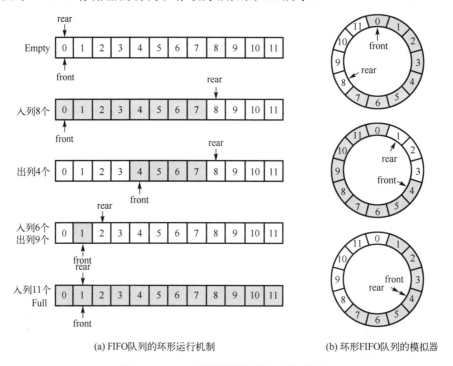

(a) FIFO队列的环形运行机制　　　　　　(b) 环形FIFO队列的模拟器

图 7.8　FIFO 存储器的访问和存取方法

将 FIFO 称为队列，主要目的是从名字上与"先进后出"的堆栈存储器区分开。队列，就像排队领餐的人群队伍一样，最先来的人排在队首(Front)，后来的人续在队尾(Rear)，队首的人领到餐食后出列，其后面的(原来的第 2 个)人变为队首，这样可以保证先来的人先领餐食且先走。这就是队列存储器的操作规则——"先进先出"。堆栈存储器则像装羽毛球的筒，最先放入筒中的羽毛球在底部，最后放入筒中的羽毛球在顶部，当从装羽毛球的筒中取羽毛球时总是先从顶部取走，即后放入筒中的羽毛球先被取走。队列和堆栈的操作完全不同。在本质上，堆栈存储器和队列存储器都属于 RAM 型存储器，只是访问方法和存取机制不同。

图 7.8 中假设 FIFO 队列的深度为 12，即允许最多保存 12 个数据项。初始时，队列为空，当向队列中顺序地写入 8 个数据项时，队尾自动地移到第 9 个位置，意味着下一个写入的数据项在第 9 个位置。当我们从队列中顺序地读出 4 个数据项后，队首自动地移动第 5 个位置，那么下一个读出的数据项在第 5 个位置。这个写入(存)和读出(取)数

据项的过程遵循"先进先出"规则。保持队列现在的状态（队尾在第 9 个位置，队首在第 5 个位置），如果需要顺序地写入 6 个数据项，前 4 项分别写入第 9～12 位置，那么后面 2 项则需要顺序地写到第 1 和第 2 个位置，现在队尾在第 3 个位置。此时队列中共有 4+6 项（即 10 项），我们现在再顺序地读出 9 项，其中前 8 项分别是第 5～12 项，从第 1 个位置读出最后一项，现在队首是第 2 个位置。显然，这样的存取过程仍保持"先进先出"，而且存储器访问必须从最后一个位置回滚到第一个位置。根据这里所描述的存取过程，FIFO 队列看起来呈环形排列。

为了更好地理解上述 FIFO 队列的存取过程，如果我们把 12 个存储单元按环形排列，再来执行这些数据项的存取过程，如图 7.8(b)所示。事实上，所有计算机系统的存储器单元都是按线性地址排列的，将 FIFO 队列的存储器单元按环形排列是我们的一种想象。因此，图中所示的存取机制的 FIFO 队列也称为环形 FIFO 队列。环形 FIFO 队列的控制算法如下。

环形 FIFO 队列的控制算法

```
1    const uint8_t sizeFIFO = 12;
2    typedef uint8_t typeElement;   //FIFO 队列存储单元的数据类型（UART 采用字节传输）
3    typedef struct {
4      uint8_t front, rear, count;
5      typeElement elements[sizeFIFO];
6    } typeFIFO;
7
8    void fifoInit(typeFIFO* fifo) {
9      fifo->front=0; fifo->rear=0; fifo->count=0;
10   }
11   bool fifoIn(typeFIFO* fifo, typeElement dat) {        //入列操作
12     if((fifo->front==fifo->rear) &&(fifo->count==sizeFIFO))
13       return false;                                     //FIFO 队列已满
14     else {
15       fifo->elements[fifo->rear] = dat;                 //入列
16       fifo->rear = (fifo->rear + 1) % sizeFIFO;         //移动队尾指针
17       fifo->count += 1;                                 //FIFO 队列中数据个数加1
18       return true;
19     }
20   }
21   bool fifoOut(typeFIFO* fifo, typeElement* dat) {      //出列操作
22     if((fifo->front==fifo->rear) && (fifo->count==0))
23       return false;                                     //FIFO 队列已空
24     else {
25       *dat = fifo->elements[fifo->front];               //出列
26       fifo->front = (fifo->front + 1) % sizeFIFO;       //移动队首指针
27       fifo->count -= 1;                                 //FIFO 队列中数据个数减1
```

```
28        return true;
29    }
30  }
```

在使用 FIFO 队列的 UART 等外设功能单元时，使用硬件实现上述算法。这个算法由 3 个子程序组成，分别用于初始化队列（FifoInit）、数据项入列（FifoIn）和数据项出列（FifoOut）。并将一片 FIFO 队列存储空间设计成结构体，称为 typeFIFO，包含队首指针、队尾指针、队列内可读数据项的个数（Count）、保存队列数据项的数组。队列数据项的数据类型（TypeElement）是预先指定的，上述算法中使用的 uint8_t 型数据单元，适用于异步串行通信场景，因为这里的最小传输单元就是一字节，在后续的内容中我们将会看到用于这种接口的数据类型都是 uint8_t 型。FIFO 队列还支持复合数据类型（如结构体）的数据单元。

在本节的第一个示例程序中，调用 Serial.available() 接口以获取串口接收缓存中有多少个可读的字节数，其实就是查询接收 FIFO 中可读的数据项个数。使用 Serial.read() 接口从接收 FIFO 中读取一字节数据，实际上就是读取接收 FIFO 队首的数据项，每次调用该接口始终返回队首的数据项。当所有数据项都被读出后，队列为空，调用 Serial.available() 接口将返回"0"。

FIFO 队列的深度指一次能够写入的数据项的最大个数，当队列被写满之后，后来的数据项将被遗弃。大多数用于数据流缓存的 FIFO 队列，总是希望队列深度越大越好，但存储器成本也将越来越高。为了确保通信数据流的完整性（不被丢弃），采用的折中的方案是，使用成本可接受的 N 项深度的 FIFO 队列，并启用中断请求或 DMA 传输请求。当队列中可读数据项达到 3/4 深度时，即发出中断请求或 DMA 传输请求，CPU 或 DMA 控制器将 FIFO 队列中的数据项转移到更大容量的通用存储器区，但必须综合考虑中断请求和 DMA 传输请求的响应延迟，以及数据传输速度（波特率），以确保在这些延迟时间内 FIFO 队列不会被写满。

7.2 使用 UART 实现系统间通信

视频课程（1）　　视频课程（2）

我们在 7.1 节中已深入了解了异步串行通信接口及 UART 功能单元的结构，本节将介绍如何使用该接口实现嵌入式系统之间通信。仍从一个示例开始，该示例的目标是使用多个 BlueFi 开发板玩一种数字接龙游戏。当多人玩这种数字游戏时，某个人首先说一个数字，与他相邻的人说加一后的数字，如此加一传递数字，一轮又一轮地将数字传递下去。在实现这个有趣的游戏之前，我们需要介绍其背后的原理。

1. 系统间串口通信连接

BlueFi 开发板 40P "金手指" 扩展接口的 P0 和 P1 引脚分别可作为异步串行通信的

RxD 和 TxD,使用鳄鱼夹电线将这两个引脚交叉连接可以实现两个 BlueFi 之间的串口通信,如图 7.9 所示。

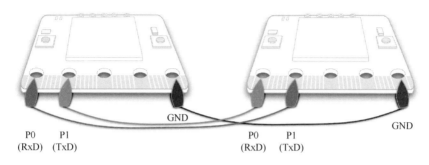

图 7.9　实现两个 BlueFi 之间串口通信的连接方法

注意,如果两个嵌入式系统之间使用串口通信,那么这两个系统必须共地,即两个 BlueFi 的 GND 信号必须连接在一起。此外,交叉连接是指,一个 BlueFi 的 TxD 引脚与另一个 BlueFi 的 RxD 引脚连接。

我们想要实现的数字接龙游戏的准备工作主要包括,首先使用多根鳄鱼夹电线将所有 BlueFi 开发板的"金手指"扩展接口 GND 引脚连接起来,然后再使用鳄鱼夹电线将第 1 个 BlueFi 的 P1 引脚与第 2 个 BlueFi 的 P0 引脚连接,第 2 个 BlueFi 的 P1 引脚与第 3 个 BlueFi 的 P0 引脚连接,……,最后一个 BlueFi 的 P1 引脚与第 1 个 BlueFi 的 P0 引脚连接,即将多个 BlueFi 的 P0 和 P1 引脚环形级联起来,即可实现多个 BlueFi 之间的串口通信,如图 7.10 所示。

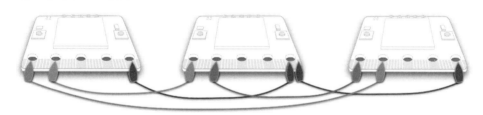

图 7.10　实现多个 BlueFi 之间串口通信的连接方法

虽然图 7.10 中仅有 3 个 BlueFi 开发板的级联,但事实上任意多个 BlueFi 都是可以用这种方法呈现环形级联的。根据这个连接方法,或许你已经明白了多个 BlueFi 实现数字接龙的数字传递过程。第 1 个 BlueFi 将数字(通过 TxD 引脚)传递给第 2 个 BlueFi(从 RxD 引脚接收到该数字),第 2 个 BlueFi 将收到的数字加一后(通过 TxD 引脚)传递给第 3 个 BlueFi(从 RxD 引脚接收到该数字),……,最后一个 BlueFi 将收到的数字加一后(通过 TxD 引脚)传递给第 1 个 BlueFi(从 RxD 引脚接收到该数字),第 1 个 BlueFi 将收到的数字加一后再传递给第 2 个,如此循环传递即可实现这个游戏。

2. 系统间通信的编程控制

实现该游戏的程序代码如下。

数字接龙游戏(uart_digit_chain_game.ino)

```
1   #include <BlueFi.h>
2   const String hintStr = "press Button A to send";
3   const String recStr = "Received:";
4   bool startSend = false;
5   void a_pressed_cb(Button2& btn) {  //callback function to A-Button be
    pressed
6     Serial.println(" A-Button be pressed");
7     startSend = true;                        //给主循环发送一个消息
8   }
9
10  void setup() {
11    bluefi.begin();                          //包含 Serial.begin(115200)
12    initialScreen();                         //显示初始文本在 LCD 屏幕上
13    bluefi.aButton.setPressedHandler(a_pressed_cb);
                                               //注册"A 按钮被按下"事件的回调函数
14    Serial1.begin(9600);                     //P0(RxD)和 P1(TxD)是 UART 异步串行数据的
    输入和输出信号
15  }
16
17  void loop() {
18    bluefi.aButton.loop();                   //更新 A 按钮的状态
19    if(Serial1.available() > 0) {            //检测是否接收到数据(即检查接收 FIFO 队列
    的长度)
20      int comingIn = Serial1.read();
21      uint8_t val = (uint8_t)comingIn;
22      updateScreen(val);                     //更新 LCD 显示器
23      Serial1.write(val+1);                  //将接收到的数值加一(范围:0~255)并发送给
    下一个 BlueFi
24      delay(200);
25    }
26    if(startSend ) {                         //如果 A 按钮被按下(即检查回调函数发出的消
    息是否有效)
27      startSend = false;
28      uint8_t startDigit = 0;
29      Serial1.write(startDigit);            //将初始的数值发送出去
30    }
31    delay(50);
32  }
33
34  void initialScreen(void) {
35    bluefi.Lcd.fillScreen(TFT_BLACK);        //清屏
36    bluefi.Lcd.setTextColor(TFT_WHITE, TFT_BLACK);
37    bluefi.Lcd.setCursor(20, 0, 4);
38    bluefi.Lcd.println( "Digit Chain Game");
```

```
39    bluefi.Lcd.setCursor(4, 40, 4);
40    bluefi.Lcd.println("with UART(P1-->P0)");
41    bluefi.Lcd.setCursor(0, 150, 2);
42    bluefi.Lcd.println(hintStr);              //显示提示信息
43  }
44
45  void updateScreen(uint8_t val) {
46    static bool first = true;               //子程序中声明的静态变量等同于全局变
量，但使用范围仅限于该子程序中
47    static String digitStr = "";
48    if(first) {
49      bluefi.Lcd.setTextColor(TFT_BLACK, TFT_BLACK);
50      bluefi.Lcd.setCursor(0, 150, 2);
51      bluefi.Lcd.println(hintStr);          //擦除提示信息
52      bluefi.Lcd.setTextColor(TFT_RED, TFT_BLACK);
53      bluefi.Lcd.setCursor(20, 100, 4);
54      bluefi.Lcd.println(recStr);           //显示 Received:
55      first = false;                        //这个代码块仅执行一次
56    }
57    bluefi.Lcd.setTextColor(TFT_BLACK, TFT_BLACK);
58    bluefi.Lcd.setCursor(140, 100, 4);
59    bluefi.Lcd.println(digitStr);           //擦除前一个数值对应的字符串
60    bluefi.Lcd.setTextColor(TFT_YELLOW, TFT_BLACK);
61    digitStr = String(val);
62    bluefi.Lcd.setCursor(140, 100, 4);
63    bluefi.Lcd.println(digitStr);           //显示当前数值对应的字符串
64  }
65
```

上面的示例程序看起来代码行较多，如果暂时不考虑最后的两个子程序 initialScreen()
和 updateScreen()，那么实现数字接龙游戏的关键代码是初始化 setup() 中的最后一行语
句，即 Serial1.begin(9600)，以及主循环 loop() 中的语句。其中 Serial1.begin(9600) 用来
初始化 BlueFi"金手指"扩展接口的 P0 和 P1 两引脚分别为 Serial1 的 RxD 和 TxD 信号，
波特率参数为 9600。主循环中的第一个 if 程序块以 Serial1.available() 接口的返回值是否
大于 0 为条件，若该接口返回值大于 0，则意味着 Serial1 接收到数据，在这个 if 程序块
中首先从接收缓冲区中读取一个接收到的数据并将其转换为 8 位无符号整数，然后调用子
程序 updateScreen() 更新 LCD 显示器，最后将该数值加一后再发送出去。

该示例程序的大多数代码都是用于控制 LCD 显示器的。在子程序 initialScreen() 中，
将 LCD 显示器清屏，然后显示初始的文本内容。在子程序 updateScreen() 中，若首次执
行 LCD 屏幕刷新，则需要将初始化时屏幕上的提示信息擦掉，更新接收到的数值到 LCD
屏幕上(仍然是先擦掉再显示新的数值)。

此外，示例程序中还用到按钮 A 来启动游戏。BlueFi 的按钮控制软件的接口详见 4.1

节。本示例在初始化期间为按钮 A 注册了一个"A 按钮被按下"的回调函数,当 A 按钮被按下时会向主循环发送一个消息(即全局变量 startSend=true)。在主循环程序中,调用 bluefi.aButton.loop()接口检查按钮 A 的事件,并检查是否收到"A 按钮被按下"的回调函数发出的消息,若收到则通过 Serial1 发出一个数字。

　　将上面的程序代码复制到 Arduino IDE 中,编译并逐个地下载到已经连接好的所有 BlueFi 开发板上。注意,这个示例程序并不依赖计算机 USB 接口,当程序下载到 BlueFi 后,可以使用任何 USB 电源给 BlueFi 开发板供电。当所有 BlueFi 开发板上电且按图 7.10 中的示例环形级联好后,并没有启动游戏,只有按下任一 BlueFi 开发板的按钮 A 后才能启动游戏。

　　如果你觉得使用 Arduino IDE 编译和下载程序所耗费的时间太长,那么可以使用 Python 脚本程序来实现该游戏。在使用 Python 之前,你必须使用 USB 数据线将 BlueFi 与计算机连接好,并双击复位按钮让 BlueFi 进入下载程序状态,将 BlueFi 的最新版 Python 解释器固件拖放到 BLUEFIBOOT 磁盘中,等待 CIRCUITPY 磁盘出现后,再将下面的 Python 脚本程序保存到/CIRCUITPY/code.py 文件中。

数字接龙游戏的 Python 脚本程序

```
1   import time                        #导入 time 模块
2   import board, busio                #导入 board 和 busio 模块
3   from hiibot_bluefi.basedio import  Button     #导入 Button 类
4   btn = Button()                     #实例化一个 Button 类对象(名称为 btn)
5   #初始化 UART 端口
6   uart = busio.UART(
7         board.P1, board.P0, baudrate=9600,      #指定 UART 的两个串行数据输出和
    输入信号(TxD, RxD)
8         timeout=0.01, receiver_buffer_size=1)   #等待/判断超时的时间(单位: s),
    接收 FIFO 队列的最大长度
9   outBuf = bytearray(1)         #输出 buffer,注意: uart.write(bytearray,num)
    接口仅支持字节数组类型
10  print("Press A button to start game")
11  while true:
12    btn.Update()
13    if btn.A_wasPressed:    #若 A 按钮被按下,则发送初始值(0),开始数字接龙游戏
14        outBuf[0] = 0           #数值范围: 0~255
15        uart.write(outBuf, 1)
16        print("Go it!")
17    inBuf = uart.read(1)   #注意: uart.write(1)接口的返回值仅为字节数组类型
    (保存着接收到的数据或空数组)
18    if inBuf != b'':         #如果是非空的字节数组
19        print(int(inBuf[0]))
20        if int(inBuf[0]) < 255:
21            outBuf[0] = inBuf[0]+1       #则将接收到的数值加一后再发送出去
22        else:
23            outBuf[0] = 0                #…, 254, 255, 0, …
```

```
24          uart.write(outBuf, 1)
25          time.sleep(0.3)
```

为什么这个游戏的 Python 脚本程序很短呢？因为少了刷新 LCD 屏幕的代码。Python 解释器将 BlueFi 的 LCD 屏幕当作字符控制台，我们需要显示的信息直接用 print(info) 即可输出到 LCD 屏幕上，而且自动滚屏显示。与前面的 Arduino 程序相比，这里更新 LCD 屏幕仅需单行脚本程序即可。

现在可以仔细地测试本示例并观察数字接龙的效果。如果没有观察到连续的数字接龙效果，请首先检查环形级联的连线、共地连线、供电等硬件连接是否可靠牢固。然后检查鳄鱼夹是否与 P0、P1、GND 附近的引脚连接，波特率参数是否一致。

如果硬件连线很牢固，那么上面的数字接龙游戏几乎可以无穷无尽地执行。我们观察到的接龙数字应该是"…，254，255，0，1，…，127，128，…，255，0，1，…"，为什么接龙数字被限制在 0～255 范围内呢？Python 脚本程序的第 20～23 行语句可以回答这个问题。虽然该程序中并没有明显的判断接收到的数据是否小于 255 的语句，但我们使用 8 位无符号整数作为接收和发送的数据类型，这种类型数据的有效值范围是多少呢？

现在可以将波特率参数修改为 1200、4800、115200 或 921600 等，再试一试。随着波特率的增加，或许我们的数字接龙会失败，包括出现数字不连续、游戏停止等现象。为什么提高波特率会产生这样的效果呢？根据 7.2 节的内容回答这个问题。

3．软件接口

通过前面的示例，我们已了解了异步串行通信的便捷性和易用性，初步了解异步串行通信软件的基本接口和工作流程。在工作流程方面，必须先初始化所用的异步串行通信接口，调用 write() 接口发送数据，调用 read() 接口从接收缓冲区中读取数据。异步串行通信接口的软件到底有哪些接口呢？

在 Arduino 开源平台，Serial 接口是所有兼容 Arduino 平台的开发板内置的。标准的 Arduino Serial 类接口主要包括：

1）Serial/Serial1/Serial2：异步串行通信接口名，根据开发板 MCU 所支持的 UART 接口个数确定，BlueFi 支持 2 个串口，即 Serial 和 Serial1，其中 Serial 用于 USB-UART 桥接。上面示例中使用的是 Serial1。

2）begin(bps)/begin(bps, conf)：配置接口并指定波特率(bps)，配置参数主要包括数据位个数、奇偶校验位和校验类型、停止位个数等。波特率的有效值包括 1200、2400、4800、9600、19200、115200 等，conf 的有效值包括 SERIAL_8N1、SERIAL_8E1、SERIAL_8O1 等。当不指定配置参数时，默认值为 SERIAL_8N1，即 8 个数据位、无校验位、1 个停止位。

3）end()：禁止该串口，释放该串口资源，尤其是 TxD 和 RxD 两个引脚可用作其他功能接口。

4）available()：串口接收缓冲区中可读的字节数，在调用 read() 前使用该接口查询可读的数据个数。

5）availableForWrite()：串口发送缓冲区中可写的字节个数，在调用 write() 前使用该接口查询可写的数据个数以避免 write() 操作的阻塞时间。

6）read()：从串口接收缓冲区中读取单字节数据。请注意，read() 接口的返回值类型是 int16_t 型，而非 char 或 uin8_t 等类型。当读取失败时，该接口返回值为–1。

7）write(val)/write(str)/write(buf, len)：向串口发送缓冲区中写入一个单字节的数值/字符串(String 型)/数组和长度，返回值是写成功的字节数。

8）print(val, format)/print(str)：从串口输出的数值(按指定格式输出)/字符串，该接口与 write() 接口有较大区别，print(val) 首先将 val 转换为 ASCII 字符串然后再发送，write(val) 则直接发送原始 val 的 8 个二进制位。

9）println(val, format)/println(str)：先执行 print() 接口然后发送\r\n 两个字符。\r 为回车符，ASCII 值为 0x0D；\n 即换行符，ASCII 值为 0x0A。

10）flush()：等待串口发送缓冲区中的数据发送完毕。无返回值，该接口是阻塞型的。

11）find(target)/find(target, len)：从串口接收缓冲区中查找目标字符/(指定长度的)字符串，若返回值为 true 则表示已找到目标字符/字符串，否则为未找到。

12）findUntil(target, terminal)：从串口接收缓冲区中查找目标字符和终止符，若返回值为 true 则表示已经找到目标字符和终止符，否则为未找到。

13）setTimeout(timeMS)：设置数据接收的等待时间(单位为 ms)，timeMS 是 uint32_t 型的。

14）parseInt()/parseInt(lookahead)/parseInt(lookahead, skip)：从串口接收缓冲区中解析下一个有效的整数，返回值类型为 int32_t，其中 loophead 和 skip 分别用于指定开始位置和忽略的整数。

15）parseFloat()/parseFloat(lookahead)/parseFloat(lookahead, skip)：从串口接收缓冲区中解析下一个有效的浮点数，其他同上。

16）peek()：查询串口接收缓冲区中的下一个待读数据，返回值为–1(如果缓冲区为空)或单字节数据(如果缓冲区不为空)。注意，peek() 与 read() 的返回值是相同的，但当调用 read() 接口读取一个数据后，该数据则从接收缓冲区中移除，而调用 peek() 接口则不会移除读取的数据。

17）readBytes(buf, len)：从串口接收缓冲区中读取 len 个数据到数组 buf 中，返回值为实际读取的数据个数(不大于 len)。

18）readBytesUntil(character, buf, len)：从串口接收缓冲区中读取 len 个数据到数组 buf 中，若遇到指定的字符 character，则停止读取，返回值为实际读取的数据个数(不大于 len)。

19）readString()：以字符串形式读取串口接收缓冲区中的所有数据，返回值为一个字符串(String 型)，若接收缓冲区为空则返回空字符串。

20）readStringUntil(terminator)：以字符串形式读取串口接收缓冲区中的数据，遇到指定终止符则立即返回，返回值为一个字符串(String 型)，若接收缓冲区为空则返回空字符串。

21）serialEvent（）：串口事件的回调函数，当 available（）不小于 1 时被自动执行，在这个回调函数内调用 read（）读取数据。

BlueFi 开发板的 Python 解释器的异步串行通信接口是 busio 的子类，名为 UART。使用 USB 数据线将 BlueFi 与计算机连接，并打开 MU 编辑器，选择"串口"选项打开字符控制台，用鼠标单击字符控制台区，按下 Ctrl+C 键终止当前正在执行的脚本程序，强制让 BlueFi 解释器进入 REPL 状态，在">>>"提示符后输入以下程序，即可查询到 busio.UART 子类的接口。

查询 busio.UART 子类的接口语句

```
1   >>> import busio
2   >>> dir(busio.UART)
3   ['__class__', '__enter__', '__exit__', '__name__', 'Parity', 'baudrate',
'deinit',
4   'in_waiting', 'read', 'readinto', 'readline', 'reset_input_buffer',
'timeout', 'write']
5   >>>
```

REPL 在执行 dir（class_name）命令时，采用列表的形式将名为 class_name 类/模块所有的接口列举出来。在 busio.UART 子类接口中，baudrate、in_waiting、timeout 是接口的三种属性，分别返回当前所用的波特率、接收缓冲区中可读数据的字节数、当前所用的超时参数（以秒为单位的浮点数）。Parity 是 busio.UART 的子类，定义 UART 接口的奇偶校验类型，仅有两个有效常数 ODD 和 EVEN，分别代表奇校验和偶校验类型。其他都是接口函数，简要说明如下：

1）UART（tx: board.Px, rx: board.Px, baudrate = 9600, bits = 8, parity = None, stop = 1, timeout = 1.0, receiver_buffer_size = 64）：UART 类实例化接口，除了两个引脚，其他配置参数均有缺省值，未指定的参数采用缺省值。

2）deinit（）：禁用 UART 并释放该硬件单元的资源，尤其是其引脚资源可以供其他 I/O 使用。

3）read（）/read（num）：从串口接收缓冲区中读取单字节/指定字节数的数据，若指定字节数为 num，则至多读取 num 字节，返回值是一个字节型数组（若接收缓冲区为空则返回空数组，即 b）。

4）readinto（buf）：从串口接收缓冲区中读取数据到 buf 中，buf 必须是一个字节数组（bytearray），返回值是读取并储存在 buf 中的字节数（即 buf 的长度）。

5）readline（）：从串口接收缓冲区中读取数据，遇到换行符（0x0D）则停止读取，返回值是一个字节数组。

注意，上面的三种 read 接口都属于阻塞式，当接收缓冲区为空或不满足返回条件时，将等待条件满足或超时后返回。

6）reset_input_buffer（）：清空串口接收缓冲区，如果接收缓冲区是非空的，相当于丢弃已接收到的数据。

7) write(buf)：发送字节数组 buf 中的数据，返回值是已发送的字节数。

注意，Python 解释器中的 print() 函数并不属于 UART 子类的接口，而是 Python 解释器自带的一种向字符控制台输出字符串的专用接口，BlueFi 开发板 Python 解释器使用"USB-串口桥接"通道实现 print()、REPL 等接口。此外，UART 子类还支持硬件流控信号(RTS 和 CTS)，以及 RS485 模式(支持发送和接收使能/传输方向控制信号)等，关于 RS485 通信接口将在 7.4 节介绍。

在我们了解了这些软件的接口之后，再回头去看前面采用两种语言编写的多个 BlueFi 玩数字接龙游戏的代码，不仅更容易理解，还会发现很多接口并未使用到。该示例仅使用 UART 功能单元收发单字节数据，即每次发送一字节的数据，而在实际的异步串口通信应用中每次需要传输更多数据。例如，为了测量一个密闭环境中的温湿度，将一个 BlueFi 放置在密闭环境中，另一个 BlueFi 放置在外面，便于我们观察环境的变化情况。我们可以使用 3 根信号线将两个开发板共地并将 P0 和 P1 交叉连接，让处于密闭环境内的 BlueFi 软件实施温湿度测量(参考 4.2 节)，然后将浮点型的温度和湿度数据传输给外部的 BlueFi 显示。异步串行通信接口传输的数据是以字节为单位的，如何传输浮点数呢？至少有两种方案。其一是直接传输温度和湿度的原始二进制数据，由于单精度浮点是 32 位宽(即由 4 字节组成)的，因此可传输 8 字节；其二是先将浮点型的温度和湿度分别转换成字符串，然后再传输。显然，两种传输方案的区别是所传输数据的表示形式及数据流格式不同。

数据流格式是指，数据流的哪些字节是温度数据，哪些是湿度数据。两者在传输数据的表示形式上有稍许区别，原始二进制形式的数据流最短，而字符形式的数据流的可读性很高。事实上，温度和湿度数据的传输方案远不止这两种。但无论采用哪种方案，两个 BlueFi 的软件设计工程师必须先约定好数据流的表示形式和格式，并按约定的方案编写发送、接收和解析数据的程序才能达到期望的效果。

4. 异步串行通信协议架构

通信双方约定的数据流表示形式和格式等被统称为通信协议(Protocol)。异步串行通信协议包括，波特率、字节单元的格式(数据位个数、校验位和校验类型、停止位个数等)、数据流固定的头字符(Head Character)、数据流校验字(Check Word)、终止符(Terminator)，以及数据流的表示形式和格式。

异步串行通信协议的架构示例请参考图 7.11。

人与人之间的协议、合同等属于法律范畴的概念，通信协议是计算机系统之间的软硬件接口规范，通信双方的任一方不遵循约定就有可能会造成通信失败。图 7.11 所示的格式化数据流也称为数据帧(Data Frame)。数据流头尾标识是数据帧的同步字节，用于识别一个数据帧的起始位置和终止位置，一般来说这两个特殊字符是固定不变的(或者有规律地变化)。一个数据帧内可能包含多种不同的数据域(Data Field)用于传输复杂的结构化信息。对于变长的数据域，除了必要的域 ID，还应有数据域长度，接收者能够根据域 ID、数据域长度(或字节数)等信息准确地确定该域的有效数据。

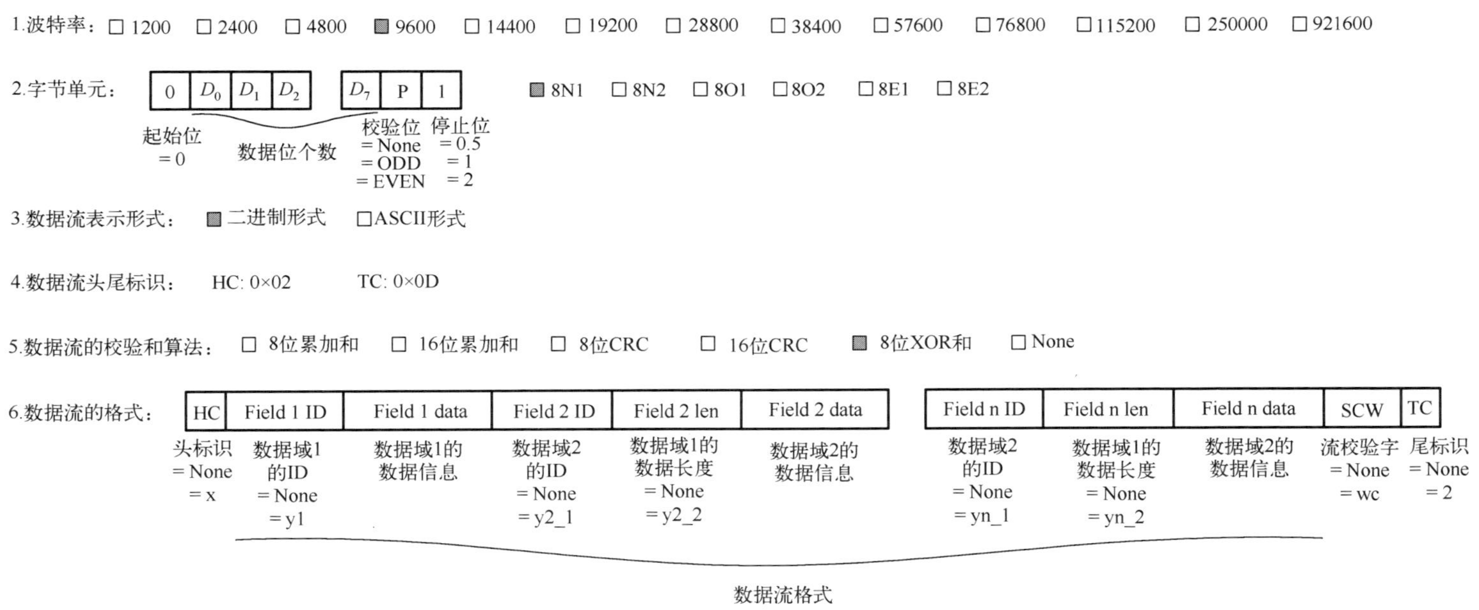
1.波特率：
□ 1200 □ 2400 □ 4800 ■ 9600 □ 14400 □ 19200 □ 28800 □ 38400 □ 57600 □ 76800 □ 115200 □ 250000 □ 921600
2.字节单元：
0
D0
D1
D2
D7
P
1
起始位 =0
数据位个数
校验位 =None =ODD =EVEN
停止位 =0.5 =1 =2
■ 8N1 □ 8N2 □ 8O1 □ 8O2 □ 8E1 □ 8E2
3.数据流表示形式：
■ 二进制形式 □ASCII形式
4.数据流头尾标识：
HC: 0×02
TC: 0×0D
5.数据流的校验和算法：
□ 8位累加和 □ 16位累加和 □ 8位CRC □ 16位CRC ■ 8位XOR和 □ None
6.数据流的格式：
HC
Field 1 ID
Field 1 data
Field 2 ID
Field 2 len
Field 2 data
Field n ID
Field n len
Field n data
SCW
TC
头标识 =None =x
数据域1的ID =None =y1
数据域1的数据信息
数据域2的ID =None =y2_1
数据域1的数据长度 =None =y2_2
数据域2的数据信息
数据域2的ID =None =yn_1
数据域1的数据长度 =None =yn_2
数据域2的数据信息
流校验字 =None =wc
尾标识 =None =2
数据流格式

图 7.11　异步串行通信协议的架构示例

数据帧中的校验字,以及计算校验字的算法都属于异步串行通信协议的一部分,接收者使用校验字来确定接收到的数据帧的准确性。

格式化的数据帧及其数据域的定义是所有通信协议的关键规范,也是可靠传输数据的基本保障。计算机系统联网使用的 TCP/IP 中包含多种复杂的结构数据帧规范,如 HTTP、STMP、FTP、TCP 和 UDP 等数据帧的定义,只有数据帧中的每位都有具体的意义(TCP/IP 是一种面向位流的协议)才能实现全球计算机系统互联。

在图 7.11 中,同步位(起始位和停止位)、同步字符(数据流头尾标识符)等是异步串行通信协议的关键结构信息,UART 功能单元使用同步位信息保持同步地收发单字节,串口软件则使用同步字符定位数据帧的头和尾。根据本节开始时的示例测试可以知道,仅使用信号线和共地线两根线即可实现全双工通信的异步串行通信接口,在硬件连线、软件编程等方面都非常简单。虽然随着波特率的增加数据传输发生错误的可能性越高,但是低波特率数据传输的可靠性还是非常高的。

目前,虽然各种高速的、大数据吞吐量的系统间通信接口非常多,但异步串行通信接口仍在广泛使用,尤其在嵌入式系统开发和调试、系统固件下载、工业级通信等领域,这应归功于异步串行通信接口具有的简单易用、成本低和可靠性高等特点。

7.3　串口通信协议

视频课程

在 7.2 节中我们已经了解到结构化的数据帧是异步串行通信协议的基本特征之一。事实上,以字节为传输单位的异步串行通信接口的每字节都是结构化的,必须以起始位开始并以停止位终止一字节的传输,这是字节同步的目的。结构化是所有通信协议数据帧的基本特征,无论是面向字节传输还是面向位传输的串行通信,结构化的信息不仅能保证收发双向同步,还能实现检错。

1. TCP/IP 简介

当今最知名的通信协议是 TCP/IP,我们每天都在各种计算机系统上使用该协议浏览网页、收发邮件、阅读新闻、与朋友交流等。如图 7.12 所示,TCP/IP 将应用层的用户数据逐层地进行结构化封装(每位都有特定作用)并经由物理层传输到另一个网络设备上,TCP/IP 网络接收设备将物理层接收到的数据包逐层地剥出以还原用户数据。

从图 7.12 中可以看出,当传输层使用 TCP 时,应用层的用户数据最少为 6 字节,使用 UDP 时用户数据最少为 18 字节,而物理层传输的字节数至少是 64(18 字节的 MAC 头部信息和 46 字节数据)。结构化的数据帧使得 TCP/IP 网络设备的发送者和接收者都能准确地封装和剥离前一层的特定信息。应用层软件的数据收发等完全不关心物理层的数据到底有多少字节,这也并不影响应用层用户数据流的传输。应用层用户数据流一般是两个应用程序之间需要传输的信息，也是需要结构化的，如包含命令、数据长度和数据等，这样两个应用程序之间才能准确地交换信息。

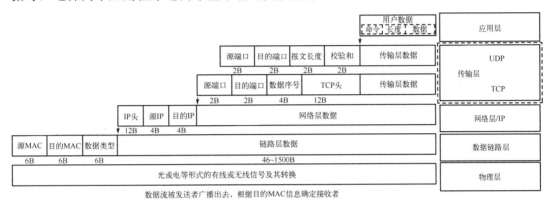

图 7.12　TCP/IP 的数据报文分层封装(IPv4)

2. Modbus 协议的应用

Modbus 协议是工业应用领域最知名的通信协议之一，详细的 Modbus 协议规范和相关的开源项目非常多。Modbus 协议与 TCP/IP 存在本质区别，Modbus 协议仅是一种应用层协议，当我们使用 Ethernet、Wi-Fi 等物理层时，仍可以使用 TCP/IP 协议栈传输 Modbus 协议数据包，即 Modbus/TCP 版本，TCP/IP 仅包含 OSI(开放心态互联)模型 4 层标准，Modbus 协议与 HTTP、SMTP、FTP 等应用层协议相似，区别是 Modbus 协议主要面向工业应用领域。Modbus 协议最初的定义是以异步串行通信接口作为其物理层接口的，包括 RS232、RS422、RS485、光纤、无线电等通信介质，自 1.0a 版本开始支持 TCP/IP 并以 Ethernet 作为物理层，Modbus 还支持 HDLC(高级数据链路控制)协议(HDLC 是一种面向位流的数据链路层协议)。如图 7.13 所示，作为一种应用层协议，Modbus 协议支持很多种常用的低层网络。

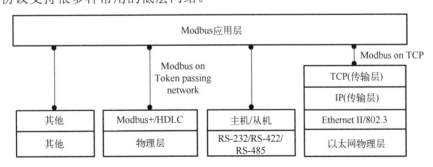

图 7.13　Modbus 协议是一种应用层协议

Modbus 协议最初是由 Modicon 公司(现在是 Schneider Electric)于 1979 年定义的，用于可编程逻辑控制器(PLC)之间的通信，后来被广泛应用在工业设备上，现已被公认为工业界的一种标准通信协议。Modbus 是一种主从架构的协议，同一网络内的每个从机设备必须有一个唯一的地址(称为 Modbus 地址)用于主机寻址，同一个网络内至多有

247 个从机（有效的 Modbus 从机地址范围为 1～247），同一个网络内仅支持一个主机。每次的 Modbus 通信都由主机发起，被寻址的从机应答，这种"请求-应答"型通信模式允许 Modbus 使用全双工或半双工的网络传输数据，因此 Modbus 协议能够部署在很多种基础网络上。

Modbus 协议是面向工业 PLC 的应用，设计者将 PLC 内部资源划分为 4 类：开关控制类、寄存器输出类、开关输入类和寄存器输入类，分别对应嵌入式系统的 DO、DI、AI 和 AO。继电器是 PLC 上典型的开关控制类，主机可以通过 Modbus 协议控制 PLC 上的某个继电器线圈通电或断电（即开关控制），也可以读取某个继电器线圈的状态，所以此类信息位是可读可写的，Modbus 协议按 8 位此类信息位组成一字节的形式传输。限位开关是 PLC 上典型的开关输入类，主机可以通过 Modbus 协议从 PLC 上读取某个或某些按钮的开/关状态，此类信息位是只读型的，Modbus 协议按 8 位此类信息位组成一字节的形式来传输。Modbus 协议要求 PLC 上寄存器按 16 位宽度传输，在传输时遵循高 8 位在前的规则，DAC 是典型的寄存器输出类，而 ADC 则是寄存器输入类。主机可以通过 Modbus 协议控制 PLC 上某个或某些 DAC 的输出，也可以读取 DAC 的输入，寄存器输出类显然是可读可写的，而寄存器输入类是只读的。

Modbus 协议设计者还将 PLC 上的 4 类资源映射到特定的地址空间内，与我们在第 2 章介绍的存储器映射机理相似，主机控制某个继电器线圈的通断是通过传输该线圈对应的地址编码和控制信息给 PLC 来实现的。遵循 Modbus 协议的 PLC 资源存储器映射规则如图 7.14 所示。

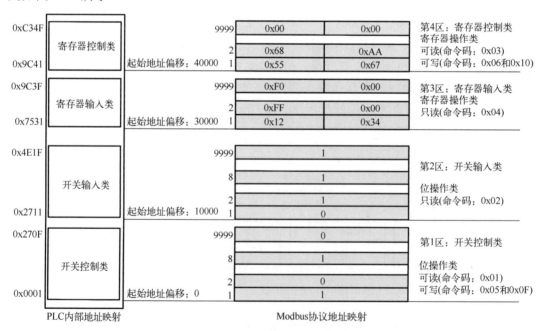

图 7.14　遵循 Modbus 协议的 PLC 资源存储器映射规则

将 PLC 上的资源分类并分区映射，执行 Modbus 协议的网络上每个 PLC 都有一个唯一的 Modbus 地址，主机通过 Modbus 协议能够精准地访问整个网络内任一继电器、按钮或模拟输入端等。

2．Modbus 协议的数据帧结构

Modbus 协议的数据帧结构是什么样的呢？如图 7.15 所示。在正常情况下，主机发送或从机应答的数据帧结构如图 7.15(a)所示，从机接收到主机发送来的数据帧后根据帧结构和各信息域的约束条件侦测数据是否有误，若发现错误，则给出异常应答帧，如图 7.15(b)所示。

从地址	命令码	寄存器起始地址(高8位在前)	寄存器个数或寄存器值	字节数	数据1	…	数据n	CRC16校验字(高8位在前)

分类	功能	命令码	主机发送的"字节数"	从机应答的"字节数"
位(开关)操作	读开关输入类	2	0	寄存器个数除以8(向上圆整)
	读开关控制类	1	0	寄存器个数除以8(向上圆整)
	写单个开关控制类	5	0	0
	写多个开关控制类	15	寄存器个数除以8(向上圆整)	0
字(寄存器)操作	读寄存器输入类	4	0	寄存器个数的2倍
	读寄存器输出类	3	0	寄存器个数的2倍
	写单个寄存器输出类	6	0	0
	写多个寄存器输出类	16	寄存器个数的2倍	0

(a) 主机发送或从机应答的数据帧结构(正常情况)

从地址	命令码+0x80	错误码	CRC16校验字(高8位在前)

错误原因	错误码
无效的命令码	1
无效的起始地址或"起始地址+寄存器个数"	2
无效的寄存器个数或"寄存器个数与字节数(关系)"	3
执行命令时发生错误	4

(b) 从机侦测到通信错误时的异常应答帧

图 7.15　Modbus 协议的数据帧结构

Modbus 协议的数据帧总是以从机地址字节为帧头，16 位 CRC 校验字的低 8 位值为帧尾(即小端模式)，每个数据帧的第 2 字节必须是命令码(异常应答帧的命令码最高为"1")，第 3 和 4 字节是寄存器起始地址(有效值为 0～9998)的高 8 位和低 8 位，第 5 和 6 字节是寄存器个数(或寄存器值)的高 8 位和低 8 位。此外，寄存器起始地址、寄存器个数和数据的字节数之间必须满足以下约束条件：

1)寄存器起始地址的有效值为 0～9998。

2)有效的寄存器个数为 1～9999。

3)有效的寄存器起始地址与有效的寄存器个数之和不大于 9999。

4)对于位(开关)操作类的命令码，数据的字节数必须等于寄存器个数除以 8(向上圆整)。

5) 对于字（寄存器）操作类的命令码，数据的字节数必须是寄存器个数的 2 倍。

Modbus 协议要求从机根据上述的约束条件侦测数据帧是否有误，若发现错误，则向主机发送异常应答帧（对应错误码是 2、3、4）。但是，若从机发现 CRC16 校验失败，则不必给主机任何应答。为什么发现 CRC 校验失败不必应答，而违反上述数值约束关系则需要发出异常应答呢？你认为这样设计的原因有哪些？

注意，上述的 Modbus 协议并不包含扩展协议部分，如文件读写、诊断等。在 Arduino 开源平台使用任一开发板的异步串行通信接口和 Modbus 协议即可与 PLC 通信，其中 Arduino 开发板是 Modbus 的主机，需要执行 Modbus 主机协议，在 Arduino 开源社区有很多种 Modbus 主机协议的开源项目可用。当然也可以使用 Arduino 开发板来模拟 PLC，并执行 Modbus 从机协议（同样有很多开源项目可供参考），从而实现两个 Arduino 开发板通过异步串行通信接口执行 Modbus 协议进行通信。

虽然前面耗费很大篇幅来介绍 Modbus 协议，但其仍不能代替 Modbus 协议的规范，我们的目的是了解 Modbus 协议的基本数据帧结构及该协议的科学性。当你需要自定义通信协议时，Modbus 协议及其规范是一种很好的参考范例。Modbus 协议是一种开放的应用层协议规范，任何人都可以使用、修改或自定义扩展 Modbus 协议。就像 TCP/IP 一样，大家共同遵循开放的通信协议有利于不同厂商的计算机系统之间互联。

3. 其他串口通信协议

除了 Modbus 协议，目前在用的串口通信协议还有很多种，如 PROFIBUS（PROcess FIeld BUS）、基金会现场总线 FF（Foundation Fieldbus）、HostLink、MECHATROLINK-II 等，它们都是可基于双绞线等物理层的 RS232、RS422 或 RS485 接口，并使用 MCU 片上 UART 功能单元来实现应用层协议。由于使用 UART 功能单元实现的串口通信始终以字节为数据最小传输单元，因此上述协议都是面向字节编码的数据流。

此外，CAN（控制器局域网）总线和 CANopen 都是工业界知名的通信协议。CAN 总线也是一种异步串行通信接口，其物理层也仅是一对双绞线，但 CAN 总线的数据帧是面向位编码的数据流，CAN 总线的数据链路层明确地定义了数据帧的封装和传输、差错控制等。CAN 总线是符合 OSI 的低层协议，仅包含物理层和数据链路层协议。CANopen 是构建于 CAN 总线上的符合 OSI 的高层协议，与 Modbus 协议相似，但 CANopen 更加灵活，不像 RS485 那样使用轮询机制。这是因为 CAN 总线属于多主网络，CAN 总线的任一节点都可以主动发起数据传输（在主从网络内仅主机可以发起数据传输），使用 CANopen 协议和 CAN 总线很容易搭建成本极低的局域网，这类网络的灵活性能够与 Ethernet 相媲美，但其物理层成本和功耗都比 Ethernet 低，且通信距离更远。

目前，CAN 控制器像 UART 一样，几乎是通用的面向工业领域应用的 MCU 必备的片上功能单元，因为这些通信接口的半导体实现都非常容易，且功耗极低，它们都适用于低波特率（UART 支持 10Mbps 及以下，CAN2.0 支持 1Mbps 及以下）的嵌入式系统的数据传输应用领域。

总之，基于 UART 功能单元的异步串行通信接口使用字节编码的数据流，此类网络的数据传输机制绝大多数采用主从模式和主机轮询机制；基于 CAN 控制器的异步串行通信接口使用位编码的数据流，此类网络的数据传输机制多数采用对等模式和消息传输机制。

我们将在第 8 章探讨 CAN 总线，届时再进一步对比字节流和位流的区别，以及两种编码的优劣。

7.4　工业现场的串口通信

视频课程

我们在 7.3 节中详细地介绍了工业领域知名的 Modbus 协议，按 OSI 模型，它属于应用层协议，同时还提到了其他的一些异步串行通信协议，以及面向字节编码的主从网络、面向位编码的对等网络。本节主要介绍这些网络的物理层和数据链路层的相关知识，尤其是面向工业现场的网络所涉及的抗干扰、容错等。

1. 差分传输网络

工业现场需要在多个设备之间进行通信，即若干个设备组成网络，如各种传感器、执行器类设备，这些设备都是典型的嵌入式系统，硬件的资源较少，软件多数使用 RTOS 确保实时性。此外，从系统安全性角度考虑，大多数工业现场的设备网络是独立的，不与其他网络连接。基于 UART 功能单元如何实现多工业设备之间的互联呢？

标准的 RS232 通信接口仅支持两个设备之间连接，而且传输距离较短。由于差分信号具有极强的抗共模干扰能力，而且信号的收发双方无须共地，因此差分传输被广泛应用于通信领域，例如，我们熟悉的 USB 通信接口就是采用差分传输的。严格来说，电路中传输的所有电压信号都是差分的，以"系统地"作为基准电压来测量信号的电压。为了不引起混淆，通常把此类信号称为单端的信号。差分传输使用一对信号线传输电压信号，使用两个信号的相对电压差值表示所传输的信号电平，在传输逻辑信号时，"1"和"0"电压保持反转关系。有人把这一对信号线的状态比喻成跷跷板上的两个人 A 和 B，当 A 被翘起来时，两人的高度差是正值(如代表逻辑"1")，当 B 被翘起来时，高度差为负值(如代表逻辑"0")，任何时候在跷跷板的两边加上相同大小的力不会改变跷跷板的状态(即两人的高度差不会被改变)。即使一对差分信号的电压差仅有数十毫伏，外界干扰同时加在差分信号对上也不会影响电压差，这就是差分信号的共模干扰抑制能力。为什么需要针对共模干扰呢？因为双绞线上的干扰信号绝大多数是以共模形式存在的。

将单端信号转换成差分信号的电路单元称为差分驱动器，将差分信号转换成单端信号的电路单元称为差分接收器，它们都是工业现场的通信领域中常用的。单端信号和差分信号之间的转换网络如图 7.16 所示，使用一对差分驱动器和差分接收器将单端的异步串行数据信号转换成差分信号，在低波特率条件下，两个设备之间的通信距离可达 1.2km。

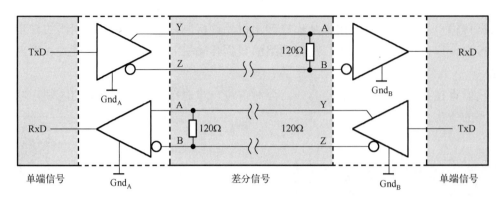

图 7.16 单端信号和差分信号之间转换网络

图 7.16 中的 120Ω电阻称为终端电阻，它们在差分传输网络中很常见，其作用是消除差分信号线上的反射信号以避免反射信号与原信号叠加造成干扰。图 7.16 中的电路仅实现单端信号和差分信号之间远距离的异步串行通信，如果需要实现多设备之间互联，我们有两种选择：全双工和半双工的差分传输网络。全双工的差分传输网络拓扑如图 7.17 所示，根据差分信号的驱动器和接收器的关系，不难发现这种网络是主从结构的，主机通过 TxD 发送的数据被转换为差分信号传输到所有从机的差分接收器，主机的差分接收器能够接收所有从机发送的数据。这种网络中设备所用的"单端-差分信号收发器"称为全双工差分收发器或 RS422 接口。

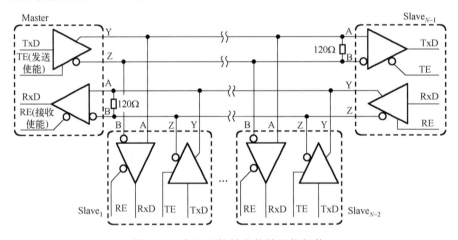

图 7.17 全双工的差分传输网络拓扑

在全双工的差分传输网络中，使用的差分驱动器都必须具有三态功能，即当某个从机不发送数据时，其差分驱动器的两个差分输出信号保持高阻态，其他从机才能使用所有从机共享的差分信号对发送数据。因此，图 7.17 中的所有差分驱动器都带有发送使能控制信号 TE，使用从机 MCU 的可编程 I/O 引脚来控制 TE。当 TE=1 时，允许发送数据，当 TE=0 时，该差分驱动器的输出处于高阻态，即禁止发送数据。那么这种全双工的差分传输网络是如何工作的呢？任何从机都不能主动向主机发送数据，整个网络内仅有一个主机，只有主机可以主动发起数据传输，例如，主机发出一个 Modbus 数据帧（见 7.3

节），所有从机都能收到该数据帧并根据数据帧中的从机地址信息确定是否需要给予响应。换句话说，这种网络内的每个从机必须有唯一的从机地址，与主机发出的数据帧中地址字节相匹配的从机可以给主机一个应答帧，这样的网络借助于主从轮询机制，主机可以访问任何一个从机，并与之进行"轮询-应答"型通信。

 任务

你能根据图 7.17 所示的网络拓扑完整地描述主机和某从机之间的一次通信全过程吗（包括一些必要的容错处理）？建议使用 Modbus 协议。

半双工的差分传输网络拓扑如图 7.18 所示。为什么说是半双工的网络呢？因为在该网络中仅使用一对双绞线连接网络上的所有设备，任何时候只能有一个设备发送信息，其他设备都是接收者。这种网络中每个设备所用的"单端-差分信号收发器"称为半双工差分收发器或 RS485 接口。

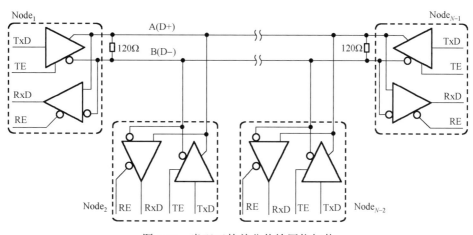

图 7.18　半双工的差分传输网络拓扑

对比图 7.17 和图 7.18 可以发现，当全双工差分传输网络的任一从机发送数据时，只有一个接收者(主机)，而半双工差分传输网络上任一节点发送的数据，其他节点都可以接收到。显然，图 7.18 中的半双工差分传输网络可以实现多主网络或对等网络，从数据传输的源设备和目的设备的角度看，图 7.17 所示的全双工差分传输网络只能实现单主多从网络。采用异步串行通信且支持多主的工业网络的物理层都采用 RS485 接口，面向字节编码的多主机网络一般采用令牌传递机制来协调多主机。

2．工业现场网络接口实例

为了更详细地介绍工业现场的异步串行通信应用，下面给出一个设计示例。该示例的目的是介绍如何使用 UART 功能单元实现工业现场网络接口，其硬件结构和实物如图 7.19 所示。

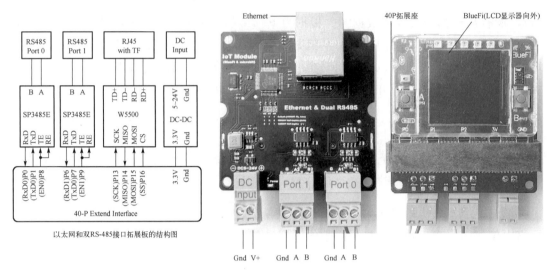

图 7.19 BlueFi 扩展板——以太网和双 RS485 接口模块示例

这是 BlueFi 的一种网络接口功能扩展板，带有一个 100MBase 以太网接口(该接口的电路和软件参见 6.5 节)，以及两个 RS485 通信接口(或一个 RS422 通信接口)。双 RS485 的接口模块电路参见图 7.20。

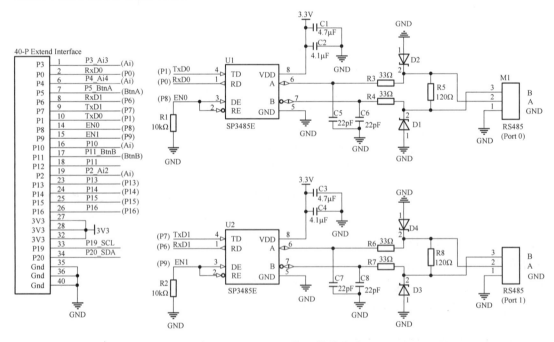

图 7.20 双 RS485 接口模块电路

图 7.20 所示的电路中使用两个标准的半双工差分信号收发器实现两个标准 RS485 接口，使用任何一个接口都可以连接到一个半双工差分传输的网络上，同时使用两个端口可以连接到全双工差分传输网络上。每个 RS485 接口收发器占用 BlueFi 的 3 个扩展引脚，分别用作 RxD、TxD 和 EN(收/发使能控制信号)。其中，当 RS485 收发器的 EN 信

号为逻辑 "0" 时，其处于接收状态，为逻辑 "1" 时，其处于发送状态，我们使用 10kΩ 下拉电阻确保 EN 信号默认为低电平，即 RS485 收发器处于接收数据状态，仅当需要发送数据时才将 EN 置为高电平（即进入发送数据状态）。

我们使用两个 BlueFi 和通信扩展板，以及两根信号线将两个扩展板的 0 号 RS485 接口连接起来，请注意要正确地接线：两个 BlueFi 的 RS485 接口的 A 与 A 对接，B 与 B 对接。两个 BlueFi 的角色分别为主机和从机，并采用主从结构网络，每次通信总是由主机发送一个数据帧，第 2 个和第 3 个字符为从机地址，每个从机有唯一的地址，当从机收到主机发送的数据帧中的地址字符与自身地址匹配时则发出一个应答帧，从机发出的应答帧的第 2 个和第 3 个字符也是从机地址。

为了方便调试，我们使用 Python 脚本程序来设计上述示例，请参考前面相关内容中描述的方法更新 BlueFi 开发板的 Python 解释器固件，并将 BlueFi 与计算机 USB 接口正确地连接，确保在计算机的资源管理器中能看到名为 CIRCUITPY 的磁盘。

我们首先给出从机示例程序，代码如下。

从机示例程序

```
1   #RS485 从地址：myAddr 变量指定本从机地址，每个从机地址必须是唯一的
2   myAddr = '28'
3   import time, random
4   import digitalio, board, busio
5   from hiibot_bluefi.basedio import LED
6   led = LED()                      #当发送数据时，红色 LED 指示灯亮
7   en0 = digitalio.DigitalInOut(board.P8)
8   en0.direction = digitalio.Direction.OUTPUT
9   en0.value = 0                    #使能接收
10  uart0 = busio.UART(board.P1, board.P0, baudrate=9600, timeout=0.5,
    receiver_buffer_size=32)
11  outBuf = bytearray(32)           #输出 buffer 类型：字节数组
12  led.red = 0
13  ###生成一个随机的字符串
14  def generateStr():
15      sstr = 's' + myAddr
16      for i in range(7):
17          ch = chr(random.randint(48, 57)) #'0'~'9'
18          sstr += ch
19      #print(sstr)
20      return sstr
21  ###发送一个应答字符串
22  def uart0Send(sstr) :
23      global outBuf
24      outBuf = bytearray(sstr)
25      led.red = 1                  #红色 LED 指示灯亮
26      en0.value = 1                #使能发送
27      time.sleep(0.005)
```

```
28        outBuf[9] = 0x0A                #最后一字节固定为换行符
29        uart0.write(outBuf, 10)         #将这10字节组成的字节数组发送出去
30        time.sleep(0.005)
31        en0.value = 0                   #使能接收
32        led.red = 0                     #红色LED指示灯灭
33   ###如果接收到消息则发送一个应答
34   uart0.reset_input_buffer()          #清除接收FIFO
35   while true:
36        if uart0.in_waiting > 3:        #检查接收FIFO队列的有效长度是否大于3
37            #in0Buf = uart0.read(10)    #从接收FIFO队列中读10字节到字节数组
38            in0Buf = uart0.readline()   #从接收FIFO队列中读若干字节，遇到换行符即
结束等待
39            if len(in0Buf) > 2 :
40                in0Str = ''.join([chr(b) for b in in0Buf])
41                print("No." + myAddr + " Slave got: " + in0Str)
42                uart0.reset_input_buffer()
43                if in0Str[1:3]==myAddr : #[s][addr.h][addr.l][..]
44                    uart0Send(generateStr())
45                    print("Response ok")
```

该示例程序中，第 2 行"myAddr='28'"用于指定本从机的地址(字符串形式)，当发送应答帧时会使用这个信息(第 15 行)，收到数据帧时也将使用该信息判断是否需要发送应答帧(第 43 行)。当程序启动时，首先导入必要的库模块，包括 digitalio、board、busio，然后在第 7～9 行中对 RS485 接口的收/发使能信号进行初始化，在第 10 行实例化一个 UART 子类的对象并对其初始化(指定引脚、波特率、等待的超时时间等)。使用 BlueFi 的红色 LED 指示灯的亮/灭来指示收发状态：发送数据时，红色 LED 指示灯亮，接收数据时灭。

我们定义了两个子程序分别生成待发送的字符串和字符串发送功能。从机发送的字符串是从机应答帧，其总长度为 10 字节，格式为：

1)帧首字符固定为's'。

2)第 2 个和第 3 个字符固定为本从机地址。

3)第 4～9 个字符是 6 个随机字符。

4)最后一个字符(即帧尾)固定为换行符，即 0x0A。

两个子程序首先按上述的信息结构组织应答帧，在发送应答帧前先将 0 号接口的收/发使能信号置位，即 en0.value=1。然后发送应答帧，即 uart0.write(outBuf, 10)；在发送完毕后，使用 en0.value=0 将收/发使能信号清零，即进入接收状态。这期间，切换红色 LED 指示灯亮/灭指示状态。

事实上，从机几乎总处于接收状态(发送状态耗时极短)，主机或其他从机发送的数据帧都会被接收，然后根据数据帧中的从机地址字符判断是否需要应答。在从机的主循环中，始终检查串行接收缓冲区中是否有数据，若有，则读取数据，直到遇见换行符才结束(或超时结束)，然后将接收到的字符串打印到 LCD 屏幕上，并判断接收到

的数据帧中第 2 个和第 3 个字符是否与本机地址相匹配，若相匹配，则调用子程序发送应答帧。

　　主机示例程序稍显复杂，虽然其功能也十分简单。当按下 BlueFi 的 A 按钮时，发送一个数据帧给指定的从机，该数据帧的总长度也是 10 字节，格式为：

　　1)帧首字符固定为 's'。

　　2)第 2 个和第 3 个字符是从机的地址字符串。

　　3)第 4~9 个字符是 6 个随机字符。

　　4)最后一个字符(即帧尾)固定为换行符，即 0x0A。

　　主机进入等待应答帧的状态后，若在预定的时间内收到应答帧，则等待再次按下 A 按钮并重复上面的操作。正常的主机程序就是如此简单，然而如何应对不正常的情况呢？例如，若在预定时间内没有收到从机的应答帧，该怎么办？我们采用再次发送同样数据帧的方案，也就是重试。那么重试多少次呢？下面示例程序重试两次。主机示例程序如下。

主机示例程序

```
1    #RS485 master
2    import time, random
3    import digitalio, board, busio
4    from hiibot_bluefi.basedio import  LED,Button
5    led = LED()                        #在发送数据期间红色 LED 指示灯亮
6    btn = Button()
7    en0 = digitalio.DigitalInOut(board.P8)
8    en0.direction = digitalio.Direction.OUTPUT
9    en0.value = 0                      #使能接收
10   uart0 = busio.UART(board.P1, board.P0, baudrate=9600, timeout=0.5,
receiver_buffer_size=32)
11   outBuf = bytearray(32)             #输出 buffer
12   led.red = 0
13   slaveAddr = '28'
14   ######生成一个随机字符串
15   def generateStr():
16       sstr = 's'+slaveAddr
17       for i in range(7):
18           ch = chr(random.randint(48, 57)) #'0'~'9'
19           sstr += ch
20       #print(sstr)
21       return sstr
22   ######首次发送
23   def uart0Send(sstr) :
24       global outBuf
25       outBuf = bytearray(sstr)
26       led.red = 1                    #红色 LED 指示灯亮
```

```
27      en0.value = 1                           #使能发送
28      time.sleep(0.005)
29      outBuf[9] = 0x0A                         #最后一个字节为换行符
30      #sendStr = ''.join([chr(b) for b in outBuf])
31      #print(sendStr)
32      uart0.write(outBuf, 10)                  #将输出 buffer 中的 10 字节发送出去
33      time.sleep(0.005)
34      en0.value = 0                            #使能接收
35      led.red = 0                              #红色 LED 指示灯灭
36  ######尝试重新发送(第 2 或 3 次)
37  def tryAgainSend():
38      global outBuf
39      print("timeout of response, I'll try again")
40      led.red = 1                              #红色 LED 指示灯亮
41      en0.value = 1                            #使能发送
42      time.sleep(0.005)
43      #sendStr = ''.join([chr(b) for b in outBuf])
44      #print(sendStr)
45      uart0.write(outBuf, 10)                  #将输出 buffer 中的 10 字节发送出去
46      time.sleep(0.005)
47      en0.value = 0                            #使能接收
48      led.red = 0                              #红色 LED 指示灯灭
49  ######从接收 FIFO 中读取接收到的数据(字节)并打印到控制台上
50  def revProcess() :
51      #in0Buf = uart0.read(10)                 #读取 10 字节数据到字节数组中
52      in0Buf = uart0.readline()
53      in0Str = ''.join([chr(b) for b in in0Buf])
54      print("master got:" + in0Str)
55      #uart0.reset_input_buffer()              #放弃其他未读取的数据
56      print("we got a response")
57
58  #通信控制的状态机(FSM)
59  fsm_State = 0   #有效状态 0:idle, 1:revWaiting, 2:tryAgain_a, 3:tryAgain_b
60  stPoint = time.monotonic()
61  waitSeconds = 1.0
62  while true:
63      btn.Update()
64      #idle 状态
65      if fsm_State==0 :
66          if btn.A_wasPressed :
67              uart0.reset_input_buffer()
68              uart0Send( generateStr() )
69              stPoint = time.monotonic()
70              print("send ok")
71              fsm_State = 1                   #迁移到 revWaiting 状态
```

```
72                                               #等待应答的状态
73      elif fsm_State==1 :
74          if uart0.in_waiting >= 3:
75              revProcess()
76              fsm_State = 0                     #迁移到 idle 状态
77          if(time.monotonic() - stPoint) >= waitSeconds :
78              tryAgainSend()
79              stPoint = time.monotonic()
80              fsm_State = 2                     #迁移到 tryAgain_a 状态
81      #等待应答超时,重新发送再尝试等待应答
82      elif fsm_State==2 :
83          if uart0.in_waiting >= 3:
84              revProcess()
85              fsm_State = 0                     #迁移到 idle 状态
86          if(time.monotonic() - stPoint) >= waitSeconds :
87              tryAgainSend()
88              stPoint = time.monotonic()
89              fsm_State = 3                     #迁移到 tryAgain_b 状态
90      #重新发送之后等待应答再次超时
91      elif fsm_State==3 :
92          if uart0.in_waiting >= 3:
93              revProcess()
94              fsm_State = 0                     #迁移到 idle 状态
95          if(time.monotonic() - stPoint) >= waitSeconds :
96              print("timeout of response, I'll give up")
97              fsm_State = 0                     #迁移到 idle 状态(再次失败,只能放弃)
```

现在你可以将上面的主机程序保存到一个 BlueFi 上(即保存到作为主机使用的 BlueFi 的 CIRCUITPY/code.py 文件中),并将前面的从机示例程序保存到另一个 BlueFi 上。然后将两个 BlueFi 开发板分别插入两个通信接口扩展板,标记一下哪个是主机,并用两根信号线(如杜邦线等)将 0 号 RS485 接口可靠地连接好。准备妥当之后,可以尝试按下作为主机使用的 BlueFi 的 A 按钮,并观察两个 BlueFi 的 LCD 屏幕上显示的内容,根据 LCD 屏幕上显示的信息,我们很容易判断出通信是否成功。

在试用上面的示例程序后,我们再来介绍主机的程序代码。主机的初始化代码与从机的相似,只是需要增加按钮类模块。第 13 行代码 "slaveAddr = '28'" 用于指定待访问的从机地址。主机程序中声明了 4 个子程序,前两个与从机的两个子程序完全相同,不再赘述。另外两个子程序,一个用于重新发送前次发送的数据帧(重试操作需要用到),另一个用于接收数据和处理数据(即收到从机的应答帧)。

主机的主循环程序明显更复杂。我们使用一个有限状态机(Finite State Machine)来控制主机的"等待 A 按钮被按下,首次发送数据帧,等待应答超时后重试,等待应答超时后再重试"通信流程。事实上,实现这样的通信流程有很多种方法,使用有限状态机的实现方法在逻辑上简单一些。由于 Python 语言不支持 "switch-case" 语法,因此上面的

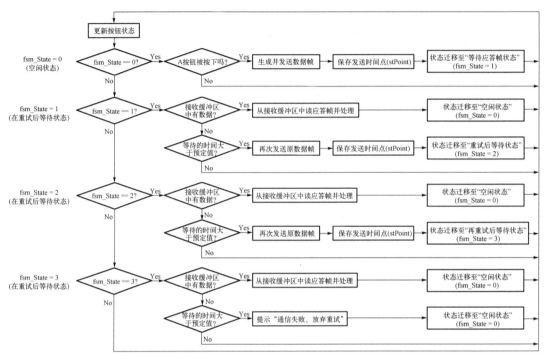

示例程序中使用的是"if…elif…"，熟悉 C 语言或其他支持"switch-case"的编程语言的你肯定能给出更高效的有限状态机。

示例程序中主机使用的有限状态机的流程图如图 7.21 所示。根据图 7.21，对照主机的示例代码，我们就很容易理解这些代码的目的。

图 7.21　主机的有限状态机(通信流程控制)

通过对上面示例的反复测试，你会发现，在正常情况下，主机发送数据帧后从机会立即给出应答，主机的通信流程控制的有限状态机总是在"空闲状态"和"等待应答帧状态"之间切换，偶尔会出现重试等待的状态。可以看出，通信流程控制的大多数工作是在做容错处理，即处理极少发生的错误。事实上，绝大多数工业控制器的软件开发工作都是在做容错处理，虽然错误发生的概率很低，但一旦发生可能会导致灾难性后果。

工业现场使用异步串行通信接口组建的网络，虽然通信速率低、数据吞吐量低、信息容量小，同时这种网络的实施成本也很低，网络节点控制器的 CPU 速度、计算性能、存储空间等资源都可以很低，但是此类网络的可靠性和实时性非常高。传统的 Ethernet 接口及其网络是非实时的，虽然目前已有很多种改进的 Ethernet 接口具有高实时性，且兼具数据传输的高速度和大吞吐量，但是这些网络的实施成本很高。所以，工业传感器和执行器等设备之间互联的低层网络的物理层仍采用异步串行通信接口，如 RS485、RS422 等，高层协议的类型虽然很多，但相似性很明显，这类网络统称为设备层网络(Device Network)。工业控制主机之间，以及主机与数据中心、服务器之间则使用 Ethernet 等高速网络。

本节从差分信号特有的抗共模干扰能力开始，介绍了异步串行通信接口的单端信号和差分信号之间的转换方法，差分传输网络具有较高的抗干扰能力和长距离传输能力，这些正是工业现场的多设备之间互联所需要的。结构化的数据帧、信息广播、唯一的从机地址等是实现系统间互联网络点对点数据传输的基本机制，主从结构、多主结构、对等结构等网络上节点间的关系决定了网络拓扑、数据传输方向等。

7.5　本章总结

异步串行通信接口及 UART 是嵌入式系统之间互联的物理层之一，与其他的系统互联方案相比，异步串行通信具有低速率、低数据吞吐量、高可靠性和高实时性等特点。采用差分信号的 RS485、RS422 等物理层协议目前广泛用于工业领域的设备层网络中，这类网络的抗共模干扰能力强，而且传输距离远，能够满足高实时性需求。

UART 是面向字节编码的串行数据收发器，与面向位编码的 CAN 总线相比，采用 UART 的异步串行通信网络大多数是主从结构的。基于全双工的 RS422 物理层的网络只能采用单主多从的结构，如果需要在 RS485 物理层的网络上实现多主多从结构，必须借助高层协议实现多主机对网络的控制和访问。基于 CAN 物理层的网络支持多主结构，这是 CAN 总线特殊的面向位编码的数据流，支持多个主机对总线控制权的抢占机制。主从结构和多主结构相比，虽然后者的数据传输更灵活，但是数据传输的实时性下降。本章仅探讨基于 UART 的异步串行通信接口及其应用，CAN 总线将在第 8 章深入探讨。

作为 MCU 片上的基本功能单元，UART 的软件接口几乎是所有软件开发平台内部必备的。基于 UART 的异步串行通信软件接口主要包括通信参数(波特率、数据位和停止位个数、奇偶校验位、FIFO 队列深度等)配置和初始化、读/写数据传输的缓冲区、查询缓冲区的状态等。UART 接口传输的字节总是以起始位开始、停止位结束，而且字节内的最低位先传输、最高位后传输。

结构化是所有通信协议的数据帧的基本特征，面向字节编码的数据帧按字节顺序定义其每个信息域的意义和界定方法，大多数的通信数据帧都包含帧头尾标识域、数据域、校验域等。接收节点根据收发双方协定的数据帧结构定义(即通信协议)确定每个数据帧，校验所接收到的数据帧是否存在错误，并按协议约定处理数据帧。Modbus 协议是符合 OSI 模型的应用层协议，基于异步串行通信接口、以太网等物理层的网络都可以使用该协议。Modbus 协议适用于主从网络和轮询机制，每次数据传输总是由主机发起，被访问的从机给予应答。Modbus 协议建立在 PLC 资源模型之上，单个网络内最多支持 247 个 Modbus 从机，单个网络的 Modbus 主机能够管理数百万个继电器、开关输入、模拟输出和模拟输入资源。

通过本章的学习，我们初步掌握了 UART 和异步串行通信接口的基本原理、软硬件接口、编程应用，以及基于 UART 的工业现场网络和协议等。

本章总结如下：

1）异步串行通信接口的数据传输原理，波特率等参数的意义及其配置，FIFO 队列的工作原理。

2）异步串行通信的软件接口及其编程，结构化的数据帧和通信协议等概念。

3）OSI 模型，符合 OSI 模型的 Modbus 协议及其应用。

4）差分传输网络及其在工业领域的应用。

思 考 题

1. 在异步串行通信中使用起始位和停止位，以及字节间隔时间等固定的冗余位虽然浪费传输时间，但是非常重要，这是为什么？

2. UART 内部的接收控制单元对 RxD 信号使用过采样处理等机制避免收发双方由于波特率偏差、噪声干扰等引起的误码。请简要说明 UART 接收控制单元从 RxD 接收一字节数据的过程。

3. 已知某系统的 UART 功能单元输入的时钟信号频率为 16MHz，且波特率发生器所用的自动重装计数器的工作模式是递增的，按照图 7.7 所示的 UART 结构，请分别给出 1200、9600、19200、57600、115200、250000、1000000 和 4000000（单位为 bps）等 8 种波特率所对应的预分频数和计数器重装值，并计算每一种波特率的偏差。

4. 编写测试程序，验证第 7.2 节给出的 FIFO 队列的控制算法。提示：入列测试，出列测试，队列满时的入列测试，队列为空时的出列测试。

5. 按要求编制通信协议并编写程序验证，两个 BlueFi 通过 UART 接口（即"金手指"扩展引脚上的 P0 和 P1）连接实现相互通信，一个 BlueFi（发送者）间隔 1 秒测量一次环境温湿度并发送给另一个 BlueFi（接收者）显示在 LCD 屏幕上，若接收者收到的数据帧是正确的，则发送一个应答帧。

6. 计算机周边的高速通信接口，如 USB、HDMI、SATA 等接口，为什么都使用差分信号对？请简要说明原因。

第 8 章

CAN 总线及其接口

CAN(Controller Area Network，控制器局域网)是历史最悠久、使用最为广泛的汽车控制网络。在机器人和工业控制领域，CAN 也被广泛使用。在第 17 届国际 CAN 大会(2020年 iCC)上启动的 CAN XL 标准被称为第三代 CAN 总线标准，当时距离第一代 CAN 总线标准发布已经过去了整整 30 年，CAN2.0A/B(第一代 CAN)和 CAN FD(第二代 CAN)已经被各汽车制造商接受。甚至有人认为，CAN 总线在汽车控制领域具有压倒性的地位，虽然曾经诞生过性能和可靠性都超过 CAN 的 FlexRay 总线，100MBase-T1 以太网也被部分汽车制造商接受，但 CAN 总线仍具有不可替代的地位。

我们在第 7 章中介绍了 RS485 和 Modbus 等在工业控制领域广泛使用的异步串行通信网络的数据传输是面向字节编码的，即每个数据帧的最小编码单元是字节，每字节不仅包含有固定的数据位(如 8 位)，还包含有起始位、停止位(字节同步位)和校验位等冗余信息。CAN 总线是面向位流编码的网络，在本章中，我们将会发现，面向位流编码的网络不仅传输效率高(去掉每字节中的冗余位和字节间隙位)，还具有其他的一些优点，例如，容易实现多主网络。

本章将介绍 CAN 总线相关的基本概念，以及 CAN 总线的接口设计、CAN 总线协议(含多种版本)和 CAN 网络节点的编程控制等。

注释：CAN 总线相关的基本概念

- **CAN**：Bosch 于 80 年代初制定的异步串行数据通信标准，后被 ISO 国际标准化组织接受，通过 ISO11898 和 ISO11519 进行了标准化，现已是全球汽车网络的标准协议。CAN 是一种多主总线，通信介质可以是双绞线、同轴电缆或光导纤维。CAN 的通信速率最高可达 1Mbps(CAN2.0，其他版本支持更高的波特率)。CAN 总线是符合 OSI 物理层和数据链路层的协议。

- **CANopen**：构建在 CAN(物理层和数据链路层)总线上的 OSI 应用层协议。由于 CAN 总线没有定义应用层协议，因此后来非营利组织 CiA(CAN in Automation)进行了应用层协议的标准化，即 CANopen 协议，最初版本称为 CiA301，后来扩展了许多版本，主要包括面向 I/O 模组的 CiA401 和面向运动控制的 CiA402 等。

- **DeviceNet**：构建在 CAN（物理层和数据链路层）总线上的 OSI 应用层协议，由美国的 Allen-Bradley 公司（现已并入 Rockwell Automation）于 1994 年开发。DeviceNet 是面向工业自动化领域的 CAN 总线应用层协议。

- **CAN2.0A/B**：制定于 1991 年的 CAN 总线技术规范有两种版本，其中 A 版本使用 11 位长度的消息 ID（该版本也被称为经典 CAN 总线），B 版本支持 29 位长度的消息 ID，同时 B 版本兼容 A 版本。CAN2.0A/B 支持的最大波特率为 1Mbps，数据域长度为 0~8，且支持远程请求帧（即某个节点主动地从另一个节点读取消息）。

- **CAN FD**（CAN with Flexible Data-rate，可变速率 CAN）：CAN FD 是为了满足越来越大的汽车网络信息负荷于 2011 年制定的，CAN FD 兼容 CAN2.0B 标准且允许使用两种波特率传输一个数据帧，在总线仲裁阶段和帧尾（包含应答域和 EOF）仍采用 CAN2.0B 的 1Mbps 最大波特率，数据域和 CRC 校验域允许切换为 8 倍的波特率，而且数据域的长度支持 0~64 字节。相较于 CAN2.0A/B，CAN FD 的数据域容量增加 8 倍（64:8），但每帧传输时间几乎不变。

- **CAN XL**：于 2020 年提出的第三代 CAN 总线规范。与 CAN FD（第二代 CAN 总线规范）相比，CAN XL 的仲裁阶段仅支持 11 位长度的消息 ID 且仍支持 1Mbps 的最大波特率，但数据域的波特率强制切换到最大 10Mbps（CAN FD 的数据域可选择性地切换至高波特率）。此外，CAN XL 的数据域长度扩展为 1~2048 字节。相较于 CAN FD，CAN XL 的数据域容量增加 32 倍（2048:64）。

8.1 CAN 总线简介

视频课程（1） 视频课程（2）

CAN 总线是一种异步串行通信低层网络。对照 OSI 模型，CAN 总线规范仅包含物理层和数据链路层的标准。然而，构建在 CAN 总线上的应用层协议（即 OSI 模型的高层协议）有多种，如针对汽车控制领域和工业控制领域的 CANopen 协议、针对工业控制领域的 DeviceNet 协议、针对公交车和卡车控制领域的 SAE J1939 协议、针对轻型电动汽车领域的 EnergyBus 协议等。

1．CAN 总线的特点

CAN 总线最初是由著名的汽车零部件供应商——德国 Bosch 于 1983 年制定的，于 1986 年国际汽车工程师协会（SAE）大会上正式公开发布，1991 年使用 CAN 总线的首台汽车——奔驰 W140 正式推出。在 2020 年国际 CAN 大会上，启动了 CAN XL（第三代 CAN）标准，CAN 总线已历经近 40 年的发展，在汽车控制领域仍被广泛使用。CAN 总线为什么能够得到广泛认可呢？

CAN 总线具有以下几个特点：

1）高可靠性。CAN 总线采用无主的网络架构，其网络传输不依赖于主机的可靠性。

CAN 总线采用消息 ID 和消息体的传输机制(无网络节点 ID),每个节点可发送或接收多个 ID 的消息,任何节点失效都不会影响其他节点和网络。

2)低成本。CAN 总线物理层采用低压差分信号,CAN 总线物理层接口的收发器成本与 RS485 收发器相接近,但 CAN 总线收发器具有网络侦测能力(每个节点都可以检测自己发出的信号)。

3)高传输效率。CAN 总线使用面向位流编码的短数据帧,每位都采用不归零编码,数据域最大长度为 8 字节。当传输短数据帧时,占用的网络周期短,受干扰或导致错误数据位的概率低,而且重传的时间也短。

4)易组网。CAN 总线根据消息 ID(11 位或 29 位两种长度的消息 ID)的二进制 0 位的多少分配消息传输优先级,允许多个节点通过自动竞争和仲裁来获取总线的占用权,甚至支持即插即用的节点。

5)开放的协议和生态系统。CAN 总线得到广泛应用的关键应归功于 Bosch 最初采用的开放版权策略,以及由半导体制造商(协议栈的硬件化)、汽车零部件开发商、软件开发商和行业协会等共同参与打造的 CAN 总线生态。

2．CAN 总线的数据帧结构

本节以 CAN2.0B 版本为例,介绍 CAN 总线的上述基本特点和相关的基本概念。

CAN 总线的物理层使用双绞线作为通信介质,两个信号分别称为 CAN_HI 和 CAN_LO,它们组成一对差分信号。CAN 总线节点的物理层接口为总线收发器/驱动器。CAN 总线的数据帧是面向二进制位编码的结构化位流,每个数据帧都包含帧起始域、仲裁域、控制域、数据域、CRC 校验域、确认域、帧结束域和帧间隔域等。

在 CAN 总线的标准中,将二进制位 0 定义为"显性位"或"显性信号",将二进制位 1 定义为"隐性位"或"隐性信号"。当传输显性位 0 时,CAN_HI 信号将被拉高到 CAN 总线收发器的工作电源电压 VDD,同时 CAN_LO 信号将被拉低到 CAN 总线收发器的 GND。当传输隐性位 1 时,CAN 总线收发器不驱动 CAN_HI 和 CAN_LO 两个信号,即两个信号处于浮空状态,此时受 120Ω 终端匹配的影响,两个信号始终保持较小的电位差。

CAN2.0B 数据帧和物理层 CAN_HI 与 CAN_LO 信号之间的关系如图 8.1 所示。在图 8.1 中,假设某个 CAN 总线节点发出一个数据帧,其中帧 ID=0x014 且数据域长度仅 1 字节(数据字节为 0x01),这个完整的 CAN 总线数据帧(位流)由 55 个二进制位组成,并结构化为 8 个信息域,其中关键的信息域是包含有帧 ID 的仲裁域、指定数据域长度(字节个数)的控制域,以及数据域,按照我们假设的条件,这三个信息域的二进制位都是确定的。

此外,CRC 校验域的内容是根据该域之前的位流内容计算得到的 15 位的 CRC 值(循环冗余校验码)。帧起始域、确认域、帧结束域和帧间隔域等的信息都是固定的,即所有 CAN2.0B 数据帧的这些域的信息都是相同的,这些固定内容的信息域用于同步 CAN 数据帧。

从图 8.1 中能够清楚地看出,当 CAN 总线发送 0 和 1 时,CAN_HI 和 CAN_LO 两信号的电压状态。CAN 总线物理层的收发器有多种型号，它们的工作电压也各不相同（如 3.3V 或 5V），但是 CAN 总线允许使用不同型号的总线收发器节点共用同一个网络，这是因为 CAN 总线接收器以 CAN_HI 和 CAN_LO 两信号的电位差和阈值来判定 0 和 1 信号：显性位 0 的电位差阈值为 2.3V（大于 2.3V 为逻辑 0），隐性位 1 的电位差阈值为 0.6V（小于 0.6V 为逻辑 1）。

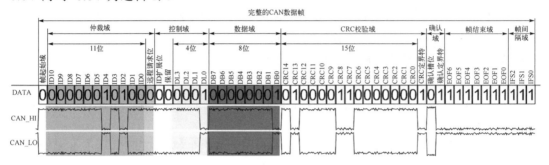

图 8.1　CAN2.0B 数据帧和物理层 CAN_HI 与 CAN_LO 信号之间关系

CAN 数据帧的起始域仅有 1 个显性位 0。由于 CAN 总线的空闲状态或接收状态是浮空的，因此 CAN_HI 和 CAN_LO 两个信号的电位差约为 0，即总线处于隐性位 1 的状态，这个显性位 0 作为帧起始域具有明确的同步作用。此外，当 CAN 总线传输显性位 0 时，两个总线信号由收发器主动地驱动，从隐性位 1 跳变到显性位 0 的过渡期更短，所以帧起始域信号初始变化的斜率更大。虽然 CAN 总线经历多个版本演变，但是帧起始域并没有变化。

CAN 数据帧的 11 位帧/消息 ID 域和远程请求标志位组成了仲裁域，有时还把这个域称为优先级域，当然这些称呼都是名副其实的。与 RS485 总线组成的网络不同，CAN 总线不对节点编址，但要求对 CAN 总线节点传输的数据帧/消息进行编址，即帧/消息 ID，每个发送节点拥有一个或多个消息 ID 用于帧标识，接收者则根据 ID 选择接收或忽略网络上的消息。原则上，CAN 总线的消息发送者使用唯一的 ID 发送消息。例如，汽车中控台发出左后视镜和右后视镜的角度调整消息时，必须采用不同的 ID，左右后视镜的两个控制器节点分别根据消息 ID 接收自己的指令，忽略其他指令。

CAN 总线是一种多主（或无主）网络架构，任何节点都可以随时启动消息发送过程，但是发送者必须在发送消息 ID 期间侦测网络状态以确定是否发送成功，一旦发送不成功，则停止发送过程，直到网络恢复空闲状态后再次启动发送过程。我们把 CAN 总线发送帧/消息 ID 和远程请求标志位的过程称为抢占总线的仲裁过程，如图 8.2 所示。

综上所述，当发送隐性位 1 时，两个总线信号是浮空的，而当发送显性位 0 时，两个总线信号由总线收发器直接驱动。也就是说，如果两个 CAN 节点同时发送单个位的数据，假设 A 节点发送 0、B 节点发送 1，那么总线上实际传输的是 0，即隐性位 1 被显性位 0 覆盖。在图 8.2 所示的仲裁过程中，若两个 CAN 节点同时启动数据帧传输，帧起始域是显性位 0，则都可以准确地传输。假设两个节点传输的消息 ID 不是完全相同的，例如，A 节点正在传输的消息的 ID 为 b00000010100（即 0x014 的二进制数表示），B 节点正在传输的消息的 ID 为 b00000100100（即 0x024 的二进制数表示），那么 B 节点传输到 ID[5]位的 1 将会失败，因为该隐性位 1 被 A 节点的 ID[5]位所覆盖，此时 B 节点按照 CAN 总线的仲裁机制立即退出总线竞争，A 节点成功地把消息发送出去，一旦 A 节点发送完毕，则立即释放总线，B 节点侦测到总线空闲后，则再次启动消息发送过程，此时若没有其他节点与 B 节点竞争总线，则 B 节点也能成功地把消息发送出去。

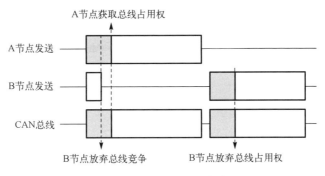

图 8.2　抢占总线的仲裁过程

显然，CAN 总线的竞争和仲裁机制需要收发器的支持。CAN 总线收发器不仅具有差分驱动和差分接收能力，还具有收发环路，即在发送的同时还支持接收。CAN 总线收发器的结构原理和收发环路如图 8.3 所示，与标准差分信号驱动器（如 RS485 收发器）相比，CAN 总线收发器的输入和输出端采用反相逻辑。

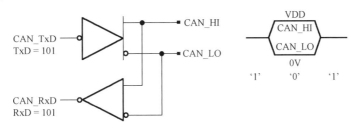

图 8.3　CAN 总线收发器的结构原理和收发环路

在原理上，收发环路允许 CAN 总线节点的 CAN 协议控制器能够侦测每个数据位是否发送成功，但在高速 CAN 网络中，必须考虑信号在双绞线上的传输延迟，例如，当 B 节点发送隐性位 ID[5]时，远端的 A 节点正好发送显性位 ID[5]，B 节点收发器的接收环路收到显性位 0 的延迟与两个节点的传输线长度有关。按照 5ns/m 的传输延迟来估算，1km 长度的双绞线引起的信号延迟约 5μs。这意味着长传输线的 CAN 网络必须采用很低的波特率（虽然 CAN2.0 支持 1Mbps）。此外，CAN 总线收发器也会有一定的传输延迟，需要根据每个型号的收发器来确定。图 8.4 给出了 CAN 总线网络传输线长度与波特率、网络节点个数之间的关系。

根据图 8.4 可以看出，1Mbps 仅适合 25m 传输 21 个节点的 CAN 总线，0.8Mbps 适合 50m 传输 21 个节点的 CAN 总线。当传输线长度达 1km 时，只能采用 100000bps 以下的波特率。我们用简单的反例计算来理解图 8.4，1Mbps 的位传输时间正好是 1μs，100m

传输线的双向传输(发送和接收)延迟为 1μs(即 200×5ns),发送者无法在单位传输时间内确定是否发送成功。

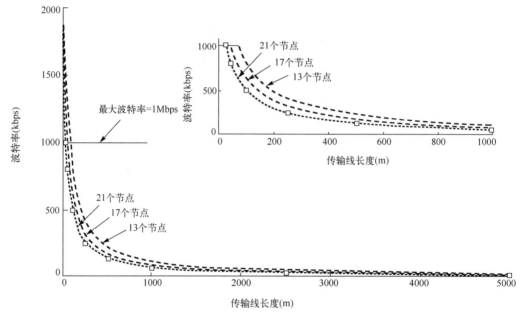

图 8.4　CAN 总线网络传输线长度与波特率、网络节点个数之间的关系

现在再来看 A 和 B 两个节点竞争总线的仲裁过程,A 节点的消息 ID 小于 B 节点的消息 ID,当两个节点同时竞争总线时,A 节点胜出并获得总线占用权。事实上,CAN 总线的竞争和仲裁结果正是根据参与竞争的消息 ID 来确定的:ID 值最小的节点将获得总线占用权。因此,将由帧/消息 ID 域和远程请求标志位组成的仲裁域称为优先级域是名副其实的。

仲裁域的最后一个位(即远程请求标志位)会在什么情况下有仲裁作用呢?仅在 ID 域完全相同的情况下,这个位才会影响仲裁结果。显然,ID 域不相同的两个或多个节点之间的总线竞争和仲裁结果是确定的,远程请求标志位将不会有作用。ID 域完全相同的两个或多个节点对 CAN 总线的竞争只会发生在当两个或多个节点主动地同时向某个远程节点请求特定 ID 消息,该远程节点也正好要发送此特定 ID 消息时。注意,远程请求帧的这个标志位是隐性位 1,但标准的 CAN 数据帧的这个标志位是显性位 0。

现在我们已经清楚地知道 ID 域完全相同的远程请求帧和正常数据帧之间的竞争和仲裁结果,即发送正常数据帧的节点将赢得总线占用权。例如,某汽车温度控制节点(CAN 节点)的消息 ID 固定为 0x078,汽车中控台发出请求温度消息的远程请求帧,该远程请求帧的 ID 域为 0x078 且远程请求标志位为 1,同时温度控制节点正好发送温度消息帧,该数据帧的 ID 域也是 0x078 且远程请求标志位为 0,最终温度控制节点赢得总线占用权,中控台的远程请求帧未发送成功,但是中控台仍接收到温度数据帧。

在 CAN 数据帧的仲裁域之后是控制域,该域的第一个位是 ID 扩展帧的标志位,对于 11 位帧/消息 ID 的数据帧来说,该位固定是显性的,对于 29 位帧/消息 ID 的数据帧来说，该位固定是隐性的。控制域的第二个位是预留给未来使用的固定位，在 CAN 总线标准中要求预留位默认是显性的，虽然接收节点将会忽略这个位的实际值，但发送节点必须保持这个预留位是显性的。

CAN2.0B 和 CAN FD 标准都支持 29 位长度的帧/消息 ID，并将仲裁域扩展至 32 位，包含 11 位标准 ID、原远程请求标志位(固定为 1)和预留位(固定为 1)、18 位扩展的 ID、远程请求标志位。按照 CAN 总线的向后兼容原则，CAN2.0A、CAN2.0B 和 CAN FD 三类节点能够共享同一个 CAN 总线，根据上述的 CAN 总线竞争和仲裁机制，你能确定哪类节点的消息优先级最高吗？

CAN 数据帧的控制域还包含数据域长度信息，在 CAN2.0A/B 和 CAN FD 规范中，该信息都只占用 4 个二进制位($DL3\sim0$)。遵循 CAN2.0A/B 标准的节点发送的数据域长度至多 8 字节，且仍预留一个冗余位。然而支持 $0\sim64$ 字节数据域长度的 CAN FD 规范只能采用非线性的编码，因此 CAN FD 的数据域长度只能取{$0\sim8$, 12, 16, 20, 24, 32, 48, 64}字节。换句话说，若遵循 CAN FD 标准的节点要传输 9 字节的数据，则必须将其填充成 12 字节才能传输。

紧跟在 CAN 数据帧的控制域之后是可变长度的数据域，在 CAN2.0A/B 标准中该域的位数为 $8\times DL[0:3]$，在 CAN FD 标准中该域的位数与 $DL[0:3]$ 之间是非线性的关系。CAN FD 和 CAN XL 标准中允许使用更高的波特率传输该域的位流，但当传输仲裁域、控制域和帧结束域时，仍采用兼容 CAN2.0A/B 的波特率。

CRC 校验域、确认域、帧结束域和帧间隔域是所有 CAN 标准中都有的信息域。CRC 校验域是由发送节点根据帧起始域、仲裁域、控制域和数据域的位流按特定的 CRC15 多项式函数计算出来的，接收者使用同样的 CRC 算法计算接收到的 15 位 CRC 校验值并与实际接收到的 CRC 校验值进行比较来判定接收的位流的正确性，若接收者(根据消息 ID 判定)发现数据有误，则在接收确认域期间发出错误帧通知发送者，发送者则启动消息重新发送的过程。

3. CAN 信息的仲裁

我们简要分析了 CAN 数据帧的 8 个域及其作用，初步了解了 CAN 总线的消息 ID、总线竞争和仲裁、发送显性位和隐性位时总线信号状态等。CAN 总线采用一种多主网络架构，CAN 节点上的每个数据信息被系统设计和维护者分配唯一的 ID，CAN 总线收发器允许 CAN 协议控制器侦测网络状态，任何时候、任何节点都可以主动地将节点的数据信息和对应的唯一 ID 封装成数据帧并启动消息发送过程，该发送过程是否成功取决于总线状态和总线竞争的仲裁结果，如果发送失败(抢占总线失败或收到错误帧)，那么 CAN 协议控制器将通过重试机制再次发送。图 8.5 给出了 CAN 总线、CAN 网络节点和 CAN 消息 ID 之间的关系。

从图 8.5 中可以看出，一个 CAN 网络节点可以拥有一个或多个消息 ID，但在整个 CAN 网络内每个消息 ID 必须保持唯一性。图中哪个消息 ID 的优先级最高？哪个最低呢？CAN 协议控制器是 CAN 网络节点上的关键功能单元，CAN 总线竞争和仲裁由该功能单元独立完成。目前 CAN 协议控制器都是 MCU 内置或外置的硬件功能单元，该单元与系统 MCU 之间采用高速总线连接，每个节点的应用层数据被标注上唯一 ID 后传输给 CAN 协议控制器，CAN 协议控制器负责将该消息广播到 CAN 总线上，CAN 总线上的所有 CAN 节点(包括发送者自己)都能接收到该消息。系统 MCU 可配置 CAN 协议控制器仅接收某些特定 ID 的消息，只有当接收到这些特定 ID 的消息时，其才将消息 ID 和消息体传输给系统 MCU。

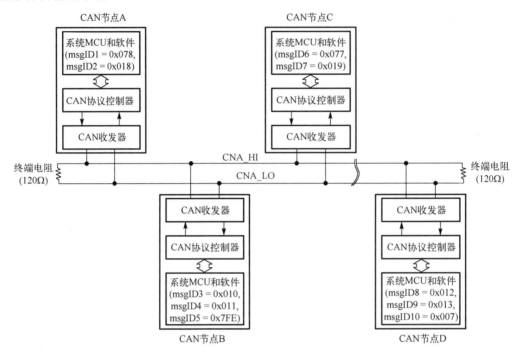

图 8.5　CAN 总线、CAN 网络节点和 CAN 消息 ID 之间的关系

现在看来，使用 CAN 总线组网是非常容易的，尤其是使用 CAN 总线传输系统应用层的数据信息几乎不消耗 MCU 的存储资源和 CPU 时间。但是，CAN 总线并不是实时网络，一个节点的消息被成功地发送和接收的时间是不确定的，尤其是当 CAN 总线上多个节点之间的数据传输非常频繁时，某些低优先级的消息可能会传输失败。虽然 RS485 总线和 Modbus 等协议构建的主从网络采用主机轮询各从机的效率比较低，但借助于固定周期的主从轮询可以确保数据传输的实时性。关于 CAN 总线的数据传输延迟、不同的 CAN 网络环境的总线竞争和仲裁周期、数据帧传输失败的概率等理论计算和实践验证请查阅参考文献[1]第 4 章中的量化说明。

我们在本节中介绍的多主(或无主)网络架构的 CAN 总线节点对总线占用权的竞争和仲裁方案称为 CSMA/CA，即载波侦听多路访问/碰撞避免。这个方案与多主网络架构的以太网的碰撞侦测方案十分相似，在 IEEE 802.3 标准中采用 CSMA/CD(即载波侦听多路访问/碰撞侦测)和随机避退算法的方案解决以太网节点之间的碰撞。但是，CSMA/CA 和 CSMA/CD 有本质的区别，CSMA/CD 是一种碰撞侦测和被动避退的方案，以太网节点在发送数据的同时侦测碰撞，若发生碰撞，则进入碰撞处理流程：首先立即停止数据发送并开始向网络发送阻塞信息以增强碰撞效果，让其他节点尽快侦测到碰撞，然后停止发送信息，释放网络并等待随机时间，然后再次启动数据发送，若碰撞依然存在，则启动随机避退算法再尝试发送，若尝试 16 次都失败，则放弃发送。根据本节的 CAN 总线使用仲裁域竞争总线的仲裁过程，CSMA/CA 的主动避退碰撞只发生在低优先级（消息 ID 较大的）的数据帧上，如果参与总线竞争的消息 ID 是唯一的，那么低优先级消息的发送将被延期，而高优先级消息总能成功地发送出去。比较两种碰撞避退方案，CSMA/CA 的效率更高，高优先级的消息具有较高的实时性，在繁忙的网络环境中，CSMA/CD 不仅效率低，而且所有数据帧的传输延迟完全无法预测。总之，CAN 总线的 CSMA/CA 仲裁机制是非破坏性的，而 CSMA/CD 则是破坏性的。

4．位填充

最后介绍与 CAN 总线相关的一个重要概念——位填充。位填充操作是由 CAN 协议控制器自动完成的，CAN 总线操作软件仅对 CAN 协议控制器做配置，即配置是否启用位填充。CAN 总线数据帧的位填充是指，待发送的位流若出现连续 5 个同极性位，则插入一个相反极性的位。位填充操作可以确保接收者与发送者之间有足够多的跳变保持同步，这是因为 CAN 总线采用不归零编码。位填充操作由发送者自动添加，并由接收者自动删除，CAN 总线的应用层数据不受任何影响。CAN 数据帧的位填充仅对帧起始域、仲裁域、控制域、数据域和 CRC 校验域有作用。如果我们的软件配置 CAN 协议控制器启用位填充功能，那么当接收到连续 6 个或以上同极性位时，则视为总线发送错误，CAN 协议控制器将发出总线错误信息。

8.2　CAN 总线接口——协议

视频课程

这一节我们将详细地介绍 CAN 总线的协议以使读者深入地掌握 CAN 总线应用和设计。目前，CAN 总线的标准化工作被分割成 6 部分，即 ISO 11898-1～6，这 6 部分分别对 CAN 总线的链路层和物理层、高速物理介质附属层、低速物理介质附属层、时间触发的 CAN 通信（即 TTCAN）、低功耗的高速物理附属层、可选择性唤醒的高速物理附属层等进行标准化，以便于全球 CAN 网络节点制造商的产品能够相互兼容和互联。这些标准化文档的简介在 ISO 机构网站上可以搜索到，CAN 网络节点产品的开发者必须仔细阅读这些文档以确保自己的产品遵循这些标准。

目前在用的 CAN 总线版本分为 CAN2.0A、CAN2.0B、CAN FD，虽然 CAN XL 已经启动但尚未正式应用，除了已废止的标准，在用的 ISO 11898 的 6 部分分别对这三种版本的低层协议实施标准化。低层协议仅包含数据链路层和物理层，CAN 总线的高层协议基本上与行业有关（由行业协会制定）。

1．CAN2.0A 标准协议

在 8.1 节中，我们从 CAN2.0B 的一个标准数据帧的位流开始介绍 CAN 总线，本节我们将会深入介绍不同版本的 CAN 协议。CAN2.0A 标准支持 4 种协议帧：标准数据帧、远程请求帧、错误帧和过载帧，其中错误帧和过载帧都属于容错处理专用帧。若数据帧发送节点在发送数据期间侦测到数据发送错误，则发出主动错误帧(连续 6 个显性位 0 代表错误帧，连续 8 个隐性位 1 代表错误定界符)告知 CAN 网络上的其他节点放弃本次通信。当数据帧接收者侦测到数据错误时，可以直接发出被动错误帧(连续 6 个隐性位 1 代表错误帧，连续 8 个隐性位 1 代表错误定界符)。当网络接收者侦测到连续的数据帧之间存在非法的显性位 0 时，直接发出过载帧(连续 6 个显性位 0 代表过载帧，连续 8 个隐性位 1 代表过载帧定界符)。根据我们目前对 CAN 总线的竞争和仲裁方法的认识，被动错误帧不影响数据帧的发送，而过载帧被触发将会破坏数据帧的发送，这是因为 6 个连续的显性位 0 将违反 CAN 总线的位填充规则，迫使数据帧的发送者停止发送数据帧或发送主动错误帧。

CAN 总线的错误帧和过载帧的协议设计得十分巧妙，使得 CAN 总线的数据传输效率极高且容错性也很高。事实上，在用的几种 CAN 总线版本始终沿用 CAN2.0A 标准的这种容错处理机制。图 8.6 给出了 CAN2.0A 标准的数据帧和远程请求帧的位流格式，这两种位流是最常用的正常位流(与容错处理专用帧相比)。发送者将数据帧广播到网络上，其他节点根据消息 ID 确定是否处理该消息(形成 ID 滤波器，参见 8.4 节)。当某些节点需要主动地从其他节点读取消息时，只需要将远程请求帧(仅包含消息 ID 且无数据域)广播到网络上，然后具有对应消息 ID 的 CAN 网络节点会将一个标准的数据帧(包含有远程请求帧 ID 和数据)广播到网络上，主动发起远程请求帧的 CAN 总线节点就会收到自己请求的数据。

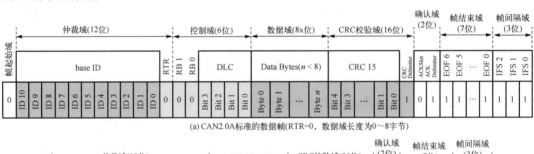

(a) CAN2.0A标准的数据帧(RTR=0，数据域长度为0~8字节)

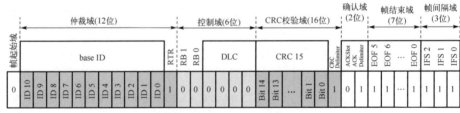

(b) CAN2.0A标准的远程请求帧(RTR=1，且无数据域)

图 8.6　CAN2.0A 标准的数据帧和远程请求帧的位流格式

CAN2.0A 标准的数据帧和远程请求帧仅支持 11 位长度的 ID，数据域长度为 0~8

字节。如图 8.6 所示，CAN2.0A 标准的数据帧和远程请求帧的主要区别是仲裁域的最后一位 RTR（Remote Transmission Request），在标准的数据帧中，该位是显性位 0，在远程请求帧中，该位只能是隐性位 1。此外，两种数据帧的控制域中有 4 个 DLC（Data Length Code）位用来指定数据域的字节数，标准的数据帧中，DLC[3:0] 的有效值集为 {0, 1, …, 8}，虽然远程请求帧中无数据域，但 DLC 的值用于指定请求的数据字节数。

2. CAN2.0B 标准协议

CAN2.0B 标准在 CAN2.0A 标准的基础上扩展了消息 ID 的位长度，支持 29 位长度的 ID，同时将仲裁域的位数也扩展至 32。为什么要扩展 ID 位长度呢？是因为要扩充网络的消息容量。CAN 总线使用 ID 和 RTR 位来竞争总线的占用权，但并未对 CAN 网络节点做任何的寻址定义，消息 ID 就像网络上数据的地址资源一样，按照存储器映射机制，消息 ID 的二进制位宽度影响 CAN 网络上所有节点的数据总容量。因此，CAN2.0A 标准迭代至 CAN2.0B 标准，本质上是提升了 CAN 网络的总容量。

在引入 29 位的扩展 ID 之后，CAN2.0B 标准还必须兼容 CAN2.0A 标准，即遵循 CAN2.0B 标准的 CAN 网络节点和早期的遵循 CAN2.0A 标准的节点能够在同一个 CAN 网络上安全地传输数据，这或许是在制定 CAN2.0B 标准时遇到的最大挑战。

使用基本 ID 和扩展 ID 的 CAN2.0B 标准的数据帧和远程请求帧的位流格式如图 8.7 所示。

对比图 8.6 和图 8.7 中控制域的首位可以看出，在 CAN2.0A 标准的数据帧中，该位称为保留位 1（RB1）且始终保持为显性（0），在 CAN2.0B 标准的数据帧中，该位称为 IDE（IDentifier Extension）。再对比图 8.7（a）和图 8.7（b），不难发现 IDE 位的作用。当遵循 CAN2.0B 标准的节点使用 11 位基本 ID 传送数据时，该位保持显性（0），与 CAN2.0A 标准的数据帧保持一致，当这样的数据帧在由两种标准组成的 CAN 网络上传输时，接收者不会有任何歧义。当遵循 CAN2.0B 标准的节点使用 29 位长度的 ID 发送数据时，该位则变成隐性（1），遵循 CAN2.0A 标准的网络节点将忽略此类数据帧，而遵循 CAN2.0B 标准的节点则能够识别这是一个 29 位长度 ID 的数据帧或远程请求帧。由这些分析可以确定，CAN2.0A 和 CAN2.0B 两种标准的网络节点可以共享同一个 CAN 网络。此外，所有遵循 CAN2.0B 标准的节点，软硬件都能发送和接收 CAN2.0A 标准的数据帧和远程请求帧。

在 8.1 节中，我们仅以 CAN2.0B 标准的位流来介绍 CAN 总线的竞争和仲裁，把位流中的 RB1 和 RB0 两个保留位解释得非常简单，保留位本来是没有特定意义的，标准中要求这些位保持显性，如果 CAN2.0A 标准的产品开发者随意处理这些保留位，例如，发送者将数据帧中的这些保留位按隐性位 1 发送，那么在两种标准的 CAN 网络节点共享一个 CAN 网络时将会引起歧义。CAN2.0A 和 CAN2.0B 标准是一对非常好的技术迭代和向后兼容的案例，也让我们知道如何正确地处理"目前毫无意义的保留位"。

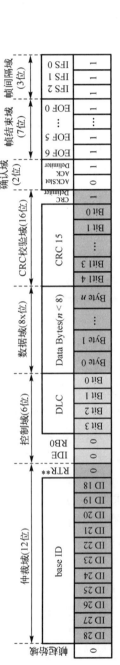

图 8.7 CAN2.0B 标准的数据帧和远程请求帧的位流格式

在 29 位 ID 的 CAN2.0B 标准的数据帧中，仲裁域共有 32 位，即 29 位 ID、1 位 SRR（Substitute Remote Request，固定为 1）、1 位 IDE（固定为 1 代表此帧使用 ID 扩展）和 1 位 RRS（Remote Request Substitution，RTR 的替代位），其中 RRS 位与 CAN2.0A 标准中的 RTR 位具有同等作用。

除仲裁域外，CAN2.0B 标准的控制和数据域等仍与 CAN2.0A 保持一致，而且 CAN2.0B 标准的控制域仍预留 2 个固定为 0 的保留位（仍记为 RB1 和 RB0，但位置已经改变）。这两种 CAN 总线标准已被广泛使用近 20 年，CAN2.0A 标准虽未被弃用，但遵循该标准的产品已非常少见。

3. CAN FD 标准协议

截至目前，CAN FD 标准的诞生时间并不长，ISO 11898-1 的 2015 版才正式将 CAN FD 纳入标准并同时废止 2003 版（仅包含 CAN2.0A/B 的标准）。相较于之前的两种版本，CAN FD 标准的最大变化是增加了数据域的字节数（最大 64 字节）和该域的波特率，而且 CAN FD 标准不支持远程请求帧，继续保留 11 位 ID 的数据帧。在理论上，CAN FD 标准仍兼容 CAN2.0B 标准，即支持两种标准的 CAN 网络节点可以共享同一个 CAN 网络。

此外，CAN FD 标准的数据帧的 CRC 检验域也被调整，根据数据域的字节数（16 字节及以下或 20 字节及以上）分别使用 17 位或 21 位的 CRC 检验域。图 8.8 给出了 11 位 ID 和 29 位 ID 的 CAN FD 标准的数据帧的位流格式，以及使用 29 位 ID 和 64 字节数据域的数据帧。

对比图 8.7 和图 8.8 可知，CAN FD 标准的仲裁域与 CAN2.0B 的完全相同，但两者的控制域变化较大。当同样使用 11 位 ID 时，CAN2.0B 标准的数据帧的控制域的前两个保留位分别是 IDE 和一个保留位 RB0，但 CAN FD 标准的数据帧的控制域的这两位分别定义为 IDE 和 FDF（FD Frame）。对于控制域的首位，使用 11 位 ID 意味着其 IDE 位都是 0，若第二位仍为 0，则代表 CAN2.0B 标准的数据帧，若第二位为 1，则代表 CAN FD 标准的数据帧。当 FDF 为 1 时，CAN FD 标准的数据帧的控制域的后续位将被重新定义。显然，当使用 11 位 ID 时，理论上允许 CAN2.0B 和 CAN FD 两种节点共享同一个 CAN 网络。

当使用 29 位 ID 时，CAN2.0B 控制域的两个保留位默认都是 0，在 CAN FD 标准数据帧的控制域中，这两位的首位被定义成 FDF，当 FDF 为 1 时，CAN FD 标准的数据帧标志位有效。与 CAN20.0B 标准相比，CAN FD 标准的数据帧中，控制域的其他位被重新定义，分别为 BRS（Bit Rate Switch）和 ESI（Error State Indicator）。

BRS 位是 CAN FD 标准的数据帧的控制域中新增的一个关键位，当 BRS 为 1 时，该位之后直到 CRC 定界符之前的所有位传输波特率将切换为 8 倍波特率。ESI 位在正常传输时保持为 0，若发送节点侦测到错误，则将此位发送成 1。

值得注意的是，CAN FD 标准允许 CAN 总线采用两种不同波特率传输单个数据帧，其使用规则是仲裁域到控制域 BRS 位（包含该位）采用低波特率（兼容 CAN2.0A/B 不超过 1Mbps），允许 BRS 位之后直到 CRC 定界符之前的所有位采用 8 倍波特率传输，而确认域、帧结束域和帧间隔域则恢复低波特率传输。

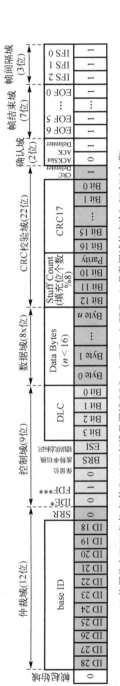

图 8.8 CAN FD 两种 ID 位长度和数据域长度的标准数据帧的位流格式

CAN FD 标准的数据域最长可达 64 字节，这是 CAN2.0A/B 标准的 8 倍，如果在传输 CAN FD 标准数据帧时允许使用 8 倍波特率传输数据域和 CRC 校验域的各位，那么 CAN FD 标准传输 64 字节数据占用 CAN 总线的时间不大于 CAN2.0A/B 标准传输 8 字节数据的耗时。有些文献中称 CAN FD 标准支持的最大波特率可达 10Mbps，事实上这是一种误解。CAN FD 中仅使用 BRS 位控制波特率是否切换为 8 倍。

从图 8.8 中可以看出，CAN FD 标准的 CRC 校验域也有很大变化，不仅根据数据域的字节数改变了 CRC 算法，而且增加了 4 位(即 Stuff Count 子域)，用于验证该域之前的数据帧中二进制位的个数。Stuff Count 的前 3 位是 Stuff_Count[2:0]的数据位个数%8(即除以 8 的余数)的格雷码(Grey Code)，第 4 位是 Stuff_Count[2:0]的奇校验位。增加 Stuff Count 子域的目的是提升数据帧的检错能力。

格雷码是一种可靠性较高的绝对编码，在相邻的两个码之间仅有一位不同，与其他编码(如连续的二进制编码)相比更容易检错。3 位二进制码与格雷码对照关系如下：

1)序数：　　　　　　0,　　1,　　2,　　3,　　4,　　5,　　6,　　7
2)3 位二进制码：000,　001,　010,　011,　100,　101,　110,　111
3)3 位格雷编码：000,　001,　011,　010,　110,　111,　101,　100

4．CAN 标准协议对比

比较三种版本的 CAN 标准可知，CAN 总线的竞争和仲裁机制始终保持不变，即 CAN 网络架构始终不变。CAN2.0B 标准增加消息 ID 的二进制位长度以提升 CAN 网络上的信息总容量，CAN FD 标准将数据域的字节数提高 8 倍并支持以 8 倍波特率传输数据域，在不增加 CAN 数据帧传输时间的条件下将每帧的数据信息提高 8 倍，CAN FD 标准使用改进的 CRC 校验域提升数据帧的检错能力。显然，CAN 标准每次迭代的目的都是消息容量、消息传输效率等方面的提升，这也正是为了在汽车控制和工业控制等领域不断提升消息容量、消息传输速度。

对比三种不同 CAN 总线标准的数据帧格式可知，随着消息容量和传输速度的不断提升，数据帧的检错能力也随之提升，数据帧的结构也越来越复杂。新标准向后兼容的需求等会不会使 CAN 总线的应用软硬件接口设计越来越复杂(兼容更多种标准)呢？不会的。

多种 CAN 标准的协议控制器都是成熟的硬件功能单元，无论是集成在 MCU 内部的还是外部独立的 ASIC，图 8.6～8.8 中的数据帧都是由协议控制器根据用户程序待传输的消息 ID 和消息数据自动封装成的，用户程序仅把 11 位或 29 位的消息 ID 和对应的消息体数据字节逐个写入 CAN 协议控制器的发送缓冲区或从接收缓冲区读回 RAM。

图 8.9 给出了将 11 位或 29 位消息 ID 和消息数据封装成 CAN2.0B 标准的数据帧的操作。

图 8.10 给出将 11 位或 29 位消息 ID 和消息数据封装成 CAN FD 标准的数据帧的操作。

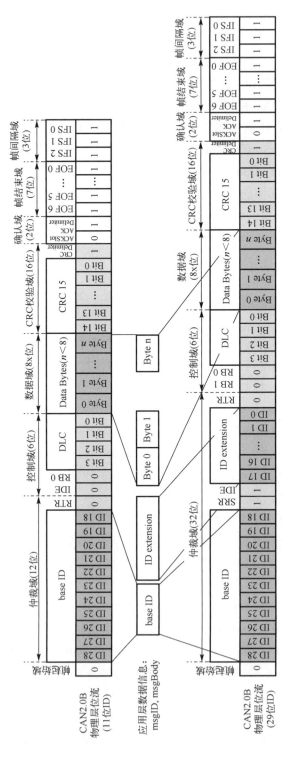

图 8.9 将消息 ID 和消息数据封装成 CAN2.0B 标准的数据帧的操作

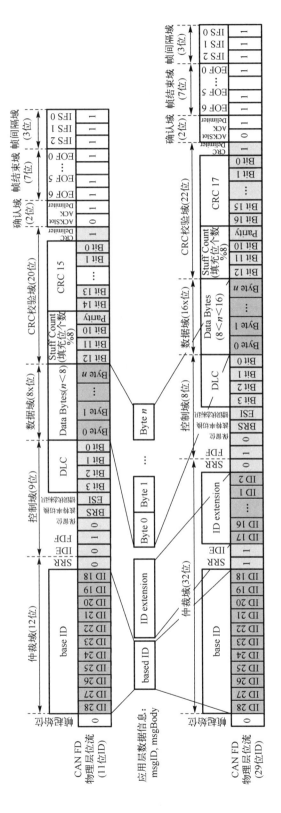

图 8.10　将消息 ID 和消息数据封装成 CAN FD 标准的数据帧的操作

对于 MCU 片内的 CAN 协议控制器单元，消息 ID 和消息数据缓冲区都是 MCU 片上外设的存储器单元，消息 ID 和消息的读回(接收)/写入(发送)操作都是片上外设的存储器单元的读/写操作。如果使用独立的片外 CAN 协议控制器，并使用高速 SPI、UART 或并行总线等接口与主 MCU 连接(常规的片外功能单元扩展)，那么 CAN 总线的配置(消息 ID 的长度、波特率等)、发送缓冲区和接收缓冲区等都将被映射成寄存器，消息 ID 和消息数据的读/写操作本质上是通过 SPI、UART 或并行总线读/写这些寄存器进行的。

在 8.3 节和 8.4 节中将分别介绍 CAN 总线节点的软硬件接口设计方法和编程应用。

视频课程

8.3 CAN 总线接口——硬件

1．CAN 网络节点的硬件设计模型

虽然 CAN 总线目前已广泛应用于工业控制、机器人、医疗器械等领域，但汽车控制领域仍是 CAN 总线的最大市场。保守地估算，按每辆车有 30 个 CAN 网络节点，2019 年全球汽车产量约 9100 万辆，则约有 27.3 亿个 CAN 网络节点。车载的 CAN 网络节点也称为 ECU(电子控制单元)，例如，汽车左右后视镜是 2 个独立的 ECU，每个后视镜至少有 2 个发动机(控制镜片绕 2 个方向旋转)和 1 个转向指示灯，在 CAN 总线引入汽车之前，这些 ECU 需要通过很多根控制电缆和供电电缆连接到中控系统，现在有了 CAN 总线，只需要 4 根电缆(2 根通信线和 2 根供电线)即可将这些 ECU 连接起来，不仅降低电缆成本还极大地降低车内布线、维修成本等。

图 8.11 给出了 CAN 总线在汽车控制系统中的应用。本质上，每个 ECU 就是一个车载的嵌入式系统。车载的嵌入式系统与工业级、商业级和消费级嵌入式系统不同，车用级别的嵌入式系统涉及人身安全且运行环境恶劣(如受到电磁辐射、浪涌电流冲击、静电放电，以及高温、低温，长时间连续运行等的影响)，半导体行业有专门的"车规级"/"汽车级"标准。图 8.11 中标注的"低速 CAN 总线"和"高速 CAN 总线"将在 8.4 节介绍，在这里我们只需要知道汽车控制系统的网络分为多种层次即可。

CAN 总线经历数十年的发展已经形成稳定的软硬件设计模型。图 8.12 是遵循 CAN 总线协议栈的 CAN 网络节点的硬件设计模型。

目前第一代和第二代的 CAN 协议控制器均已被硬件化为独立的集成电路或成熟的硬件功能单元的形态，而且绝大多数面向汽车控制、工业控制、机器人控制、发动机控制等应用领域的 MCU 和 DSP 都带有 CAN 协议控制器。将 CAN 协议控制器硬件化不仅能缩短 CAN 接口产品的设计周期，还能确保 CAN 总线时序的一致性，同时降低 CAN 网络节点的 CPU 数据处理成本，当然硬件成本也非常低。独立的 CAN 协议控制器 IC 有很多种，Intel、NXP、TI、Microchip 等知名半导体制造商都有专门的产品线。

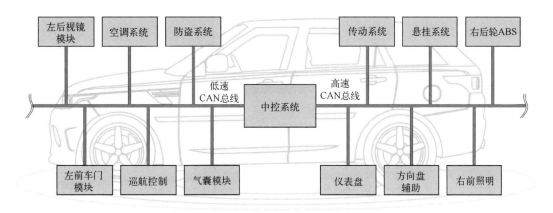

图 8.11　CAN 总线在汽车控制系统中的应用

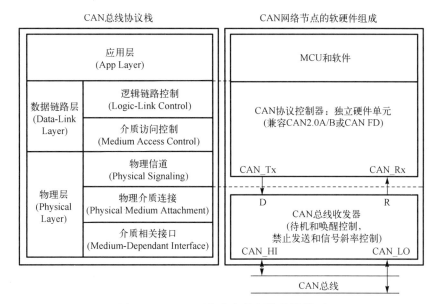

图 8.12　CAN 网络节点的硬件设计模型

2. CAN 总线收发器

值得注意的是，虽然 CAN 总线的两个信号也属于差分信号，但是 CAN 总线收发器与 RS485、RS422 等差分信号收发器并不通用，根据前面的内容我们已经了解了它们之间的区别。图 8.13 给出了 CAN 总线收发器的内部结构及其前后级接口原理，该单元遵循物理介质连接和介质相关接口两子层的标准。在 RS485 标准差分收发器中，逻辑 1 和逻辑 0 都受驱动器控制，接收状态受控于专用的 enTxD 信号。在 CAN 总线范畴，当仅发送逻辑 0（显性位）时，收发器处于受控状态，其他时刻收发器都是三态的（只能接收）。图 8.13 中的 CAN 总线收发器无须 MCU 或其他专用逻辑驱动即可实现这些状态控制。

CAN 总线驱动器也有很多种型号，许多知名半导体制造商都有 CAN 驱动器 IC。虽然 CAN 总线收发器的工作电源和接口逻辑电平也有很多种，但我们只需要根据所用

MCU、CAN 协议控制器的 I/O 逻辑电平来选择即可，因为 CAN 总线采用差分信号的电位差和阈值来判定高低电平，与 CAN 总线收发器的工作电源电压无关。

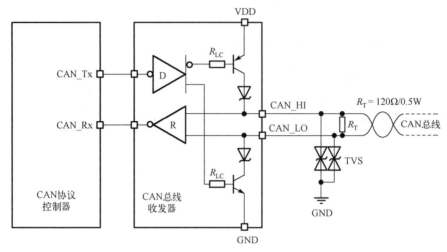

图 8.13　CAN 总线收发器的内部结构及其前后级接口原理

对于 CAN 总线的终端电阻，需要注意图 8.13 中 R_T 的功率。根据 CAN 总线的差分信号接口，当传输显性位 0 时，CAN_HI 信号通过内部 P 型三极管被拉高至 VDD，同时 CAN_LO 信号被内部 N 型三极管强制被拉低到 GND，此时终端电阻两端的电位差是最大的。假设 CAN 总线的驱动电流被限制在 50mA，那么 120Ω 终端电阻的功率为 0.3W（即 $0.05^2 \times 120$），这意味着功率至少选择 1/3W 或更大的 1/2W。

3. BlueFi-CAN 扩展板的硬件设计

根据 CAN 网络节点的硬件设计模型，图 8.14 是基于 BlueFi 的 40P 扩展接口的 CAN 接口的示例电路原理图。

使用兼容 CAN2.0B 标准的独立 CAN 协议控制器 IC——MCP2515，其内部结构如图 8.15 所示。该协议控制器的详细资料可在 Microchip 官网下载，同时 Microchip 还提供更多种 CAN2.0B 和 CAN FD 标准的独立协议控制器，对于我们来说，选择使用哪种 CAN 协议控制器并无本质区别，但是对于量产的 CAN 网络节点产品来说，建议使用兼容 CAN FD 标准的控制器。

考虑到 BlueFi 的 40P 扩展接口仅有 3.3V 供电电源，而且所有功能扩展接口的逻辑电平都采用 3.3V，独立的 CAN 协议控制器 MCP2515 是一种宽工作电压的 IC（允许 2.7～5.5V），我们可以使用 BlueFi 的 40P 扩展接口上的 3.3V 和 GND 为其供电，那么 CAN 总线收发器与 CAN 协议控制器之间的逻辑接口电压也必须为 3.3V，如果 CAN 总线收发器的工作电压也采用 3.3V，那么意味着我们的 CAN 接口扩展板也采用 3.3V 单电压供电，这样的设计更为简化。在 TI 和 NXP 等官网上我们能找到很多种 CAN 总线收发器，其中 SN65HVD230 是价格较低的一种支持 3.3V 电压供电的 CAN 总线收发器。

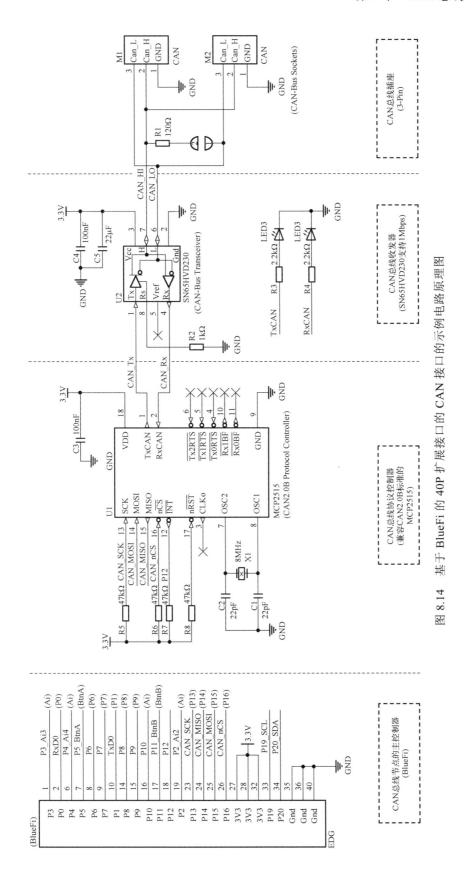

图 8.14　基于 BlueFi 的 40P 扩展接口的 CAN 接口的示例电路原理图

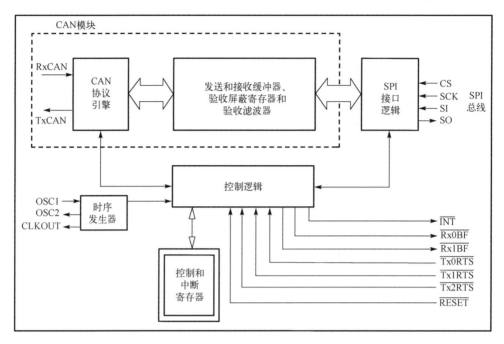

图 8.15　兼容 CAN2.0B 标准的独立 CAN 协议控制器 IC——MCP255 的内部结构

　　参考图 8.12 所示的 CAN 总线协议栈，在图 8.14 中将完整的 CAN 扩展板的电路分割为 4 部分：BlueFi 的 40P 扩展接口、CAN 协议控制器、CAN 总线收发器和 CAN 总线接口插座。由于整个扩展板采用 3.3V 单电压供电，因此这个接口设计变得极为简单。独立的 CAN 协议控制器使用 SPI 通信接口与 BlueFi 主控制器（nRF52840）连接，CAN 协议控制器与 CAN 总线收发器之间的连接是常规的，CAN 总线接口插座使用易插拔的形式。每个扩展板上都设计 2 个 CAN 总线接口插座，其目的是方便连线，3 个 BlueFi-CAN 扩展板之间使用 CAN 总线通信的实物连线如图 8.16 所示。从图 8.14 所示的电路中可以看出，两个 CAN 总线接口插座上的 CAN 总线信号是相互连通的，接线时只要注意区分 CAN_HI 和 CAN_LO 两个信号即可。

图 8.16　3 个 BlueFi-CAN 扩展板之间使用 CAN 总线通信的实物连线

　　由于 BlueFi 的主控制器(nRF52840)片内没有 CAN 协议控制器和 CAN 总线收发器等功能单元，因此我们使用 SPI 通信接口的独立 CAN 协议控制器 IC 为 BlueFi 扩展出 CAN 接口，整个 CAN 扩展板使用 3.3V 单电压供电，使得扩展电路的设计非常简单。

　　当然，许多面向工业控制应用领域的 MCU/SoC 片上都带有硬件 CAN 协议控制器单元，例如，采用 ARM Cortex-M3/M4/M4F 微处理器的 LPC1769(来自 NXP)、STM32F1xx/4xx(来自 ST)等片上都有 1 个或 2 个独立的 CAN 协议控制器单元，ESP32 或 ESP32-S2/-S3(来自上海乐鑫)片上带有 1 个 CAN 协议控制器单元(在乐鑫的文档中，CAN 协议控制器单元被称为 TWAI，即 Two-Wire Automotive Interface 的缩写)。事实上，CAN 协议控制器是由一个通信控制状态机、一个多状态复杂时序逻辑电路和多个 FIFO 缓存组成的数字电路功能单元，很容易集成到 MCU/SoC 内部，或者使用 FPGA(Field Programmable Gate Array，现场可编程门阵列)内部逻辑单元和存储器来实现。片上 CAN 协议控制器单元通过片内并行总线(如 APB)与 CPU 内核和 RAM 互联，这样的接口在访问速度方面远超 SPI 等扩展接口，而且片上功能单元的寄存器和 RAM 之间很容易通过 DMA 方式传输数据。当我们需要缩短 CAN 总线接口的数据传输延迟时，使用片上 CAN 协议控制器将是首选。

　　图 8.17 是使用 MCU/SoC 片上 CAN 协议控制器的 CAN 总线节点的硬件接口电路示例。当使用片上 CAN 协议控制器时，需要仔细查阅 MCU/SoC 的技术文档以确定 CAN 接口引脚的分配规则，以及逻辑电平等。

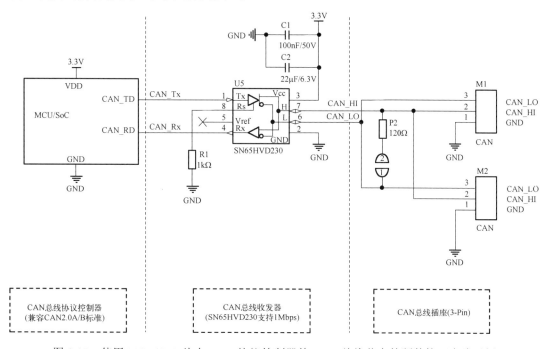

图 8.17　使用 MCU/SoC 片上 CAN 协议控制器的 CAN 总线节点的硬件接口电路示例

　　对比图 8.14 和图 8.17 中的示例电路，或许你会问，为什么不将 CAN 总线收发器集成到 MCU/SoC 内部呢？CAN 总线的一对差分信号比较特殊，不同于其他差分信号，无法与普通 I/O 引脚通用。

本节以分层的 CAN 总线协议栈作为对照，引入 CAN 网络节点的硬件设计模型，并简要分析 CAN 总线收发器的前后级接口，然后参照硬件设计模型给出 BlueFi-CAN 扩展板的硬件设计。我们仅给出一种最简单的兼容 CAN2.0B 标准的 CAN 网络节点的硬件设计，而且尽可能地简化电路设计，在 CAN 总线接口方面，并未考虑电磁辐射、浪涌电流和静电放电等保护措施。在 CAN 总线的各类应用场景中，无论是工业还是汽车领域，抗高低温损伤、抗辐射干扰、抗静电损坏，以及防水等设计都十分重要，从数据帧的传输原理和协议角度可以看出，CAN 总线本身具有很强的抗干扰能力和很高的可靠性，但实际应用系统的设计也会严重影响 CAN 总线的性能。

8.4 CAN 总线接口——软件编程及应用

视频课程

本节将使用 8.3 节的 CAN 网络节点硬件接口示例来介绍 CAN 总线的软件接口和编程应用。首先运行一个示例程序演示 CAN 总线通信的效果，然后分析 CAN 接口库的框架和接口的用法，初步介绍 CAN 总线接口的配置、消息收发机制和软件编程应用。

1. CAN 总线接口通信示例

运行 CAN 总线接口示例程序的硬件如图 8.18 所示。图中是 BlueFi 的一种扩展板——NBIoT 扩展板，图 8.18(a) 是该扩展板的实物照片和 CAN 总线连接示例，图 8.18(b) 是该扩展板的内部架构和引脚资源占用说明。该扩展板不仅有一个 CAN 总线接口，还带有一个 NBIoT 模块用于实现 3G 和 4G 蜂窝网的数据通信，这种蜂窝网通信接口将在后续的内容中用到。因为这个扩展板适合多个领域的物联网应用，所以称这个扩展板为 IoT 模块。

IoT 模块使用 BlueFi 的 P13～P15 三个引脚分别连接 SPI 通信接口的 SCK、MISO 和 MOSI 信号，P16 引脚连接 SPI 的 NSS 片选信号，P12 引脚连接 MCP2515 的中断请求信号。也就是说，IoT 模块占用 BlueFi "金手指" 扩展接口上的 5 个扩展连接引脚。我们至少需要 2 个 IoT 模块和 2 个 BlueFi 来运行本节的示例程序，如果你打算使用相似的硬件功能单元来运行示例程序，请务必根据硬件接口和资源占用情况修改本节的示例代码及所用的接口库代码。

我们首先按照图 8.18(a) 所示的连接方法将两个插有 BlueFi 的 NBIoT 扩展板的 CAN 总线连接起来。请注意 CAN_H 与 CAN_L 两个信号不能交叉。然后下载本节使用到的所有源文件和示例程序。

为了便于测试，请先删除 ../Documents/Arduino/libraries/BlueFi 文件夹中的全部文件，然后下载压缩包，链接为：https://theembeddedsystem.readthedocs.io/en/latest/_downloads/

d9e729687d770d48b814ebd410f2d580/BlueFi_bsp_ch8_4.zip，并将其解压到../Documents/
Arduino/libraries/BlueFi 文件夹中。

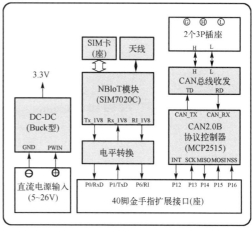

(a) NBIoT扩展板和CAN总线连接示例　　　　(b) NBIoT扩展板的内部架构和I/O引脚资源占用说明

图 8.18　BlueFi 的一种扩展板——NBIoT 扩展板

　　之后下载压缩包，链接为：https://theembeddedsystem.readthedocs.io/en/latest/_downl
oads/c1ec5c20b701913d50c55d446cfbf5b5/CAN_MCP2515.zip，即 CAN_MCP2515.zip 文
件，然后将该压缩包解压到../Documents/Arduino/ libraries/文件夹中。

　　接着下载压缩包，链接为：https://theembeddedsystem.readthedocs.io/en/latest/_downl
oads/eb6866b751913fc380fd0783e20baa06/bluefi_nrf52840.zip，即 bluefi_nrf52840.zip 文
件，然后将该压缩包解压到 RF52 的 Arduino 安装路径下，即../Arduino/packages/adafruit/
hardware/nrf52/0.21.0/variants/文件夹下，并覆盖该文件夹中已有的 bluefi_nrf52840 文件夹。

　　上述 3 个压缩包分别是 BlueFi 的 BSP 文件、CAN 总线接口库文件（使用 MCP2515）
和 BlueFi 兼容 Arduino 的引脚定义文件，直接使用这些源文件可以快速搭建 BlueFi 和
NBIoT 扩展板的 CAN 总线通信测试环境，当然你也可以自行修改这些源代码及对应的
示例程序来实现其他功能。

　　上述的软硬件准备工作完毕后，我们使用 Arduino IDE 可以打开../Documents/
Arduino/libraries/CAN_MCP2515/examples/transceiver_bluefi/transceiver_bluefi.ino 源文件，
并将 BlueFi 和 IoT 模块与计算机 USB 接口连接好，对该示例程序进行编译，并下载到
BlueFi 上，我们即可将第一个示例程序下载到两个 BlueFi 的 FlashROM 中。

　　如果你不打算编译和修改示例程序，可以直接将../Documents/Arduino/libraries/
CAN_MCP2515/examples/transceiver_bluefi/transceiver_bluefi.uf2 文件拖放到 BLUEFFI
BOOT 磁盘中即可。还记得如何把连接到计算机的 BlueFi 映射成名为 BLUEFIBOOT 的
磁盘吗？用 USB 数据线将 BlueFi 和计算机连接好后，双击 BlueFi 的复位按钮，BlueFi
的 5 个彩灯全部为绿色时，在计算机的资源管理器中将出现 BLUEFIBOOT 磁盘。还记
得如何将 Arduino IDE 产生的二进制文件转换成 uf2 格式的文件吗？

两个 BlueFi 一旦开始运行示例程序，打开与 BlueFi 连接的计算机上的 Arduino IDE 串口监视器（即控制台），然后按下任一 BlueFi 的 A 按钮，我们即可在串口监视器上看到下面的提示信息。

串口监视器显示的内容

```
1   ..
2   ------------- Got a message, ID: 0x401
3   rData:0x31 0x32 0x33 0x34 0x35 0x36 0x37 0x38, T:206.000s
4   Successed to send a message
5   ------------- Got a message, ID: 0x401
6   rData:0x31 0x32 0x33 0x34 0x35 0x36 0x37 0x38, T:206.003s
7   Successed to send a message
8   ------------- Got a message, ID: 0x401
9   rData:0x31 0x32 0x33 0x34 0x35 0x36 0x37 0x38, T:206.006s
10  Successed to send a message
11  ------------- Got a message, ID: 0x401
12  rData:0x31 0x32 0x33 0x34 0x35 0x36 0x37 0x38, T:206.009s
13  Successed to send a message
14  ..
15  ------------- Got a message, ID: 0x401
16  rData:0x31 0x32 0x33 0x34 0x35 0x36 0x37 0x38, T:206.999s
17  Successed to send a message
18  ..
```

显然这些是 3 行打印信息的不断重复，但是 T:xxx.xxxs 中的数值是变化的，而且相邻两个重复信息中的这个值相差大约 0.003s（即 3ms）。3 行重复信息的第 1 行提示"收到一个 CAN 消息"且打印该消息的 ID；第 2 行提示收到的 CAN 消息中的 8 字节数据 rData 和当收到该消息时系统的累计运行时间 T；第 3 行提示"成功地发送一个 CAN 消息"。根据这些提示我们不难发现，两个 BlueFi 通过 IoT 模块上的 CAN 总线连接起来，间隔约 3ms 收发一对 CAN 消息。同时，我们可以观察到 BlueFi 上的红色 LED 指示灯不断地闪烁。若我们将连接两个 IoT 模块的 CAN 总线插头拔掉一个，则 BlueFi 上的红色 LED 停止闪烁，再将插头插回去后，这个红色 LED 接着闪烁。拔掉插头意味着断开两个 IoT 模块的 CAN 总线连接。

通过上述的 CAN 总线测试可以初步了解 CAN 总线的容错能力、可靠性和通信速度。对照上述的运行效果，现在我们来查看示例代码。

示例代码

```
1   #include <can_mcp2515.h>
2   #include <BlueFi.h>
3   MCP_CAN can_bus(16);                    //指定 MCP2515 的片选信号
4   unsigned long myid = 0x401;
5   unsigned char rlen=0, rbuf[8] = {0x0,0x0,0x0,0x0,0x0,0x0,0x0,0x0};
6   unsigned char tcnt=0, tbuf[8] = {0x31,0x32,0x33,0x34,0x35,0x36,0x37,
```

```
0x38};
7
8   void set_id_filter(void) {
9     //设置 mask 寄存器的值为 0x3ff(允许 ID 最高位是 0 或 1)
10    can_bus.init_Mask(0, 0, 0x3ff);        //MCP2515 有两个 mask 寄存器
11    can_bus.init_Mask(1, 0, 0x3ff);
12    //设置 filter 寄存器, 可接受的 ID 范围为: 0x001~0x006 或 0x401~0x406
13    can_bus.init_Filter(0, 0, 0x001);      //MCP2515 有 6 个 filter 寄存器
14    can_bus.init_Filter(1, 0, 0x002);
15    can_bus.init_Filter(2, 0, 0x003);
16    can_bus.init_Filter(3, 0, 0x004);
17    can_bus.init_Filter(4, 0, 0x005);
18    can_bus.init_Filter(5, 0, 0x006);
19  }
20  bool a_btn_clicked = false;
21  void cbf_a_btn_click(Button2& btn) {
22    a_btn_clicked = true;
23  }
24
25  void setup() {
26    bluefi.begin();
27    bluefi.redLED.on();
28    bluefi.aButton.setClickHandler(cbf_a_btn_click);
29    while(CAN_OK != can_bus.begin(CAN_500KBPS)) {
30      Serial.println("CAN BUS FAIL!");
31      delay(1000);
32    }
33    bluefi.redLED.off();
34    Serial.println("CAN BUS OK!");
35    set_id_filter();
36  }
37
38  void loop() {
39    static bool rok = false;
40    bluefi.aButton.loop();
41    if((a_btn_clicked) ||(rok)) {
42      uint8_t tv = can_bus.sendMsgBuf(myid, 0, sizeof(tbuf), tbuf);
43      switch(tv) {
44        case CAN_OK: Serial.println("Successed to send a message"); break;
45        case CAN_GETTXBFTIMEOUT: Serial.println("Failed to send [error to get
    TxBuf]"); break;
46        case CAN_SENDMSGTIMEOUT: Serial.println("Failed to send [timeout of
    sending]"); break;
47        default: Serial.println("Failed to send [unknown error]"); break;
48      }
49      if(((tcnt++)>100) && (tv==CAN_OK)) {
```

```
50        bluefi.redLED.toggle();
51        tcnt = 0;
52      }
53      a_btn_clicked = false;
54      rok = false;
55    }
56    if((CAN_MSGAVAIL == can_bus.checkReceive()) {
57      can_bus.readMsgBuf(&rlen, rbuf);
58      unsigned long rid = can_bus.getCanId();
59      String _pstr = "-------------- Got a message, ID: 0x" + String(rid,
HEX);
60      Serial.println(_pstr);
61      _pstr = "Data: ";
62      for(int i = 0; i<rlen; i++)
63          _pstr += "0x" + String(rbuf[i], HEX) + " ";
64      Serial.println(_pstr + "T:" + String(millis()/1000.0, 3) + "s");
65      rok = true;
66    }
67  }
68
```

除了 Arduino 程序的初始化 setup() 和主循环 loop()，示例代码中还定义了 void set_id_filter(void) 子程序用于设置 CAN 协议控制器——MCP2515 的 ID 滤波器，以及 void cbf_a_btn_click(Button2& btn) 回调函数。在初始化 setup() 的最后一步调用 void set_id_filter(void) 子程序，在该子程序中分别对 MCP2515 的两个 mask 寄存器和 6 个 filter 寄存器进行设置，以限制 MCP2515 仅接收 ID 为 0x001～0x006 和 0x401～0x406 的 CAN 消息，CAN ID 滤波器的 mask 和 filter 寄存器的用法稍后再解释。在初始化 setup() 中已经将 void cbf_a_btn_click(Button2& btn) 子程序注册为 BlueFi 的 A 按钮的回调函数，在程序运行期间，当我们按下 A 按钮时这个回调函数将自动执行，该回调函数中仅有一行语句：将变量 a_btn_click 赋值为 true。

为了更好地理解这个示例程序，我们给出对应的 CAN 总线通信程序流程，见图 8.19。根据图 8.19 可以看出，在示例程序的主循环中，首先调用 bluefi.aButton.loop() 更新 BlueFi 的 A 按钮的状态，这期间，若 A 按钮被按下，则已经注册的回调函数 void cbf_a_btn_click(Button2& btn) 自动执行。然后判断变量 a_btn_clicked 或 rok 是否为 true，若是，则调用 can_bus.sendMsgBuf(myid, 0, sizeof(tbuf), tbuf) 子程序发送一个 CAN 消息(这个 CAN 消息的 ID 和内容分别由变量 myid 和 tbuf 指定)，接着检查是否发送成功，若发送成功且已发送 100 个消息，则调用 bluefi.redLED.toggle() 函数切换 BlueFi 的红色 LED 指示灯状态并清除发送消息的计数器(将变量 tcnt 清零)。最后调用 can_bus.checkReceive() 子程序并根据其返回值侦测是否接收到 CAN 消息，若是，则读取这个消息并打印到串口控制台上，并将变量 rok 赋值为 true。

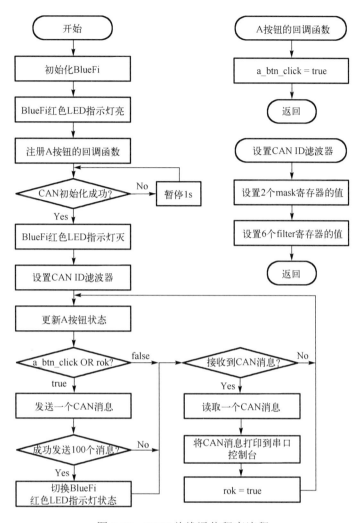

图 8.19　CAN 总线通信程序流程

根据对主循环流程的分析可以看出，当给两个 BlueFi 上电或复位后，BlueFi 的红色 LED 指示灯是熄灭的状态，按下任一 BlueFi 上的 A 按钮后，红色 LED 指示灯开始闪烁，每个闪烁周期内两个 BlueFi 已经通过 CAN 总线收发 200 对消息。在任一 BlueFi 上，若按下 A 按钮或收到一个 CAN 消息，则立即发送一个 CAN 消息，A 按钮就像一个启动开关，只要按下一次，BlueFi 就立即发送一个 CAN 消息，当另一个 BlueFi 收到这个消息后立即发送一个消息，如此一来两个 BlueFi 就像打乒乓球一样"你发我收，我发你收"地重复进行下去。随着测试时间的延长，会不会出现"球丢了"的失误呢？显然，任意一个消息丢失都将造成某个 BlueFi 不能接收到消息而终止两者之间的通信。测试并观察两个 BlueFi 之间的最长通信时间到底是多久。

如果你能够修改和重新编译示例代码，可以尝试修改第 4 行中变量 myid 的值，将其修改为其他的任意值，该变量的数据类型虽然是 32 位无符号整型，但根据 CAN 标准的 ID 域的有效位数 11 位(CAN2.0 的标准 ID)和 29 位(扩展 ID)，请选择合适的数值。

例如，我们修改 myid=0x409，保持代码并重新编译和下载该示例程序到两个 BlueFi 上，其他保持不变，再次测试两个 BlueFi 之间的 CAN 总线通信，则看不到上述的现象（即红色 LED 指示灯闪烁，以及接收到消息的打印信息等），虽然能看到 Successed to send a message 打印信息，但我们怀疑 CAN 总线并未发送成功。事实上，当按下某个 BlueFi 的 A 按钮后，一个 ID 为 0x409 的 CAN 消息被发送到 CAN 总线上，另一个 IoT 模块的 MCP2515 也能够收到这个消息，但是我们的示例程序收不到该消息，主要原因是 MCP2515 的 ID 滤波器在起作用：仅接收 ID 为 0x001～0x006 和 0x401～0x406 这 12 种消息，0x409 不在这个范围内。也就是说，配置 ID 滤波器可以让 MCP2515 帮助我们的程序忽略掉大部分 ID 的消息，仅接收我们想要的消息，这可以有效地提升 CAN 协议控制器和 MCU/SoC 之间的数据传输效率，也能节约 MCU/SoC 的处理时间。

几乎所有的 CAN 协议控制器都支持 ID 滤波器功能，而且都采用 mask 和 filter 两种配置寄存器，不同的 CAN 协议控制器之间的唯一区别是 mask 和 filter 寄存器的个数。如何使用 ID 滤波器的 mask 和 filter 寄存器呢？

对于 11 位的 ID，可接收的 ID 为：

1）($\sim$(maskValue & 0x7FF)|filterValue)

2）((maskValue & 0x7FF)&filterValue)

对于 29 位的扩展 ID，可接收的 ID 为：

1）($\sim$(maskValue & 0x1FFFFFFF)|filterValue)

2）((maskValue & 0x1FFFFFFF)&filterValue)

对于具有 m 个 mask 和 n 个 filter 寄存器的 CAN 协议控制器，需要根据上述两种情况分别计算，可以确定 $2{\times}m{\times}n$ 个可接收的 ID。对于目标 ID 的任一位，可接收的消息 ID 的条件参见表 8.1。

表 8.1　可接收的消息 ID 的条件

(第 m 个) mask 寄存器[1] 的第 i 位	(第 n 个) filter 寄存器[1] 的第 i 位	消息 ID 的第 i 位	可接收的[2]ID 的第 i 位
0	x[3]	x[3]	可接收
1	0	0	可接收
1	0	1	拒绝
1	1	0	拒绝
1	1	1	可接收

注释：1）对于多个 mask 和多个 filter 寄存器来说，任一寄存器匹配即可；

2）一个可接收的 ID，每个位都必须满足可接收的条件；

3）x 表示可以为 0 或 1。

在上面的示例中，MCP2515 具有 2 个 mask 寄存器和 6 个 filter 寄存器，我们分别向 2 个 mask 寄存器写入相同的值 0x3FF，分别向 6 个 filter 寄存器写入 "1～6"，根据上面的可接收 ID 的计算规则，可确定：

1)（～(0x3FF&0x7FF)｜[0x001,0x002,0x003,0x004,0x005,0x006]）＝　[0x401,0x402,0x403,0x404,0x405,0x406]

2)（(0x3FF & 0x7FF) & [0x001,0x002,0x003,0x004,0x005,0x006]）＝　[0x001,0x002,0x003,0x004,0x005, 0x006]

这些逻辑运算的结果可以作为在运行前面示例程序时 myid=0x409 不能呈现(未被其他节点接收)的原因(即该 ID 不满足任一节点的可接收条件)。

根据可接收 ID 的计算规则,若将 mask 寄存器的每位都设置为 0,则只能接收由 filter 寄存器指定的 ID；若将 mask 寄存器的每位都设置为 1，则所有 ID 都可接收。

2. CAN 总线接口库

现在我们需要来看一看上面示例中用到的 CAN 总线接口库，图 8.20 给出 ../Documents/Arduino/libraries/CAN_MCP2515/库文件夹中的主要文件，除了上面使用过的 transceiver_bluefi 示例程序，在 examples 子文件夹中，还有其他一些示例程序。使用 SPI 通信接口扩展的 MCP2515 的 CAN 总线接口库的源文件在 src 子文件夹中，其中包含 3 个源文件：mcp2515_dfs.h 指定 MCP2515 内部寄存器映射关系，can_mcp2515.cpp 是接口库的源文件，can_mcp2515.h 是接口库的头文件，这个库的所有接口都可以在这个头文件中找到。

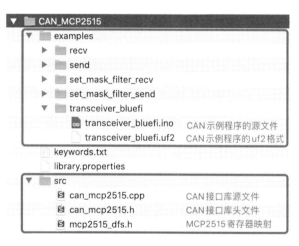

图 8.20　CAN_MCP2515 库文件夹中的主要文件

这个 CAN 总线接口库依然使用分层抽象和封装的思路进行设计，其层次结构如图 8.21 所示。作为 BlueFi 的一种功能扩展板，板上 MCP2515 通过 SPI 通信接口与 BlueFi 的主控制器连接，软件接口库的底层必须使用 SPI 通信接口访问 MCP2515 的内部寄存器，从 CAN 总线配置到收发 CAN 消息等操作实际上都是在访问(读/写)MCP2515 内部寄存器。图 8.21 中也给出了使用 MCU/SoC 片上 CAN 协议控制器的情况，此时无须使用 SPI 通信接口，只要根据 MCU/SoC 的相关文档确定片上 CAN 协议控制器的寄存器映射地址，就可以直接访问这些寄存器(访问片上外设寄存器的操作接口在 MCU/SoC 厂商提供的驱动库中）。面向应用层的 CAN 总线接口主要包括配置、发送和接收 CAN 消息等操作。

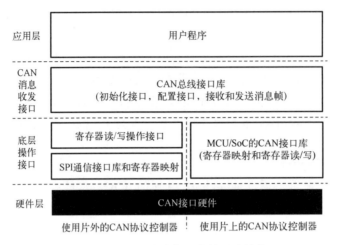

图 8.21　CAN 总线接口库的层次结构

打开 ../Documents/Arduino/libraries/CAN_MCP2515/src/can_mcp2515.h 文件，我们可以清晰地看到 MCP_CAN 类的 public 域包含以下接口。

MCP_CAN 类的 public 域包含的接口

```
1   MCP_CAN(byte _CS);
2   byte begin(byte speedset);
3   byte init_Mask(byte num, byte ext, unsigned long ulData);
4   byte init_Filter(byte num, byte ext, unsigned long ulData);
5   byte sendMsgBuf(unsigned long id, byte ext, byte rtr, byte len, byte *buf);
6   byte sendMsgBuf(unsigned long id, byte ext, byte len, byte *buf);
7   byte readMsgBuf(byte *len, byte *buf);
8   byte readMsgBufID(unsigned long *ID, byte *len, byte *buf);
9   byte checkReceive(void);
10  byte checkError(void);
11  unsigned long getCanId(void);
12  byte isRemoteRequest(void);
13  byte isExtendedFrame(void);
```

第 1 个接口是构造函数，输入参数用于指定 SPI 通信接口的 NSS 片选信号的引脚。在上面的示例程序中我们输入的参数为 16，即将 BlueFi 的 P16 引脚与 MCP2515 的片选信号连接，从图 8.18 和 8.3 节的图 8.14 都可以确定。

第 2 个接口 byte begin(byte speedset)用于初始化 CAN 总线，输入参数用于指定 CAN 总线的波特率常数，可用的 CAN 总线波特率常数共 16 种，这些常数定义在 ../Documents/ Arduino/libraries/CAN_MC P2515/src/mcp2515_dfs.h 文件中的第 275~292 行。当调用该接口时，将会对 MCP2515 的一些寄存器（如波特率配置寄存器）进行读/写操作，若这些读/写操作都是成功的，则返回 CAN_OK，否则返回可能的错误原因对应的错误编码值

（见../ Documents/Arduino/libraries/CAN_MCP2515/src/mcp2515_dfs.h 文件中的第 294～302 行的定义）。在上面的示例程序的初始化 setup（）中，使用一个 while 语句来判断 CAN 总线的初始化是否成功，如果我们未将 BlueFi 和 IoT 模块正确连接（显然这属于硬件故障），当运行这个示例程序时，将停留在初始化阶段，无法进一步实现 CAN 总线通信，这属于容错处理。

第 3 个和第 4 个接口用于配置 MCP2515 的 mask 和 filter 寄存器，即 ID 滤波器的配置操作接口。每个接口的三个参数分别是寄存器的编号、是否是扩展 ID 和寄存器值。MCP2515 仅有 2 个 mask 寄存器（编号分别为 0 和 1），6 个 filter 寄存器（编号分别为 0～5）。当是否是扩展 ID 参数为 0 时表示使用标准 ID（即 11 位），为 1 时表示使用扩展 ID（即 29 位）。

第 5 个和第 6 个接口都用于发送一个 CAN 消息的操作，区别是第 5 个接口可以发送一个远程请求帧（当参数 rtr 为 1 时），第 6 个接口只能发送标准的 CAN2.0B 消息。这两个接口的输入参数还有 id、ext、len 和*buf，分别指定待发送的 CAN 消息的 ID、是否是扩展 ID、数据域的字节数和数据指针。根据这两个接口的返回值可以确定是否发送成功，若发送成功，则返回 CAN_OK，否则返回可能的错误原因对应的错误码（见../ Documents/Arduino/libraries/CAN_MCP2515/src/mcp2515_dfs.h 文件中的第 294～302 行的定义）。

第 7 个和第 8 个接口用于从 MCP2515 读取一个接收到的 CAN 消息，两个接口的输入参数*len 和*buf 分别为返回值的两个指针，它们分别指向接收到的 CAN 消息的数据域字节数和数据变量，第 8 个接口还有一个*ID 指针，指向接收到的 CAN 消息的 ID 变量。第 7 个接口虽然没有 ID 参数，但可以单独使用第 11 个接口，即 unsigned long getCanId（void），单独获取当前接收到的 CAN 消息的 ID。当不使用 CAN 消息的 ID 滤波器时，第 11 个接口是非常重要的。当接收到 CAN 消息时，首先读取该消息的 ID，若该 ID 的消息可以忽略，则不必再耗时去读消息的数据。

第 9 个接口用于询问 MCP2515 是否接收到 CAN 消息，当调用该接口的返回值为 CAN_MSGAVAIL 时，表示已收到新的 CAN 消息。在上面的示例程序中，我们在主循环中使用这个接口查询是否收到 CAN 消息，若该接口返回值为 CAN_MSGAVAIL，则调用 unsigned long getCanId（void）接口读取该消息的 ID 并打印到串口控制台上，然后再调用 byte readMsgBuf（byte *len, byte *buf）获取该消息的数据域的内容。

第 10 个接口用于查询当前的错误原因，该接口的返回值是错误原因对应的错误码。

第 11 个接口用于查询当前接收到的 CAN 消息的 ID。

第 12 个接口用于查询当前接收到的 CAN 消息是否为远程请求帧。

第 13 个接口用于查询当前接收到的 CAN 消息 ID 是否是 29 位的（即扩展 ID）。

使用这 13 个接口函数，我们可以对 CAN 总线接口进行初始化和配置（波特率、ID 滤波器等），发送标准 ID 或扩展 ID 的数据帧或远程请求帧，接收标准 ID 或扩展 ID 的数据帧或远程请求帧。所有的 CAN 消息的数据域都采用 C 语言的基本数据类型——数组来保存，这个 CAN 总线接口库也并未使用任何高级的数据结构。

3．CAN 总线通信的软件编程应用

从 CAN 总线通信的应用角度，总线上的任一节点都能够实现标准 ID 或扩展 ID 的数据帧的收发，或者向总线上其他节点发送远程请求帧，或者响应其他节点发起的远程请求帧等功能。使用本节的 CAN 总线接口库，我们可以设计很多种 CAN 总线通信的应用系统。上面的示例仅使用 2 个节点通信，如果我们有 3 个或更多个 CAN 节点连接在一个 CAN 总线上，那么网络传输有很大区别吗？参考上面的示例程序，并根据下面的需求描述，通过编程实现这些节点之间的通信。具体需求描述如下：

1) 某 3-DoF 机械手的 3 个关节发动机控制器和主控制器之间采用 CAN2.0B 总线连接(即 4 个节点)，并使用标准 ID。

2) 主控制器产生 ID 为 0x7F0 且数据域仅有 1 字节的消息，该字节为 0x0，表示关节停止运动；为 0x01，表示允许关节根据指令运动。

3) 主控制器根据接收到的空数据域且 ID 为 0x7F1/2/3 的消息来判断 3 个关节发动机控制器是否在线。

4) 当按下主控制器上 A 按钮时，增加 3 个关节的角位移(增量为某个固定值)并发出消息给关节发动机控制器。

5) 当按下主控制器上 B 按钮时，减小 3 个关节的角位移(减量为某个固定值)并发出消息给关节发动机控制器。

6) 主控制器产生 ID 为 0x3F1 且数据域前后各 4 字节的消息，分别指定关节 1 的目标角位移和最大角速度。

7) 主控制器产生 ID 为 0x3F2 且数据域前后各 4 字节的消息，分别指定关节 2 的目标角位移和最大角速度。

8) 主控制器产生 ID 为 0x3F3 且数据域前后各 4 字节的消息，分别指定关节 3 的目标角位移和最大角速度。

9) 当关节 1 接收到 ID 为 0x7F0 的 CAN 消息时，设定停止、运行状态，并发送 ID 为 0x7F1 且数据域为空的消息。

10) 在运行状态时，若关节 1 收到 ID 为 0x3F1 的消息，则根据数据域的运动参数在完成伺服定位后立即发送 ID 为 0x481 且数据域前后各 4 字节的消息，分别指定关节 1 的故障码和当前实际角位移。

11) 当关节 2 接收到 ID 为 0x7F0 的 CAN 消息时，设定停止、运行状态，并发送 ID 为 0x7F2 且数据域为空的消息。

12) 在运行状态时，若关节 2 收到 ID 为 0x3F2 的消息，则根据数据域的运动参数在完成伺服定位后立即发送 ID 为 0x482 且数据域前后各 4 字节的消息，分别指定关节 2 的故障码和当前实际角位移。

13) 当关节 3 接收到 ID 为 0x7F0 的 CAN 消息时，设定停止、运行状态，并发送 ID 为 0x7F3 且数据域为空的消息。

14) 在运行状态时，若关节 3 收到 ID 为 0x3F3 的消息，则根据数据域的运动参数在

完成伺服定位后立即发送 ID 为 0x483 且数据域前后各 4 字节的消息，分别指定关节 3 的故障码和当前实际角位移。

　　根据这些需求(即 3-DoF 机械手的 4 个 CAN 总线节点的需求描述)分别定义主控制器和 3 个关节发动机控制器的软件功能，CAN 总线的初始化和正确配置可以提高节点的通信效率。例如，对于关节 1 的发动机控制器，当收到 ID 为 0x7F0 的消息时，根据数据域的值确定故障状态，并发送一个 ID 为 0x7F1 的空消息；当接收到 ID 为 0x3F1 的消息时，若处于工作状态，则根据参数控制发动机运动并在完成后立即发送一个 ID 为 0x481 的消息，根据该消息的数据域来指定故障码和当前实际的角位移。对于主控制器来说，通过发送 ID 为 0x7F0 的消息并侦听 ID 为 0x7Fx(x=1,2,3) 的消息来判断关节控制器的连接是否完好并启动/停止关节；通过发送 ID 为 0x3Fx(x=1,2,3) 的消息控制各关节的运动和运动参数，并侦听 ID 为 0x48x(x=1,2,3) 的消息来判断各关节的执行结果。若 ID 为 0x48x (x = 1,2,3) 的消息的数据域中的实际角位移与设定的角位移之间偏差较小，则表示该关节运动正常结束，否则根据数据域中的故障码确定故障原因(电机堵转、参数错误等)。

　　接下来我们使用 MCP2515 的 Python 库、BlueFi 的 Python 解释器和 Python 语言实现 CAN 总线通信的编程控制。我们知道，使用 Python 语言可以避免长时间的编译和下载过程，在需要频繁修改代码的调试和测试阶段，Python 语言具有更高的效率。

　　当我们通过 Arduino IDE 编译和下载程序到 BlueFi 上时，BlueFi 的 Python 解释器固件已经被覆盖，如果需要恢复到 Python 解释器模式，请使用 USB 数据线将 BlueFi 与计算机连接，并双击 BlueFi 的复位按钮，当计算机资源管理器中出现 BLUEFIBOOT 磁盘时，将 Python 解释器固件拖放到 BLUEFIBOOT 磁盘中，即可恢复 BlueFi 的 Python 解释器。当 CIRCUITPY 磁盘出现时，我们会发现之前的 Python 库、Python 资源文件和 code.py 等文件都完好无损地保存着。具体的恢复过程请参考 4.1 节最后一部分内容。

　　在使用 BlueFi、IoT 模块和 Python 语言实现 CAN 总线通信之前，请下载压缩包 https://theembeddedsystem.readthedocs.io/en/latest/_downloads/7b8579adba044f87f14e8e40 789403e4/hiibot_mcp2515.zip 文件到本地计算机上，这是 MCP2515 的 Python 库源代码文件的压缩包。

　　将压缩包解压后将整个库文件夹拖放到 CIRCUITPY 磁盘的 lib 文件夹中，即 /CIRCUITPY/lib/。然后打开/CIRCUITPY/lib/hiibot mcp2515/文件夹，可以看到 4 个.py 后缀的文件，包括 mcp2515.py、canio.py、can_timer.py 等，这些都是 MCP2515 的 Python 库脚本源代码，我们可以使用任意文本编辑器修改这些库文件。虽然源代码形式的库是很容易修改的，但建议不要轻易修改，除非你已经很清楚修改后的效果符合预期且不影响库的正常工作。

　　在这些准备工作完毕后，我们首先运行一个 CAN 接口 loopback 模式的示例程序。运行该示例程序只需要单个 BlueFi 即可。示例程序的源代码如下。

CAN 接口 loopback 模式的示例程序

```
1    import time
```

```python
2    from hiibot_mcp2515.canio import Message
3    from hiibot_mcp2515.mcp2515 import MCP2515 as CANBus
4    ''' 提示: CANBus 类的参数
5        CANBus(baudrate, loopback, silent, debug)
6            默认值: baudrate = 250000,     #波特率
7                     loopback = false,      #true(自检/回环模式, 当 loopback=true 时
silent=true)
8                     silent = false,    #true(作为 CAN 总线的监视器,不向总线发送消息)
9                     debug = false,     #true(打印调试信息)
10   '''
11   can_bus = CANBus(loopback=true, silent=true)
12   listener = can_bus.listen(timeout=0.1)
13
14   def listenMessage():
15       message_count = listener.in_waiting()   #查询接收 FIFO 中可读的消息个数
16       if message_count>0:
17           inMessage = listener.receive()
18           return inMessage
19       else:
20           return None
21
22   def sendMessage(message_id, message_data):
23       message = Message(message_id, data=message_data)
24       if can_bus.send(message):
25           print("Successfully send one message")
26       else:
27           print("Failed to send")
28
29   sendNoCnt = 0
30   sendDlyCnt = 0
31   while true:
32       time.sleep(0.001)
33       inMsg = listenMessage()
34       if inMsg is not None:
35           print("received: ID=", hex(inMsg.id), ", DATA {", str(inMsg.data,
'utf-8'), "}")
36       sendDlyCnt += 1
37       if sendDlyCnt>10:
38           sendDlyCnt = 0
39           outMsg = 'No: ' + str(sendNoCnt%10000)        #使用变量 sendNoCnt 产
生一个字符串:No: xxx
40           sendMessage(0x407, bytes(outMsg, 'utf-8')) #将字符串转换成字节数组
b'No: xxx'并发送出去(正好 8 字节)
41           sendNoCnt += 1
42
```

将这个示例程序的源代码保存到 CIRCUITPY 磁盘根目录的 code.py 文件中，请注意要将 Python 语言的程序块对齐以避免错误。或者打开 MU 编辑器，将这个示例代码粘贴到 MU 编辑器的新建文件中，并对齐程序块，然后将其保存到 CIRCUITPY 磁盘根目录的 code.py 文件中。在运行示例程序期间，打开 MU 的串口控制台，将会看到以下的提示信息。

MU 串口控制台的提示信息

```
1  Successfully send one message
2  received: ID=0x407, DATA{No: 0}
3  Successfully send one message
4  received: ID=0x407, DATA{No: 1}
5  Successfully send one message
6  received: ID=0x407, DATA{No: 2}
7  Successfully send one message
8  received: ID=0x407, DATA{No: 3}
```

显然这是一组 2 行提示信息的不断重复：首先提示成功地发送一个消息，然后提示接收的消息 ID 和 DATA。在示例程序的主循环中，即第 31~41 行的代码中，首先程序暂停执行 1ms，然后调用子程序 listenMessage() 并测试其返回值是否为 None，若不为 None，则打印接收的消息 ID 和 DATA。然后将变量 sendDlyCnt 加 1 并判断其是否大于 10，若大于 10，则将其清零，设置字符串 outMsg 为 No: xxx（其中 xxx 是变量 sendNoCnt 转换的字符串），调用 sendMessage(0x407, bytes(outMsg, 'utf-8')) 将字符串 outMsg 转换成字节数组作为消息并设置 ID 为 0x407 发送出去。

大体上，主循环程序就是用来检测是否接收到消息的，若接收到，则打印输出消息的消息 ID 和 DATA，当主循环次数达 10 次时，发送一个 ID 为 0x407 且消息为 No: xxx 的字符串。

测试这个示例程序只需要一个 BlueFi 和一个 IoT 模块即可，因为这个示例程序在初始化期间将 MCP2515 配置为了 loopback 模式，即自发自收的模式。这种看似没有意义的 loopback 模式非常适合侦测 MCU/SoC 与 CAN 协议控制器之间的连通性、CAN 协议控制器的完整性，尤其适合片外扩展的 CAN 协议控制器，例如，如果我们未将 BlueFi 插入 IoT 模块直接运行这个示例程序，那么不仅看不到接收的提示信息，而且会出现程序错误退出的现象。

几乎所有 CAN 协议控制器都支持 loopback 模式，无论是片外扩展的还是片上的 CAN 协议控制器，该模式均可用于 CAN 总线的软硬件自检。示例代码的第 11 行在实例化 MCP2515 的 CANBus 类时，我们将输入参数 loopback 和 silent 都设置为 true，也就是将 MCP2515 初始化成 loopback 模式且保持"沉默"（即 silent=true）。让 CAN 协议控制器保持"沉默"也就是禁止向 CAN 总线收发器发送任何消息。保持"沉默"的 CAN 协议控制器仍能从 CAN 收发器接收消息，就像一个侦听节点，仅侦听 CAN 总线上的消息但从不发送消息。

通过这个示例，我们不仅了解了 CAN 协议控制器的更多工作模式，还初步了解了 MCP2515 的 Python 库接口，包括初始化配置、接收和发送消息等。如果需要更详细地了解这个 MCP2515 库的接口，只需要打开/CIRCUITPY/lib/hiibot_mcp2515/文件夹中的源文件即可。Python 和 C/C++的 MCP2515 库在工作原理方面几乎完全相同，区别仅是各种操作接口的名称和输入/输出参数等细节不同。

下面我们尝试解决前面的 3-DoF 机械手的问题，首先来模拟关节发动机控制器节点。每个关节节点只需要接收两种消息：ID=0x7F0 和 ID=0x3Fx(x=1,2,3，即本节点的识别码)。当接收到 ID=0x7F0 的消息时，解析数据域的第 1 字节作为状态码(停止或工作状态)并发送 ID=0x7Fx(x=1,2,3，即本节点的识别码)的空消息；当接收到 ID=0x3Fx 的消息且 x 与本节点的识别码一致时，解析数据域的前后 4 字节分别作为设定的关节角位移和角速度，在执行完毕后发送 ID=0x7Fx(x=1,2,3，即本节点的识别码)的消息，数据域的前 4 字节为本节点的故障码，后 4 字节为本节点的实际角位移。模拟关节发动机控制器节点的示例代码如下。

模拟关节发动机控制器节点的 Python 代码

```
1    import struct
2    import time
3    from hiibot_mcp2515.canio import Match, Message, BusState
4    from hiibot_mcp2515.mcp2515 import MCP2515 as CANBus
5    can_bus = CANBus()                          #使用 CANBus 类的默认参数(即正常模式)
6    listener = can_bus.listen(matches=[Match(0x7F0, mask=0x7FF), Match(0x3F1,
mask=0x7FF),], timeout=0.01)          #10ms
7    canbusStateInfo = ('ACTIVE', 'WARNING', 'PASSIVE', 'OFF',)
8    setPosition, setSpeed = 0, 0
9    node_id = 1
10   work_mode = ('stopped', 'working', 'trouble',)
11   working = 1  #0:stopped, 1:working, 2:trouble
12   rok = false
13
14   def recv():
15     global rok, working, setPosition, setSpeed
16     __inMsg = listener.receive()
17     if __inMsg is not None:
18       __id, __msg = __inMsg.id, __inMsg.data
19       if __id==0x7F0:
20         working = 1 if __msg[0]==1 else 0
21         can_bus.send( Message( id=(0x7F0|node_id), data=b'' ) )
                                    #发送一个应答消息
22         print(f'response for "0x7F0", work_mode={work_mode[working]}')
23       elif(__id&(0x3F0|node_id))==(0x3F0|node_id):
24         __ps = struct.unpack('<ll', __msg)  #两个 signed long(4B)数据，
正好 8 字节
25         setPosition, setSpeed = __ps[0], __ps[1]
```

```
26          if working==1:
27              rok = true
28              print(f'received: new position={setPosition}, maximal
speed={setSpeed}')
29          else:
30              print(f'received new command but work_mode={work_
mode[working]}')
31      else:
32          pass
33
34  old_bus_state = BusState.ERROR_ACTIVE
35  while true:
36      recv()
37      bus_state = can_bus.state
38      if bus_state != old_bus_state:
39          old_bus_state = bus_state
40          print(f"Bus state changed to {canbusStateInfo[bus_state]}")
41          if bus_state in(BusState.ERROR_PASSIVE, BusState.BUS_OFF,):
42              print('CAN Bus is troubled!!')
43          elif bus_state in(BusState.ERROR_ACTIVE, BusState.ERROR_
WARNING, ):
44              print('CAN Bus is normal')
45      if rok:
46          rok = false
47          __error = 0
48          __realPosition = setPosition
49          message = Message( id=(0x480|node_id), data=struct.pack("<Il",
__error, __realPosition) )
50          can_bus.send(message)
51      time.sleep(0.001)
```

注意，根据问题的要求，每个关节发动机控制器节点的识别码必须是唯一的，对于不同关节节点，必须修改第 9 行代码中变量 node_id 的值，确保这个值的唯一性。主循环调用子程序 recv() 来接收并处理 CAN 总线上的消息，在收到消息后根据消息 ID 的值分别处理和响应，该子程序和主程序的 if ok 程序块正好实现上述关节节点的功能。

对于 3-DoF 机械手的主控制器节点，其功能稍显复杂，功能描述占用更多文字。模拟机械手主控制器节点功能的 Python 代码如下。

模拟机械手主控制器节点功能的 Python 代码

```
1   import struct
2   import time
3   from hiibot_mcp2515.canio import Match, Message, BusState
4   from hiibot_mcp2515.mcp2515 import MCP2515 as CANBus
5   from hiibot_bluefi.basedio import Button
6   btn = Button()
```

```
7   can_bus = CANBus()                              #使用 CANBus 类的默认参数(即正常模式)
8   listener = can_bus.listen(timeout=0.01)         #所有 ID 都是可接收的(不使用
mask 和 filter 寄存器)
9   canbusStateInfo = ('ACTIVE', 'WARNING', 'PASSIVE', 'OFF',)
10  work_mode = ('stopped', 'working', 'trouble',)
11  onlineNodes = {}                                #格式: {1:online, ...}
12  setPosition, realPositionNodes = {}, {}   #格式: {1:xxx, ...}
13  errorCodeNodes = {}                             #格式: {1:xx, ...}
14  deltaPosition = 100
15
16  def recv():
17      global onlineNodes, errorCodeNodes, realPositionNodes
18      __inMsg = listener.receive()
19      if __inMsg is not None:
20          __id, __msg = __inMsg.id, __inMsg.data
21          if(__id&0x7F0)==0x7F0:
22              if not(__id&0x00F) in onlineNodes:
23                  onlineNodes[__id&0x00F] = 'online'
24                  print(f'onlineNodes: {onlineNodes}')
25          elif(__id&0x480)==0x480:
26              __ps = struct.unpack('<Il', __msg)
27              errorCode, setPosition = __ps[0], __ps[1]
28              errorCodeNodes[__id&0x00F] = __ps[0]
29              realPositionNodes[__id&0x00F] = __ps[1]
30              print(f'received Node {__id&0x00F}: errorCode={__ps[0]}, real
poseiton={__ps[1]}')
31          else:
32              pass
33
34  old_bus_state = BusState.ERROR_ACTIVE
35  print('Send a message for starting and polling online')
36  can_bus.send( Message( id=0x7F0, data=b'\x01' ) )
37  pret = time.monotonic()
38  while true:
39      time.sleep(0.001)
40      recv()
41      btn.Update()
42      bus_state = can_bus.state
43      if bus_state != old_bus_state:
44          old_bus_state = bus_state
45          print(f"Bus state changed to {canbusStateInfo[bus_state]}")
46          if bus_state in(BusState.ERROR_PASSIVE, BusState.BUS_OFF,):
47              print('CAN Bus is troubled!!')
48          elif bus_state in(BusState.ERROR_ACTIVE, BusState.ERROR_
WARNING, ):
49              print('CAN Bus is normal')
```

```
50      if(time.monotonic()-pret)>2.0:
51          can_bus.send( Message( id=0x7F0, data=b'\x01' ) )
52          pret = time.monotonic()
53      if btn.A_wasPressed:
54          for nodeID in onlineNodes:
55              if setPosition.get(nodeID) is None:
56                  setPosition[nodeID] = deltaPosition
57              else:
58                  setPosition[nodeID] += deltaPosition
59              can_bus.send( Message( id=(0x3F0|nodeID), data=struct.pack
("<ll", setPosition[nodeID], 1200) ) )
60              print(f'send Node {nodeID} new position={setPosition[nodeID]},
and speed=1200rpm')
61      if btn.B_wasPressed:
62          for nodeID in onlineNodes:
63              if setPosition.get(nodeID) is None:
64                  setPosition[nodeID] = -deltaPosition
65              else:
66                  setPosition[nodeID] -= deltaPosition
67              can_bus.send( Message( id=(0x3F0|nodeID), data=struct.pack
("<ll", setPosition[nodeID], 1200) ) )
68              print(f'send Node {nodeID} new position={setPosition[nodeID]},
and speed=1200rpm')
```

与关节节点的代码相比，主节点的代码多了近 20 行，两者的主要区别是主节点有响应 A 和 B 按钮的代码(关节节点没有这些功能)。根据主节点的要求，当按下 A 按钮时，增加所有关节节点的角位移，当按下 B 按钮时，减小所有关节节点的角位移，这些都需要发送 ID=0x3Fx(x=1,2,3)且数据域前后各 4 字节(分别为设定角位移和角速度值的) CAN 消息，即第 59 行和第 67 行的代码。主节点还需要侦测哪些关节节点在线、哪些关节节点已完成定位操作等，在主循环中调用函数 recv()来实现这些功能。仔细对比主节点和关节节点的 recv()函数的定义，它们都是根据接收到的消息 ID 来分别处理的。

如果需要模拟解决这个 3-DoF 机械手的问题，我们至少需要 2 个 BlueFi 和 IoT 模块，它们分别模拟主节点和关节节点，其程序代码都各不相同。当有多个关节节点时，每个关节节点的第 9 行代码中变量 node_id 的值必须各不相同，以确保关节节点识别码的唯一性。模拟实验之前的准备工作需要非常仔细。

将所有节点的 CAN 总线接口使用双绞线连接起来，并为所有节点上电。通过扮演主节点的 BlueFi 的 LCD 屏幕显示的信息即可了解在线的节点等信息，按下该节点的 A 或 B 按钮进一步观察屏幕上所有节点的提示信息。具体的模拟实验现象和结果不再赘述。

经过模拟实验之后，我们需要仔细分析示例中用到的 MCP2515 库的接口，以及每种接口的输入参数和返回值，对照实验中的现象更容易理解接口的原始设计和用法。这样的分析过程不仅有利于读者掌握 CAN 总线的基本协议和通信机制，还有利于读者掌握面向对象的软件设计和封装。

4．CAN 总线的高、低层网络协议

当我们使用几个 BlueFi 和 IoT 模块将上面问题模拟解决之后，相信你一定能够发现 CAN 总线更多的应用场景，虽然我们基于 CAN 总线的底层操作接口来解决这些问题颇费周章。我们在 8.1 节中已经提到，CAN 总线的国际标准 ISO 11898 是低层网络标准，截至目前我们也仅遵循这些标准的一部分介绍了 CAN2.0A/B 标准的相关软硬件接口。那么 CAN 总线的高层网络标准又是什么样的呢？目前有很多种 CAN 总线的高层网络标准应用于不同的领域，如 CANopen、DeviceNet 和 SAE J1939 等标准。这些高层网络标准都是构建在低层网络标准之上的，其目的是统一用户层的通信接口，以确保所有兼容 CANopen 等同类高层网络标准的网络节点能够相互通信，这样的兼容性很容易在同一个行业内实施，并为行业的产品制造商和供应商带来很多益处。

图 8.22 简要地给出了 CANopen 协议栈和协议帧、CAN 总线低层网络协议和消息之间的关系。兼容 CANopen 协议的设备上的全部资源都采用寄存器映射机制，为了有效地管理复杂设备上的资源，CANopen 协议栈要求将全部资源映射为 16 位的索引（Index）和 8 位子索引（Sub-index），每个资源的值最大可占用 32 位（即 4 字节），即允许每个 CANopen 节点上的资源多达 2^{24} 个。在 CANopen 协议栈中，将每个资源称为对象，所有资源的映射关系称为对象字典。对象字典可以是一种表格文件，也可以是保存在 ROM 中的常数表（只读的对象）、RAM 或 EEPROM 中的可变对象（可读且可写的对象），CANopen 协议栈接口只是对这些对象进行读/写操作。

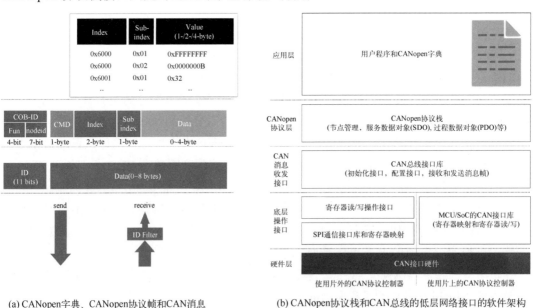

(a) CANopen字典、CANopen协议帧和CAN消息   (b) CANopen协议栈和CAN总线的低层网络接口的软件架构

图 8.22　CANopen 协议栈和协议帧、CAN 总线低层网络协议和消息之间的关系

CANopen 协议要求 CAN 总线上的每个节点都有唯一的识别码（Node-ID），而且节点识别码本身也是一种对象。兼容 CANOpen 协议栈的设备节点分为主节点和从节点两种

类型，主节点可以发起网络管理帧，包括对所有从节点的启动、停止、暂停、继续等操作指令，但从节点无须应答。主节点也可以使用从节点的唯一识别码发起一对一的问答型通信，常用操作就是读取或设置某个节点上的对象的值，这种操作的协议帧的 ID 由 4 位命令码和 7 位从节点识别码组成（在 CANopen 协议栈中称为 COB-ID），8 字节数据域中的首字节是命令码（包括读/写单/双/四字节等 6 种操作命令），第 2 和 3 字节是对象的索引，第 4 字节是对象的子索引，其余的 4 字节是对象的值，对于读操作来说这 4 字节都是 0。虽然 CANopen 协议帧包含更多个信息域，但它们仍包含在标准 CAN 数据帧的 ID 和数据域中（仅对这两个信息域的数据进行更细致地分割）。此外，CANopen 协议栈不支持远程请求帧。想要详细地掌握 CANopen 协议的工作机制和实施细节，建议阅读相关参考文献[2]和 CANopen 协议规范的相关文档。

CANopen 协议并不涉及 CAN 总线通信的硬件和传输控制，仅对兼容 CANopen 设备上的资源使用对象及其字典进行管理，主节点使用 CANopen 协议帧来访问从节点上的对象，如果我们将前面的 3-DoF 机械手的主控制器和关节发动机控制器设计成兼容 CANopen 协议的节点，那么解决方案将会变得更简单。如果我们将每个关节发动机控制器的唯一识别码、节点上关节角位移的设定值和实际值、节点上关节角速度的设定值和实际值、关节上的故障码等都设计成对象，并指定每个对象的索引值和子索引值，那么主控制器节点可以通过访问这些对象（如写关节角位移的设定值、读关节角位移的实际值等）来控制各个关节节点的运动参数，关节发动机控制器节点根据对象（如角位移）的设定值等来控制关节的运动。这种通过索引访问对象的操作与我们熟悉的访问寄存器/存储器单元颇为相似。

CANopen 等高层网络协议标准不仅能提升行业内设备之间的兼容性和互连能力，还能大大地简化用户层应用程序的开发。这些 CAN 总线的高层协议标准可以通过互联网搜索引擎查阅到，限于篇幅不再赘述。

截至目前，我们所探讨的 CAN 总线和 CAN 节点设备仅是在局域网的范畴内，网络节点并不能与外网连接。CAN 总线仅适合工业领域的设备层，以及汽车 ECU 单元互连和机器人关节单元互联。借助 CAN-Ethernet、CAN-Wi-Fi、CAN-4G/5G 等网关，这些基于 CAN 总线的系统很容易连接到互联网（如云服务端）。图 8.23 给出了 CAN 总线、CAN-4G/5G 网关和 IoT 在汽车领域的应用。

车载网关的一端与 CAN 总线连接，而另一端几乎都会采用无线宽带网络、4G/5G 蜂窝网（或移动宽带网络），这非常适合车联网的场景。对于安装在室内的机械手或在有限范围内移动的机器人来说，网关的另一端有更多种选择，除蜂窝网外，Wi-Fi、Ethernet 等宽带网络不仅流量服务的成本低，而且网速也比蜂窝网快很多，现在千兆或数千兆的 Ethernet 网络已十分常见。对于固定在电器柜或嵌在工业设备内部的工业控制器，无线通信是很难实施的，使用 Ethernet 连接到互联网是最佳选择。

CAN-Ethernet、CAN-Wi-Fi、CAN-4G/5G 等网关的共同特点是，其一端与 CAN 总线连接，另一端使用宽带网络和互联网连接到云服务端，网关不仅能够监听 CAN 总线所有节点的状态和控制信息（如车辆的位置、行驶速度、油门位置、刹车状态等）并写入云服务端的数据库中，还能够通过云服务平台与车主的手机 App 交互并接收车辆控制指令（如开启空调、打开/关闭车窗等）转发给车辆中控系统。

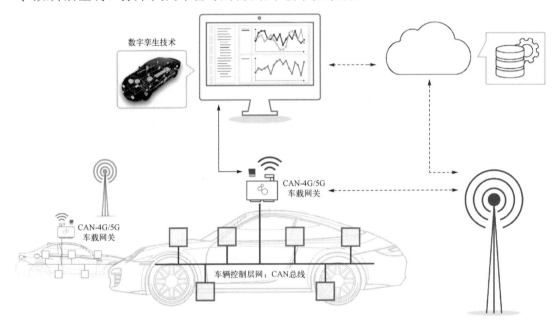

图 8.23　CAN 总线、CAN-4G/5G 网关和 IoT 在汽车领域的应用

虽然 CAN 总线系统内的网络节点不能与外网直接连接，但是借助网关我们依然能够将 CAN 总线所连接的嵌入式系统接入互联网来实现 IoT 的应用。

8.5　本章总结

CAN 总线面向位流编码，高效的碰撞检测和总线占用机制（仲裁）确保其易用性，甚至可以实现节点的即插即用效果。与 RS485 等总线相比，CAN 总线使用差分传输具有高抗共模干扰能力。CAN 总线上所有节点是对等的，容易搭建无主网络，通信的可靠性不受主节点的影响。

CAN 总线以其可靠性和易用性等优势已普遍应用于汽车、工业控制等领域，已成为公认标准的通信接口，虽然最新的 CAN XL 标准定义的波特率是 CAN2.0 标准的数十倍，但相较于以太网，它们仍属于低速网络，完全无法满足自动驾驶或辅助驾驶系统中的图像/视频流等高速、高吞吐量的信息传输场景，由此可见，CAN 总线仅适合设备层的网络通信，以及信息量较小且实时性要求较高的应用场景。

虽然 CAN 总线已经历几十年的发展和演变，但相信 CAN 总线仍将大量出现在低信息容量的传感器网络、设备控制网络等应用场景。本章首先介绍了 CAN 总线的基本协议（限于 CAN2.0A/B 和 CAN FD），以及协议帧的结构和信息域，并介绍了 CAN 总线的消息仲裁机制和消息优先级定义。然后根据开放的多层网络架构介绍了 CAN 总线的低层网络标准的软硬件接口，以及接口的设计方法。最后介绍了 CAN 总线高层网络标准 CANopen 相关的概念，以及 CANopen 协议的益处。

通过本章的学习，我们初步掌握了 CAN 总线应用相关的基础知识和方法。

本章总结如下：

1）CAN 总线的数据帧结构和信息域，CAN 消息的仲裁机制和优先级定义。

2）CAN 总线低层网络协议标准的演变和数据帧结构的变化。

3）CAN 总线收发器的内部结构和外部接口，CAN 总线通信接口的硬件设计。

4）CAN 总线的软件接口设计和编程应用。

5）CAN 总线的高层网络协议和低层网络协议之间的关系。

参 考 文 献

[1] Marco Di Natale, Haibo Zeng, Paolo Giusto, Arkadeb Ghosal. Understanding and Using the Controller Area Network Communication Protocol: Theory and Practice[M]. Berlin: Springer, 2012.

[2] Pfeiffer Olaf, A. Ayre, C. Keydel. Embedded Networking with CAN and CANopen[M]. Austin: Copperhill Media Corporation, 2008.

思 考 题

1．假设某 CAN2.0B 总线上有 3 个节点需要同时发送消息，消息 ID 都采用 11 位，ID 分别为 0x7F0、0x3F4、0x481，这 3 个消息谁最先发送成功，谁最后发送成功？请说明原因。

2．对比 8.2 节中 CAN2.0A、CAN2.0B 和 CAN FD 这 3 种协议数据帧的信息域变化，请说明 CAN2.0B 相较于 CAN2.0A 提升了哪些性能？CAN FD 相较于 CAN2.0B 提升了哪些性能？

3．CAN 总线物理层和 RS485 都用一对双绞线作为介质且都采用差分信号传输信息，但是这两种通信接口的物理层收发器并不通用，这是为什么？

4．CAN 总线物理层、RS485 等差分传输线都需要使用 120Ω的终端电阻，请简要说明原因。

5．使用互联网搜索引擎查询外置的 CAN 协议控制器，并根据 CAN2.0A/B 和 CAN FD 的标准进行分类，再根据与主 MCU/SoC 接口的标准进行分类。查询片上带有 CAN 协议控制器的 MCU/SoC，并根据 CAN2.0A/B 和 CAN FD 的标准进行分类。

6．请为农用大棚设计一种基于 CAN 总线的分布式系统，功能包括对内外环境温度、湿度和光照的监测，以及对加热(电阻型加热器)、喷淋(电动阀门)、通风(可调速风扇)和照明(可调亮度 LED 指示灯阵列)等的控制。首先定义每个 CAN 节点的功能和节点之间的联动逻辑，以及 CAN 消息 ID 的分配，然后使用 BlueFi 和 IoT 模块分别模拟各个功能节点。请给出每种节点的程序代码和流程图。

7. 某桥梁上需要布置 20 个振动监测点，每个监测点上安装一个采样率为 100Hz 的 3 轴加速度传感器，所有监测点的瞬时加速度值都必须汇总到主控制器中一起保存，每组测量数据都必须保持同步，当记录每组数据时也记录时间戳以便于后期的桥梁模态分析。请设计这样的监测系统，给出具体的原理性设计和网络拓扑、网络节点功能结构图，以及系统的详细工作过程。